普通高等教育"十三五"规划教材

温室建造工程工艺学

张 勇 邹志荣 主编

化学工业出版社

·北京·

本书主要内容包括：温室工程工艺概论；温室工程规划设计原理；温室建筑工程工艺；温室工程配套工程工艺；温室工厂化生产工程工艺；工厂化育苗温室建造工程工艺；植物工厂建造工程工艺；新能源装备与施工工程工艺等内容。全书条理清晰、图文并茂，理论结合工程实践。

本书适用于设施农业及相关专业的高等院校教师、学生教材和科研单位相关专业人员等学习和参考，同时，也适用于温室企业的工程技术人员和温室管理人员阅读和参考。

图书在版编目（CIP）数据

温室建造工程工艺学/张勇，邹志荣主编 .—北京：
化学工业出版社，2015.7（2025.2 重印）
普通高等教育"十三五"规划教材
ISBN 978-7-122-23655-5

Ⅰ.①温…　Ⅱ.①张…②邹…　Ⅲ.①温室-农业建
筑-建筑工程　Ⅳ.①TU261

中国版本图书馆 CIP 数据核字（2015）第 075150 号

责任编辑：尤彩霞　　　　　　　　装帧设计：关　飞
责任校对：吴　静

出版发行：化学工业出版社(北京市东城区青年湖南街 13 号　邮政编码 100011)
印　　装：北京盛通数码印刷有限公司
787mm×1092mm　1/16　印张 22½　字数 589 千字　2025 年 2 月北京第 1 版第 2 次印刷

购书咨询：010-64518888　　　　　　售后服务：010-64518899
网　　址：http://www.cip.com.cn
凡购买本书，如有缺损质量问题，本社销售中心负责调换。

定　　价：55.00 元

《温室建造工程工艺学》
编 写 人 员

主　　编　张　勇　邹志荣

副 主 编　周长吉　郭世荣　白义奎

参　　编　周增产　北京京鹏环球科技股份有限公司

　　　　　　吕　科　北京京鹏环球科技股份有限公司

　　　　　　郭世荣　南京农业大学

　　　　　　王一军　南京农业大学

　　　　　　李树海　南京农业大学

　　　　　　白义奎　沈阳农业大学

　　　　　　于　威　沈阳农业大学

　　　　　　李清明　山东农业大学

　　　　　　张　勇　西北农林科技大学

　　　　　　邹志荣　西北农林科技大学

　　　　　　周长吉　农业部规划设计研究院

　　　　　　何　斌　西北农林科技大学

　　　　　　丁　明　西北农林科技大学

　　　　　　杨　贵　上海都市绿色工程有限公司

　　　　　　王军伟　南京农业大学

　　　　　　陆　乐　上海都市绿色工程有限公司

序

随着我国设施农业的快速发展,设施农业高等教育显得日趋重要。邹志荣教授及其所带领的团队在 2002 年创办了我国第一个设施农业科学与工程本科专业,为我国高等教育增添了新的专业领域。为适应这一本科专业的建设与发展,他相继组织编写出版了 9 本该专业系列教材,目前已经在教学中应用。近年来,在该专业的进一步发展建设中,又陆续编写一些补充教材。

《温室建造工程工艺学》是指建造温室过程中需要的具体工序规定和每道工序所要求采用的施工技术、施工方法和施工材料,主要包括温室土建施工工艺、温室钢结构工程工艺、温室设备安装工艺、温室电气和智能化工艺等一系列工程工艺的总称。工艺是建造温室的主要依据,科学合理的工艺是建造合格温室建筑的决定因素,是客观规律的反映,也是工人在生产中正确进行加工操作的依据。合理的工艺,是经过反复试验和正确设计确定的,它具有指导生产、促进产品质量和效益提高的作用。我国建立了世界上面积最大的设施农业行业,也对温室建筑和建造工艺提出了新的要求。所以采取综合措施,保障设施结构安全,依靠科技进步,开发和利用新型设施结构和栽培系统等,是我国设施农业发展的重要方向。

尽管已有许多教材涉及温室设计与建造方面的内容,但尚未有温室建造工程工艺方面的教材。这本教材内容十分广泛、丰富和充实,不仅包括了常规温室的建造工艺,同时也对设施中新的工艺技术特性进行了介绍和阐述,特别还涉及了推广应用和产业化发展中的相关内容。可以说这本教材具有较高的学术水平和实用价值,它不仅将为设施农业科学与工程专业的学生提供温室工程建造知识与技术,而且也将作为设施农业的工作者科学研究、生产管理和技术推广的一本工具书而得到广泛应用。

我同邹志荣同志的交往已有 20 余年,他也是同我一起合作近 20 年的亲密伙伴,我对他及他所带领团队的工作比较熟悉,他们在长期的设施园艺教育和科技研究中积累了丰富的温室工程工艺方面的知识与技术。因此,我相信这本《温室建造工程工艺学》将会是一本反应现代设施园艺科技和产业发展的教材。我期待着这本教材的出版发行,期待着这本教材在探索和建立我国现代设施农业体系的进程中发挥重要作用。

沈阳农业大学校长、教授

2015 年 6 月

前　言

我国是设施农业大国，设施规模已位居世界首位，截至 2013 年，我国设施农业面积已达到 350 万公顷，设施农业总产值 7080 亿元，约占到我国农林牧渔业累计总产值的 8%。因此，设施农业的发展将有巨大的市场前景，它不仅能带来很好的社会效益、环境效益，而且还具有明显的经济效益。

《汉书-循吏传》记载，我国西汉的时候（约公元前 164 年—公元前 114 年），皇家园林（太宫园）里就已经掌握了在冬季培育栽培葱、韭菜，还有其他一些蔬菜的技术。到明清时代（公元 1368—1840 年），我国的温室结构已经具备了三种结构，特别是立土墙开纸窗火暄式温室，完全具备了现在温室的概念。据《大不列颠百科全书》记载，西欧最早的温室栽培出现于 17 世纪，名为"Green House"（绿色的房屋）。美国到 1880 年才有温室栽培。日本拥有温室栽培技术是在 1830—1840 年间，因为当时的温室使用的覆盖材料是油纸，故称"纸屋"。这个"纸屋"也就是我们南宋时期所称的"纸饰密室"。从世界范围看，我国的温室栽培技术领先世界 1700 多年。但由于我国在近代史上所经历的曲折发展，致使我国现代工程技术，包括温室技术出现了巨大的发展缺口，因此亟待补充发展。

本书总结了国内设施领域的知名专家和学者在设施农业方面的研究成果，同时也是多项省部级以上科技奖励的思想集成，包括了设施结构和建造的基础研究理论和应用技术。特别是新的日光温室建筑比普通温室建筑需要更少的能源消耗，而且还能提供更高的温光性能，结合科学的设计和施工，几乎可以完全摆脱对石化资源的依赖。

为了普及、宣传和推广应用设施农业，同时也为了填补我国设施农业科学与工程专业教学过程中的工程工艺之空白，我们编写了这本教材。参加本教材编写的人员，均为从事相关领域教学和研究的专家学者，或是温室企业的技术主管，因此均具有长期的教学研究和丰富的一线工程实践经验。在教材编写的内容组织上力求条理清晰，理论联系实践。本书涵盖了现代温室工程所涉及的各方面内容，体现了温室建造工程工艺的系统性和完整性。

本教材对上述内容从原理、类型、结构设计、安装施工和典型实例等多个方面进行了细致的介绍和分析。全书编写由张勇、邹志荣策划和组织，各章节的编写人员按章节次序为：第 1 章由张勇，邹志荣编写；第 2 章由白义奎、于威、张勇编写；第 3 章由张勇、周长吉、何斌、杨贵编写；第 4 章由郭世荣、李树海、白义奎、于威、张勇编写；第 5 章由郭世荣、丁明、王军伟编写；第 6 章由李清明、丁明、张勇、陆乐编写；第 7 章由周增产、张勇、吕科编写；第 8 章由周增产、张勇编写。全书由张勇和邹志荣统稿。

本教材在编写过程中得到了农业部规划设计研究院设施农业研究所以及国内设施农业相关高等院校和中国温室网、北京京鹏环球科技股份有限公司、上海都市绿色工程有限公司等国内一流温室企业的大力支持和协助，在此深表谢意！

本教材从想法提出到梳理出编写大纲初稿，再到同行专家和一线企业的论证，最后到书稿的出版，前后经历了 4 年的时间。由于本教材是一次对于温室建造工程工艺总结的新尝试，加之涉及专业内容庞杂，又缺少可以直接借鉴的成功经验。另外也受限于编者的水平和所掌握一手资料的限制，教材中难免会出现遗漏，不足之处恳请各位同仁批评指正，以便今后及时修改和完善。

编者

2015 年 6 月

目　　录

1 绪论 ……………………………………………………………………………………… 1
　1.1 温室建筑工程概论 …………………………………………………………………… 1
　1.2 温室工程工艺概论 …………………………………………………………………… 2
　　1.2.1 工艺的概念 ……………………………………………………………………… 2
　　1.2.2 温室工程工艺的概念 …………………………………………………………… 2
　1.3 国内外温室工程工艺发展的概况及趋势 …………………………………………… 11
　　1.3.1 国内外温室发展概况 …………………………………………………………… 11
　　1.3.2 温室工程工艺的发展趋势 ……………………………………………………… 12
　1.4 温室工程工艺的主要研究内容与设计方法 ………………………………………… 14
　　1.4.1 温室工程工艺的主要研究内容 ………………………………………………… 14
　　1.4.2 温室工程工艺的设计方法 ……………………………………………………… 14

2 温室工程规划设计原理 ………………………………………………………………… 17
　2.1 现代温室工程规划设计 ……………………………………………………………… 17
　　2.1.1 现代温室场址选择 ……………………………………………………………… 17
　　2.1.2 温室生产工艺设计 ……………………………………………………………… 18
　　2.1.3 园区规划布局与功能分区 ……………………………………………………… 18
　　2.1.4 园区配套设施工程规划 ………………………………………………………… 18
　　2.1.5 现代温室工程设计步骤与内容 ………………………………………………… 22
　2.2 日光温室工程规划设计 ……………………………………………………………… 27
　　2.2.1 日光温室场址选择 ……………………………………………………………… 27
　　2.2.2 日光温室园区规划布局与功能分区 …………………………………………… 29
　　2.2.3 日光温室工程设计步骤与内容 ………………………………………………… 32
　2.3 温室工程规划设计阶段划分及其成果要求 ………………………………………… 44
　　2.3.1 规划设计阶段划分 ……………………………………………………………… 44
　　2.3.2 规划设计成果要求 ……………………………………………………………… 45

3 温室建筑工程工艺 ……………………………………………………………………… 53
　3.1 温室工程工艺设计的基本要求及设计内容 ………………………………………… 53

　　3.1.1　温室建筑设计要求 ……………………………………………… 53

　　3.1.2　温室结构设计要求 ……………………………………………… 54

　　3.1.3　配套设施要求 …………………………………………………… 56

　　3.1.4　设计成果要求 …………………………………………………… 56

　3.2　温室土建施工工艺 …………………………………………………… 58

　　3.2.1　温室地基施工工艺 ……………………………………………… 58

　　3.2.2　温室基础施工工艺 ……………………………………………… 61

　　3.2.3　温室墙体施工工艺 ……………………………………………… 64

　3.3　温室钢结构施工工艺 ………………………………………………… 69

　　3.3.1　钢结构施工总体工艺 …………………………………………… 69

　　3.3.2　温室钢结构焊接施工工艺 ……………………………………… 81

　　3.3.3　温室桁架结构施工工艺 ………………………………………… 86

　　3.3.4　温室网架结构施工工艺 ………………………………………… 88

　3.4　温室结构不合理施工案例分析 ……………………………………… 91

　　3.4.1　温室基础施工 …………………………………………………… 91

　　3.4.2　立柱与基础的连接 ……………………………………………… 92

　　3.4.3　立柱与桁架或屋面结构的连接 ………………………………… 95

　　3.4.4　桁架 ……………………………………………………………… 96

　　3.4.5　杆件自身质量与连接 …………………………………………… 98

　　3.4.6　温室结构整体安装质量 ………………………………………… 99

　3.5　温室建筑工程工艺实践案例 ………………………………………… 99

　　3.5.1　施工场地准备、建筑材料进场 ………………………………… 99

　　3.5.2　基础建造工程工艺 ……………………………………………… 102

　　3.5.3　温室钢骨架建造工程工艺 ……………………………………… 104

　　3.5.4　温室覆盖材料安装工程工艺 …………………………………… 106

　　3.5.5　温室配套设备的安装工程工艺 ………………………………… 108

　　3.5.6　温室采暖系统的安装工程工艺 ………………………………… 110

　　3.5.7　温室系统的整体运行调试工程工艺 …………………………… 110

4　温室工程配套工程工艺 ……………………………………………… **112**

　4.1　温室工程配套工程设计的基本要求 ………………………………… 112

　4.2　温室工程设备配套工程工艺 ………………………………………… 113

　　4.2.1　遮阳、保温、帘幕系统 ………………………………………… 113

　　4.2.2　加热系统 ………………………………………………………… 121

　　4.2.3　通风系统 ………………………………………………………… 130

　　4.2.4　降温技术 ………………………………………………………… 140

4.2.5　加湿系统 ……………………………………………………… 146

4.2.6　补光系统 ……………………………………………………… 148

4.2.7　自动环境控制系统 …………………………………………… 159

4.2.8　苗床系统 ……………………………………………………… 166

5　温室工厂化生产工程工艺 ………………………………………… 168

5.1　温室自动化生产特点与生产方式 ………………………………… 168

5.1.1　温室工程设施生产的作用 …………………………………… 168

5.1.2　温室工程设施生产的特点 …………………………………… 168

5.1.3　温室工程设施生产环境特点及调控措施 …………………… 169

5.1.4　温室工程设施生产方式 ……………………………………… 173

5.2　温室工厂化嫁接育苗自动生产线工程工艺 ……………………… 176

5.2.1　嫁接育苗的基本方法 ………………………………………… 176

5.2.2　工厂化嫁接育苗技术 ………………………………………… 184

5.2.3　工厂化嫁接育苗设备 ………………………………………… 187

5.3　温室工厂化扦插育苗技术 ………………………………………… 191

5.3.1　扦插生根对环境的要求 ……………………………………… 191

5.3.2　进生根关键技术 ……………………………………………… 195

5.3.3　工厂化扦插育苗方法 ………………………………………… 196

5.3.4　工厂化扦插育苗形式与配套设备 …………………………… 198

5.4　温室蔬菜自动化生产工程工艺 …………………………………… 199

5.4.1　设施蔬菜生产的特点 ………………………………………… 199

5.4.2　设施番茄生产工程工艺 ……………………………………… 200

5.4.3　设施黄瓜生产工程工艺 ……………………………………… 203

5.4.4　水培生菜的工厂化生产工艺 ………………………………… 208

5.4.5　芽苗菜的工厂化生产工艺 …………………………………… 212

6　工厂化育苗温室建造工程工艺 …………………………………… 218

6.1　工厂化育苗及其对环境的要求 …………………………………… 218

6.1.1　工厂化育苗对环境的要求 …………………………………… 218

6.1.2　工厂化育苗对设施及配套设备的要求 ……………………… 218

6.2　工厂化育苗的类型及操作流程 …………………………………… 222

6.2.1　工厂化育苗的类型 …………………………………………… 222

6.2.2　工厂化育苗的操作流程 ……………………………………… 223

6.3　工厂化育苗设备及其技术要点 …………………………………… 224

7　植物工厂建造工程工艺⋯⋯⋯⋯⋯⋯⋯⋯⋯⋯⋯⋯⋯⋯⋯⋯⋯⋯**226**

　7.1　植物工厂建筑工程工艺⋯⋯⋯⋯⋯⋯⋯⋯⋯⋯⋯⋯⋯⋯⋯⋯226

　　7.1.1　植物工厂概论⋯⋯⋯⋯⋯⋯⋯⋯⋯⋯⋯⋯⋯⋯⋯⋯⋯226

　　7.1.2　植物工厂生产工艺⋯⋯⋯⋯⋯⋯⋯⋯⋯⋯⋯⋯⋯⋯⋯228

　　7.1.3　植物工厂系统组成⋯⋯⋯⋯⋯⋯⋯⋯⋯⋯⋯⋯⋯⋯⋯230

　　7.1.4　植物工厂建筑与结构设计要求⋯⋯⋯⋯⋯⋯⋯⋯⋯236

　　7.1.5　建筑结构设计与加工工艺⋯⋯⋯⋯⋯⋯⋯⋯⋯⋯⋯239

　7.2　植物工厂建造工程工艺⋯⋯⋯⋯⋯⋯⋯⋯⋯⋯⋯⋯⋯⋯⋯256

　　7.2.1　植物工厂土建施工工艺⋯⋯⋯⋯⋯⋯⋯⋯⋯⋯⋯⋯256

　　7.2.2　植物工厂钢结构施工工艺⋯⋯⋯⋯⋯⋯⋯⋯⋯⋯⋯257

　　7.2.3　植物工厂配套设备工程工艺⋯⋯⋯⋯⋯⋯⋯⋯⋯⋯263

　7.3　智能机械工程工艺⋯⋯⋯⋯⋯⋯⋯⋯⋯⋯⋯⋯⋯⋯⋯⋯⋯267

　　7.3.1　植物工厂智能机械设备概况⋯⋯⋯⋯⋯⋯⋯⋯⋯⋯267

　　7.3.2　植物工厂智能机械设备工艺⋯⋯⋯⋯⋯⋯⋯⋯⋯⋯268

　　7.3.3　植物工厂智能化控制系统⋯⋯⋯⋯⋯⋯⋯⋯⋯⋯⋯280

　　7.3.4　植物工厂智能化机械发展方向⋯⋯⋯⋯⋯⋯⋯⋯⋯280

8　新能源装备与施工工程工艺⋯⋯⋯⋯⋯⋯⋯⋯⋯⋯⋯⋯⋯⋯**281**

　8.1　太阳能设施农业工程工艺⋯⋯⋯⋯⋯⋯⋯⋯⋯⋯⋯⋯⋯⋯281

　　8.1.1　太阳能应用概论⋯⋯⋯⋯⋯⋯⋯⋯⋯⋯⋯⋯⋯⋯⋯281

　　8.1.2　光伏太阳能温室工程工艺⋯⋯⋯⋯⋯⋯⋯⋯⋯⋯⋯286

　　8.1.3　光热太阳能工程工艺⋯⋯⋯⋯⋯⋯⋯⋯⋯⋯⋯⋯⋯303

　　8.1.4　空气大地换热器太阳能工程工艺⋯⋯⋯⋯⋯⋯⋯⋯313

　8.2　浅层地能热泵工程工艺⋯⋯⋯⋯⋯⋯⋯⋯⋯⋯⋯⋯⋯⋯⋯319

　　8.2.1　浅层地能热泵技术概论⋯⋯⋯⋯⋯⋯⋯⋯⋯⋯⋯⋯319

　　8.2.2　影响地源热泵系统的因素⋯⋯⋯⋯⋯⋯⋯⋯⋯⋯⋯324

　　8.2.3　浅层地能热泵设计工艺⋯⋯⋯⋯⋯⋯⋯⋯⋯⋯⋯⋯328

　　8.2.4　浅层地能空调系统施工工艺⋯⋯⋯⋯⋯⋯⋯⋯⋯⋯340

参考文献⋯⋯⋯⋯⋯⋯⋯⋯⋯⋯⋯⋯⋯⋯⋯⋯⋯⋯⋯⋯⋯⋯⋯**350**

1 绪论

1.1 温室建筑工程概论

温室建筑工程简称温室工程，是我国设施农业的主体内容之一，其肩负着为设施园艺产业提供空间的重任。设施园艺涵盖了建筑、材料、机械、自动控制、品种、栽培、管理等多门学科和多种系统，科技含量高，设施园艺的发达程度，往往是一个国家或地区农业现代化水平的重要标志之一。其与人民生活关系密切，已成为我国农业现代化的热点及重要内容，而设施园艺工程的发展与提高，也必将加速我国农业现代化的进程。

在美国对现代温室生产的定义是：环境在控制下的农业生产，也就是利用温室可以在气候不利于甚至不能使作物生长的地方和时期，种植作物和产出食物。当露地也能生产时，温室则可保护作物免受大风、暴雨、冰雹等自然灾害的伤害。因此，覆盖有透明或半透明材料，其内部环境得到改善或控制的建筑就称为现代温室。根据这种说法，塑料蔬菜大棚、日光温室、玻璃温室、植物工厂等都属于现代温室范畴，只不过环境控制水平和程度有差异。另外，现代温室是个动态概念，随着时代的发展和进步，温室现代化水平也在日益提高和完善。

结合国内外的温室工程技术现状，我们对温室建筑工程做如下概括。温室建筑工程（英语：Greenhouse architectural engineering、Building engineering、Greenhouse construction engineering），建筑工程是一个关于建筑物的施工和内部设施安装的工程学，其知识范畴包括工程力学、土力学、测量学、房屋建筑和结构工程。建筑工程目的是为农业和居民建设适居的温室建筑、为各种温室主体建造适宜的空间等。温室建筑工程范畴广阔，包括下列范畴：勘察、规划温室的环境；温室建筑的设计；为温室建筑施工期间作出技术；安装温室建筑内部的线路和管道铺排；安装温室建筑内部的设备。

温室建设按项目分项可分为以下几方面的内容，主要有基础建设，钢结构安装，围护结构（包括塑料膜、PC板或玻璃的安装，通风窗、湿帘、防虫网的安装）安装，各种设备安装及调试（包括室内供水管道安装、暖气管道安装、照明系统安装、开窗机构安装、外遮阳网和内遮阳保温幕拉幕机构安装、侧墙保温幕安装、风机安装、充气机构安装、卷膜机构安装、补光系统安装等合同中规定的内容），种植设备、苗床、种植床的安装等。

因此，实际意义的现代温室，具备主体骨架由采用经热镀锌防锈处理的型钢构件组成，工厂化生产，具有相应的抗风雪等荷载的能力；采用玻璃、塑料薄膜、硬质塑料、聚碳酸酯板板等透光材料覆盖及其相应的卡槽、卡簧、铝合金型材或塑料型材等紧固、镶嵌构件，具有透光和保温的性能要求；配备有遮阳、降温、加温、通风换气等配套设备和栽培床、灌溉施肥、照明补光等栽培设施；还有环境调控的控制设备等，形成完整成套的技术和设施设备。

温室建设是一个复杂的系统工程，包含了先进的科学技术，代表了一个国家温室制造业的水平。温室工程建设的优劣，反映了温室承建方对温室的专业程度。从规范温室市场，提高温室建设质量，提高农业种植业水平来说，在行业内亟待建立我国温室建设的规范。

1.2 温室工程工艺概论

1.2.1 工艺的概念

工艺（Craft）是劳动者利用生产工具对各种原材料、半成品进行增值加工或处理，最终使之成为制成品的方法与过程。工艺的目的，就是要使某种材料更具价值。由于不同的工厂的设备生产能力、精度以及工人熟练程度等因素都大不相同，所以对于同一种产品而言，不同的工厂制定的工艺可能是不同的；甚至同一个工厂在不同的时期做的工艺也可能不同。可见，就某一产品而言，工艺并不是唯一的，而且没有好坏之分。这种不确定性和不唯一性，和现代工业的其他元素有较大的不同，反而类似艺术。所以，有人将工艺解释为"做工的艺术"。

国家标准 GB/T 4863—1985 对工艺的定义：使各种原材料、半成品成为产品的方法和过程。不同的国家对工艺有不同的命名。中国对工业制作技艺的总称传统上叫"工艺"，与苏联的命名相当。这是由于 20 世纪 50 年代，我国大量引进苏联的制造技术，工艺这个词便被广泛应用起来，沿用至今。英文的"工艺"与"技术"是同一个单词"Technology"，也可称"制造技术"。英、美等国的企业没有单设工艺部门，这并不是没有工艺部门，而是将工艺工作职能放在制造部。日本称工艺为"生产技术"，工艺工作职能设在生产技术部。我国普遍应用"工艺"这个规范的术语。

在工程实践中，工艺是指以文字、图表的方式，表达将原材料加工成一个产品成品的全过程，"工艺"是一项多学科知识的综合运用，它是生产企业保证产品质量的强制性"法律文件"。在生产过程中，凡是改变生产对象的形状、尺寸、位置和性质等，使其成为成品或半成品的过程称为工艺过程。其他过程则称为辅助过程。

工艺是企业的 Know—how（知道—做到），是企业的看家本领，即企业的核心竞争力。一般认为，企业间竞争的实质是技术实力的竞争。评价一个企业的技术能力，主要有三个方面：一是设计技术能力，掌握产品核心部件的设计技术；二是工艺技术能力，具有制造该产品的工艺基础；三是员工的技术素质和职业道德水准的高低。所以说制造工艺是企业参与竞争、谋求发展的核心技术竞争能力。

1.2.2 温室工程工艺的概念

温室工程工艺（也可以成为温室施工工艺）是指在温室施工过程中所涉及到的温室土建施工工艺、温室钢结构工程工艺、温室设备安装工艺、温室电气、智能化工艺等一系列工程工艺的总称。其施工工艺内容是指一项温室工程具体的工序规定和每道工序所要求采用的施工技术、施工方法和施工材料。

在分析产品生产过程、人员的施工过程中，工艺流程图对一步步的顺序提供了有价值的图解。为了明确的表达工艺的内容，实践中常用流程图来对工艺进行详细的表述。流程图是流经一个系统的信息流、观点流或部件流的图形代表。在企业中，流程图主要用来说明某一过程。这种过程既可以是生产线上的工艺流程，也可以是完成一项任务必需的管理过程。

美国工业工程标准词汇作了以下定义："工艺流程图是用图表符号形式，表达产品通过工艺过程中的部分或全部阶段所完成的工作。典型的流程图中包括的资料有数量、移动距离、所做工作的类别以及所用的设备，也可以包括工时"。为了便于列出工艺流程图，一般均采用国际通用的记录图形符号来代表生产实际中的各种活动和动作，用图形符号表明工艺流程所使用的机械设备及其相互联系的系统图。完整的工艺文件包含了大量与工艺流程、加工方法、设备、工装夹具、材料定额、工时定额、检验以及产品有关的信息（图1-2-1）。

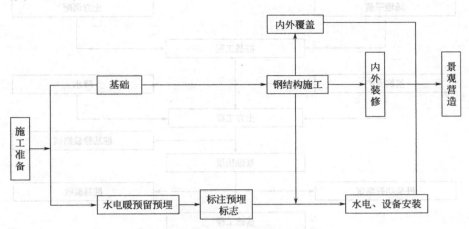

图 1-2-1　温室总体工程工艺流程图

1.2.2.1　温室土建施工工艺

温室土建施工工艺是指温室建筑过程中的地基、基础和墙体的施工内容的方法和施工工序。具体包括基础工程、模板工程、钢筋工程、混凝土工程、砌体工程、抹灰工程、楼地面工程、饰件工程、防水工程等工程施工工艺内容（图1-2-2、图1-2-3）。

1.2.2.2　温室钢结构工程工艺

钢结构制作施工工艺适用范围：适用于建筑钢结构的加工制作工序，包括工艺流程的选择、放样、号料、切割、矫正、成型、边缘加工、管球加工、制孔、摩擦面加工、端部加工、构件的组装、圆管构件加工和钢构件预拼装（图1-2-4）。

1.2.2.3　温室设备安装工程工艺

温室设备安装工程工艺是指温室工程中除土建和钢结构等主体建筑外的灌溉、栽培床、环境控制（温室通风、温室降温、温室加热）、园艺机械（基质混合、填土机、播种机、自动移栽机、自动化生产配套设备、视觉分级技术）、内部运输、植物保护等设备和相关配套设备的设计、施工方法、流程和维护技术。

1.2.2.3.1　机械设备安装

（1）机械设备安装的基本概念

机械设备安装是按照一定的技术条件，将机械设备或其它单独部件正确地安放和牢固地固定在基础上，使其在空间获得需要的坐标位置。机械设备安装质量的好坏，直接影响设备效能的正常发挥。机械设备安装的工艺过程包括：基础的验收、清理和抄平，设备部件的拆洗和装配，设备的吊装，设备安装位置的检测和找正，二次灌浆以及试运转等。

机器设备正确的安装位置，由机器或其单独部件的中心线、标高和水平性所决定，安装机器设备时，要求其中心线、中心高或水平性绝对正确是不可能的，当中心线、标高和水平性的偏差不影响机器设备的安全连续运转和寿命时，则是允许的。机器设备安装的实际偏差必须在允许的偏差内（称为安装精度）。同时，还要保证机器及其单独部件牢固地固定在基础上，防止其在工作中由于动载荷等的作用脱离正确的工作位置。

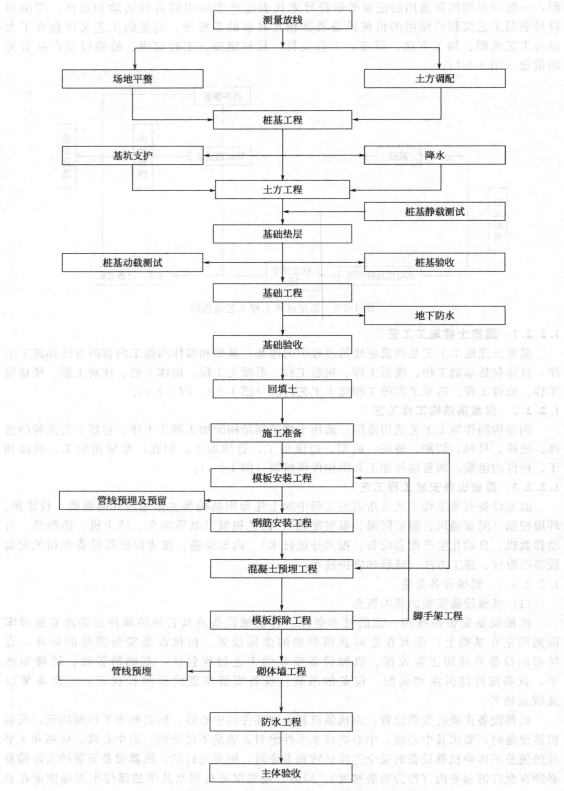

图 1-2-2　温室土建主体工程工艺流程图

温室建造工程工艺学

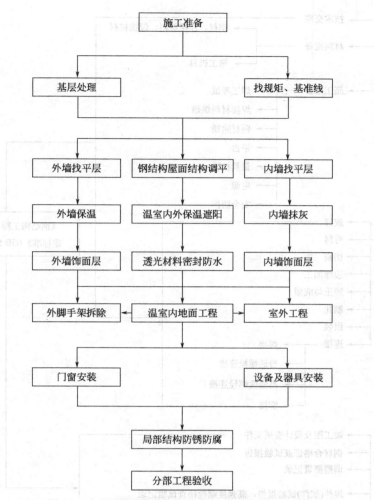

图 1-2-3　温室覆盖及装饰装修主要工程工艺流程图

（2）安装的主要工艺过程

概括起来，一台机械设备从运抵安装现场到它投入生产或具备使用条件，都必须经过基础的验收，设备开箱验收、起重和搬运，基础放线和设备划线，设备就位，找正找平，设备固定，拆卸、清洗、装配及设备的试运转直到工程验收等基本安装工艺。

（3）设备安装三要素

机械设备的安装位置的测检与调整工作是调整设备安装工艺过程中的主要工作，它的目的是调整设备的中心线、标高和水平性，使三者的实际偏差达到允许偏差要求，即保证安装精度。这一调整过程称为找正、找平、找标高。这些工作进行的好坏，是机械设备整个安装过程中的关键，对安装质量及投产后性能的发挥有着重大的影响。

1.2.2.3.2　设备安装基本知识

（1）地脚螺栓的安装

地脚螺栓的作用是固定设备，使设备与基础牢固地结合在一起，以免工作时发生位移和倾覆。

① 地脚螺栓尺寸的确定　地脚螺栓的型式、长度、直径由设计图纸提供，若无规定由下列方法确定：

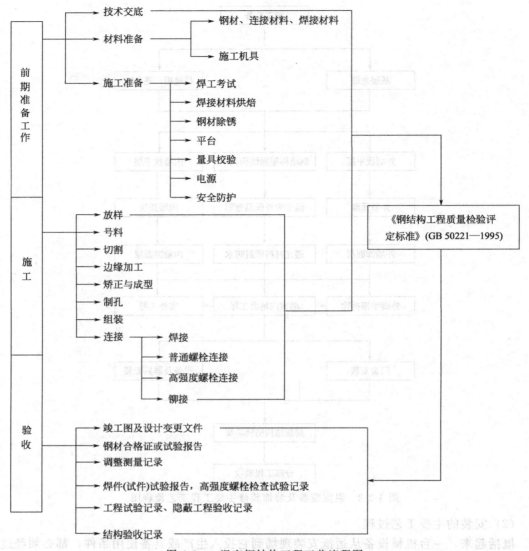

图 1-2-4 温室钢结构工程工艺流程图

地脚螺栓的直径应小于设备底座上的孔径，其关系见表 1-2-1。

表 1-2-1 设备底座上的孔径与地脚螺栓直径的关系

孔径/mm	12～13	14～17	18～22	23～27	28～33	34～40
螺栓直径/mm	10	12	16	20	24	30

地脚螺栓的长度 L 可由下式求得：$L(\text{mm}) = L1 + L2$

其中：$L1$——埋入基础深度，一般用直径的 12～25 倍；

$L2$——外露部分长度。

对于大型设备和震动较大的设备，$L1$ 取值应偏大。

② 安装地脚螺栓的注意事项

a. 地脚螺栓的垂直度公差值为 10/1000；

b. 地脚螺栓上的油垢必须清洗干净；

c. 地脚螺栓与孔壁的距离应大于 15mm，地脚螺栓底端不应碰孔底；

d. 拧紧螺母后，螺栓必须露出螺母 1.5～5 个螺距；

e. 底座与螺母间应加垫圈，对有振动的设备，地脚螺栓应用锁紧装置锁紧；

f. 紧固地脚螺栓时，应从设备的中心开始，然后往两边对角交错进行，同时施力要均匀，全部紧完后按原顺序再紧一遍。

（2）垫铁的布置

① 垫铁位于设备的底座与基础之间，它的作用如下：

a. 调整设备的标高和水平位置；b. 承担设备的重量、拧紧地脚螺栓的预紧力以及设备振动力的传递；c. 保证设备底部在二次灌浆时都能灌到。

② 垫铁的种类

垫铁是具有一个形状和尺寸的铸铁块或钢板，常用的垫铁有两种类型：a. 平垫铁：也叫矩形垫铁；b. 斜垫铁：斜垫铁的斜度一般为 1/20～1/10，斜垫铁在一般情况下均成对使用，在一组垫铁中，应用两块斜度相同的斜垫铁和一块同号的平垫铁。

③ 垫铁的位置

a. 每个地脚螺栓旁至少有一组垫铁；b. 垫铁组在能放稳和不影响灌浆的情况下应量靠近地脚螺栓；c. 相邻两组垫铁的距离，一般应为 500～1000mm；d. 垫铁应有足够的面积承受设备的负载。

④ 放置垫铁的注意事项

a. 在基础上放置垫铁的位置要铲平，使基础与垫铁接触良好；

b. 应尽量减少每组垫铁中的垫铁块数，一般不超过 3～4 块，并少用薄垫铁，厚垫铁放在上面，最薄的板放中间；

c. 在平垫铁与斜垫铁混合使用时，一般平垫铁放下面，斜垫铁放上面；

d. 垫铁组的总高度一般在 30～100mm，斜垫板应露出 10～50mm；

e. 垫铁应露出设备底座外缘，平垫铁应露出 10～30mm，斜垫铁应露出 10～50mm；

f. 在设备调整合格后，若使用钢垫铁，每组垫铁必须点焊牢，但铸铁垫铁可不焊。

（3）设备开箱检查、就位及找正

① 开箱检查　开箱检查的目的有三：第一，零部件是否齐全；第二，设备有无损坏；第三，办理移交手续。检查后应对设备及零部件进行妥善保管。

② 设备就位　设备开箱查验后，就可以就位，就位就是将设备由箱的底排搬到设备基础上。

就位的方法很多，应根据具体情况选择比较合理的就位方法。

③ 设备找正　找正就是将设备不偏不倚地正好放在规定的位置上，使设备的纵横中心线和基础上中心线对正，为此，必须找出设备的中心线和中心点，即找出设备的定位基准，并进行设备的划线，设备的定位基准一般在规范设计和设备说明书上都有规定。单件设备互不影响，找正方法比较简单，就位后利用量具和线锤进行测量，如果不正时，可有撬杠撬动设备，稍加调整，直到基础的中心线对正为止。联动设备找正比较麻烦，此处就不进行介绍了。对于静止设备的找正，除了要使设备的中心线与基础中心线对准外，还要注意使设备上的管座方位与图纸上设计要求相符合。

（4）设备的试运转

① 试运转的目的　试运转的目的是综合检查以前各工序的施工质量，同时也可以发现机械设备在设计制造等方面的缺陷，然后做最后的修理和调整，磨合动配合表面，使设备的运转特性符合生产的要求，只有试运转正常以后，机械设备才能按设计要求投入正常生产。

② 试运转的步骤

试运转的程序是先空载后负载，先轻载后满载，先单机后联动，先低速后高速，先短期后长期。

设备不同，试运转的要求也就不同，分别由专门的规程规定。

③ 试运转中应注意的问题

a. 设备起动运转后，首先应注意运转的声音，运转正常的声音应该是均匀的、平稳的；如果有毛病，就会发生各种杂音；

b. 其次应经常注意的是温度，需要测量的一般是摩擦部位，以及油温、冷却水温，空气压缩机还需测量出口温度；

c. 在试运转中应检查各运动机构的状况，使之符合要求；

d. 在运转中应对操纵系统和制动系统作数次试验，均应灵敏，正确和可靠地起到规定的作用；

e. 在试运转中，密封装置应良好，并且不发热；

f. 在试运转中如发现有不正常的现象，一般应立即停车，并进行检查和修理。

1.2.2.4　温室电气、智能化工程工艺

温室电气、智能化工程是指温室工程中除土建和钢结构等主体建筑外的灌溉、栽培床、环境控制（温室通风、温室降温、温室加热）、园艺机械（基质混合、填土机、播种机、自动移栽机、自动化生产配套设备、视觉分级技术）、内部运输、植物保护等设备和相关配套电气设备的设计、施工方法、流程和维护技术。

温室电气、智能化工程工艺主要内容为：强电、弱电工程工艺。

1.2.2.4.1　变配电设备简介

1.2.2.4.2　电气安装工程施工的基本程序、工艺流程

1.2.2.4.2.1　电气工程安装及施工内容

工厂供电系统是电力系统的主要组成部分。在建设项目中，电力系统通常是指工厂变配电系统。企业供电网络系统是由外部送电线路、降压变电所、企业内部高低压网络及车间变电所等组成。目前我国常用的电压等级：220V、380V、6kV、10kV、35kV、110kV、220kV、330kV、500kV。电力系统一般是由发电厂、输电线路、变电所、配线电路及用电设备构成。通常将35kV及35kV以上的电压线路称为送电线路。10kV及其以下电压称为"高电压"，额定电压在1kV以下电压称为"低电压"。我国规定安全电压为36V、24V、12V三种。

1.2.2.4.2.2　电气照明及常用低压电气设备安装

（1）电气照明系统

按照明在建筑中所起主要作用的不同，可将建筑照明分为视觉照明和装饰照明两大类。

视觉照明：满足人们的视觉要求（属生理需求），保证从事的生产、生活活动正常进行而采用的照明，称为视觉照明。根据具体的工作条件，视觉照明又可分为：正常照明和应急照明。应急照明按功能又分为三类，即：疏散照明、安全照明和备用照明。

（2）常用低压电气设备

① 动力设备

a. 电动机的型号以及选择：Y系列电动机型号如下：

常用的产品代号有：

Y——小型三相交流鼠笼异步电动机；

YR——小型三相绕线转子异步电动机；

YZ、YZR——冶金、起重用异步电动机；

YB——隔爆型电动机。

b. 电动机的选择：负载转矩的大小是选择电动机功率的主要依据。电动机铭牌标出的额定功率 PN 是指电动机抽输出的机械功率。为了提高设备自然功率因数，应尽量使电动机。

满载运行，电动机的效率一般为 0.8 以上

c. 电动机的启动方法：一种是直接启动，直接启动也称全压启动，仅用一个控制设备即可。其特点是启动电流大，一般为额定电流的 4～7 倍。启动方法简单，但一般仅适用于小于 10kW 的电动机，具体接线方法有星形连接和三角形连接。另一种是减压启动，当电动机容量较大时，为了降低启动电流，常采用减压启动。

② 常用低压控制和保护电器　低压电器指电压在 500V 以下的各种控制设备、继电器以及保护设备等。用的低压电器设备有刀开关、焊断器、低压断路器、接触器、磁力启动器及各种继电器等。

（3）建筑电气工程图的种类

① 系统图（主接线图）　用来概略表示一个系统或分系统的基本组成、相互关系（连接关系）以及主要特征的一种简图。如图 1-2-5 所示。

② 电路图（原理图）　详细反映电路控制系统原理的图形。

①、②均不反映电气安装实际位置，只表达功能特征。

③ 平面图（位置图）　反映设备安装位置、管线规格、管径、大小、数量、敷设方式、线路走向等的一种简图。

④ 设备材料表　提出设备、材料规格、型号、管径以及数量等的表格（表 1-2-2、表 1-2-3）。

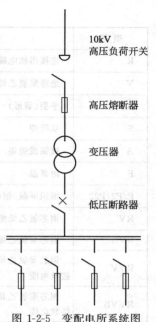

图 1-2-5　变配电所系统图

表 1-2-2　主要设备材料表

图位名	名　称	型号及规格	单位	数量	备注
1	三相电力变压器	S-800/10 型 800kVA10/0.4～0.23kV	台	1	
2	三相电力变压器	S-1000/10 型 1000kVA10/0.4～0.23kV	台	1	
3	户内高压负荷开关	FN$_3$-10 型 10kV400A	台	2	
4	手动操作机构	CS3 型	台	2	
5	低压配电屏	PGL$_1$-05A	台	1	
6	低压配电屏	PGL$_1$-06A	台	1	
7	低压配电屏	PGL$_1$-07A	台	1	
8	低压配电屏	PGL$_1$-21A	台	1	
9	低压配电屏	PGL$_1$-23A	台	2	
10	低压配电屏	PGL$_1$-23B	台	2	
11	低压铝母线	LMY-100×8	m	40	
12	高压铝母线	LMY-40×4	m	10	
13	中性线	LMY-40×4	m	12	
14	电车绝缘子	WX-01 500V	个	40	

表 1-2-3　绝缘导线文字表示

型号	名　　称	型号	名　　称
R	连接用软电缆(电线),软结构	FD	产品类别代号,指分支电缆
V	绝缘聚氯乙烯/聚氯乙烯护套	YJ	交联聚乙烯绝缘
B	平型(扁形)	ZR	阻燃型
S	双绞型	NH	耐火型
A	镀锡或镀银	WDZ	无卤低烟阻燃型
F	耐高温	WDN	无卤低烟耐火型
P/P2/P22	编织屏蔽/铜带屏蔽/钢带铠装	AVR	镀锡铜芯聚乙烯绝缘连接软电缆
RV	铜芯氯乙烯绝缘连接电缆	RVS	铜芯聚氯乙烯绞型连接电线
RVB	铜芯聚氯乙烯平型连接电线	ARVV	镀锡铜芯聚氯乙烯绝缘聚氯乙烯护套平形连接软电缆
RVV	铜芯聚氯乙烯绝缘聚氯乙烯护套圆形连接软电缆	RV-105	铜芯耐热 105℃聚氯乙烯绝缘聚氯乙烯绝缘连接软电缆
RVVB	铜芯聚氯乙烯绝缘聚氯乙烯护套平形连接软电缆	AF-205AFS-250AFP-250	镀银聚氯乙氟塑料绝缘耐高温－60～250℃连接软电线
Y	预制型、一般省略,或聚烯烃护套		

⑤ 安装大样图（国标）　即装配图,是配件组合安装的一种详图。大样图的特点是采用双线图表示,对物体有真实感,并对组装体各部位的详细尺寸都进行标注。如图 1-2-6 所示为防雷接地工程中断接卡子大样图。

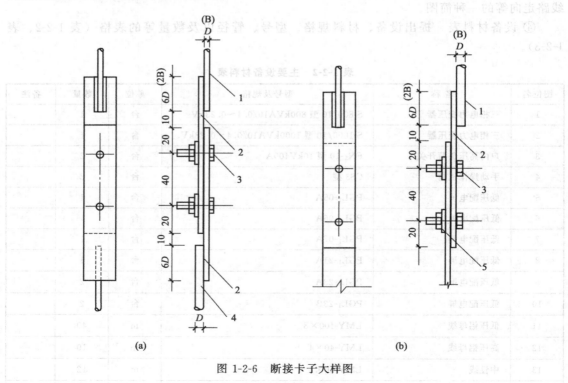

图 1-2-6　断接卡子大样图

1.2.2.4.2.3　电气安装工程主要工艺流程见图 1-2-7。

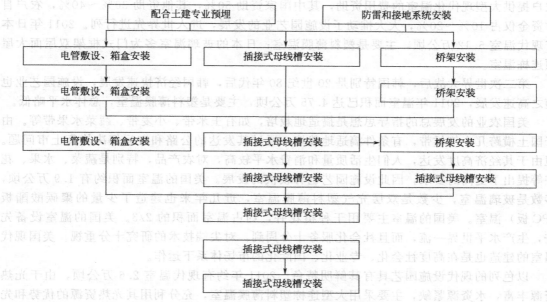

图 1-2-7 电气安装工程主要工艺流程

1.3 国内外温室工程工艺发展的概况及趋势

1.3.1 国内外温室发展概况

世界各国的现代温室，于 20 世纪 60 年代逐步完善并快速发展。从世界各国现代设施园艺发展的情况看，特别是发达国家，比如荷兰以大型连栋温室为主；我国以日光温室和塑料大棚为主，面积约 246 万公顷。塑料温室和大棚主要分布在亚洲地区，面积约 260 万公顷；玻璃温室约 4 万公顷，主要分布在欧美地区；新型覆盖材料聚碳酸酯板（PC 板）温室近几年有较快发展，目前有 1 万多公顷，零星分布于世界各国。

荷兰是土地资源非常紧缺的国家，靠围海、围湖造田等手段扩大耕地，人均耕地仅 0.2 公顷，但却能主要依靠现代设施园艺和养殖业，成为仅次于美国、法国的世界第三大农业出口国。荷兰是设施园艺最发达的国家，目前有现代温室 1.7 万公顷，全部为玻璃温室，占全世界玻璃温室的 1/4，主要用于种植花卉和蔬菜。荷兰温室内生产的蔬菜，占本国蔬菜总产值的 3/4，绝大部分销往世界各地；荷兰的花卉产业十分发达，主要靠温室栽培，是世界第一大花卉出口国，成为世界花卉贸易中心。荷兰的现代温室，无论从面积、规模、水平都居世界前列，但却没有一家专门生产制造温室的企业，虽然也有一些配件专业生产厂家，但温室及配套设施的生产完全靠一种高度社会化、国际化的市场体系。荷兰温室的覆盖、保温材料等均从比利时、瑞典等国进口。温室建造的运作主要靠温室工程公司，具有国际输出能力的温室工程公司有 7~8 家，其主要作用是"集成组装"而不是"制造"，通过市场调查获得需求信息，按用户要求进行温室设计、工程预算、材料购买、工程发包等，完全体现了温室工程建造的特点。荷兰的温室工程公司已从为荷兰、欧洲地区提供工程服务，向世界各国，特别是发展中国家拓展合作业务。

日本是个岛国，人均耕地资源低于我国。20 世纪 60 年代开始，快速发展现代设施园艺业，温室由单栋向连栋大型化、结构金属化发展，到 20 世纪 70 年代为高速发展期，政府向农户提供大型现代化温室的费用资助，其中国家资助 50%，其他资助 30%～40%，农户自付资金仅占 10%～20%，大大推动了设施园艺业的发展，进入世界先进行列。2011 年日本有现代温室 5.12 万公顷，主要是塑料薄膜温室；日本的玻璃温室多为门式框架双屋面大屋顶连栋温室。

第二次世界大战后，韩国特别是 20 世纪 80 年代后，韩国经济快速发展，设施园艺业也随之高速发展，2011 年温室面积已达 4.75 万公顷，主要是塑料薄膜温室，总体水平略低。

美国农业的发展总的指导思想是搞适地栽培，如有玉米带、小麦带、蔬菜水果带等。由于国土横跨几个气候带，有条件搞适地栽培，通过其发达的公路和空运解决均衡上市问题。但由于其经济高度发达，人们生活质量和消费水平较高，对农产品，特别是蔬菜、水果、花卉等提出了更高的要求，因此设施园艺也有较快的发展。美国的温室面积约有 1.9 万公顷，多数是玻璃温室，少数是双层充气塑料薄膜温室，近几年来也建造了少量的聚碳酸酯板（PC 板）温室。美国的温室主要用于种植花卉，约占温室面积的 2/3。美国的温室设备先进，生产水平世界一流，而且社会化服务十分周到，对尖端技术的研究十分重视。美国现代温室的建造也是在高度社会化、专业化、国际化的市场体系下运作。

以色列的现代设施园艺具有其鲜明特色。2011 年约有现代温室 2.6 万公顷，由于光热资源丰富，水资源紧缺，主要采用大型连栋塑料薄膜温室，充分利用其光热资源的优势和先进的节水灌溉技术主要生产花卉和高档蔬菜，产品主要销往西欧市场，年产鲜切花 15.8 亿枝（1998 年），花卉出口额居世界第三位。

地中海沿岸地区，由于气候条件较好，设施园艺业也有较快的发展，面积达到 35.3 万公顷。2011 年意大利有温室 7.28 万公顷，法国 2.65 万公顷，西班牙 7.17 万公顷，葡萄牙 0.20 万公顷，主要是大型连栋塑料薄膜温室；东欧一些国家，如匈牙利有温室 0.23 万公顷，捷克 0.36 万公顷，罗马尼亚 0.12 万公顷，主要是玻璃温室，多为 Venlo 型结构，在主体骨架、配套设备、控制技术等总体水平低于荷兰；北欧有温室 1.67 万公顷，主要是玻璃温室；美洲有温室 1.56 万公顷。

1979～1987 年间，我国处于改革开放初期，先后从保加利亚、荷兰、罗马尼亚、美国、日本、意大利六国，引进现代温室 24 座，共 19.2 公顷，分别建造在北京、黑龙江、广东、江苏、上海、新疆等六省市区。从 20 世纪 80 年代开始，随着我国改革开放政策的实施，在消化国外技术的基础上，对热镀锌钢管装配式塑料大棚、现代温室等也进行了开发研究。自"九五"期间开始，国家科学技术部将"工厂化高效农业示范工程"列入"九五"国家科技攻关重大产业化工程项目计划。我国各地相继成立了一大批温室企业，较广泛深入地对现代温室设施和配套设备进行了开发研究，侧重于消化吸收国外先进技术，并逐步重视了对我国气候的适应性和国产化问题。经过多年的研究设计、试验示范和大量温室工程建设的实践，已能设计建造包括具有我国鲜明特色的节能型日光温室和各种类型的现代温室，其设计制作、建造和现代温室的整体性能，总体上基本达到发达国家同类产品的水平，初步形成我国现代温室的技术体系和系列产品，而且在对我国气候的适应性、材料选择、制作工艺、配套设备等方面，以及在加温、保温、通风等方案的选择上更符合我国国情。到 2000 年包括引进国外的温室在内，我国已拥有现代温室 700 多公顷，并且每年以 100 公顷以上的速度快速发展。

1.3.2 温室工程工艺的发展趋势

工业技术植入农业生产中，已经使荷兰温室农业赋予了工厂化生产的内涵，成为工业化大体系不可分割的部分。这种采取全封闭生产、完全摆脱自然条件束缚，实现全年均衡生产的现代化农业生产经营方式，带来了全新的理念：用现代科技支持现代农业，实现科技经济一体化是农业融入现代经济社会的必然趋势。

玻璃温室种植蔬菜之所以成为现实，这是改革创新的结果，开拓创新在今天仍然是荷兰玻璃温室蔬菜园艺的一大特点。在把新概念转化成实际解决办法方面和在改进现有技术并开发新技术方面，科研站、试验农场、大学、专科学校、咨询机构、植物育种公司、种子和种苗生产商，设备制造公司和花卉种植者都起了重要作用。

（1）现代温室日臻完善

温室是农业生产性建筑设施，必须保证其成套性和整体性能好。因此，从温室基础建设、主体结构、配套设备、工程组装、整体性能调试、设施栽培品种选择和技术管理等，是个完整的成套的工程问题。目前发达国家的现代温室和设施园艺业已经达到上述境界，处于先进水平，温室主体结构构件的生产实心了规范化、模具化、流水线生产，防腐处理工艺先进，现场组装起的主体结构坚固、耐用、美观；外覆盖、遮阳、保温材料多种多样，均有规范的标示和明确的性能指标。

从现代温室发展的状况和全球经济发展的形势分析，在今后一个时期，现代温室将以节能、环保和改善工作条件为核心，广泛深入的应用新技术、新工艺、新材料以求在更高层次上的完善提高，稳步持续发展。当然，在某种意义上，对于温室来说，节能、环保和改善工作条件是永恒的主题，在人类社会进入信息化的 21 世纪更当如此。

（2）布局趋于合理，层次更加分明

我国已经成为世界上最大的设施栽培国家，但主要是日光温室和各类塑料大棚，现代温室的比重还很小，对现代温室，我国在技术应用和生产上尚存在相当的盲目性，有针对性的关键技术、总体设计方案、解决问题的措施等还研究较少，缺乏相关的技术标准；温室的建设与栽培技术的配套，存在着较大问题，严重影响设施园艺的高效益；现代温室和设施园艺的布局分散，不尽合理，难以形成规模化的商品生产。

（3）我国现代温室仍将持续快速发展

今后一个时期，我国现代温室将围绕着节能、环保、改善环境条件的主题，向成套性和提高整体性能方向发展，不断的完善提高，逐步形成具有鲜明中国特色的技术体系和成套的设施设备产品。

温室企业，特别是一些大型企业，已意识到温室业存在的问题，正在进行冷静地思考和认真地总结，力求尽快克服盲目和浮躁，大力提高产品质量和加强售后服务，调整经营策略，注意实际效果，使温室发展趋于理智和成熟。

从长远发展看，我国温室市场发展潜力巨大，温室用户也趋于理智和成熟，普遍要求温室区域布局合理化和对当地气候条件适应性的科学化以及温室应用技术的普及化，我国温室业也开始开拓国际市场，国外温室企业也力图抢占我国市场，温室市场向国际化发展，我国现代温室制造业正在向专业化、社会化、市场国际化的方向发展。

因此，我国现代温室将持续快速发展，前景十分广阔。

设施农业近年来的发展趋势主要可以归结如下。

① 与现代工业技术进一步结合，提高硬件质量，增强配套能力。我国设施农业要在建筑结构工程、材料工程和节水节能工程方面进一步发展，在提高主体结构质量的同时，应不断增强配套能力。

② 设施与设施农业产品生产向标准化发展，包括温室及配套设施性能、结构、设计、安装、建设、使用标准，设施栽培工艺与生产技术规程标准，产品质量与监测技术标准等。

③ 加强采后加工处理技术的研究开发，包括采后清洗、分级、预冷、加工、包装、储

藏、运输等过程的工艺技术及配套设施、装备等，提高产品附加值和国际市场竞争力。

④ 与计算机自动控制技术结合。实现光、温、水、肥、气等因素的自动监控和作业机械的自动化控制等。

⑤ 与信息技术结合，建立以产品、技术和市场等为主要内容的网络化管理、模式化运行、远程服务等。

⑥ 与生物技术结合，开发出抗逆性强、抗病虫害、耐贮藏和高产的温室作物新品种，全面提高温室作物的产量和品质；利用生物制剂、生物农药、生物肥料等专用生产资料，向精确农业方向发展，为社会提供更加丰富的无污染、安全、优质的绿色健康食品。

1.4　温室工程工艺的主要研究内容与设计方法

1.4.1　温室工程工艺的主要研究内容

温室工程工艺是指以温室工程为对象、施工方法和流程为核心，运用系统工程的原理，把先进技术和科学管理结合起来，经过工程实践形成的综合配套的施工方法和工作流程。它必须具有先进、适用和保证工程质量与安全、提高施工效率、降低工程成本等特点。

主要的研究内容有：工程材料问题；施工工具问题；施工条件问题；施工工序问题；工程的质量问题；

温室工程工艺根据所含内容的不同，主要包括以下几种类型：温室土建施工工艺；温室钢结构施工工艺；温室设备安装工程工艺。

1.4.2　温室工程工艺的设计方法

1.4.2.1　温室工程工艺的一般设计原则

制定工艺的原则是：技术上的先进和经济上的合理。具体内容为在一定的生产条件下，操作时能以最快的速度、最少的劳动量和最低的费用，可靠地加工出符合图纸设计要求的产品，其要体现出技术上的先进、经济、合理和良好的劳动条件及安全性。

近年来，随着我国城市化的不断发展，城市土地面积日趋紧张，我国的温室建筑施工工艺得到了空前发展。现阶段各类标准化温室和异型结构温室越来越趋向于更加环保、轻便、工期短、塑性变形能力强、抗震抗风性能高的钢结构建筑。由此温室钢结构的施工工艺得到了迅猛的发展。温室钢结构施工工艺根据施工流程可以分为以下几方面内容：钢材的选型、钢结构安装工程、钢构件焊接工程等。本文结合钢结构建筑施工的具体流程，将每一个环节进行剖析，科学、系统地研究温室钢结构建筑施工工艺，为今后温室钢结构施工提供科学的依据。

1.4.2.2　温室结构工程工艺设计

温室的结构主要以钢结构为主体，因此在结构的工程工艺设计上与我国的钢结构一致。欧美等国钢结构工程的设计普遍采用设计图与工厂详图（shop drawing）两个阶段出图的做法。我国1983年颁布的《钢结构施工验收规范》（GBJ 205—1983）明确对钢结构施工设计的两个阶段做法予以肯定，并分别定义为设计图和施工详图。2003年出版的《钢结构设计制图深度和表示方法》03G102标准图集则进一步明确了设计图和施工详图两个阶段的划分，并详细规定了设计图和施工详图中应包含的内容，明确了钢结构施工详图编制必须以设计图为依据，构件的加工、制作和安装必须以施工详图为依据。钢结构设计图由具有相应设计资质的设计单位设计完成，钢结构施工详图由具有相应设计能力的钢结构加工制造企业或委托专业设计单位完成。

20 世纪 50 年代我国钢结构设计制图沿用前苏联的编制方法分为 KM 图和 KMⅡ图两个阶段，即钢结构设计图和钢结构施工详图两个阶段，但在以后的一段时间中，各行业各系统各单位采用的编制方法有所不同，并且随着钢结构的快速发展和工程的日益大型化、复杂化，国内各设计单位的钢结构设计能力参差不齐，设计图内容不够统一、不够规范。

在实践温室结构设计中，根据不同温室钢结构工程不同的特点及复杂程度，一般把施工详图进一步划分为深化设计图和加工图（也称翻样图），深化设计图以设计图为依据，加工图以深化设计图为依据，并直接作为工厂加工的依据。

由于施工详图的编制工作较为琐细、费工（其图纸量约为设计图图纸量的 2.5～10 倍），也需要一定的设计周期，故建设及承包单位都应了解这一钢结构工程特有的设计分工特点，在编制施工计划中予以考虑。同时作为一项基本功，钢结构加工厂的设计人员也应对施工详图设计有深入的了解和掌握。

（1）施工详图与设计图的关系

设计图由设计单位编制完成，施工详图以设计图为依据，由钢结构制造厂家（或钢结构安装单位）编制完成，并直接作为加工和安装的依据。二者的区别见表 1-4-1 所示。

表 1-4-1　设计图与施工详图的区别

设 计 图	施 工 详 图
1. 根据工艺、建筑要求及初步设计等，并经施工设计方案与计算等工作而编制的较高阶段施工设计图； 2. 目的、深度及内容均仅为编制详图提供依据； 3. 由设计单位编制； 4. 图纸表示较简明，图纸量较少；其内容一般包括：设计总说明及结构布置图，剖、立面图，构件截面图，典型节点图，钢材材料表等	1. 直接根据设计图编制的工厂加工及安装详图（含连接、构造等计算）； 2. 目的为直接供制造、加工及安装的施工用图； 3. 一般由制造厂家或安装单位编制； 4. 图纸表示详细，数量多，内容包括：施工图总说明、结构和构件布置图、构件（包括节点）加工详图、零件加工图、安装图和材料清单等

（2）温室钢结构工程工艺的编制

① 编制工艺规程的依据：

a. 工程设计图纸及施工详图；

b. 图纸设计总说明和相关技术文件；

c. 图纸和合同中规定的国家标准、技术规范等；

d. 制作单位实际能力情况等。

② 制定工艺规程的原则是在一定的生产条件下，操作时能以最快的速度、最少的劳动量和最低的费用，可靠地加工出符合图纸设计要求的产品，其要体现出技术上的先进、经济的、合理和良好的劳动条件及安全性。

③ 工艺规程的内容

a. 根据执行的标准编写成品技术要求；

b. 为保证成品达到规定的标准而制订的措施：关键零件的精度要求，检查方法和检查具；主要构件的工艺流程、工序质量标准、工艺措施；采用的加工设备和工艺装备。

④ 工艺规程是钢结构制造中主要的和根本性的指导性文件，也是生产制作中最可靠的质量保证措施。工艺规程必须经过审批，一经制订就必须严格执行，不得随意更改。

（3）温室钢结构工程工艺的主要内容

① 材料检验　根据设计文件和规范要求检验主体材料及辅助材料的力学指标、化学成分、工艺性能、几何尺寸及外形。

② 材料堆放　将合格的钢材按品种、钢号、规格分类堆放，垫平、垫高，防止积水和变形。

③ 放样　根据审核后的施工图，以1∶1的比例绘出零件实样，并制作成轻而不易变形的样板。放样应根据工艺要求预留制作安装时的加工余量。

④ 材料矫正　通过外力和加热作用，迫使已发生变形的钢材反变形，以使材料平直。

⑤ 号料　以样板为依据，在原材料上划出实样，并打上各种加工记号。

⑥ 切割　将号料后的钢板、型钢按要求的形状和尺寸下料。常用的切割方法有机械切割、气割、等离子切割等。

⑦ 成形　成形可分热成形和冷成形两大类。按具体成形目的又可分为弯曲、卷板、折边和模压四种成形方法。

⑧ 边缘加工　为消除切割造成的边缘硬化而刨边，为保证焊缝质量而刨或铣坡口，为保证装配的准确及局部承压的完善而将钢板刨直或铣平，均为边缘加工。边缘加工分铲、刨、铣、碳弧气刨等多种方法。

⑨ 制孔　制孔分钻孔和冲孔。钻孔适用性广，孔壁损伤小，孔的精度高。一般用钻床。冲孔效率高，但孔壁质量差，仅用于较薄钢板上的次要连接孔，且孔径须大于板厚。

⑩ 装配　装配即将零件或半成品按施工图要求装配为独立的成品构件。装配的方法有地样法，依型复制法，立装、卧装、胎模装配法等。

⑪ 焊接　用高温使金属的不同部分熔合为一体的方法即为焊接。钢结构常用的焊接方法有电弧焊、电阻焊、电渣焊等。电弧焊又分手工焊、埋弧自动焊、气体保护焊等。

⑫ 后处理　包括矫正、打磨、消除焊接应力等。

⑬ 辅助材料准备　包括螺栓、焊条的配套采购、运输和检验。

⑭ 总装　在工厂将多个成品构件按设计要求的空间位置关系试装成局部或整体结构，以检验各部分之间的连接状况。

⑮ 除锈　除锈是钢结构防腐蚀的基本工序，现代钢结构制造厂一般用大型抛丸机进行机械化除锈，效率高而除锈彻底。少量钢结构用喷砂或钢丝刷除锈，前者粉尘污染较大，后者工效低且除锈不易彻底。

⑯ 油漆　室内钢结构一般均用喷漆和刷漆防腐蚀。在工厂喷刷底漆，安装完毕后在工地刷面漆。

⑰ 库存　生产并检验、包装完毕的钢结构构件若不能马上运出则应入库堆放，等待批量运输。

2 温室工程规划设计原理

2.1 现代温室工程规划设计

2.1.1 现代温室场址选择

2.1.1.1 选址原则

温室园区是大型温室建筑的载体，是一个包括诸多因素的复杂网络体系。根据发达国家和我国多地规划建设现代温室园区的经验，为了适应现代社会对温室园区的各种需要，以及结合现代大型温室园区的用地特点，一般把温室园区从市中心分离出去，在近郊建立大型现代温室的园区。一般应遵循下列原则：

① 分布均衡原则　现代温室园区应按具体服务对象、性质和范围等因素确定其服务半径。

② 密切衔接原则　现代温室园区应与城镇其它物流服务设施密切衔接，尽可能地设在大型种植园区的中心和农业产品集散地，以方便多式联运和货物集散。

③ 与城市规划建设相结合原则　现代温室园区既要满足农业生产和农业科技示范的需求，又要尽可能减少货运车辆对城市交通、环境、居民生活与工作所产生的各种影响。

④ 基本条件齐备原则　现代大型温室园区应有必要的给排水、电力、道路、排污等条件，要满足环境保护和消防工作的要求，能够避免一般自然条件的侵袭。

2.1.1.2 大型温室对场址的要求

建设连栋温室时选址要求地势平坦、土层深厚、光照条件优良的地方。具体分为以下几个方面的要求：

① 要选择采光条件好的，地温要高，灌溉要方便的地方。保证场区小气候条件良好，有利于温室环境空气的控制。

② 地势要开阔，平坦，方便大型温室建设和总体功能规划。同时，便于组织生产，提高设备利用率和提高劳动人员的工作效率。

③ 通风条件要好，便于防疫制度和措施的执行，能有效地防止环境污染和被污染。

④ 最好选择沙质土壤。

2.1.1.3 大型温室场址选择

（1）地形地势

地势较高和相对干燥的环境；背风向阳、避免涡流、避开风口；地势平坦而有坡度（场区理想坡度为1%～3%）；地形开阔整齐、避开狭长或边角太多的地形；面积充足合理并留有发展余地。

（2）适合设置现代大型温室的园区土壤

园区土壤一般要求，质地均匀，抗压性强；土壤化学组成适宜，不对人和作物、花卉等温室产品造成危害。但随着现代温室技术的突破性革新，现代温室完全可以通过技术手段适应各种土壤条件，因此，土壤的特性不对大型温室园区构成限制。

（3）水源要求

现代温室对水源有较高的要求，要求水源具备以下特点：取用方便、便于保护、水质良好、水量充足。一般水源形式有：地面水、地下水、降水。

（4）温室园区与城市总规关系

位置：大型温室园区选址应避开污染企业下风处，避免处于低地势地区，同时应避开排污口。远离造成环境污染的单位和场所，如医院、制革厂、造纸厂、屠宰场、交通枢纽等。

距离：一般大型温室园区距居民点：＞1500m。同时要求交通便利，与交通主干线之间有方便的联系。据公路的距离：国道、省际公路：＞500m；省道、区际公路：＞300m；一般公路：＞100m（有围墙50m）；

电力供应：现代大型温室园区应具有可靠的电力供应。选择场址时需重视电力条件，应就近输入电线路，尽量缩短新线敷设距离。应有备用电源，以防停电影响生产。

2.1.2　温室生产工艺设计

现代农业园区是以技术密集为主要特点，以科技开发、示范、辐射和推广为主要内容，以促进区域农业结构调整和产业升级为目标。不断拓宽园区建设的范围，打破形式上单一的工厂化、大棚栽培模式，把围绕农业科技在不同生产主体间能发挥作用的各种形式，以及围绕主导产业、优势区域促进农民增收的各种类型都纳入园区建设范围。

模式上，以"利益共享、风险共担"为原则，以产品、技术和服务为纽带，利用自身优势、有选择地介入农业生产、加工、流通和销售环节，有效促进农产品增值，积极推进农业产业化经营，促进农民增收。突出体现农业科技的作用，形成新品种新技术引进、标准化生产、农产品加工、营销、物流等各种形式的示范园网络。

现代农业园区：是指相关经济主体根据农业生产特点和农业高新技术特点，以调整农业生产结构、展示现代农业科技为主要目标，利用已有的农业科技优势、农业区域优势和自然社会资源优势，以高新技术的集体投入和有效转化为特征，以企业化管理为手段，进行研究、试验、示范、推广、生产、经营等活动的农业试验基地。

现代农业园区是一个以现代科技为依托，立足于本地资源开发和主导产业发展的需求，按照现代农业产业化生产和经营体系配置要素和科学管理，在特定地域范围内建立起的科技先导型现代农业示范基地。

现代农业园区是以农业技术创新为重点，以高科技、高转化为特征，融现代工程设施体系、高新技术体系和经营管理体系于一体，代表当代农业发展水平的农业科技示范基地。

2.1.3　园区规划布局与功能分区

各类温室存在结构功能等差异，在温室群的布局安排和温室内部平面布局都要按照一定的方位、间距和尺度进行安排，以满足其功能的需要。如图2-1-1就是一农业观光园温室群的布局图。

2.1.4　园区配套设施工程规划

2.1.4.1　配套给排水设施工程规划

（1）设计依据

《建筑给水排水设计规范》（GB 50015—2009）

《室外给水设计规范》（GB 50013—2006）

《生活饮用水卫生标准》（GB 5749—2006）

《地下水质量标准》（GB/T 14848—1993）

《地表水环境质量标准》（GB 3838—2002）

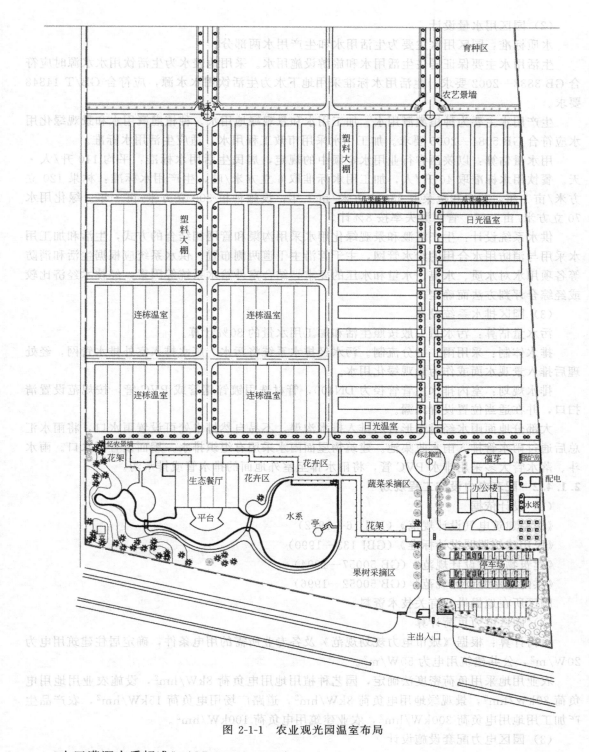

图 2-1-1　农业观光园温室布局

《农田灌溉水质标准》（GB 5084—2005）

《建筑设计防火规范》（GBJ 16—1987）

《建筑灭火器配置设计规范》（GB 50140—2005）

《污水综合排放标准》（GB 8978—1996）

2　温室工程规划设计原理

19

（2）园区用水量设计

水质标准：园区用水主要为生活用水和生产用水两部分。

生活用水主要保证居住生活用水和旅游设施用水。采用地表水为生活饮用水水源时应符合 GB 3838—2002 要求，生活用水标准采用地下水为生活饮用水水源，应符合 GB/T 14848 要求。

生产用水主要为种植灌溉用水、加工用水和景观绿地用水。种植灌溉用水和景观绿化用水应符合 GB 5084—2005 要求。加工用水采用市政工程用水，适应生活用水标准。

用水量估算：以陕西省行业用水定额中的规定，居民生活用水标准：平均 110 升/人·天。餐饮用水标准取 40 升/人，加工用水标准取 6 立方米/吨，生产用水标准：林果 120 立方米/亩·年，花卉和蔬菜取 230 立方米/亩·年，设施种植 300 立方米/亩·年。绿化用水 70 立方米/亩·年，管网漏失率按 8% 计。

供水系统设计：生产灌溉和景观绿化用水采用沟渠和管网相结合的方式，生活和加工用水采用与消防用水合用的给水管网，主干管沿主干道两侧布置。供水系统应根据生活和消防等各项用水对水质、水温、水量和水压的要求，结合室外给水系统等因素，经技术经济比较或经综合评判方法而确定。

（3）园区排水系统设计

污水量估算：污水量一般按照生活和加工用水量的 80% 计算。

排水体制：采用雨、污分流制。污水经排水系统将污水、废水排入室外排水管网，经处理后排入景观水面或作为景观绿化用水。

排水规划：室内排水主管管径为 DN400，管材选用镀锌钢管或 PVC 管，按规范设置清扫口，并在适当位置设置地漏。

大部分地面雨水经过地形自然排入排水沟渠，不易自然排水处可设置雨水口，将雨水汇总后通过雨水管排入雨水收集池。建筑物屋面雨水采用有组织排水，屋面设置雨水口。雨水斗、落水管大多采用排水 PVC 管，将雨水排至室外地面的排水管或排水沟。

2.1.4.2　配套电力设施工程规划

（1）设计依据

《民用建筑电气设计规范》（JGJ 16—1992）

《民用建筑照明设计标准》（GBJ 133—1990）

《建筑物防雷设计规范》（GB 50057—1994）

《供配电系统设计规范》（GB 50052—1996）

园区所在地提供的有关技术资料

（2）园区电力负荷计算

负荷计算：根据《城市电力规划规范》及各专业所需的用电条件，确定居住建筑用电为 $20W/m^2$，公共建筑用电为 $50W/m^2$。

农业用地采用负荷密度法确定，园艺种植用地用电负荷 $8kW/hm^2$，设施农业用地用电负荷 $20kW/hm^2$，景观绿地用电负荷 $8kW/hm^2$，道路广场用电负荷 $15kW/hm^2$，农产品生产加工用地用电负荷 $300kW/hm^2$，农业建筑用电负荷 $100kW/hm^2$。

（3）园区电力配套设施设计

供电电源：一般根据用电负荷的计算，在园区内设置有一定容量的变电所，电源来自市政电网。供电电压采用 220～380V。

配电及线路敷设：配电方式一般采用照明和动力负荷电，采用放射式和树干式相结合的方式。由各分体建筑总低压配电箱直接引入，配电设备中的主要干线均垂直敷设成树干式供电，水平干线采用放射式，穿管方式暗敷。线路敷设通常采用竖向干线、水平支干线，采用电力电缆 BV 型铜芯电线穿钢管保护埋墙、埋地（楼板）暗敷设；室内分支线路均采用 BV-500 型铜芯塑料绝缘线穿钢管或 PVC 暗敷；室外线路敷设采用电缆直接埋地和电缆沟相结合的方式。直埋电缆采用铠装电缆。

防雷与接地：顶层女儿墙内压顶钢筋可用作避雷带，与人工避雷带一起组成避雷内器，利用建筑物基础内纵横钢筋作自然接地体，并使其接地电阻不大于 1Ω，利用建筑物柱内钢筋作避雷引下线。避雷引下线、接闪器、接地体应可靠连接，组成完整的避雷接地装置。对计算机机房等的防静电接地、电磁屏蔽接地等按有关规范和设备的技术要求进行设计。所有不带电的电气设备金属外壳、屋面上突出的金属体、建筑造型结构钢铁、屋面现浇楼板内钢筋、进出建筑物的各种金属管道均要可靠接地。接地形式与整个电气接地系统相一致，防雷接地、工作接地、保护接地可采用联合接地形式，接地电阻不大于 1Ω，并进行总等电位连接和局部等电位连接。

照明：照明控制，采用分散控制和集中控制相结合的方式，以节约电源。各单体建筑均设置电压为 220V 的照明配电箱。走廊、楼梯间、厕所等公共场所采用吸顶式灯具；门厅、雨篷等选用装饰性灯具；办公、会议、住宿以荧光灯作为主光源。照明水平（照度）按有关设计规范确定，会议室、办公室、门庭、值班室不小于 150lx。走道、楼梯、出入口设置应急灯、层号灯、标志灯及疏散指示灯；事故照明和应急照明选用内置蓄电池灯，应急时间不低于 40 分钟；大楼外形的泛光照明由装饰设计确定。

2.1.4.3 配套电信设施工程规划

（1）设计依据

《民用建筑电气设计规范》（JGJ/T 16—1992）

《民用闭路监视电视系统设计规范》（GB 50198—1994）

园区建设单位提供的有关技术资料

（2）园区电信设施设计

农业物联网系统：建设农业环境自动监测系统，完成风、光、水、热、肥和农药等数据的采集和环境控制，为农业生产全过程提供智慧化服务，并有效提高农业集约化生产程度。建设产品信息溯源系统，提升生产和管理效率，推动蔬菜、林果种植数字化发展。

信息化体系一般包括园区信息管理系统；视频监控系统；生长环境监控及用水资源监控系统；智能化生产系统；视频培训系统；产品销售系统 6 个子系统。

电话通信系统：各单体建筑和农业设施中布设对外联络电话，以方便与外界联系。

计算机网络系统：各农业建筑中设置计算机网络系统，满足功能使用并可为管理提供服务。通过计算机系统加强对外信息交流，进一步提高服务质量和信息网络发展。

有线电视系统：在各单体建筑楼内设置公用电视插座，接收有线电视节目。

2.1.4.4 配套暖通设施工程规划

温室的结构类型有很强的地域性，在很大程度上，受到本地区气候条件的制约。例如世界上几个温室产业比较发达的国家，温室的结构类型便各具特色。荷兰虽然地处高纬，但因位于大西洋之东岸，系海洋性温带气候，冬季不冷，最低气温为 −5℃，夏季不热，最高气温不超过 30℃，但冬季日照百分率低，日照总量不及北京的一半，光照弱，降雪量大。在这样的气候条件下，温室结构注重承载和采光，围护材料为玻璃，冬季采暖费仅是温室生产运行成本的 10%，夏季一般不设降温设施，通风窗比相对较小，仅 20%～23%。这种温室适合于气候温和、四季温差较小的地区，引入我国后普遍感觉通风面积不够，夏季降温困难，冬季耗热量大。以色列地处 32°N 亚热带荒漠气候区，常年温暖、干燥，最低气温在

0℃左右，年降水量不足300mm，日照充足，光照强。在这种气候条件下，采光和采暖均不是主要问题，温室的主体结构相对高大，对雪载考虑较小，风载考虑较多，采暖设备相对简单，而对通风考虑较多，如强调机械通风，限制温室宽度在50m之内等。同时围护材料采用了一种透光性较差的高强度编织膜，引入我国后，普遍存在透光不足、冬季加热能耗大等问题，甚至遇到雪大的年份造成坍塌。

20世纪60年代，美国研究开发双层充气塑料温室，这种温室比单层塑料温室可节能30%～40%，但同时透光率要下降10%以上，这种温室适用于冬季光照强、日照百分率高于60%的地区。以美国温室分布较多的加利福尼亚地区而言，其12月份太阳辐射强度为：34kJ/cm²；而我国的四川、贵州、长江中下游地区冬季日照百分率不足50%，东北地区地处高纬，冬季太阳高度角小，光照弱，如1月太阳辐射强度仅为20kJ/cm²左右。该类型温室引入这些地区后，普遍感到透光率不足。我国是一个大陆性、季风性气候极强的国家，冬季严寒夏季酷热。一月份我国各地气温较全球同纬度地区低，而且纬度越高，低得越多，东北比同纬度地区低14～18℃，黄淮流域低10～14℃，长江以南低8℃，华南低5℃；七月份气温又比同纬度其他地区高，也是纬度越高，偏高越甚，东北偏高4℃，华北偏高2.5℃，长江中下游地区偏高1.5～2.0℃，要靠消耗矿物燃料来维持温室作物生育的适温，无论冬夏，其能源消耗比欧洲、日本大得多。

经过计算分析，冬季一亩（1亩＝667平方米）加热温室，比欧洲、日本耗煤量要高出1/2～3/4，所以荷兰采暖费仅占运行成本的10%，而我国则高达30%～50%，正是不堪重负。夏季正值我国的雨季，雨热同季也是我国气候的一大特点，空气湿度大，蒸发降温的难度必然增加，用于蒸发降温的能耗必然增加。由此可知发展中国温室产业，既不能照搬也不能模仿国外的模式，必须有自己的温室结构类型及配套设施的标准。我国幅员辽阔，气候类型多样。从南到北，横跨南热带到北温带等9个气候带和一个高原气候大区；从东到西，穿越湿润、半湿润、干旱、半干旱和荒漠5个气候区。多样性的气候类型，为发展温室产业提供了多样化的光、热等气候资源的组合，同时也提出了一个重要课题，就是在不同的气候区域内制定相应的温室结构类型和配套设施标准，做好温室工程标准气候区别。这就是说要充分发挥各地气候资源的优势，而避免不利气候因素的影响，根据区域气候的特征和经济效益明确提出我国最适宜、适宜、不适宜和极不适宜发展温室生产的区域，提出各个适宜区内温室建设及配套设施的标准。

配套采暖设施工艺标准：最大采暖负荷是决定采暖设备容量的重要依据。这是由室内外设定温度，采暖负荷系数 k 和保温覆盖材料的热节省率 f 确定的，其中室内设定温度由栽培的作物而定，室外设定温度则由地区气候条件而定，如取最近几年～10年一遇的最低气温。k 和 f 则分别根据围护结构和保温覆盖材料的性能决定，但现有的 k、f 值都是在温暖地区最低气温在0℃左右、微风下测得的。在中国北方冬季寒冷、土壤冻结、季风强的地区，对 k、f 要进行订正，大约最低气温每降低10℃，k 值要增加5%，f 值要减少50%。具体设计内容依据暖通章节的计算进行设计。

2.1.5 现代温室工程设计步骤与内容

2.1.5.1 批文阶段
（1）计划任务书
（2）可行性研究
（3）主管部门对计划任务书的批文
（4）规划管理部门同意拨地的批文

2.1.5.2 建筑设计阶段

（1）设计前的准备工作

熟悉设计任务书；收集必要的设计原始数据；设计前的调查研究。

（2）方案设计阶段

方案设计文件：

① 设计说明书，包括各专业设计说明以及投资估算等内容；对于涉及建筑节能设计的专业，其设计说明应有建筑节能设计专门内容。

② 总平面图以及建筑设计图纸。温室建筑总平面；各区域或各层平面及主要剖面、立面；说明书（设计方案的主要意图，主要结构方案及构造特点，以及主要技术经济指标等）。

③ 设计委托或设计合同中规定的透视图、鸟瞰图、模型等。根据设计任务的需要，可能辅以建筑透视图或建筑模型。

方案设计文件的编排顺序：

① 封面：项目名称、编制单位、编制年月；

② 扉页：编制单位法定代表人、技术总负责人、项目总负责人的姓名，并经上述人员签署或授权盖章；

③ 设计文件目录；

④ 设计说明书；

⑤ 设计图纸。

（3）初步设计阶段

初步设计文件：

① 设计说明书，包括设计总说明、各专业设计说明。对于涉及建筑节能设计的专业，其设计说明应有建筑节能设计的专项内容；

② 有关专业的设计图纸；

③ 主要设备或材料表；

④ 工程概算书；

⑤ 有关专业计算书（计算书不属于必须交付的设计文件，但应按本规定相关条款的要求编制）。

初步设计文件的编排顺序：

① 封面：项目名称、编制单位、编制年月；

② 扉页：编制单位法定代表人、技术总负责人、项目总负责人和各专业负责人的姓名，并经上述人员签署或授权盖章；

③ 设计文件目录；

④ 设计说明书；

⑤ 设计图纸（可单独成册）；

⑥ 概算书（应单独成册）。

（4）技术设计阶段

技术设计的主要任务是在初步设计的基础上，进一步确定温室建筑各工种和工种之间的技术问题。技术设计的内容为各工种互相提供资料、提出要求，并共同研究和协调编制拟建工程各工种的图纸和说明书，为各工种编制施工图打下基础。

建筑设计图纸

① 平面图

a. 标明承重结构的轴线、轴线编号、定位尺寸和总尺寸；注明各空间的名称；

b. 绘出主要结构和建筑构配件，如非承重墙、壁柱、门窗（幕墙）、天窗、楼梯、电梯、自动扶梯、中庭（及其上牛）、夹层、平台、阳台、雨篷、台阶、坡道、散水明沟等的位置；当围护结构为幕墙时，应标明椿墙与主体结构的定位关系；

c. 表示主要建筑设备的位置，如水池、卫生器具等与设备专业有关的设备的位置；

d. 表示建筑平面或空间的防火分区和防火分区分隔位置和面积，宜单独成图；

e. 标明室内、外地面设计标高及地上、地下各层楼地面标高；

f. 底层平面标注剖切线位置、编号及指北针；

g. 图纸名称、比例。

② 立面图　应选择绘制主要立面，立面图上应标明：

a. 量端的轴线和编号；立面外轮廓及主要结构和建筑部件的可见部分，如门窗（幕墙）、雨篷、檐口（女儿墙）、屋顶、平台、栏杆、坡道、台阶和主要装饰线脚等；

b. 平、剖面未能表示的屋顶、屋顶高耸物、檐口（女儿墙）、室外地面等处主要标高或高度；

c. 可见主要部位的饰面用料；

d. 图纸名称、比例。

③ 剖面图　剖面应剖在层高、层数不同、内外空间比较复杂的部位（如中庭与邻近的楼层或错层部位），剖面图应准确、清楚地绘示出剖到或看到的各相关部分内容，并应表示：

a. 主要内、外承重墙、柱的轴线，轴线编号；

b. 主要结构和建筑构造部件，如地面、楼板、屋顶、栅口、女儿墙、吊顶、梁、柱、内外门窗、天窗、楼梯、平台、雨篷、阳台、地沟、地坑、台阶、坡道等；

c. 各层地面和室外标高，以及建筑的总高度，各层之间尺寸及其他必需的尺寸等；

d. 图纸名称、比例。

④ 对于贴邻的原有建筑，应绘出其局部的平、立、剖面。

电气设计图纸

① 电气总平面图（仅有单体设计时，可无此项内容）。

a. 标示建筑物、构筑物名称、存量，高低压线路及其他系统线路走向、回路编号，导线及电缆型号规格，架空线、路灯、庭园灯的杆位（路灯、庭园灯可不绘线路），重复接地点等；

b. 变、配、发电站位置、编号；

c. 比例、指北针。

② 变、配电系统

a. 高、低压供电系统图：注明开关柜编号、型号及回路编号、次回路设备型号、设备容量、计算电流、补偿容量、导体型号规格、用户名称、二次回路方案编号；

b. 平面布置图：应包括高低压开关柜、变压器、母干线、发电机、控制屏、直流电源及信号屏等设备平面布置和主要尺寸，图纸应有比例；

c. 标示房间层高、地沟位置、标高（相对标高）；

d. 配电系统（一般只绘制内部作业草图，不对外出图），包括主要干线平面布置图、竖向干线系统图（包括配电及照明干线、变配电站的配出回路及回路编号）。

③ 照明系统　对于特殊建筑，如大型体育场馆、大型影剧院等，应绘制照明平面图。该平面图应包括灯位（含应急照明灯）、灯具规格，配电箱（或控制箱）位置，不需连线。

④ 火灾自动报警系统

a. 火灾自动报警系统图；

b. 消防控制室设备布置平面图。

⑤ 通信网络系统

a. 电话系统图；

b. 电话机房设备布置图。

⑥ 防雷系统、接地系统　一般不出图纸，特殊工程只出顶视平面图、接地平面图。

⑦ 其他系统

a. 各系统所属系统图；

b. 各控制室设备平面布置图（若在相应系统图中说明清楚时，可不出此图）。

⑧ 主要电气设备表　注明设备名称、型号、规格，单位、数量。

⑨ 计算书。

给排水设计图纸

① 建筑室外给水排水总平面图

a. 全部建筑物和构筑物的平面位置、道路等，并标出主要定位尺寸或坐标、标高，指北针（或风玫瑰图）、比例等；

b. 给水排水管道平面位置，标注出干管的管径、排水方向；绘出闸门井、消火栓扑、水表井、检查井、化粪池等和其他给排水构筑物位置；

c. 室外给水排水管道与城市管道系统连接点的控制标高和位置；

d. 消防系统、中水系统、冷却循环水系统、重复用水系统、雨水利用系统的管道平面位置，标注出干管的管径；

e. 中水系统、雨水利用系统构筑物位置、系统管道与构筑物连接点处的控制标高。

② 建筑给水排水局部总平面图

a. 取水构筑物平面布置图。如自建水源的取木构筑物，应单独绘出地表水或地下水取水构筑物的平面布置图。各平面图中应标注构筑物平面尺寸、相对位置（坐标）、标高、方位等；必要时还应绘出工艺流程断面图，并标注各构筑物之间的标高关系。

b. 水处理厂（站）总平而布置及工艺流程断面图，如工程建设项目有净化处理厂（站）时（包括给水、污水、中水等），应单独绘出水处理构筑物总平面布置图及工艺流程断面图；平面图中应标注构筑物平面尺寸、相对位置（坐标）、方位等；工艺流程断面图应标注各构筑物水位标高关系，列出建筑物、构筑物一览表，表中内容包括建筑物、构筑物的结构形式、主要设计参数、主要设备及主要性能参数；各构筑物是否要绘制平、剖面图，可视工程的复杂程度而定。

③ 建筑室内给水排水平面图和系统原理图

a. 应绘制给水排水底层（首层）、地下室底层、标准层、管道和设备复杂层的平面布置图，标出室内外引入管和排出管位置、管径等。

b. 应绘制机房（水池、水泵房、热交换站、水箱间、水处理间、游泳池、水景、冷却塔、热泵热水、太阳能和屋山雨水利用等）平面设备和管道布置图（在上款中已表示清楚的，可不另出图）。

c. 应绘制给水系统、排水系统、各类消防系统、循环水系统、热水系统、中水系统、热泵热水、太阳能和屋面雨水利用系统等系统原理图，标注管径、设备设置标高、水池（箱）底标高、建筑楼层编号从层面标高。

d. 应绘制水处理流程图（或方框图）。

④ 主要设备器材表　列出主要设备器材的名称、性能参数、计数单位、数量，备注使用运转说明（宜按子项分别列出）。

⑤ 计算书。

a. 各类用水量和排水量计算；

b. 中水水量平衡计算；

c. 有关的水力计算及热力计算；

d. 设备选型和构筑物尺寸计算。

暖通空调设计图纸

① 设计图纸。

② 采暖通风与空气调节初步设计图纸一般包括图例、系统流程图、主要平面图。各种管道、风道可绘单线图。

③ 系统流程图包括冷热源系统、采暖系统、空调水系统、通风及空调风路系统、防排烟等系统的流程。应表示系统服务区域名称、设备和主要管道、风道所在区域和楼层，标注设备编号、主要风道尺寸和水管干管管径，表示系统主要附件、建筑楼层编号及标高。注：当通风及控调风道系统、防排烟等系统跨越楼层不多，系统简单，且在平面图中可较完整地表示系统时，可只绘制平面图，不绘制系统流程图。

④ 采暖平面图　绘出散热器位置、采暖干管的入口、走向及系统编号。

⑤ 通风、空调、防排烟平面图　绘出设备位置、风道和管道走向、风口位置，大型复杂工程还应标注出主要干管控制标高和管径，管道交叉复杂处需绘制局部剖面。

⑥ 冷热源机房平面图　绘出主要设备位置、管道走向。标注设备编号等。

⑦ 计算书　对于采暖通风与空调工程的热负荷、冷负荷、风量、空调冷热水量、冷却水量及主要设备的选择，应做初步计算。

（5）施工图设计阶段

施工图设计是建筑设计的最后阶段。它的主要任务是把满足工程施工的各项具体要求反映在图纸中，做到整套图纸齐全统一，明确无误。施工图设计的内容包括：确定全部工程尺寸和用料，绘制建筑、结构、设备等全部施工图纸，编制工程说明书、结构计算书和预算书。

施工图设计的图纸及设计文件有：建筑总平面；各区域或各层建筑平面、各个立面及必要的剖面；建筑构造节点详图（主要为檐口、墙身、和各的连接点，楼梯、门窗以及各部分的装饰大样等）；各工种相应配套的施工图，如基础平面图和基础详图，结构构造节点详图等结构施工图。给排水、电器照明以及暖气或空气调节等设备施工图；建筑、结构及设备等的说明书；结构及设备的计算书；工种预算书（表 2-1-1）。

表 2-1-1　大型温室施工图内容

1	设计说明	建筑设计说明,土建、钢骨架结构设计说明等
2	土建部分	温室平、立、剖图,基础平面图、基础详图等
3	钢骨架部分	骨架零件图、骨架节点图、平面布置图、装配图及材料清单等
4	覆盖材料部分	覆盖材料节点图、平面布置图及材料清单等
5	采暖系统部分	采暖系统的设计图、平面布置图及材料清单等
6	栽培系统部分	苗床系统零件图及装配图,立体栽培布局图,栽培架等
7	灌溉系统部分	灌溉系统布置图等
8	控制系统部分	电气平面图、系统图及控制原理图等
9	通风、降温系统	风机、湿帘材料清单及安装图等
10	施工组织部分	施工方案、施工进度说明等

2.1.5.3　施工阶段

（1）施工前准备

首先是进行"三通一平"：路通、水通、电通和地平（平整施工场地）。搭建临时建筑、组织建筑材料和施工队伍进入工地。房屋基础工程的定们放线工作。开始主体工程施工。

（2）工程施工阶段

主体工程；建筑装修；设备安装。

（3）验收

温室主体施工及验收标准；湿帘/风扇通风降温系统安装及验收标准；内、外遮阳系统安装及验收标准；配电系统施工及验收标准。

2.1.5.4　交付使用

2.2　日光温室工程规划设计

2.2.1　日光温室场址选择

　　相对于现代大型温室，日光温室的选址条件相对要低一些，一般只要求小气候条件好即可。总体上来说，日光温室选址时应尽量选在平坦地块，地下水位不要太高，避开挡光的高山和建筑，有污染的地方也不能建日光温室。另外有强烈季风的地区要考虑所选日光温室的抗风能力。一般温室大棚的抗风能力应在8级以上。对日光温室来讲，温室的朝向对温室内的蓄热能力影响很大。日光温室的走向一般都选择南北走向，即温室的采光面朝南，屋脊方向在东西走向，这种朝向能使日光温室内的作物分配到均匀的光照。

　　选址时应尽量选在平坦地块，温室大棚选址非常重要。地下水位不要太高，避开挡光的高山和建筑，对种植和养殖业用户来说，有污染的地方也不能建棚。另外有强烈季风的地区要考虑所选温室大棚的抗风能力。一般温室大棚的抗风能力应在8级以上。在小气后方面选择日光温室的建设地点，主要考虑气候、地形、地质、土壤以及水、暖、电、交通运输等条件。一般选址的具体原则有以下几点：一是选择光照条件优良，大棚的前面、东西两侧无高大建筑物、无烟尘较多的厂矿、树林、山峰等地块建棚为宜，以免造成遮荫，影响蔬菜生长；二是土质忌过黏、过酸、过碱，土壤酸碱度在pH6.5～7.5之间适宜番茄、黄瓜等蔬菜生长，若土壤偏酸或偏碱不是太大，可通过使用石灰或醋渣进行调解，同时强调土壤耕作层不宜过浅，至少在40cm以上；三是建棚场地不宜选地势低洼、靠近湖泊河流的地块，因其地下水位较高，汛期棚内的湿度过大，蔬菜易发生涝害，而冬季易造成棚室地温过低，蔬菜根系生长受影响，且病害增多；第四，如果日光温室的选址在山区，则一定要选择向阳的南向山坡，并且有较好的小气候条件，有适合建造日光温室所必需的小块平台。

　　定方位：在选好场地后，先利用指南针定好南北向，然后拉一条长为3m的南北直线，再从南北直线南端斜向西北拉一条长5m直线，再从南北线北端向西拉一条长4m的直线，将其与5m的斜线前端重合，即确定直角90°，最后将东西线延长后作为大棚后墙北边基准线便可。实践证明，采用正南或南偏西5°的方位角，每天中午太阳光线与前棚垂直，冬季大棚光照时间最长，储热最多，利于蔬菜生长。

2.2.1.1　气候条件

　　① 气温　重点是冬季和夏季的气温，对冬季所需的加温以及夏季降温的能源消耗进行估算。

② 光照 考虑光照度和光照时数，其状况主要受地理位置、地形、地物和空气质量等影响。为了充分采光，要选择南面开阔、高燥向阳、无遮荫的平坦矩形地块。因坡地平整不仅费工增加费用，而且挖方处的土层遭到破坏，使填方处土层不实，容易被雨水冲刷和下沉。向南或东南有小于10°的缓坡地较好，有利设置排灌系统。

③ 风 风速、风向以及风带的分布在选址时也要加以考虑。对于主要用于冬季生产的温室或寒冷地区的温室应选择背风向阳的地带建造；全年生产的温室还应注意利用夏季的主导风向进行自然通风换气；避免在强风口或强风地带建造温室，以利于温室结构的安全；避免在冬季寒风地带建造温室，以利于温室的保温节能。由于我国北方冬季多西北风，一般庭院温室应建造在房屋的南面；大规模的温室群要选在北面有天然或人工屏障的地方，而其他三面屏障应与温室保持一定的距离，以避免影响光照。

温室区位置要避免建在有污染源的下风向，以减少对薄膜的污染和积尘。如果温室生产需要大量的有机肥（一般每公顷黄瓜或番茄年需有机肥10～15t），温室群位置最好能靠近有大量有机肥供应的场所，如工厂化养鸡场、养猪场、养牛场和养羊场等。

④ 雪 从结构上讲，雪载是温室和塑料大棚这种轻型结构的主要荷载，特别是对排雪困难的大中型连栋温室，要避免在大雪地区和地带建造。

⑤ 冰雹 冰雹危害普通玻璃温室的安全，要根据气象资料和局部地区调查研究确定冰雹的可能危害性，避免普通玻璃温室建造在可能造成冰雹危害的地区。

⑥ 空气质量 空气质量的好坏主要取决于大气的污染程度。大气的污染物主要是臭氧、过氯乙酰硝酸酯类（PAN）以及二氧化硫、二氧化氮、氟化氢、乙烯、氨、汞蒸气等。这些由城市、工矿带来的污染分别对植物的不同生长期有严重的危害。燃烧煤的烟尘、工矿的粉尘以及土路的尘土飘落到温室上，会严重减少温室的透光性。寒冷天火力发电厂上空的水汽云雾会造成局部的遮光。因此，在选址时，应尽量避开城市污染地区，选在造成上述污染的城镇、工矿的上风向，以及空气流通良好的地带。调查了解时要注意观察该地附近建筑物是否受公路、工矿灰尘影响及其严重程度。

2.2.1.2 地形与地质条件

平坦的地形便于节省造价和便于管理。同时，同一栋温室的用地内坡度过大会影响室内温度的均匀性，过小的地面坡度又会使温室的排水不畅，一般认为地面应有1%以下的坡度。要尽量避免在早晚容易产生阳光遮挡的北面斜坡上建造温室群。

对于建造玻璃温室的地址，有必要进行地质调查和勘探，避免因局部软弱带、不同承载能力地基等原因导致不均匀沉降，确保温室安全。

2.2.1.3 土壤条件

对于进行有土栽培的日光温室，由于室内要长期高密度种植，因此对地面土壤要进行选择。就土壤的化学性质而言，沙土储存阳离子的能力较差，养分含量低，但是养分输送快；黏土则相反，它需要的人工总施肥量低。现代高密度的作物种植需要精确而又迅速地达到施肥效果，因而选用沙土比较合适。土壤的物理性质包括土壤的团粒结构好坏、渗透排水能力快慢、土壤吸水力的大小以及土壤的透气性等，这些都与温室建造后的经济效益密切相关，应选择土壤改良费用较低而产量较高的土壤。值得注意的是，排水性能不好的土壤比肥力不足的土壤更难于改良。应选择土壤肥沃疏松，有机质含量高，无盐渍化和其他污染源的地块，一般要求壤土或沙壤土，最好3～5年未种过瓜果、茄果类蔬菜，以减少病虫害发生。但用于无土栽培的日光温室，在建筑场地选择时，可不考虑土壤条件。为使基础牢固，要选择地基土质坚实的地方。否则如地基土质松软，如新填土的地方或沙丘地带，基础容易下沉。避免为加大基础或加固地基而增加造价。

2.2.1.4 水、电及交通

水量和水质也是温室、大棚选址时必须考虑的因素。虽然室内的地面蒸发和作物叶面蒸腾比露地要小得多，然而用于灌溉、水培、供热、降温等用水的水量、水质都必须得到保证，特别是对大型温室群，这一点更为重要。要选择靠近水源、水量充足、水质好、pH 中性或微酸性，无有害元素污染，冬季水温高（最好是深井水）的地方。为保证地温，有利地温回升，要求地下水位低，排水良好。高地下水位不仅影响作物的生育，还易引发病害，也不利于建造锅炉房等附属设施。要避免将温室、大棚置于污染水源的下游，同时，要有排、灌方便的水利设施。

日光温室相对于连栋温室，虽然用电设备相对较少，但管理照明、保温被卷放、通风、临时加温、灌溉等，用电设施有日益增多的趋势，因此建设地点的电力条件应该保证。特别是有采暖、降温、人工光照、营养液循环系统的温室，应有可靠、稳定的电源，以保证不间断供电。

2.2.1.5 地理与市场区位

设施园艺生产的高投入特点，必须有高产出和高效益作为其持续发展的保障条件，否则项目从一开始就面临失败的危险，而地理与市场区位条件是影响其效益的重要因素。在我国不同的地域，具有不同的市场需求、产品定位和产品销售渠道与方式，因此在不同地区发展设施园艺工程就会有不同的生产模式、产品标准、工程投入和管理方式。

在场地确定以后，对于大型温室项目必须进行地质勘探、地形测量，为温室的规划设计和施工打下坚实基础。

2.2.2 日光温室园区规划布局与功能分区

为保证日光温室的充分采光，一般温室园区布局均为坐北朝南，但对高纬度（北纬40°以北）地区和晨雾大、气温低的地区，冬季日光温室不能日出即揭帘受光，这样，方位可适当偏西，以便更多地利用下午的弱光；相反，对那些冬季并不寒冷，且大雾不多的地区，温室方位可适当偏东，以充分利用上午的弱光，提高光合效率，因为上午的光质比下午好，上午作物的光合作用能力也比下午强，尽早"抢阳"更有利于光合物质的形成和积累。偏离角应根据当地的地理纬度和揭帘时间来确定，一般偏离角在南偏西或南偏东 5°左右，最多不超过 7°。此外，温室方位的确定尚应考虑当地冬季主导风向，避免强风吹袭前屋面。

在园区道路的规划上通常的布局方式大都为沿道路两侧布置日光温室耳房，沿道路两侧地沟布置给排水网络。各排温室之间根据当地维度留出足够的采光间距。园区的整体布局呈现规则的东西排连续布局和交错布局的形式。

各类温室园区存在结构功能等差异，在温室群的布局安排和温室内部平面布局都要按照一定的方位、间距和尺度进行安排，以满足其功能的需要。建设单栋日光温室，只要方位正确，不必考虑场地规划，如建设温室群，就必须合理地进行温室及其辅助设施的布置，以减少占地、提高土地利用率、降低生产成本。

2.2.2.1 园区规划布局

（1）布局原则

① 明确园区定位，合理布置各功能区。

② 在场区北侧、西侧设置防护林，距温室建筑 30m 以上，既可阻挡冬季寒风，又不影响温室光照。

③ 合理确定各建筑物的间距，避免遮挡，保证温室良好的光照和通风环境。连栋温室

尽可能将管理与控制室设在生产区北侧，有利于温室北侧的保温和便于管理。

④ 因地制宜利用场地，种植区尽量安排在适宜种植的或土地规则的地带，辅助建筑尽量安置在土壤条件较差地带，并且集中紧凑布置，减少占地，提高土地利用率。

⑤ 场区布局要长远考虑，留有扩建余地。

（2）建筑组成及布局

一定规模的温室群，除了温室种植区外，还必须有相应的辅助设施，主要有水、暖、电等设施，控制室、加工室、保险室、消毒室、仓库以及办公休息室等。在进行总体布置时，应优先考虑种植区的温室群，使其处于场地的采光、通风等的最佳位置。烟囱应布置在其主导风向的下方，以免大量烟尘飘落于覆盖材料上，影响采光。加工、保鲜室以及仓库等既要保证与种植区的联系，又要便于交通运输。应从以下几个方面注意合理布置。

① 集中管理、连片配置

温室生产在集中经营管理中多数是连片生产，集中管理，多种形式相结合的。这对于加强科学管理，合理利用土地，节约劳动力，配套生产是十分有利的。例如在建造一个设施基地时，需要栽培室、育苗室、管理室、仓室、锅炉房、电气房、水源水泵室等设施。

一般管理栋、作业场、电气室、锅炉房等应设在中心，便于管道、线路设计，节约工事费和热量消耗。锅炉不能离温室过远，同时不要建筑在温室的上风口，造成烟尘对温室的污染。锅炉两边要有足够的堆煤场和灰渣场。

② 因时因地，选择方位

在进行连片的温室群的布局时，主要是考虑光照和通风。这就要涉及方位的问题。

在我国北方地区纬度较高，为了适应这一特点，单层面温室以东西延长为好，即坐北朝南，这样在一天太阳光较充足的情况下，温室里可以得到较强的光照。根据测定计算，中纬度地区温室冬季透光率，东西延长的比南北延长的光照多12%。

在高纬度地区从10月上旬到次年3月中旬期间，东西延长的大棚透光率较强，而在3月以后到10月，南北延长的塑料棚透光率较强。

③ 邻栋间隔，合理设计

温室和温室的间隔叫做栋间隔，如果从土地利用率上考虑，其间隔越狭窄越好。但从通风遮荫上考虑，过狭窄不利。

一般来说，塑料大棚前后排之间的距离应在5m左右，即棚高的1.5～2倍，这样在早春和晚秋，前排棚不会挡住后排棚的太阳光线。当然，各地纬度不同，其距离应有所变化，纬度高的地区距离要大一些，纬度低的地区则小一些，大棚左右的距离，最好是等于棚的宽度，并且前后排位置错开，保证通风良好。一般，东西延长的前后排距离为温室高度2～3倍以上，即6～7m；南北延长的前后排距离为温室高度的0.8～1.3倍以上。

（3）园区道路

有主、次道路之分，可划分为主路、干路、支路三级。主路与场外公路相连，内部与办公区、宿舍区相通，同时与各条干路相接，一般主道路宽6～8m，干路（次道路）宽4～6m，支路宽2m，支路通常为手推车设计。干路和支路在道路网中所占的比重比较大，彼此形成网状布置，推荐使用混凝土路面或砂石沥青路面。

（4）场区给排水

生产、生活用水应与消防用水分系统设置，均直埋于冻土层以下，分支接口处应设置给水井及明显标识。一般灌溉方式，微、雾喷灌或微滴（渗）灌溉用水应满足农田灌溉水质标准的要求。生活用水则应符合市政饮用水要求或单独设置水处理设施。

雨水可明渠排放，但明排雨水渠，除放坡外，渠上沿应与道路或温室（或缓冲间）外墙皮保持一定距离，一般约 1～2m；暗排雨水可节省占地面积。污水管道不应与雨水管道混用，应单独无害处理后排放，或无害处理后回收利用。

（5）场区供电

供电网的电缆允许架空，也允许直埋或沟设，但必须按规范规划设计与施工。配电站（室）应以三相五线输入、三相四线输出，输出应为 380V（单相 220V），50Hz，电压波动应小于 5%；用电设施配电，应符合国家用电安全守则的规定。

（6）场区供暖

我国北方地区，如冬季最冷月平均气温不低于 −5℃，且极端最低温度不低于 −23℃ 时，则节能日光温室冬季运行一般可以不加温。在北纬 41°以北地区，或连栋温室，所种植的作物要求较高的气温时，应设置加温设施。应按经济性和环保等方面要求，根据当地条件选择补温能源种类和补温方式。供暖管网允许直埋或沟设，均应符合有关规范。

对温室区进行规划时，事先要把场地的地形图测绘好，比例尺 1：500～1：1000（面积较大时比例尺也可再小些），画出等高线，标明方位（用指北针表示），场区附近的主干道路。主要地物、光缆电缆高压线网等也要在图上绘出，然后根据温室区的规模及要求在图上进行规划并给出图例。

2.2.2.2　温室区建筑物的组成

（1）生产性建筑

温室区的主要功能是生产各类农产品，因此温室就是场区的主要建筑物，构成栽培区。以有土栽培为主的温室应布置在土质最好的地块，集中布置于道路的两侧，温室相对集中布置对统一安排供水、供热（减少管网长度）、供电及运输、管理等均有利。单坡温室（尤其是日光温室）要注意朝向和间距。温室的工作间（俗称窝头房）或外门要设在距主要道路近的一侧。

栽培区的温室又分育苗栋和栽培栋，有时育苗栋内又设催芽室。育苗栋与栽培栋的比例视作物品种及栽培方式而定，一般为 1/20～1/10，果菜苗、果树苗较大，可取较大的比例，叶菜苗则反之。穴盘无土育苗技术的日益普及使所需的育苗面积减小，因此该比值还要根据具体情况而定，并在实践中不断调整。

（2）辅助建筑

辅助建筑除了道路、各种管道的管沟等基础设施外，还有下列一些具体的建筑物，如锅炉房、水泵房、配电室、加工及包装间、冷藏库、各类仓库、车库、组培室、化验室、无菌消毒室、办公接待室、产品展销间、宿舍、食堂、浴室、公共厕所等。当然，还要视温室区的规模不同，有选择地设置上述建筑物。

2.2.2.3　温室区的平面布局

温室区的平面布局要功能分区明确、操作管理方便、线路畅通、流程简洁、布局合理，避免各设施之间、各线路之间的互相干扰和交叉。场区内道路最好封闭成环，主干道路两侧要设排水沟。

场区应有围墙，以便于管理并保证安全；大门宜位于场区以外的主干道路边；场内靠近大门只布置值班、办公、接待、展销等建筑物，栽培区设于内部；锅炉房应位于冬季主导风向的下方，以防止烟尘污染薄膜；毒品库、易燃品库应远离主要建筑物。

温室区的绿化应结合道路统筹考虑，栽培区不种植较高的树木，以免影响温室采光，应以花卉、草坪和小灌木为主，辅助建筑区可以种树。可在办公区及其他边角地适当修建小型园林景点、喷泉等以美化环境。

2.2.3 日光温室工程设计步骤与内容

温室的设计与一般建筑物类似，都是以结构物的用途、规模、场地等基本条件为基础，要建造坚固、安全、经济、实用的温室和大棚，必须进行细致的设计工作。设计常包括建筑设计、结构计算、完成设计文件和进行工程造价计算等四个步骤。

2.2.3.1 日光温室工程设计步骤

（1）建筑设计

建筑设计是按给定的条件对温室结构及形式等作初步选择工作。即选定建材种类、结构形式、基础形式等，对选出的建材规格、尺寸和构架的形式进行估算，看是否符合坚固、安全、经济施工的条件。

作计划时可选用钢材、木材、混凝土、塑料等建材种类，各有其特有的重量、强度、耐候性等物理条件和形状、价格、供应量等经济条件。用这些建材建成一个结构物，又有多种加工安装方法和施工方法。所以结构计划可依据给定条件，得出多个设计方案。方案的好坏会影响结构的质量和经济性。

（2）结构计算

结构计算是根据民用与工业建筑规范进行的。首先计算自重、风、雪等荷载，用其中最不利的条件进行荷载组合，再用此荷载计算梁、柱等所有构件的内力。再根据构件内力和假定截面积计算其最大应力。若计算结果在其材料的容许应力内，说明构件的强度安全够用。如果不在容许应力范围内，就要改变截面尺寸重新计算。达到容许以内时再计算变形量，如在容许变形量以内，就可确定构件尺寸。如此所有构件都计算后，再计算其连接处和基础。由于温室是薄壁围护轻体结构，使用年限短，在荷载计算和组合上与民用和工业建筑有所不同。

（3）完成设计文件

设计文件包括设计图、说明书和结构计算书等，是指导施工和签订施工合同的主要依据。

温室和大棚的设计图有总平面图、平面图、立面图、断面图、屋面、基础图以及连接处、梁等详图，还有采暖、换气、排灌、电气等的详图。

说明书中应指定使用建材的种类、规格、加工和施工方法等。此外，订合同前与施工单位到现场商定的有关道路、供电、供水等临时工程及设计书的答疑也要写成书面材料，以便施工单位能很好理解设计意图，以免出错。

（4）造价计算

在施工前为了检查设计的温室或大棚的建筑费是否在预算内及投标时施工单位提出的建筑费是否准确，必须按设计文件提出的建材数量、加工施工费算出纯建筑费；再加临时工程、运输和施工单位的利润等费用，得到工程总造价。一般把计算工程造价的工作叫做预算。

2.2.3.2 日光温室工程设计内容

（1）日光温室的方位

温室的方位是指温室屋脊的走向。日光温室仅靠向阳面采光，东西山墙和后墙都不透光，所以一般都是坐北朝南，东西延长，采光面朝向正南以充分采光。在生产实践中，某些地区如东北、西北早晨比傍晚寒冷得多，或早晨多雾的地区，方位可偏西 $5°\sim10°$，以便更充分地利用下午的光照，这叫"抢阴"。在冬季并不严寒、且大雾不多的地区，如北京，温室方位可以偏东 $5°\sim10°$，以充分利用上午的阳光，又避免西北寒风的袭击，上午的光质比午后的好，有利于作物的光合作用，这叫"抢阳"，一般认为高纬度地区，温室方位以南偏西 5°为宜，低纬度地区以正南或南偏东 5°为宜，但不论是偏东还是偏西，一般不宜超过 10°。沈阳地区（高纬度地区）温室方位以南偏西 5°～7°为宜。

需要注意的是这里所说的南、北指的是真南真北，也就是真子午线所指的南北，见图 2-2-1。当采用罗盘定向时应考虑磁偏角。

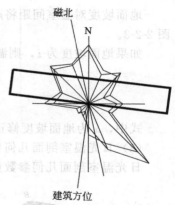

图 2-2-1 温室方位示意图

（2）日光温室的间距

为提高土地利用率，前后相邻温室的间距不宜过大。但必须保证在最不利情况下，不至于产生遮荫。一般以冬至日中午12 时前排温室的阴影不影响后排采光为计算标准。纬度越高，冬至日的太阳高度角就越小，阴影就越长，前后栋的间距就越大，如图 2-2-2。

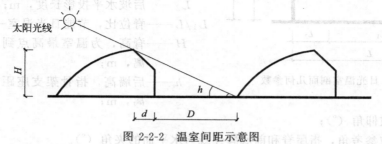

图 2-2-2 温室间距示意图

日光温室间距计算公式为：

$$D = \frac{H}{\text{tg}h}\cos r - d \tag{2-2-1}$$

$$\cos r = \frac{\sin h \sin\phi - \sin\delta}{\cos h \cos\phi} \tag{2-2-2}$$

式中，h 为太阳高度角；r 为太阳方位角；ϕ 为地理纬度；δ 为太阳赤纬角。

计算时可接近正午，得出的净间距越小，意味着只是正午时刻不产生遮挡，其它时间段仍不能满足采光要求，因此在条件允许情况下，温室的净间距以适当加大。

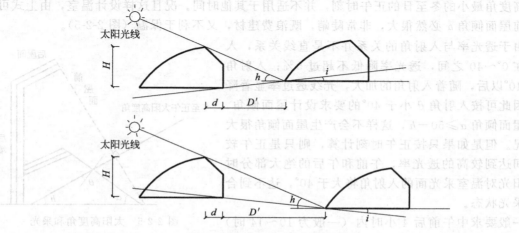

图 2-2-3 坡度对温室间距的影响

地面坡度对温室间距将产生影响，坡向朝南是可以适当减小温室间距，反之应加大。如图 2-2-3。

如果地面坡度为 i，则温室间距可由下式近似估算：

$$D'=\alpha D \tag{2-2-3}$$

$$\alpha=\frac{\mathrm{tg}h}{\mathrm{tg}h\pm\mathrm{tg}i} \tag{2-2-4}$$

式中，α 为地面坡度修正系数，i 为地面坡度。

（3）日光温室剖面几何参数

日光温室剖面几何参数如图 2-2-4。

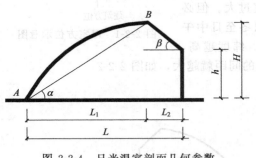

图 2-2-4　日光温室剖面几何参数

图中：

L——净跨度，为骨架上弦前底脚至北墙根内侧的水平距离，m；

L_1——前坡水平投影长度，m；

L_2——后坡水平投影长度，m；

L_1/L——脊位比，节能日光温室一般取 0.8；

H——脊高，为温室最高点到地面的垂直距离，m；

h——后墙高，指骨架支座距地面的垂直距离，m；

β——后坡仰角（°）；

α——前坡参考角，指屋脊和前底脚连线与水平面的夹角（°）。

（4）日光温室的采光屋面角

根据前面有关温室光照环境的讲述内容，为提高温室屋面的透光率，应尽量减小屋面的太阳光线入射角，入射角越小，透光率越大，反之透光率就越小。太阳光在日光温室前屋面的入射角 θ，当太阳正对日光温室前屋面时，可以计算为：

$$\theta=90-\alpha-h \tag{2-2-5}$$

式中，h 为太阳高度角（°）；α 为屋面倾角（°）。

如日光温室前屋面与太阳光线垂直，即入射角为 0°时，理论上这时透光率最高。但这种情况在节能日光温室生产上并不实用，因为太阳高度角不断在变化，进行采光设计是考虑太阳高度角最小的冬至日的正午时刻，并不适用于其他时间。况且这样设计温室，由上式可知，前屋面倾角 α 必然很大，非常陡峭，既浪费建材，又不利于保温（图 2-2-5）。

由于透光率与入射角的关系并不是直线关系，入射角在 0°～40°之间，透光率降低不超过 5%；入射角大于 40°以后，随着入射角的加大，光线透过率显著降低。因此可按入射角 θ 小于 40°的要求设计屋面倾角，即取屋面倾角 $\alpha\geqslant 50-h$，这样不会产生屋面倾角很大的情况。但是如果只按正午时刻计算，则只是正午较短时间达到较高的透光率，午前和午后的绝大部分时间，阳光对温室采光面的入射角将大于 40°，达不到合理的采光状态。

一般要求中午前后 4 小时内（一般为 10～14 时）太阳对温室前屋面的入射角都能小于或等于 40°。这

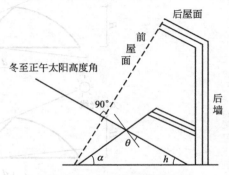

图 2-2-5　太阳高度角和采光
屋面角示意图

温室建造工程工艺学

样，对于北纬 32°～43°地区，节能日光温室采光设计应在冬至日正午入射角 40°为参数确定的屋面倾角基础上，再增加 5°～7°，这是第二代节能日光温室的设计方法。这样 10～14 时阳光在采光面上的入射角均小于 40°，就能充分利用严冬季节的阳光资源。因此，屋面倾角可按下式计算：

$$\alpha \geqslant 50 - h + (5 \sim 7) \qquad (2\text{-}2\text{-}6)$$

式中，太阳高度角按冬至日正午时刻计算。例如沈阳地区冬至日太阳高度角为 24.75°，则由上式可知合理的屋面倾角为 30.25°～32.25°。

但如果是主要用于春季的温室，因太阳高度角比冬季大，则屋面倾角可以取小一些。

目前日光温室前屋面多为半拱圆式，前屋面的屋面倾角（各部位的倾角为该部位的切平面与水平面的夹角）从底脚至屋脊是从大到小在不断变化的值。要求屋面任意部位都满足上述要求也是不现实的，实际上，只要屋面的大部分主要采光部位满足上述倾角的要求即可。例如，可取前底角（底脚处）为 50°～60°，距离底脚 1m 处 35°～40°；2m 处 25°～30°，3m 处 20°～25°，4m 以后 15°～20°，最上部 15°左右。

（5）日光温室的跨度和高度

日光温室的跨度影响着日光能截获量、温室总体尺寸、土地利用率。跨度越大截获的直射光越多，如 7m 跨度温室的地面截获的日光能为 4m 跨度温室的 1.75 倍。

实际上，日光温室后墙也参与截获日光，则其跨度和高度均影响截获日光量的多少。在跨度相等的条件下，温室最高采光点的空间位置成为温室拦截光能多少的决定性因素。最高采光点越高日光截获量越大，当然单纯提高采光点会导致温室造价增加。因此，日光温室节能设计中要找到各种要素、参数的最佳组合。

我国的日光温室经过半个多世纪的发展，各地均优选出一些构型，如在寒温带南缘的辽宁、吉林和黑龙江南缘各地区一些有代表性的日光温室，如辽沈Ⅰ型日光温室、鞍山Ⅱ型、改进型一斜一立式，其跨度依次为 6.0m、7.2m 和 7.5m，相对应的最高采光点依次为 2.8m、3.0m、3.2～3.4m。实践表明，在使用传统建筑材料、采光材料并采用草苫保温的条件下，在中温带地区建日光温室，其跨度以 8m 左右为宜；在中温带与寒温带的过渡地带，跨度以 6m 左右为宜；在寒温带地区，如黑龙江和内蒙古北部地区，跨度宜取 6m 以下。这样的跨度有利于使日光温室同时具备造价低、高效节能和实现周年生产三大特性。

（6）采光屋面形状的确定

当跨度和最高采光点被设定之后，温室采光屋面形状就成为温室截获日光能量的决定性因素（此处不涉及塑料膜品种、老化程度、积尘厚度、磨损程度等因素），因此设计者对棚形设计应予以高度重视。

节能型日光温室屋面形状有两大类：一类是由一个或几个平面组成的折线型屋面，其剖面为直线组成；另一类是由一个或几个曲面组成的曲面型屋面，其剖面为曲线组成。折线型屋面的屋面倾角就是直线与水平线的夹角。曲面型屋面，其剖面曲线上各点的倾角（曲线的切线与水平线的夹角）都不相等，比较复杂，其各点在某时刻透入温室的太阳直接辐射照度是不相同的，整个屋面透入温室的太阳直接辐射量，需要逐点分析进行累计，根据累计的辐射量，可对不同曲线形状屋面的透光性能进行比较。

理想的采光屋面形状应能同时满足以下四方面要求：①能透进更多的直射辐射能；②温室内部能容纳较多的空气；③室内空间有利于园艺作业；④造价较低。

实践证明，在我国中温带地区（指行政区划中的山西、河北、辽宁、宁夏，以及内蒙古、新疆的部分地区）建设日光温室时，圆与抛物线组合式曲面比单圆、抛物线、椭圆线更好。圆与抛物线采光面不但比上述几种类型的入射光量都多，而且还比较易操作管理，容易固定压膜线，大风时不致薄膜兜风，下雨时易于排走雨水。

（7）日光温室后坡仰角

日光温室后坡面仰角是指日光温室后坡面与水平面之间的夹角。日光温室后坡面角的大小对日光温室的采光和保温性均有一定的影响。后坡面仰角应视温室的使用季节而定，但至少应该略大于当地冬至正午的太阳高度角，在冬季生产时，尽可能使太阳直射光能照到日光温室后坡面内侧；在夏季生产时，则应避免太阳直射光照到后坡面内侧。一般后屋面角取当地冬至正午的太阳高度角再加 $6°\sim8°$。例如沈阳地区冬至太阳高度角为 $24.75°$，则合理的后坡面仰角应大于 $30.75°\sim32.75°$。

（8）日光温室的后坡水平投影长度

日光温室后坡的长短直接影响日光温室的保温性能和其内部的光照情况。当日光温室后坡长时，日光温室的保温性能提高，但这样当太阳高度角较大时，就会出现温室后坡遮光的现象，使日光温室北部出现大面积阴影。而且日光温室后坡长，其前屋面的采光面将减小，造成日光温室内部白天升温过慢。反之，当日光温室后坡面短时，日光温室内部采光较好，但保温性能却相应降低，形成日光温室白天升温快，夜间降温也快的情况。日光温室的后坡面水平投影长度一般以 $1.0\sim1.5m$ 为宜。

（9）日光温室墙体的材料、结构与厚度

日光温室的墙体和后坡，既可以支撑、承重，又具有保温蓄热的作用。因此，在设计建造墙体和后坡时，除了要考虑承重强度外，还要考虑材料的导热、蓄热性能和建造厚度、结构。但一般地讲，日光温室墙体和后坡的保温蓄热是主要问题，为了保温蓄热的需要，一般都较厚，承重一般容易满足要求。现在日光温室墙体和后坡多采用多层复合构造，在墙体内层采用蓄热系数大的材料，外层为导热系数小的材料。这样就可以更加有效地保温蓄热，改善温室内环境条件。

节能型日光温室墙体有单质墙体，如土墙、砖墙、石墙等，以及异质复合墙体（内层为砖、中间有保温夹层、外层为砖或加气混凝土砖）。异质复合墙体较为合理，保温蓄热性能更好。经研究表明，白天在温室内气温上升和太阳辐射的作用下，墙体成为吸热体，而当温室内气温下降时，墙体成为放热体。其中墙体内侧材料的蓄热和放热作用对温室内环境具有很大的作用。因此，墙体的构造应由 3 层不同的材料构成。内层采用蓄热能力高的材料，如红砖、干土等，在白天能吸收更多的热并储存起来，到夜晚，即可放出更多的热。外层应由导热性能差的材料，如砖、加气混凝土砌块等，以加强保温。两层之间，一般使用隔热材料填充，如珍珠岩、炉渣、木屑、干土和聚苯乙烯泡沫板等，阻隔室内热量向外流失。

墙体材料的吸热、蓄热和保温性能，主要从其导热系数、比热容和蓄热系数等几个热工性能参数判断，导热系数小的材料保温性好，比热容和蓄热系数大的材料蓄热性能较好。表2-2-1 列出了温室常用墙体材料的热工性能参数供参考。

表 2-2-1　日光温室墙体材料的热工性能参数

材料名称	密度 ρ /(kg/m³)	热导率 λ /[W/(m·℃)]	蓄热系数 S /[W/(m²·℃)]	比热容 C /[kJ/(kg·℃)]
钢筋混凝土	2500	1.74	17.20	0.92
碎石或卵石混凝土	2100～2300	1.28～1.51	13.50～15.36	0.92
粉煤灰陶粒混凝土	1100～1700	0.44～0.95	6.30～11.40	1.05
加气、泡沫混凝土	500～700	0.19～0.22	2.76～3.56	1.05
石灰水泥混合砂浆	1700	0.87	10.79	1.05

材料名称	密度 ρ /(kg/m³)	热导率 λ /[W/(m·℃)]	蓄热系数 S /[W/(m²·℃)]	比热容 C /[kJ/(kg·℃)]
砂浆黏土砖砌体	1700～1800	0.76～0.81	9.86～10.53	1.05
空心黏土砖砌体	1400	0.58	7.52	1.05
夯实黏土墙或土坯墙*	2000	1.1	13.3	1.1
石棉水泥板	1800	0.52	8.57	1.05
水泥膨胀珍珠岩	400～800	0.16～0.26	2.35～4.16	1.17
聚苯乙烯泡沫塑料*	15～40	0.04	0.26～0.43	1.6
聚乙烯泡沫塑料	30～100	0.042～0.047	0.35～0.69	1.38
木材（松和云杉）*	550	0.175～0.350	3.9～5.5	2.2
胶合板	600	0.17	4.36	2.51
纤维板	600	0.23	5.04	2.51
锅炉炉渣	1000	0.29	4.40	0.92
膨胀珍珠岩	80～120	0.058～0.07	0.63～0.84	1.17
锯末屑	250	0.093	1.84	2.01
稻壳	120	0.06	1.02	2.01

注：除标注"*"者外，资料来源于《建筑物理》第三版，刘加平主编，2002。

（10）后屋面的结构与厚度

日光温室的后屋面结构与厚度也对日光温室的保温性能产生影响。一般由多层组成，有防水层、承重层和保温层。一般防水层在最顶层，承重层在最底层，中间为保温层。保温层的材料通常有秸秆、稻草、炉渣、珍珠岩、聚苯泡沫板等导热系数低的材料。此外，后屋面为保证有较好的保温性，应具有足够的厚度，在冬季较温暖的河南、山东和河北南部地区，厚度可在30～40cm，东北、华北北部、内蒙古寒冷地区，厚度为60～70cm。

（11）前屋面保温覆盖

前屋面是日光温室的主要散热面，散热量占温室总散热量的73%～80%。所以前屋面的保温十分重要。节能型日光温室前屋面保温覆盖方式主要有两种。

一种是外覆盖，即在前屋面上覆盖轻型保温被、草苫、纸被等材料。外覆盖保温在日光温室中应用最多。草苫是最传统的覆盖物，是由芦苇、稻草等材料编织而成的，由于其导热系数小，加上材料疏松，中间有许多静止空气，保温效果良好，可减少60%的热损失。在冬季寒冷地区，常常在草苫下附加4～6层牛皮纸缝合而成的纸被，这样不仅增加了覆盖层，而且弥补了草苫稀松导致缝隙透气散热的缺点，提高了保温性。但草苫等传统的覆盖材料较为笨重，易污染、损坏薄膜，易浸水、腐烂等。因而近十年来研制出了一类新型的称为保温被的外覆盖保温材料，这种材料轻便、洁净、防水而且保温性能不逊于草苫。保温被一般由三层或更多层组成，内、外层由塑料膜、防水布、无纺布（经防水处理）和镀铝膜等一些保温、防水和防老化材料组成，中间由针刺棉、泡沫塑料、纤维棉、废羊绒等保温材料组成。目前市场上出售的保温被，其保温性能一般能达到或超过传统材料的保温性能，但有的保温被的防水性和使用寿命等性能还有待提高。

另一种是内覆盖，即在室内张挂保温幕，又称二层幕、节能罩，白天揭晚上盖，可减少热损失10%～20%。保温幕多采用无纺布、银灰色反光膜或聚乙烯膜、缀铝膜等材料。

（12）减少缝隙冷风渗透

在严寒冬季，日光温室的室内外温差很大，即使很小的缝隙，在大温差下也会形成强烈对流交换，导致大量散热。特别是靠门一侧，管理人员出入开闭过程中，难以避免冷风渗入，应设置缓冲间，室内靠门处张挂门帘。墙体、后屋面建造都要无缝隙，夯土墙、草泥垛墙，应避免分段构筑垂直衔接，应采取斜接的方式。后屋面与后墙交接处，前屋面薄膜与后屋面及端墙的交接处都应注意不留缝隙。前屋面覆盖薄膜不用铁丝穿孔，薄膜接缝处、后墙的通风口等，在冬季严寒时都应注意封闭严密。

（13）设置防寒沟

在温室四周设置防寒沟，沟内填入稻壳、麦秸等，可减少温室内热量通过土壤外传，阻止外面冻土对温室的影响，可使温室内土温提高3℃以上。防寒沟设在距温室周边0.5m以内，一般深0.8~1.2m、宽0.3~0.5m，也可在温室四周铺设聚苯泡沫板保温，见图2-2-6。

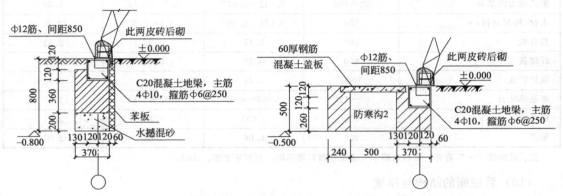

图 2-2-6 防寒沟做法

2.2.3.3 日光温室园区

（1）山地日光温室园区

山地日光温室园区由于地形复杂，因此在园区布置形式上适宜采取因地制宜的规划方式，根据各个地块的不同形状的方位，灵活地安排日光温室的朝向和长度。山地日光温室区的交错状排列规划形式如图2-2-7所示。

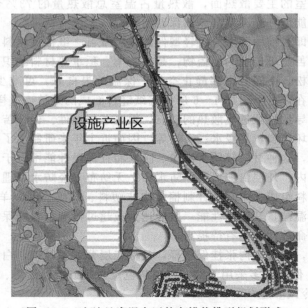

图 2-2-7 山地日光温室区的交错状排列规划形式

温室建造工程工艺学

地形选择主要考虑坡向、坡度、土壤性质、交通道路、电力设施、给水设施、风向等因素。按照日光温室采光要求，可在已形成的梯田或坡度均匀地形整齐的坡地上进行布局。选择上要避开风口，有供电线路通过或距有电居民点较近的坡向，选择面南背北南低北高东西的阳坡面。南北长应在 50m 以上，东西长不小于 10m，坡度平缓的地方。坡度是山地日光温室建造的一个重要参数，坡度陡缓对温室的间距跨度都有直接的影响，也与整个施工难度及工程造价相关联。当温室后屋面的高度确定之后，坡度越缓取垫土方形成的平面距离越宽，取垫土方工程量也越大，随着坡度增大，取垫土方形成的平面距离越窄，土方工程量随之减小，但过窄将会影响温室的跨度使种植面积减少。

（2）日光温室的平面设计

① 日光温室的方位　在温室群总平面布置中，合理选择温室的建筑方位也是很重要的，它同温室形成的光照环境的优劣以及总的经济效益都有非常密切的关系。所谓日光温室的建筑方位是指日光温室的屋脊走向，一般日光温室都是南朝向或南适度偏西或偏东，其方位为东西方位。

采光是否良好往往影响日光温室的生产与管理。为保证日光温室的充分采光，一般温室布局均为坐北朝南，但对高纬度（北纬 40°以北）地区和晨雾大、气温低的地区，冬季日光温室不能日出即揭帘受光，这样，方位可适当偏西，以便更多地利用下午的弱光。相反，对那些冬季并不寒冷，且大雾不多的地区，温室方位可适当偏东，以充分利用上午的弱光，提高光合效率，因为上午的光质比下午好，上午作物的光合作用能力也比下午强，尽早"抢阳"更有利于光合物质的形成和积累。偏离角应根据当地的地理纬度和揭帘时间来确定，一般偏离角在南偏西或南偏东 5°左右，最多不超过 10°。此外，温室方位的确定尚应考虑当地冬季主导风向，避免强风吹袭前屋面。用罗盘仪指示的是磁南磁北而不是正南正北，因而要按不同地区的磁偏角加以修正，表 2-2-2 为我国部分城市的磁偏角。

表 2-2-2　我国部分城市的磁偏角

城市	磁偏角	城市	磁偏角
齐齐哈尔	9°23′（西）	呼和浩特	4°36′（西）
哈尔滨	9°23′（西）	西安	2°11′（西）
长春	8°42′（西）	太原	3°51′（西）
沈阳	7°56′（西）	包头	3°46′（西）
大连	6°15′（西）	兰州	1°44′（西）
北京	5°57′（西）	玉门	0°01′（西）
天津	5°09′（西）	郑州	3°50′（西）
济南	4°47′（西）	银州	2°53′（西）
徐州	4°12′（西）	保定	4°43′（西）

② 日光温室的间距　温室的间距指南面温室后墙到北面温室前沿的距离。温室的间距影响温室的采光和土地的利用率。

温室群中每栋温室前后间距的确定应以前栋温室不影响后栋温室采光为基本原则。丘陵地区可采用阶梯式建造，以缩短温室间距；平原地区也应保证种植季节上午 10 时到下午 4 时的阳光能照射到温室的前沿。也就是说，温室在光照最弱的时候至少要保证 6 个小时以上的连续有效光照。

前栋温室屋脊至后温室前沿之间的水平距离计算公式如下：

$$L = H / \text{tg} h \tag{2-2-7}$$

图 2-2-8 表示了公式中的各个字母的含义。

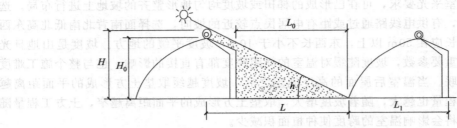

图 2-2-8 日光温室间距计算示意图

H：温室屋脊卷帘到室外地面的距离；

H_0：温室屋脊到室外地面的距离；

L_0：前后两栋温室之间的水平净距离；

L：前栋温室屋脊至后温室前沿之间的水平距离；

L_1：温室前沿至温室后墙外侧的水平距离；

h：冬至日某一时刻太阳高度角。

根据计算，不同纬度地区一般保证作物冬至日最少获得日照 4 小时的温室间距可参考表 2-2-3。

表 2-2-3 保证作物冬至日光照最少 4 小时的温室间距

间距纬度 /N	日光温室屋脊高度/m							
	2.5	2.6	2.7	2.8	2.9	3.0	3.1	3.2
30°	3.79	3.94	4.10	4.25	4.40	4.55	4.70	4.85
31°	3.94	4.10	4.26	4.41	4.57	4.73	4.89	5.04
32°	4.10	4.26	4.42	4.59	4.75	4.92	5.08	5.24
33°	4.26	4.43	4.60	4.77	4.94	5.11	5.28	5.46
34°	4.44	4.62	4.79	4.97	5.15	5.33	5.50	5.68
35°	4.62	4.81	4.99	5.18	5.36	5.55	5.73	5.92
36°	4.82	5.02	5.21	5.40	5.60	5.79	5.98	6.17
37°	5.04	5.24	5.44	5.64	5.84	6.04	6.25	6.45
38°	5.26	5.48	5.69	5.90	6.11	6.32	6.53	6.74
39°	5.51	5.73	5.95	6.17	6.39	6.62	6.82	7.06
40°	5.78	6.01	6.24	6.47	6.70	6.93	7.17	7.40
41°	6.07	6.31	6.55	6.80	7.04	7.28	7.52	7.77
42°	6.38	6.64	6.89	7.15	7.40	7.66	7.91	8.17
43°	6.72	6.99	7.26	7.53	7.80	8.07	8.34	8.61

注：1. 表中温室间距指前一栋温室屋脊至后一栋温室前沿之间的距离。

2. 表中数据是以冬至日（12 月 21 日）10 时的太阳高度为依据计算的。

不同纬度地区在不同温室屋脊高度下的温室间距也不尽相同。如果某些作物对光照时间要求更高，如至少要保证 5 小时或 6 小时的光照时间，冬至日光照可能无法满足要求，说明这些作物除非人工补光、否则不可能越冬生产，对这些作物的栽培就要越过冬季光照时间最短的时间后再定植。对这些栽培作物的温室，其温室之间的间距也可依照上述方法依据实际生产要求来确定。

一般来说，温室脊高在 3.1m 时，前后两排温室间距（前排温室后墙皮到后排温室的底脚）应不少于 4m。若两排温室间还想设立拱棚，则距离应增加到 8～10m。东西两栋温室之间也应有 4～6m 的公用通道。

③ 日光温室的平面布局　日光温室的内部空间往往是带状空间，以生产为主的日光温室现在多采用跨度 6.0～10.0m 之间，长度在 50～100m 之间。从高度而言温室往往是南低北高，甚至南部不能满足人直立操作。

目前日光温室主要以生产为主，有些园区的日光温室或一些大型的日光温室也用于展览。

由于日光温室空间较小，一般室内面积多在 300～800m² 之间，所以生产中往往不进行空间的二次分割，生产的种类也相对单一，生产形式在一栋温室内也往往是相同的。这样温室内种植作物的布局也相对简单，地栽或采用地面种植槽的，考虑到采光的影响，往往采用南北行的方式种植。盆栽种植相对灵活，如果在地面摆放，采用南北行排放，有利于采光。在种植多种花卉植物时，低矮的应摆放在南部，相对高的靠后墙摆放。也采用悬挂的方法和采用种植台生产，从采光的角度考虑，种植台可采用南低北高台阶式布局，与屋面走势一致，也可以在温室后部不影响下部植物采光的部位高处悬挂一些盆花，增加作物的采光，可充分利用光能，同时种植台下也可以用于养殖耐荫的花卉，增加温室空间的利用率。如图 2-2-9 即为生产盆花的日光温室的布局。

图 2-2-9　生产盆花的日光温室内部布局

日光温室内部的道路布局比较简单。应用于生产的日光温室主要通道多在光照最弱的靠近后墙处，自然为东西走向，通道尺寸以满足单人通过为主，即宽 60～70cm，其道路在后墙处，宽度约 60cm。大型日光温室在宽度较大时，为了便于生产操作和管理，一般通道多留在温室中部左右，方向也为东西走向，且通道会相应较宽，可以在 70～150cm，如图 2-2-10 道路位于温室中部东西走向。用于展示、观赏为主的日光温室，其布局相当灵活。尺度小的也以靠近北墙位置为主，尺度大的可以结合观赏需要安排，道路可以形成环形、梳状等。

温室内的水、电等管网往往也结合道路进行布局。

（3）连栋温室的平面设计

① 连栋温室的方位　连栋温室的方位是指温室屋脊的走向，主要有东-西（E-W）和南-北（N-S）两种方位，或在此基础上适度向东或向西偏斜。温室的方位与造价、土地利用率关系不大，但方位影响温室内的光环境，与生产有着密切的关系。

图 2-2-10　大型日光温室内部布局

一般随纬度增高东-西（E-W）方位连栋温室的日平均透光率比南-北（N-S）方位的连栋温室日平均透光率将增大。研究表明，中高纬度地区东-西（E-W）走向连栋温室直射光日总量平均透过率较南-北（N-S）走向连栋温室高5%～20%，纬度越高，差异越显著。但东-西（E-W）走向温室屋脊、天沟等主要水平结构在温室内会造成阴影弱光带，最大透光率和最小透光率之差可能超过40%；南-北（N-S）走向连栋温室，其中央部位透光率高，东西两侧墙附近与中央部位相比低10%。

以北京地区（北纬39°57′）为例，东-西（E-W）方位的玻璃温室，日平均透光率比南-北（N-S）方位高7%左右，但南-北（N-S）方位的温室清晨、傍晚的透光率却高于东-西（E-W）方位；北京地区东-西（E-W）方位的玻璃温室室内光照不够均匀，屋架、天沟、管线形成相对固定阴影，南-北（N-S）方位的温室无相对固定阴影带，光照比较均匀。

研究可知：对于以冬季生产为主的连栋玻璃温室（直射光为主）温室，以北纬40°为界，大于40°地区，以东-西（E-W）方位建造为佳；相反，在纬度低于40°地区则一般以南-北（N-S）方位建造为宜。对东-西（E-W）方位的玻璃温室，为了增加上午的光照，建议将朝向略向东偏转5°～10°为宜。

我国对玻璃温室的初步研究成果以及由此提出对玻璃或PC板温室的建造的建议见表2-2-4。

表 2-2-4　建议我国不同纬度地区的玻璃温室建筑方位建议

地　区	纬　度	主要冬季用温室	主要春季用温室
黑　河	50°12′	E-W	E-W
哈尔滨	45°45′	E-W	E-W
北　京	39°57′	N-S，E-W	N-S
兰　州	36°01′	E-W	N-S
上　海	31°12′	N-S	N-S

② 连栋温室的平面布局　连栋温室一般面积较大，长宽尺度差异不太大，内部空间布局相对余地较大，针对不同的功能可以做不同的布局。

生产性温室一般在单栋温室内生产一种或几种习性接近的植物为最佳，其管理统一，布局一致。在实际生产中也有一栋温室内生产不同类型、不同习性的植物，因此，在同一栋温室内一般可以用活动的或临时的墙或网来分隔，这样温室空间可以随着生产类型的转变而调整空间格局。温室内道路一般成"日"字形布局，即有结合出入口位置南北走向的主道，也有在温室的南北两头方便生产的次道。

对于试验温室则应根据试验研究的需要，按环境条件的不同、栽培方式的不同以及管理工作条件的不同来进行临时性的单元划分，既满足需要又便于改造。

对于展览性质的温室，由于栽培陈列的植物品种繁多，各种植物对生态环境条件的要求

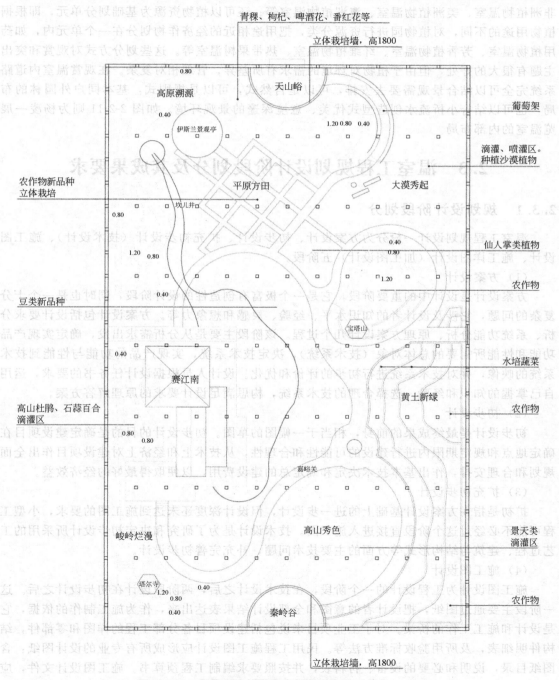

图 2-2-11 展览型连栋温室内部平面布局（单位：m）

又各不相同，还要考虑采用不同的栽培方式，因此，在平面设计时应结合观赏需求合理的单元划分以适应环境、设备、管理等方面的功能要求。具体划分时可以植物生态学为基础划分单元，即根据植物的生态类型，把生态习性相同的植物划分在一个温室单元内，如热带雨林温室、亚热带植物温室、暖温带植物温室以及生产温室的套种、间种等单元。这种划分既方便观赏展示，也有利于植物的生长，有利于管理养护。当然也可以植物地理学为基础划分单元，把同一地区原产的植物划分在一个单元内，以表现植物的地理分布，如欧洲植物温室、非洲植物温室、美洲植物温室、澳洲植物温室等；还可以植物资源为基础划分单元，即根据植物用途的不同，对植物园进行资源分类，把用途相近的经济作物划分在一个单元内，如药用植物温室、芳香植物温室、纤维植物温室、热带果树温室等。这些划分方式对观赏和突出主题有很大的好处，但由于植物对环境的需求有所差异，管理相对复杂。在观赏温室内道路系统完全可以结合景观需要去安排，可以是自然式，可以是规则式，基本同户外园林的布局，也可以结合小桥流水创造型式优美、意境深邃的景观环境。如图 2-2-11 则为杨凌一展览温室的内部布局。

2.3　温室工程规划设计阶段划分及其成果要求

2.3.1　规划设计阶段划分

温室工程规划设计一般分为方案设计、初步设计、扩充初步设计（技术设计）、施工图设计、施工详图设计（加工图设计）五阶段。

（1）方案设计

方案设计是设计中的重要阶段，它是一个极富有创造性的设计阶段，同时也是一个十分复杂的问题，它涉及设计者的知识水平、经验、灵感和想象力等。方案设计包括设计要求分析、系统功能分析、原理方案设计几个过程。该阶段主要是从分析需求出发，确定实现产品功能和性能所需要的总体对象（技术系统），决定技术系统，实现产品的功能与性能到技术系统的映像，并对技术系统进行初步的评价和优化。设计人员根据设计任务书的要求，运用自己掌握的知识和经验，选择合理的技术系统，构思满足设计要求的原理解答方案。

（2）初步设计

初步设计是最终成果的前身，相当于一幅图的草图。初步设计的目的是确定建设项目在确定地点和规定期限内进行建设的可能性和合理性，从技术上和经济上对建设项目作出全面规划和合理安排，作出基本技术决定和确定总的建设费用，以便取得最好的经济效益。

（3）扩充初步设计

扩初是指在方案设计基础上的进一步设计，但设计深度还未达到施工图的要求，小型工程可能不必经过这个阶段直接进入施工图。技术设计是为了研究和决定初步设计所采用的工艺过程、建筑与结构形式等方面的主要技术问题，补充完善初步设计。

（4）施工图设计

施工图设计为工程设计的一个阶段，在技术设计之后，两阶段设计在初步设计之后。这一阶段主要通过图纸，把设计者的意图和全部设计结果表达出来，作为施工制作的依据，它是设计和施工工作的桥梁。对于工业项目来说包括建设项目各分部工程的详图和零部件，结构件明细表，及所用验收标准方法等。民用工程施工图设计应形成所有专业的设计图纸：含图纸目录，说明和必要的设备、材料表，并按照要求编制工程预算书。施工图设计文件，应满足设备材料采购、非标准设备制作和施工的需要。施工图设计是在批准的初步设计基础上制定的，比初步设计具体、准确，是进行建筑安装工程、管道铺设、钢筋混凝土和金属结构、房屋构造、构造物等施工所采用的图纸，是现场施工的依据。

（5）施工详图设计

在实践温室结构设计中，根据不同温室钢结构工程的不同特点及复杂程度，一般把施工详图进一步划分为深化设计图和加工图（也称翻样图），深化设计图以设计图为依据，加工图以深化设计图为依据，并直接作为工厂加工的依据。由于施工详图的编制工作较为琐细、费工（其图纸量约为设计图图纸量的 2.5～10 倍），也需要一定的设计周期，故建设及承包单位都应了解这一钢结构工程特有的设计分工特点，在编制施工计划中予以考虑。同时作为一项基本功，钢结构加工厂的设计人员也应对施工详图设计有深入的了解和掌握。

2.3.1.1 日光温室设计阶段划分

由于日光温室结构相对简单，因此在设计阶段上通常为三阶段设计，包括初步设计、技术设计和施工图设计。

初步设计的目的是确定建设项目在确定地点和规定期限内进行建设的可能性和合理性，从技术上和经济上对建设项目作出全面规划和合理安排，作出基本技术决定和确定总的建设费用，以便取得最好的经济效益。

技术设计是为了研究和决定初步设计所采用的工艺过程、建筑与结构形式等方面的主要技术问题，补充完善初步设计。

施工图设计是在批准的初步设计基础上制定的，比初步设计具体、准确，是进行建筑安装工程、管道铺设、钢筋混凝土和金属结构、房屋构造、构造物等施工所采用的图纸，是现场施工的依据。

2.3.1.2 现代大型温室设计阶段划分

大型温室工程规划设计一般遵循建筑设计的阶段，包括方案设计、初步设计、扩充初步设计（技术设计）、施工图设计、施工详图设计（加工图设计）等五阶段的全部设计过程。在有些工程中还需包括温室建筑配套的室外景观规划设计。

2.3.2 规划设计成果要求

2.3.2.1 规划设计总体成果要求

2.3.2.1.1 建筑设计要求

温室园区及建筑设计要综合考虑内部种植植物的生长需求及相关设备特点、净化空调系统和室内气流流型以及各类管线系统安排等因素，进行植物工厂平面、剖面设计。在满足工艺流程的基础上，恰当地处理植物工厂内部不同等级洁净用房之间的关系，创造最优综合效果的建筑空间环境。

① 满足生产工艺对建筑设计的要求，实现高性能的制造空间与设施。

在对温室园区进行总图设计、平面布置、剖面设计时，必须充分考虑场地的合理利用和满足工艺生产的要求。

② 实现能够经济运行的设施，节约能源、易于维护、降低造价。

③ 应使用可靠性高的运行设施。

主体结构应具备同洁净室的工艺装备水平、建筑处理和装饰水平相适应的等级水平。植物工厂的耐久性、耐候能力应与装备水平相互协调，使投资长期发挥作用。

④ 应实现能够适应将来变化的设施

主体结构宜采用大空间及大跨度柱网，不应采用内墙承重体系。这样在不增加面积、高度的情况下，就可以进行工艺和生产设备调整。

⑤ 功能和环境需求

温室园区及温室建筑的平、剖面应该根据功能的需要建造，根据生产功能进行分类设计，各种温室建筑平、剖面的设计都有所不同。

2.3.2.1.2 结构设计要求

温室建筑的设计与建造，应该使其在规定的条件下（正常使用、正常维护）、在规定的时间内（标准设计年限），完成预定的功能。

① 可靠性要求　在正常使用的情况下，温室建筑的结构能够承受包括荷载在内的各种可能发生的荷载作用，不会发生影响使用的变形和破坏。温室建筑在使用过程中，结构会承受到各种各样的荷载作用，如风荷载、雪荷载、作物荷载、设备荷载等，在这些荷载作用下结构应是可靠的。

温室建筑的围护结构（包括侧墙和屋顶）需要能够承受风、雪、暴雨、冰雹以及生产过程中正常碰撞的冲击等荷载的作用。玻璃、彩钢板、PC板等围护结构都应该能够在上述荷载作用下，材料本身不会造成损坏，设计应力不超过材料的允许应力（抗拉、抗弯、抗剪、抗压等）。同时，围护材料与主体结构的连接也应该是可靠的，应该保证这些荷载能够通过连接传递到主体结构。

温室建筑的主体结构应该给围护结构提供可靠的支持，除了上述荷载外，主体结构还将承受围护结构和主体结构本身的自重、固定设备重量、作物吊重、维修人员、临时设备等造成的荷载，在正常使用时，这些荷载作用有些可能不会同时发生，有些会同时发生，在各种组合情况下主体结构都应该是可靠的。

② 耐久性要求　温室建筑在正常使用和正常维护的情况下，所有的主体结构、围护结构以及各种设备都应该具有规定的耐久性。结构构件和设备所处的环境温度较高、湿度较大、空气的酸碱度较高，这些都将影响植物工厂的耐久性。在植物工厂建造时应该充分考虑这些不利因素的影响，保证植物工厂在标准设计年限内，材料和设备的老化、构件的腐蚀都应该在规定的范围内。

温室建筑主体结构构件和连接件均采用热浸镀锌防腐处理，现场安装采用螺栓连接，不需要现场焊接。这样就可以避免由于焊接时构件过热，造成镀锌层的损坏，保证了镀锌层的防腐效果。温室建筑主体结构和连接件的防腐处理应该保证耐久年限18～20年。

③ 内部空间需求　温室建筑内部是植物生长和生产管理活动的场所，除植物栽培的空间外，还要求能够为各种生产设备摆放和正常运行提供足够的空间，同时还应为操作管理者留出适当的空间。因此，植物工厂平、立、剖面设计过程中，应该为不同用途的温室建筑所需的不同配套设备、设施以及不同生产操作方式提供满足要求的空间。

2.3.2.1.3　设计成果要求

（1）规划阶段

主要包括规划设计说明书、总平面规划图、规划结构图、规划功能分区图、道路及其竖向规划图、给排水工程规划图、采暖工程规划图、电力电讯工程规划图、环卫工程规划图、绿化工程规划图。

（2）初步设计阶段

初步设计的目的是提出设计方案、详细说明相应的工艺流程、进行建筑定位、选择建筑标准、分析方案的合理性和技术的可能性，进行工程投资概算。设计成果包括：各功能分区详细规划图；场区总平面图，所有生活、生产、生产辅助建筑的平面图，主要立面图、剖面图；生产建筑的工艺平面图；投资估算和工程技术经济指标汇总；初步设计说明书。

具体文件编制深度如下：

（一）设计总说明

1.总体说明

（1）设计依据：列出设计依据性文件、任务书、规划条件、基础资料等；（2）方案总体构思：设计方案总体构思理念、功能分区、交通组织、建筑总体与周边环境关系，主要建筑材料，建筑节能、环境保护措施，竖向设计原则。

2.设计说明

（1）建筑物使用功能、交通组织、环境景观说明；（2）单体、群体的空间构成特点；（3）若采用新材料、新技术，说明主要技术、性能及造价估算；（4）主要经济技术指标；（5）结构、电气、暖通、给排水等专业设计简要说明；（6）消防设计专篇说明；（7）光能设计专篇说明；（8）环境保护设计专篇说明。

3.工程造价估算

工程造价估算作为技术经济评估依据，建筑工程概念性方案设计造价估算准确度在该阶段允许范围之内，可根据具体情况作适当调整。工程造价估算应依据项目所在地造价管理部门发布的有关造价文件和项目有关资料，如项目批文、方案设计图纸、市场价格信息和类似工程技术经济指标等。工程造价估算编制应以单位指标形式表达。①编制说明：工程造价估算说明包括：编制依据、编制方法、编制范围（明确是否包括工程项目与费用）、主要技术经济指标、其他必要说明的问题。②估算表工程造价：估算表应提供各单项工程的土建、设备安装的单位估价及总价，室外公共设施、环境工程的单位估价及总价。

（二）图纸内容

1.总平面图纸：应明确表示建筑物位置及周边状况。

2.设计分析图纸：通常包括功能分析图、交通组织分析图、环境景观分析图等。

3.建筑设计图纸（1）主要单体主要楼层平面图，深度视项目而定；（2）主要单体主要立面图，体现设计特点；（3）主要单体主要剖面图，说明建筑空间关系。

4.建筑效果图纸：建筑效果图必须准确地反映设计意图及环境状况，不应制作虚假效果，欺骗评审。

（三）其他要求

其他需求内容由招标人自行增补。

（3）施工图设计阶段

施工图设计阶段要求所有图纸与设计文件准确、齐全、简明、清晰、统一、施工图文件包括：总平面图、所有拟建建筑和设施的建筑施工图（含平面图、立面图、剖面图、建筑构造详图等）、结构施工图、设备施工图（含给排水、采暖通风、电气、环境自动控制）、各专业的施工图说明书与计算书、工程预算书。

具体文件编制深度如下：

（一）设计总说明

1.总体说明

（1）设计依据：1）招标人提供的有关文件名称及文号。如：政府有关审批机关对项目建议书的批复文件、政府有关审批机关对项目例行性研究报告的批复文件、经有关部门核准或备案的项目确认书、规划审批意见书等。2）招标人提供的设计基础资料。如：地形、区域位置、气象、水文地质、抗震设防资料等初勘资料；水、电、燃气、供热、环保、通信、市政道路和交通地下障碍物等基础资料。3）招标人或政府有关部门对项目的设计要求。如总平面布置、建筑控制高度、建筑造型、建筑材料等；对周围环境需要保护的建筑、水体、树木等。4）设计采用的主要法规和标准，采用国外法规标准应于注明。

（2）方案总体构思

方案设计总体构思理念、外形特点、建筑功能、区域划分、环境景观、建筑总体与周边环境的关系。

2. 设计说明

（1）总平面设计说明：1）场地现状和周边环境概况；2）项目若分期建设，说明分期划分；3）环境与绿化设计分析；4）道路和广场布置、交通分析、停车场地设置、总平面无障碍设施等；5）规划场地内原有建筑的利用和保护，古树、名木、植被保护措施；6）地形复杂时应作竖向设计。

（2）建筑方案设计说明：1）平面布局、功能分析、交通流线；2）空间构成及剖面设计；3）立面设计；4）采用的主要建筑材料及技术，若采用新材料、新技术，如实陈述其适用性、经济性，说明有无相应规范、标准，若采用国外规范，说明其名称及适用范围并履行审查批准程序；5）建筑声学、建筑热工、建筑防护、空气洁净、人防地下室等方面有特殊要求的建筑，应说明拟采用的相关技术。

（3）主要经济设计指标

注：①当工程项目（如城市居住区）有相应的规划设计规范时，技术经济指标的内容应按其执行。②计算容积率时，按国家及地方要求计算。③公共建筑应增加主要功能区分层面积表、旅馆建筑应增加客房构成、医院建筑增加门诊人次及病床数、图书馆增加建筑藏书册数、观演和体育建筑增加座位数、住宅小区方案应增加户型统计表。

（4）关键建造技术问题说明（必要时）；

（5）建筑结构系统方案设计说明

1）建筑结构设计采用的规范和标准，风压雪荷载取值、地震情况及工程地质条件等；2）结构安全等级、设计使用年限和抗震设防类别；3）主体建筑结构体系、基础结构体系、屋盖结构体系、人防设计考虑；4）采用计算软件的名称。

（6）电气系统方案设计说明：应分别对供电电源、变压器及变电室、照明系统、动力电源系统、防雷与接地等予以说明。

（7）采暖通风系统方案设计说明

应分别对通风系统、防排烟系统、空调系统（如采用高新技术及高性能设备亦需简要说明）、供暖系统等予以说明。

（8）给水排水系统方案设计说明：应分别对给水系统、排水系统、雨水系统、污水系统、中水系统（如有必要）、节水措施等予以说明。

（9）消防控制设计专篇说明

应分别对火灾自动报警系统及消防控制室、灭火系统（喷淋或气体灭火系统）、防火分区、排烟系统、消防疏散设计考虑等内容予以说明。

（10）建筑节能设计专篇说明：说明采用的规范和标准，详述建筑节能技术要点及技术措施。

（11）环境保护措施专篇说明：进行建筑环境影响分析，说明采取的环境保护措施。

（12）楼宇智能化及通信系统方案设计说明：对项目设计中涉及的计算机网络系统、综合布线系统、电话通信系统、视频会议系统（包括同声传译系统）、卫星与有线电视系统、广播系统、楼宇自动化管理系统予以说明。

（13）安全防护系统方案设计说明：应对项目中涉及的门禁系统、电视监视系统、安防通讯系统、安防供电系统、取证纪录系统予以说明。

（14）部分卫生防疫要求较高建筑（例如：医药卫生建筑、餐饮建筑等）应做卫生防疫、防射线、防磁、防毒等专项说明。

3. 工程造价估算

工程造价估算作为技术经济评估依据，建筑工程实施性方案设计造价估算准确度应在该阶段允许范围之内。当准确度影响对方案的可行性判定时，应对该方案进行专项技术经济评估。工程造价估算应依据项目所在地造价管理部门发布的有关造价文件和项目有关资料，如项目批文、方案设计图纸、市场价格信息和类似工程技术经济指标等。工程造价估算编制应以单位指标形式表达。

（1）编制说明：工程造价估算说明包括：编制依据、编制方法、编制范围（明确是否包括工程项目与费用）、主要技术经济指标、限额设计说明（如有）、其他必要说明的问题。

（2）估算表：工程造价估算表应以单个单项工程为编制单元，山土建、给排水、电气、暖通、空调、动力等单位工程的估算和土石方、道路、室外管线、绿化等室外工程估算两个部分内容组成；若招标人提供工程建设其他费用，可将工程建设其他费用和按适当费率取定的预备费列入估算表，汇总成建设项目总投资；如采用新工艺、新技术、新材料或特殊结构时，应对该项技术进行专项评估，评估后纳入估算中。

（二）图纸内容

1. 总平面图纸：（1）区域位置图纸；（2）场地现状地形图纸；（3）总平面设计图纸，图中应标明用地范围、退界、建筑布置、周边道路、周边建筑物构造物、绿化环境、用地内道路宽度等；标明主要建筑物名称、编号、层数、出入口位置、标注建筑物距离、各主要建筑物相对标高、城市及用地区域内道路、广场标高等。

2. 设计分析图纸

（1）功能分析图纸：功能分区及空间组合。（2）总平面交通分析图纸：交通分析图应包括：主要道路宽度、坡度，人行、车行系统，停车场地（包括无障碍停车场地）主要道路剖面及停车位，消防车通行道路、停靠场地及回转场地；各主要人流出入口、货物及垃圾出入口、地下车库出入口位置，自行车出入口位置等。（3）环境景观分析图纸：根据招标文件要求，说明景观性质、视线、形态或色彩设计理念与城市关系。（4）日照分析图纸：按招标文件要求使用软件绘制符合当地规定的日照分析图并明确分析结果。日照条件应符合国家相关规定。医院、疗养院、学校、幼儿园、养老院、住宅等建筑的日照条件应严格执行国家相关标准。一般建筑应分析日照影响，确保环境效果和公共利益。（5）招标文件要求的分析图纸：根据项目方案设计需要可增加分期建设分析图、交通分析图、室外景观分析图、建筑声学分析图、视线分析图、特殊建筑内部交通流线分析图、采光通风分析图等。

3. 建筑设计图纸

（1）各层平面图纸；（2）主要立面图纸；（3）主要剖面图纸。

4. 建筑效果图纸

根据建筑工程项目特点和招标人要求，提供如实反映建筑环境、建筑形态及空间关系的建筑效果图。

（三）其他要求可依据招标人要求制作建筑模型，建筑模型应准确反映建筑设计及周边真实状况。

其他需求内容由招标人自行增补。

2.3.2.2 规划设计分类别成果要求

（1）方案设计

① 图纸要求

封面、目录、设计说明、设计图纸（其中封面、目录不作具体规定，可视工程需要确定）。

② 设计说明

包括设计依据：a. 由主管部门批准的规划条件（用地红线、总占地面积、周围道路红线、周围环境、对外出入口位置、地块容积率、绿地率及原有文物古树等级文件、保护范围等）；b. 建筑设计单位提供的与场地内建筑有关的设计图纸，如总平面图、建筑一层平面图、屋顶花园平面图、地下管线综合图、地下建筑平面图、覆土厚度、建筑性质、体形、高度、色彩、透视图等；c. 设计范围及甲方提供的使用及造价要求；d. 地形测量图；e. 有关气象、水文、地质资料；f. 地域文化特征及人文环境；g. 有关环卫、环保资料。

场地概述：a. 根据具体工程所在城市、周围环境（周围建筑性质、道路名称、宽度、能源及市政设施、植被状况等）；b. 场地内建筑性质、里面、高度、体形、外饰面的材料及色彩、主要出入口位置，以及对园林景观设计的特殊要求；c. 场地内的道路系统；d. 场地内需保留的文物、古树、名木及其他植被范围及状况描述；e. 场地内自然地形概况；f. 土壤情况。

总平面设计：a. 景观设计总平面深度设计原则；b. 设计总体构思，主体及特点；c. 功能分区，主要景点设计及组成元素；d. 交通分析，主要人行道路及车行道路交通流线分析；e. 种植设计：种植设计的特点、主要树种类别（乔木、灌木）；f. 对地形及原有水系的改造、利用；g. 给水排水、电气等专业有关管网的设计说明；h. 有关环卫、环保设施的设计说明；i. 技术经济指标（也可放在总平面图纸上）。

③ 设计图纸

场地现状图；总平面图；功能分区图；主要结构节点放大平面图；建筑构筑物方案设计（平面、立面、剖面及效果图文字说明）；设备管网与场地外线衔接的必要文字说明或示意图。

(2) 初步设计

① 初步设计文件

包括封面、目录、设计说明、设计图纸、工程概算书。

② 设计总说明

设计依据及基础资料：包括由主管部门批准的规划设计文件及有关建筑初步设计文件；由主管部门批准的园林景观方案设计文件及审批意见；建筑设计单位提供的总平面布置图、地下建筑平面图、覆土厚度、竖向设计、室外管线综合图；根据具体工程项目地形测量图、坐标系统、坐标值及高程系统；有关气象资料、工程地质、水文资料及生态特征等。

场地概述：根据具体工程项目场地所在城市、区域、周围城市道路名称、宽度、景观设计性质、范围、规模等；根据具体工程项目周围环境状况、交通、能源、市政设施、主要建筑、植被状况；根据具体工程项目所在地区的地域特征、人文环境；场地内与建筑设计相关情况。

总平面设计：设计主要特点、主要组成元素及主要结构节点设计；场地无障碍设计；新材料、新技术的应用情况（如能源利用等）；其他。

竖向设计：竖向设计的特点；场地的地表雨水排放方式及雨水收集、利用；人工水体、下沉广场、台地、主要节点的高程处理，注明控制标高。

主要建筑设计形式（即有一定活动空间的），设计深度可参考国家建筑标准设计图集《民用建筑工程建筑初步设计深度图样》05J802。

技术经济指标：建筑场地总用地面积；建筑设计总面积。

给水排水专业设计内容：包括设计依据（根据具体工程项目设计任务书；已批准的方案设计文件；国家现行的设计规范、规范的名称及编号；建设单位提供的建筑周围市政条件资料；建筑及有关工种提供的条件图及设计资料；工程概况与设计范围；根据具体工程项目建设用地、室外绿化面积；根据具体工程项目包括项目红线内的用地）；给水设计；排水设计。

电气专业设计内容：设计依据（根据具体工程项目设计任务书；已批准的方案设计文件；国家现行的设计规范、规程的名称及编号；建设单位提供的认定的工程设计资料，建设方的设计要求；建筑及有关工种提供的条件图集设计资料）；工程概况与设计范围；配电系统；照明系统；防雷；接地及安全；主要设备材料表：按子项分别列出主要设备的名称、型号、规格、数量；需提前在设计审批时解决或确定的主要问题。

③ 设计图纸

总平面图；总分区索引图；总平面放线设计图；竖向布置图；道路放线图；分区平面图及索引图；分区放线平面图；分区竖向设计图；建筑、构筑物设计图；给水排水专业图纸；电气专业设计图纸。

（3）施工图设计

① 施工设计文件需要满足的要求

施工设计文件包括设计说明及图纸，其内容达到以下要求：解决各专业的技术要求，协调与相关专业之间的关系；能据以编制工程预算；提供申报有关部门审批的必要文件。

② 总封面应标明以下内容

总封面；项目名称；编制单位名称；项目设计编号；设计阶段；编制单位法定代表人、技术总负责人、项目总负责人姓名及其签字或授权盖章；编制年、月、日。

③ 施工图阶段专业设计文件

封面、目录、设计说明、设计图纸。

设计依据：由主管部门批准建筑场地初步设计文件、文号，由主管部门批准的有关建筑施工图设计文件或施工图设计资料图（其中包括总平面图、竖向设计、道路设计和室外地下管线综合图及相关建筑设计施工图、建筑一层平面图、地下建筑平面图、覆土厚度、建筑立面图等），设计依据的国家及地方规范。

工程概况：包括建设地点、名称、建筑设计性质、设计范围面积（如方案设计或初步设计为不同单位承担，应摘录与施工图设计相关内容）；该项目场地的基本资料及方案设计的主要特点；说明该项目所采用的坐标系、放线原点、网格方向、标注单位等防线原则；竖向设计，说明该项目竖向变化在视觉上的特点及设计原则，说明该项目场地地表雨水的排放方式及雨水收集、利用；土建设计内容说明；材料说明（用共同性的，如：混凝土、砌体材料、金属材料标号、型号；木材防腐、油漆；石材等材料要求，可统一说明或在图纸上标注）；防水、防潮做法说明；种植设计说明；新材料、新技术做法及特殊造型要求；其他需要说明的问题；照明（该项目照明系统的设计原则，灯具控制方式，配电原则）；给排水；其它注意事项。

④ 设计图纸

总平面图（根据工程需要，可分幅表示，常用比例1：300～1：1000）；总平面分区索引图（常用比例1：300～1：500）；总平面放线设计图（常用比例1：300～1：500）；总平面竖向布置图（常用比例1：500）；总平面铺装索引图（常用比例1：500）；种植设计图（常用比例1：500）；道路放线图（常用比例1：500）；分区平面图及索引图（常用比例1：200）；分区放线平面图（常用比例1：200）；分区竖向设计图（常用比例1：200）；铺装详图（常用比例1：10、1：20）；节点详图（常用比例1：10～1：50）；其它详图（比例1：

10、1：20）。

结构专业设计图纸：对于简单的温室建筑需配相关结构专业图的工程，可以将结构专业的说明、图纸在相关的专业图纸中表达，不再另册出图（内部归档需要计算书）。

给水排水专业设计图纸：在施工图设计阶段，给水排水专业设计文件应包括图纸目录、施工图设计说明、设计图纸、主要设备表、计算书。给水排水总平面图；排水管道高程表；给水排水图纸；主要设备材料表（主要设备、仪表、及管道附、配件可在首页或相关图上列表表示）；计算书（内部使用），根据初步设计审批意见进行施工图阶段设计计算；当为合作设计时，应根据主设计方审批的初步设计文件，按所分工内容进行施工图设计。

电气专业设计图纸：在施工图设计阶段，建筑电气专业设计文件应包括图纸目录、施工设计说明、设计图纸主要设备表、计算书（供内部使用及存档）。具体图纸包括：施工设计说明；电气总平面图；变、配电站；配电、照明；防雷、接地安全；其他系统；主要设备表（注明主要设备名称、型号、规格、单位、数量）；计算书（供内部使用及归档）：施工图设计阶段的计算书，只补充初步设计阶段时应进行计算而未进行计算的部分，修改因初步设计文件审查变更后，需重新进行计算的部分。

3 温室建筑工程工艺

3.1 温室工程工艺设计的基本要求及设计内容

3.1.1 温室建筑设计要求

温室的设计与建造，应该使其在规定的条件下（正常使用、正常维护）、在规定的时间内（标准设计年限），完成预定的功能。

（1）功能和环境的要求

温室的平、剖面应该根据功能的需要建造，根据功能把温室分为生产性温室、科研试验性温室和观赏展览温室等类型，各种温室平、剖面的设计都有所不同。

（2）可靠性要求

温室在使用的过程中，结构会承受到各种各样的荷载作用，如风荷载、雪荷载、作物荷载、设备荷载等。正常使用时，在这些荷载作用下结构应该是可靠的，即温室的结构应能够承受各种可能发生的荷载作用，不会发生影响使用的变形和破坏。

温室的围护结构（包括侧墙和屋顶）将承受风、雪、暴雨、冰雹以及生产过程中的正常碰撞冲击等荷载的作用，玻璃、塑料薄膜、PC 板等围护材料都应该能够在上述荷载作用下，材料本身不会造成损坏，设计应力不超过材料的允许应力（抗拉、抗弯、抗剪、抗压等）。同时，材料与主体结构的连接也应该是可靠的，应该保证这些荷载能够通过连接传递到主体结构。

温室的主体结构应该给围护构件提供可靠的支撑，除了上述荷载外，主体结构还将承受围护构件和主体结构本身的自重、固定设备重量、作物吊重、维修人员、临时设备等造成的荷载。在正常使用时，这些荷载作用有些可能不会同时发生，有些会同时发生，在各种组合情况下主体结构都应该是可靠的。结构的变形和位移不应该过大，不会影响正常使用，也不应该由于主体结构变形和位移造成围护构件的破坏。

（3）耐久性要求

温室在正常使用和正常维护的情况下，所有的主体结构、围护构件以及各种设备都应该具有规定的耐久性。温室的结构构件和设备所处的环境是比较恶劣的（对构件本身来讲），温室内部温度较高、湿度较大、光辐射强烈、空气的酸碱度也较高，这些都将影响温室的耐久性。在温室建造时应该充分考虑这些不利因素的影响，保证温室在标准设计年限内，材料的老化、构件的腐蚀、设备的老化都应该在规定的范围内。

通常温室主体结构构件和连接件都在工厂制作，并采用热浸镀锌防腐处理，现场安装采用螺栓连接，避免焊接。这样可避免由于焊接时构件过热，造成镀锌层的损坏，保证了镀锌层的防腐效果。温室主体结构和连接件的防腐处理应该保证耐久年限18～20年。

（4）内部空间要求

温室内部是植物生长和生产管理活动的场所，除植物栽培的空间外，还要求能够为各种生产设备摆放和正常运行提供足够的空间，同时还应为操作管理者留出适当的空间。因此，温室的平、立、剖面设计过程中，应该为不同用途的温室所需的不同配套设备、设施以及不同的生产操作方式提供满足要求的空间。

（5）建筑节能要求

温室的建筑构造，即温室基础、墙体、屋面、侧窗、天窗、天沟等部分的构造以及各部分之间的连接方式，除满足各自的使用功能外，还应满足节能方面的要求。通过合理的构造，降低屋面和墙体的传热系数，增加透光率，使温室最大限度地吸收太阳能，并减少内部热量的流失，最有效地利用太阳能，达到节约能源的目的。温室内部的热量会通过基础向室外传递，因此在基础构造上要求尽量隔热，减少温室内热量的损失。夏初之前和夏末之后主要通过侧窗和天窗的自然通风来降温并改善内部环境。

（6）标准化和装配化要求

随着现代化温室的发展，温室的形式日益多样化，不同形式的温室，其体型、尺寸差别比较大。同时，目前我国各温室企业的温室设计、制造各行其是，构件互不通用，无法实现资源共享，生产效率低下。只有通过温室的标准化，不同的温室采用系列化、标准化的构件和配件组装而成，实现温室的工厂化、装配化生产，才能使温室的制作和安装简化，缩短建设周期，降低生产和维护成本，提高生产效率。

3.1.2 温室结构设计要求

3.1.2.1 日光温室钢骨架设计

室内无柱的日光温室骨架，最好选用钢平面桁架，因为钢材的强度高、弹性模量大，能承受较大的荷载而用钢量少（每平方米日光温室用钢量仅为 5kg 左右），因此被广泛用于温室结构中。抗锈蚀的问题可以通过镀锌等措施来解决。设计合理的钢骨架可使用 20 年。

（1）影响温室钢骨架结构安全性、耐久性因素

钢结构承载力和刚度的失效、钢结构的失稳、钢结构的脆性断裂及钢结构的腐蚀等是钢结构发生破坏的主要形式，在日光温室冬季生产中，钢骨架始终处于高湿、高温与低温交替变化、动载等恶劣环境和不利因素的影响，其直接影响钢结构的安全和耐久性能，设计的不合理及施工存在的缺陷更加剧了发生破坏的可能性。

① 钢骨架结构承载力不足及刚度失效

使用荷载和条件的改变、钢材的强度指标不合格、连接强度不满足要求以及结构或构件的刚度不满足设计要求、结构支撑体系不够等是使钢骨架结构承载力不足及刚度失效的主要原因。

② 钢骨架结构的失稳

钢骨架结构的失稳包括丧失整体稳定性和丧失局部稳定性，这两类失稳形式都将影响结构或构件的正常承载和使用，或引发结构的其他形式的破坏。构件设计的整体稳定不满足及构件受力条件的改变是钢骨架结构的失稳的主要原因。

③ 钢骨架结构的脆性断裂

钢结构的脆性破坏是其极限状态中最危险的破坏形式之一。除与钢材本身的抗脆性能有关外，与构件的加工制作、构件的应力集中及应力状态，使用过程中的低温和动载等因素直接相关。

④ 钢骨架结构的腐蚀

钢材的腐蚀分为大气腐蚀、介质腐蚀和应力腐蚀等。普通钢结构钢材的抗腐蚀能力比较差，尤其在高温、高湿环境中，其受腐蚀的程度更为严重。

（2）设计要点

钢骨架结构设计通常简化成平面桁架，按两铰拱进行内力计算与分析。设计时荷载的取值及荷载组合是否合理是保证钢骨架结构安全的关键。目前，我国还没有日光温室设计相应

的荷载规范与标准，设计时按工业与民用建筑的相关标准参照执行。但是，农业建筑有其自身的特殊性，在荷载的取值及组合上存在较大的差异。

① 应正确分析、确定可能发生的各种荷载。钢骨架结构上作用的荷载除钢骨架结构自重及后坡结构层自重外，还有各种活荷载，包括：外覆盖材料自重、风、雪荷载、检修荷载、室内作物的吊重，以及卷帘机的使用带来的附加荷载等。其中外覆盖材料自重及卷帘机的使用带来的附加荷载均属于动荷载，其在卷帘的过程中，作用位置和大小均发生改变，设计时应加以考虑。

② 荷载的组合应充分考虑农业生产建筑的使用及管理特点。荷载组合时除结构自重外，其他各种活荷载均有可能同时发生，如在冬季雪天，温室需人工除雪，此时外覆盖材料自重、风、雪荷载、检修荷载（人工除雪）、室内作物的吊重等活荷载同时发生，是最不利的组合形式，其与《建筑结构荷载规范》的组合形式有较大的差别。

③ 在骨架设计时应充分考虑卷帘机在卷帘时产生的附加荷载的作用。卷帘机支架一般直接与骨架焊接在一起，在卷帘过程中，会在骨架中产生较大的附加力的作用，设计时应充分考虑。

④ 沿纵向各榀骨架之间的系杆是保证整体稳定的关键，是必不可少的。

3.1.2.2 日光温室墙体设计要求

日光温室墙体除满足保温要求外，还应满足强度和稳定性的要求。稳定要求主要应验算墙体的高厚比。北方地区日光温室墙体（尤其是北墙）不高，厚度较大，因此高厚比均能满足要求，一般不需验算。砖石等砌体是抗压性能强、抗拉性能差的材料，因此墙体抗压、局部抗压、受剪等也能满足要求，不需验算，但抗弯性能必须进行验算。温室北墙与普通建筑物北墙受力特点不同：普通建筑物墙体一般只承受竖向荷载使墙体受压，而砌体抗压能力很强，因此能满足要求。前已述及，无柱的拱形桁架在竖向荷载作用下，两端支座不仅有竖向反力，还有水平反力，这种水平反力对墙体产生向外的水平推力，从而使墙体产生弯矩，前地垄墙低矮，因此弯矩很小，不必验算，而北墙相对较高，使墙体产生三角形分布的弯矩，墙底（即基础顶面）最大，应进行受弯验算。

3.1.2.3 基础设计

所有的工程都建在地基土层上，农业设施工程也不例外。因此，农业设施工程的全部荷载都由它下面的土层来承担；受到工程结构影响的那部分土层称为地基，而工程结构向地基传递荷载，介于上部结构与地基之间的部分则称为基础。基础和地基是工程结构的根基，是保证工程结构安全性的和满足使用要求的关键之一。

基础埋置深度的合理确定要综合考虑建筑物情况、工程地质、水文地质、地基冻融和场地环境条件等方面的因素。

为了较好地承担上部结构传来的荷载，并合理地利用地基条件，应选择适当的地基土层作为持力层，这将决定基础底面的标高。应尽量使整个结构单元的基础底面处于同一层地基土上，使所有基础的底面为同一标高。若地基土层倾斜较大时，可沿倾斜方向做成台阶形，由深到浅逐渐过渡。

基础应尽量埋置在地下水位以上，避免地下水对基坑开挖、基础施工的影响，也避免地下水对基础的侵蚀。

在我国北方地区，土壤存在冬季冻结、夏季融消的现象。当土颗粒较细、含水量较高时，冬季土壤冻结的过程中，土体会发生膨胀和隆起，称为冻胀；夏季土体解冻，出现软化现象，在建筑物荷载作用下，地基土下陷，称为融陷。土的冻胀和融陷是不均匀的，易导致基础和上部结构的开裂，因此基础底面应尽量埋置在土壤冻深以下。我国华北、西北、东北等地区的土壤冻深随纬度增高从 0.5～3m 逐步增大。

建筑位于河流、湖泊附近时，应使基础底面位于冲刷线以下，避免水流和波浪的影响。

3.1.3 配套设施要求

3.1.3.1 日光温室吊挂设计要求

日光温室的墙体和结构除满足保温要求外，还应满足强度和稳定性的要求。温室内部的吊挂荷载一般都会作用在温室内部的骨架上，因此，需要在骨架下方留出足够的空间以满足吊挂设施所需的空间，并且考虑吊挂的承载要求。

3.1.3.2 日光温室设备安装设计要求

日光温室在设计时需考虑温室开窗、通风、内部部分机动设备运行等具体条件，不但需要考虑设备的安装空间，同时需要考虑设备运行期间环境的稳定。

3.1.4 设计成果要求

（1）温室的透光性能

温室透光性能的好坏直接影响到室内种植作物光合产物的形成和室内温度的高低。透光率是评价温室透光性能的一项最基本的指标，它是指透进温室内的光照量与室外光照量的百分比。透光率越高，温室的光热性能越好。温室透光率受温室覆盖材料透光性能和温室骨架阴影率等因素的影响，而且随着不同季节、不同时刻太阳高度的变化，温室的透光率也在随时变化。夏季室外太阳辐射较强，即使温室的透光率很小，透进温室的光照强度绝对值仍然较高，要保证作物的正常生长，有必要采用适当的遮荫设施。但到了冬季，由于室外太阳辐射较弱，太阳高度角很低，温室内光照偏弱，这成为作物生长和选择种植作物品种的限制因素。因此，要求温室具有较高的透光率。一般玻璃温室的透光率在 60%～70%，连栋塑料温室在 50%～60%，日光温室可达到 70% 以上。

（2）温室的保温性能

在寒冷的外界自然条件下，提供一个高于室外气温的、适于作物生长的室内温度环境是温室的基本功能。为实现此功能，要采用良好的温室围护结构和适当的加温设施。加温耗能是温室冬季运行的主要生产成本组成，提高温室的保温性能，对于加温温室，是降低能耗、提高温室生产效益的最直接和有效的手段。对于不加温温室，良好的保温性能是其内部温度环境达到一定要求的必要保证条件。

衡量温室的保温性能主要有两个方面的指标：其一是温室围护结构覆盖层的保温性指标，其二是温室整体保温性能的指标。

在冬季，温室围护结构覆盖层传热造成的温室内热量损失占温室总热量损失的 70% 以上，所以覆盖层的保温性能对于温室整体保温性能具有决定性的意义。衡量覆盖层保温性优劣的指标是传热系数和传热阻。传热系数是指单位时间内、在覆盖层单位面积上、覆盖层两侧单位温差所产生的传递热量，其单位为 $W/(m^2 \cdot K)$，其数值越小表明覆盖层的保温性越好。传热阻是传热系数的倒数，单位为 $(m^2 \cdot K)/W$，其值越大，覆盖层保温性越好。一般温室单层覆盖材料的传热系数在 $6.2W/(m^2 \cdot K)$ 以上 [传热阻在 $0.16(m^2 \cdot K)/W$ 以下]，依靠在室内增设保温幕的措施，可使温室覆盖层的传热系数降低到 $3～4.8W/(m^2 \cdot K)$ [传热阻 $0.21～0.33(m^2 \cdot K)/W$]。我国日光温室采用的草帘和近年来开发使用的保温被具有良好的保温性能，将其作为日光温室外覆盖保温时，温室覆盖层传热系数可降低至 $2W/(m^2 \cdot K)$ [传热阻 $0.5(m^2 \cdot K)/W$] 左右。

温室整体保温性能可采用冬季夜间不加温情况下，可维持的室内外温差来评价。一般单层覆盖情况下，温室可维持 2～5℃的室内外温差；依靠增设保温幕等保温措施，可使室内外温差提高到 4～8℃。我国日光温室具有非常优异的保温性能，一般冬季夜间在不加温情况下，可维持 20℃以上的室内外温差。

（3）温室的耐久性

温室是一种高投入、高产出的农业设施，一次性投资较露地生产投入要高出几十倍，乃至几百倍，其使用寿命的长短直接影响到每年的折旧成本和生产效益，所以温室建设必须要考虑其耐久性。影响温室耐久性的因素除了温室材料的耐老化性能外，还与温室主体结构的承载能力有关。透光材料的耐久性除了自身强度外，还表现在材料透光率随时间的衰减程度上，往往透光率的衰减是影响透光材料使用寿命的决定性因素。设计温室主体结构的承载能力与出现最大风、雪荷载的再现年限直接相关。一般钢结构温室使用寿命在 15 年以上，要求设计风、雪荷载用 25 年一遇的最大荷载；竹木结构简易温室使用寿命 5～10 年，设计风、雪荷载用 15 年一遇最大荷载。由于温室运行长期处于高温、高湿环境，构件的表面防腐也是影响温室使用寿命的一个重要因素。对于钢结构温室，受力主体结构一般采用薄壁型钢，自身抗腐蚀能力较差，必须用热浸镀锌进行表面防腐处理。对于木结构或钢筋焊接桁架结构温室，必须保证每年作一次表面防腐处理。

（4）适用性

温室的适用性就是指温室满足功能、实现功能的能力，是评价温室结构和使用性能最重要的方面。适用性主要表现在以下几个方面。

① 温室空间尺度是否适宜，如温室高度是否和栽培作物的生长高度相协调，是否利于工作人员的操作与使用；跨度和开间能否满足作物的栽培布置、道路运输的组织和设备的布置等。

② 温室内的光照、温度、湿度和 CO_2 等条件是否满足使用功能要求，如温室内的温度能否达到栽培作物在白天和夜间对温度的要求，满足的程度如何等。

③ 内部配套设施（给水系统、供暖设施、遮阳保温系统、通风系统、传动机构、电气设备、控制设备等）的配置情况和工作状况。温室内部配套设施是保证温室实现其使用功能的重要保证，某些设施与温室主体结构共同影响温室内的环境状况，如通风、供暖和遮阳保温系统等；而另外一些内部配套设施的好坏则直接影响到温室某一功能的实现，如灌溉系统等。对这些内部配套设施的评价应以设计要求为主进行，即是否实现和满足温室预定的设计功能要求，各种设施要相互匹配和协调。评价中注意考虑外部条件对内部配套设施性能的影响，如采暖系统的供水温度会影响整个温室采暖系统的性能；供水管道的水压变化也会影响到灌溉系统能否正常工作。

（5）经济性

① 温室的建造费用，又称为"建设期投资"或"一次性投资"，该部分费用直接影响投资的回收和产品成本，投资回收年限需根据项目的计划目标、投资渠道和贷款性质等因素决定。

② 温室的运行费用，与温室结构和设施相关的运行费用体现在加温（燃煤或燃油）、降温（电力、供水等）、操作（开窗等）方面的费用。温室的保温隔热性和密封性决定了温室加温和降温费用的高低；某些内部配套设施（开窗等）操作的难易性会影响人工费用。温室结构和设施的配置在降低运行费方面应留有一些余地，即使用者可通过简单的改造或补充而使运行费用降低。

③ 温室的维修费用，温室质量的高低会影响温室的维修频度，特别是除主要结构件以外的零配件和易损件，维修费用除成本外还包括人工费和间接损失费。间接损失费可能是工

时损失，也可能是因维修而对作物造成损坏等不利影响，虽然其难以计算，但某些情况下造成的影响是很大的。良好的温室结构应对易损件进行良好的处理和专门说明，在温室结构销售安装时要配备必要的备件，以便于修理维护，减少因此造成的损失。

（6）防灾能力

温室结构的防灾能力就是指温室在使用阶段，承受设计规定的正常事件外的偶然事件发生时的反应能力。正常事件是指各种正常设计工况，如恒载、活载、安装荷载、风载、雪载、温度作用等；偶然事件是指超过温室设计基准期的、正常设计工况以外的作用，这些作用出现概率小、持续时间短，但作用往往较为强烈，如偶然的猛烈撞击、地震、龙卷风、火灾、洪水等。在这些偶然作用下，温室不可避免地会遭到一定程度的破坏，但温室结构整体应对此类作用具有一定的抵抗能力。换言之，应具有多道防线来保证结构的整体稳定性和可修复性，防止偶然作用下的整个坍塌和功能失效。

具体应按照下列原则进行检验和评价：

① 小灾不坏 即在某些危害性不大的偶然作用下，温室结构不产生主要结构件的强度失效和变形，即使部分次要构件产生了失效和功能丧失，但可通过修复或局部更换来恢复结构的功能。

② 中灾可修 即在一般性偶然作用下，温室部分主要结构构件产生了破坏，但可通过构件的更换和校正修复来恢复原有功能，如在飓风作用下温室墙体和屋面檩条严重变形、主梁出现少量局部超过规范要求的塑性变形等，这种情况下可通过更换檩条和校正大梁来保证温室今后的正常运转。

③ 大灾不倒 极少数剧烈的偶然作用会给温室带来严重的破坏，如地震、龙卷风、暴风雪等。在这些情况下，应允许结构丧失使用功能，但可以通过局部构件的损坏和先期失效来保证整体结构不倒塌，以最大限度地减少损失，保护温室内部设备等。如在强烈地震下，温室围护结构会产生严重破坏，但由于围护结构的破坏会造成地震作用的迅速降低，从而大大减少了温室主体构件的破坏，即使发生很大的塑性变形也能基本保持其原有形状不倒塌。又如在罕遇暴风雪的袭击下，如能控制围护结构和部分附属构件首先失效也可保证温室主体结构的基本完好和不倒塌，从而大大降低灾害造成的损失。

3.2 温室土建施工工艺

3.2.1 温室地基施工工艺

3.2.1.1 温室地基基本概念

地基：为支承基础的土体或岩体。

地基承载力特征值：指由载荷试验测定的地基土压力变形曲线线性变形段内规定的变形所对应的压力值其最大值为比例界限值。

标准冻深：在地面平坦裸露城市之外的空旷场地中不少于年的实测最大冻深的平均值。

地基处理：指为提高地基土的承载力改善其变形性质或渗透性质而采取的人工方法。

复合地基：部分土体被增强或被置换而形成的由地基土和增强体共同承担荷载的人工地基。

3.2.1.2 温室地基施工工艺

（1）温室地基钎探工程工艺

如表 3-2-1 所示。

表 3-2-1　温室地基钎探工程工艺

序号	项目	施 工 工 艺
1	作业条件	①基土已挖至基坑(槽)底设计标高,表面应平整,轴线及坑(槽)宽、长均符合设计图纸要求。 ②根据设计图纸绘制钎探孔位平面布置图。 ③夜间施工时,应有足够的照明设施,并要合理地安排钎探顺序,防止错打或漏打。 ④钎杆上预先划好 30cm 横线
2	材料要求	砂:一般中砂
3	主要机具	①人工打钎:一般钢钎,用直径 φ22～25mm 的钢筋制成,钎头呈 60°尖锥形状,钎长 1.8～2.0m;8～10 磅(1 磅＝0.45359237kg)大锤。 ②机械打钎:轻便触探器(北京地区规定必用)。 ③其他:麻绳或铅丝、梯子(凳子)、手推车、撬棍(拔钢钎用)和钢卷尺等
4	工艺流程	①工艺流程 放钎点线 ──→ 就位打钎 ──→ 拔钎 ──→ 灌砂 　　　记录锤击数　　检查孔深 ②按钎探孔位置平面布置图放线;孔位钉上小木桩或洒上白灰点。 ③就位打钎。 ④人工打钎:将钎尖对准孔位,一人扶正钢钎,一人站在操作凳子上,用大锤打钢钎的顶端;锤举高度一般为 50～70cm,将钎垂直打入土层中。 ⑤机械打钎:将触探杆尖对准孔位,再把穿心锤会在钎杆上,扶正钎杆,拉起穿心锤,使其自由下落,锤距为 50cm,把触探杆垂直打入土层中。 ⑥记录锤击数:钎杆每打入土层 30cm 时,记录一吹锤击数。 ⑦拔钎:用麻绳或铅丝将钎杆绑好,留出活套,套内插入撬棍或铁管,利用杠杆原理,将钎拔出。每拔出一段将绳套往下移一段,依此类推,直至完全拔出为止。 ⑧移位:将钎杆或触探器搬到下一孔位,以便继续打钎。 ⑨灌砂:打完的钎孔,经过质量检查人员和有关工长检查孔深与记录无误后,即可进行灌砂。灌砂时,每填入 30cm 左右可用木棍或钢筋棒捣实一次。灌砂有两种形式,一种是每孔打完或几孔打完后及时灌砂;另一种是每天打完后,统一灌砂一次。 ⑩钎探孔排列方式如下 | 槽宽/cm	排列方式	间距/m	深度/m
---	---	---	---
小于 80	中心一排	1.5	1.5
80～200	两排错开	1.5	1.5
大于 200	梅花型	1.5	2.0
柱基	梅花型	1.5～2.0	1.5,并不浅于短边	 ⑪整理记录:按钎孔顺序编号,将锤击数填入统一表格内。字迹要清楚,再经过打钎人员和技术员签字后归档。 ⑫冬、雨期施工:基土受雨后,不得进行钎探。基土在冬季钎探时,每打几孔后及时掀盖保温材料一次,不得大面积掀盖,以免基土受冻
5	验收标准	①钎探完成后,应作好标记,保护好钎孔,未经质量检查人员和有关工长复验,不得堵塞或灌砂。 ②遇钢钎打不下去时,应请示有关工长或技术员:取消钎孔或移位打钎。不得不打,任意填写锤数。 ③记录和平面布置图的探孔位置不能填错。 ④将钎孔平面布置图上的钎孔与记录表上的钎孔先行对照,有无错误。发现错误及时修改或补打。 ⑤在记录表上用色铅笔或符号将不同的钎孔(锤击数的大小)分开。 ⑥在钎孔平面布置图上,注明过硬或过软的孔号的位置,把枯井或坟墓等尺寸画上,以便设计勘察人员或有关部门验槽时分析处理
6	施工记录	工程地质勘察报告

（2）温室灰土地基工程工艺

如表 3-2-2 所示。

表 3-2-2　温室灰土地基工程工艺

序号	项目	施　工　工　艺
1	作业条件	①基坑（槽）在铺灰土前必须先行钎探验槽，并按设计和勘探部门的要求处理完地基，办完隐检手续。 ②基础外侧打灰土，必须对基础、地下室墙和地下防水层、保护层进行检查，发现损坏时应及时修补处理，办完隐检手续。现浇的混凝土基础墙、地梁等均应达到规定的强度，不得碰坏损伤混凝土。 ③当地下水位高于基坑（槽）底时，施工前应采取排水或降低地下水位的措施，使地下水位经常保持在施工面以下 0.5m 左右，在 3d 内不得受水浸泡。 ④施工前应根据工程特点、设计压实系数、土料种类、施工条件等，合理确定土料含水量控制范围、铺灰土的厚度和夯打遍数等参数。重要的灰土填方其参数应通过压实试验来确定。 ⑤房心灰土和管沟灰土，应先完成上下水管道的安装或管沟墙间加固等措施后，再进行，并且将管沟、槽内、地坪上的积水或杂物、垃圾等有机物清除干净。 ⑥施工前，应作好水平高程的标志。如在基坑（槽）或管沟的边坡上每隔 3m 钉上灰土上平的木橛，在室内和散水的边墙上弹上水平线或在地坪上钉好标高控制的标准木桩
2	材料要求	①土：宜优先采用基槽中挖出的土，但不得含有有机杂物，使用前应先过筛，其粒径不大于 15mm。含水量应符合规定。 ②石灰：应用块灰或生石灰粉；使用前应充分熟化过筛，不得含有粒径大于 5mm 的生石灰块，也不得含有过多的水分
3	主要机具	主要机具有：一般应备有木夯、蛙式或柴油打夯机、手推车、筛子（孔径 6～10mm 和 16～20mm 两种）、标准斗、靠尺、耙子、平头铁锹、胶皮管、小线和木折尺等
4	工艺流程	①工艺流程 检验土料、石灰粉质量并过筛 → 灰土拌合 → 槽底清理 → 分层铺灰土 夯打密实 → 找平验收 ②首先检查土料种类和质量以及石灰材料的质量是否符合标准的要求；然后分别过筛。如果是块灰闷制的熟石灰，要用 6～10mm 的筛子过筛，是生石灰粉可直接使用；土料要用 16～20mm 筛子过筛，均应确保粒径的要求。 ③灰土拌合：灰土的配合比应用体积比，除设计有特殊要求外，一般为 2∶8 或 3∶7。基础垫层灰土必须过标准斗，严格控制配合比。拌合时必须均匀一致，至少翻拌两次，拌合好的灰土颜色应一致。 ④灰土施工时，应适当控制含水量。工地检验方法是：用手将灰土紧握成团，两指轻捏即碎为宜。如土料水分过大或不足时，应晾干或洒水润湿。 ⑤基坑（槽）底或基土表面应清理干净。特别是槽边掉下的虚土，风吹入的树叶、木屑纸片、塑料袋等垃圾杂物。 ⑥分层铺灰土：每层的灰土铺摊厚度，可根据不同的施工方法，按下表选用。 **灰土最大虚铺厚度** 表格见下

灰土最大虚铺厚度

项次	夯具的种类	重量/kg	虚铺厚度/mm	备　注
1	木夯	40～80	200～250	人力打夯，落高 400～500mm，一夯压半夯
2	轻型夯实工具	—	200～250	蛙式打夯机、柴油打夯机
3	压路机	机重 6～10t	200～300	双轮

各层铺摊后均应用木耙找平，与坑（槽）边壁上的木橛或地坪上的标准木桩对应检查。

⑦夯打密实：夯打（压）的遍数应根据设计要求的干土质量密度或现场试验确定，一般不少于三遍。人工打夯应一夯压半夯，夯夯相接，行行相接，纵横交叉。

⑧灰土分段施工时，不得在墙角、柱基及承重窗间墙下接槎，上下两层灰土的接槎距离不得小于 500mm。

序号	项目	施 工 工 艺
4	工艺流程	⑨灰土回填每层夯(压)实后,应根据规范规定进行环刀取样,测出灰土的质量密度,达到设计要求时,才能进行上一层灰土的铺摊。 ⑩用贯入度仪检查灰土质量时,应先进行现场试验以确定贯入度的具体要求。环刀取土的压实系数用 dy 鉴定,一般为 0.93～0.95;也可按照下表的规定执行。 **灰土质量密度标准** {{TABLE1}} ⑪找平与验收:灰土最上一层完成后,应拉线或用靠尺检查标高和平整度,超高处用铁锹铲平;低洼处应及时补打灰土。 ⑫雨、冬期施工:基坑(槽)或管沟灰土回填应连续进行,尽快完成。施工中应防止地面水流入槽坑内,以免边坡塌方或基土遭到破坏。雨天施工时,应采取防雨或排水措施。刚打完毕或尚未夯实的灰土,如遭雨淋浸泡,则应将积水及松软灰土除去,并重新补填新灰土夯实,受浸湿的灰土应在晾干后,再夯打密实。冬期打灰土的土料,不得含有冻土块,要做到随筛、随拌、随打、随盖,认真执行留、接槎和分层夯实的规定。在土壤松散时可允许洒盐水。气温在-10℃以下时,不宜施工。并且要有冬施方案
5	验收标准	①保证项目:基底的土质必须符合设计要求。灰土的干土质量密度或贯入度必须符合设计要求和施工规范的规定。 ②基本项目:配料正确,拌合均匀,分层虚铺厚度符合规定,夯压密实,表面无松散、起皮。留槎和接槎。分层留接槎的位置、方法正确,接槎密实、平整。允许偏差项目如下: **灰土地基允许偏差** {{TABLE2}}
6	施工记录	①施工区域内建筑场地的工程地质勘察报告。 ②地基钎探记录。 ③地基隐蔽验收记录。 ④灰土的试验报告

灰土质量密度标准

项次	土料种类	灰土最小质量密度/(g/cm³)
1	轻亚黏土	1.55
2	亚黏土	1.50
3	黏土	1.45

灰土地基允许偏差

项次	项 目	允许偏差/mm	检 验 方 法
1	顶面标高	±15	用水平仪或拉线和尺量检查
2	表面平整度	15	用2m靠尺和楔形塞尺量检查

3.2.2 温室基础施工工艺

3.2.2.1 温室基础基本概念

基础:将结构所承受的各种作用传递到地基上的结构组成部分。

扩展基础:将上部结构传来的荷载,通过向侧边扩展成一定底面积,使作用在基底的压应力等于或小于地基土的允许承载力,而基础内部的应力应同时满足材料本身的强度要求,这种起到压力扩散作用的基础称为扩展基础。

无筋扩展基础:由砖毛石混凝土或毛石混凝土灰土和三合土等材料组成的且不需配置钢筋的墙下条形基础或柱下独立基础。

桩基础:由设置于岩土中的桩和连接于桩顶端的承台组成的基础。

3.2.2.2 温室基础设计

基础设计的基本要求:

在温室基础设计的内容包括确定基础材料、基础类型、基础埋深、基础地面尺寸等，此外还要满足一定的基础构造措施要求。进行基础设计的前提首先要知道基础所要承受的荷载类型及其大小，其次要准确掌握地基持力层的位置、地耐力的大小和低级土壤性质，此外还应了解地下水位高低以及地下水对建筑材料的侵蚀性等，当地常年冻土层深度也是基础设计的一个重要参数。

在满足地基稳定和变形要求前提下，基础应尽量浅埋，当上层地基的承载力大于下层土时，宜利用上层土作持力层。除岩石地基外，基础埋深不宜小于0.5m。

基础宜埋置在地下水位以上，当必须埋在地下水位以下时，应采取措施保证地基在施工时不受扰动，当基础埋置在宜风化的软质岩石层上，施工时应在基坑挖好后立即铺筑垫层。

当存在相邻温室时，新建温室的基础埋深不宜大于原有温室基础。当埋深大于原有温室基础时，两基础间应保持一定净距，其数值应根据荷载大小和土质情况而定，一般取相邻两基础底面高差的1～2倍。

在温室外围护墙面的基础埋深应在常年冻土层以下，当冻土层深度较深（大于1.5m）时，为节约投资，可将基础埋深设计在冻土层以上10～20cm；对于室内柱基或墙基，一般考虑温室冬季运行，室内不会出现冻土，基础埋深可不受冻土层深度的影响，主要应考虑不影响谁作物耕作和满足地基持力层的要求，一般可埋设在地面以下0.8～1.00m深度。

基础设计的目标是根据地基承受地耐力的大小确定基础底面积的大小，首先保证地基承载力的要求，在此基础上，根据基础材料和类型，确定基础的配筋和放脚，达到基础设计的目的。

3.2.2.3 温室基础施工工艺

温室砖基础砌筑工程工艺见表3-2-3。

表 3-2-3　温室砖基础砌筑工程工艺

序号	项目	施　工　工　艺
1	作业条件	①基槽：混凝土或灰土地基均已完成，并办完隐检手续。 ②已放好基础轴线及边线；立好皮数杆（一般间距15～20m，转角处均应设立），并办完预检手续。 ③根据皮数杆最下面一层砖的底标高，拉线检查基础垫层表面标高，如第一层砖的水平灰缝大于20mm时，应先用细石混凝土找平，严禁在砌筑砂浆中掺细石代替或用砂浆垫平，更不允许砍砖合子找平。 ④常温施工时，黏土砖必须在砌筑的前一天浇水湿润，一般以水浸入砖四边1.5cm左右为宜。 ⑤砂浆配合比已经试验室确定，现场准备好砂浆试模（6块为一组）
2	材料要求	①砖：砖的品种、强度等级须符合设计要求，并应规格一致。有出厂证明、试验单。 ②水泥：一般采用32.5号矿渣硅酸盐水泥和普通硅酸盐水泥。 ③砂：中砂，应过5mm孔径的筛。配制M5以下的砂浆，砂的含泥量不超过10%；M5及其以上的砂浆，砂的含泥量不超过5%，并不得含有草根等杂物。 ④掺合料：石灰膏，粉煤灰和磨细生石灰粉等，生石灰粉熟化时间不得少于7d。 ⑤其它材料：拉结筋、预埋件、防水粉等
3	主要机具	砂浆搅拌机、大铲、刨锛、托统板、线坠、钢卷尺、灰槽、小水桶、砖夹子、小线、筛子、扫帚、八字靠尺板、钢筋卡子、铁抹子等
4	工艺流程	①工艺流程 拌制砂浆 → 确定组砌方法 → 排砖摺底 → 砌筑 → 抹防潮层

序号	项目	施 工 工 艺		
		②砌筑砖基础：		
		工序名称	工 程 做 法	
		拌制砂浆	砂浆配合比应采用重量比，并由试验室确定，水泥计量精度为±2%，砂，掺合料为±5%。 宜用机械搅拌，投料顺序为砂——水泥——掺合料——水，搅拌时间不少于1.5min。 砂浆应随拌随用，一般水泥砂浆和水泥混合砂浆须在拌成后3h和4h内使用完，不允许使用过夜砂浆。 基础按一个楼层，每250m³砌体，各种砂浆，每台搅拌机至少做一组试块（一组六块），如砂浆强度等级或配合比变更时，还应制作试块	
4	工艺流程	确定组砌方法	组砌方法应正确，一般采用满丁满条。 里外咬槎，上下层错缝，采用"三一"砌砖法（即一铲灰，一块砖，一挤揉），严禁用水冲砂浆灌缝的方法	
		排砖摆底	基础大放脚的摆底尺寸及收退方法必须符合设计图纸规定，如一层一退，里外均应砌丁砖；如二层一退，第一层为条砖，第二层砌丁砖。 大放脚的转角处，应按规定放七分头，其数量为一砖半厚墙放三块，二砖墙放四块，以此类推	
		砌筑	砖基础砌筑前，基础垫层表面应清扫干净，洒水湿润。先盘墙角，每次盘角高度不应超过五层砖，随盘随靠平、吊直。 砌基础墙应挂线，24墙反手挂线，37以上墙应双面挂线。 基础标高不一致或有局部加深部位，应从最低处往上砌筑，应经常拉线检查，以保持砌体通顺、平直，防止砌成"螺丝"墙。 基础大放脚砌至基础上部时，要拉线检查轴线及边线，保证砌体墙身位置正确。同时还要对照皮数杆的砖层及标高，如有偏差时，应在水平灰缝中逐渐调整，使墙的层数与皮数杆一致。 暖气沟挑檐砖及上一层压砖，均应用丁砖砌筑，灰缝要严实，挑檐砖标高必须正确。 各种预留洞、埋件、拉结筋按设计要求留置，避免后剔凿，影响砌体质量。 变形缝的墙角应按直角要求砌筑，先砌的墙要把舌头灰刮尽；后砌的墙可采用缩口灰，掉入缝内的杂物随时清理。 安装管沟和洞口过梁其型号、标高必须正确，底灰饱满，如坐灰超过20mm厚，用细石混凝土铺垫，两端搭墙长度应一致	
		抹防潮层	将墙顶活动砖重新砌好，清扫干净，浇水湿润，随即抹防水砂浆，设计无规定时，一般厚度为15~20mm，防水粉掺量为水泥重量的3%~5%	
		冬雨期施工	砂浆宜用普通硅酸盐水泥拌制，石灰膏等掺合料应有防冻措施，如遭冻，必须融化后方可使用。砂中不得含有大于10mm的冻块。 砖应清除冰霜，冬期不浇水，应适当增大砂浆的稠度。 砌砖一般采用掺盐砂浆，其掺盐量、材料加热温度均按冬施方案规定执行。砂浆使用时的温度不应低于+5℃。 雨期施工时，应防止基槽灌水和雨水冲刷砂浆；砂浆的稠度应适当减小。每天砌筑高度不宜超过1.2m，收工时覆盖砌体上表面	
5	验收标准	①砖的品种、强度等级必须符合设计要求。 ②砂浆品种符合设计要求，强度必须符合下列规定：同品种、同强度砂浆各组试块的平均抗压强度值不小于设计强度值。任一组试块的强度最低值不小于设计强度的75%。 ③砌体砂浆必须饱满密实，实心砖砌体水平灰缝的砂浆饱满度不小于80%。		

序号	项目	施 工 工 艺
5	验收标准	④外墙的转角处严禁留直槎,其它临时间断处,留槎的做法必须符合施工规范的规定。砖砌体上下错缝,每间(处)无四皮砖通缝。砖砌体接槎处灰缝砂浆密实,缝、砖应平直;每处接槎部位水平灰缝厚度不小于5mm或透亮的缺陷不超过5个。预埋拉结筋的数量、长度均符合设计要求和施工规范的规定,留置间距偏差不超过一皮砖。留置构造柱的位置正确,大马牙槎先退后进,上下顺直,残留砂浆清理干净。 ⑤允许偏差项目

项次	项 目	允许偏差/mm	检 查 方 法
1	轴线位置偏移	10	用经纬仪或拉线和尺量
2	基础顶面标高	±15	用水准仪和尺量检查

注:基础墙超过2m时,允许偏差项目可按混水墙检查。

序号	项目	施 工 工 艺
6	施工记录	①材料(砖、水泥、砂、钢筋等)的出厂合格证及复试报告。 ②砂浆试块试验报告。 ③分项工程质量检验评定。 ④隐检、预检记录。 ⑤冬期施工记录。 ⑥设计变更及洽商记录。 ⑦其它技术文件。

3.2.3 温室墙体施工工艺

3.2.3.1 温室墙体基本概念

温室墙体一般分为大型温室墙体和日光温室墙体,两者在结构和构造上要求略为不同。大型温室墙体一般多为地下基础强体,因此对墙体的稳固性要求较高,而对于墙体的其他功能相对要求较低。而日光温室墙体多为温室的地上后墙,因此在构造上大多为多层复合墙体。具体为:温室墙体内侧(朝向室内)多为蓄热性和传热性较好的材料构成,一般为砖砌或砌块或者混凝土、夯土等,而为了提高温室后墙的蓄热性会在温室墙体的外侧(朝向室外)安装绝热性能好的绝热材料,以防止温室内部热量向外部扩散,而温室的后墙最外侧为保护材料,该材料保护墙体绝热材料不受到外界的干扰和破坏。

3.2.3.2 温室砖砌体墙体施工

3.2.3.2.1 材料

3.2.3.2.1.1 砖

砌体工程用的砖是指普通黏土砖、蒸压灰砂砖、粉煤灰砖、空心砖和承重多孔砖。

常用普通标准黏土砖的尺寸为 240mm×115mm×53mm;承重多孔砖的尺寸为 190mm×190mm×90mm;而空心砖的长度有 240mm、290mm,宽度有 140mm、180mm、190mm,厚度有 90mm、115mm。砖的强度等级通常以其抗压强度为主要标准来确定的,同时也应满足各等级中的一定抗折强度。常用的等级有标准黏土(粉煤灰)砖 MU7.5、MU10、MU15、MU20;承重多孔砖则可以达到 MU25、MU30;空心砖为非承重砖,其强度为 MU5、MU3、MU2 三个等级。在外观上一般要求尺寸准确、边角整齐(清水墙还要求色泽均匀),无掉角、缺滚、裂纹和翘曲等严重现象。

3.2.3.2.1.2 砂浆

砂浆在砌体内的作用,主要是填充砖之间的空隙,并将其粘结成一整体,使上层砖的荷载能均匀地传到下层。

砂浆可分为水泥砂浆、石灰砂浆、混合砂浆及其他一些加入各种外加剂的砂浆，其强度等级有 M15、M10、M7.5、M5、M2.5、M1、M0.4。

砂浆所用水泥的品种、标号应符合设计要求；砂一般宜采用中砂，并应过筛，不得含有杂物，含泥量一般不应超过 5%，标号小于 M5 的混合砂浆，砂的含泥量也不应超过 10%；生石灰熟化成石灰膏时，应用网过滤，熟化时间不得少于 7d，还应防止干燥、冻结和污染，脱水硬化的石灰膏不得使用。

砂浆应有用灰浆搅拌机拌合，拌合时间不得大于 1.5min，随拌随用；水泥砂浆应在拌成后 3h 内用完。混合砂浆则应在 4h 内用完，如气温超过 30℃时，应分别在 2h 和 3h 内用完。时间应作强度检验，每一楼层或 250m³ 砌体中的各种标号的砂浆，每台搅拌机应至少检查一次，每次制作一组试块（每组 6 块），砂浆标号或配合比变更时，还应制作试块。

另外，新拌制的砂浆，通常要求具有良好的和易性，这样方便施工、易于保证质量，提高砌体强度和劳动生产率。砂浆和易性的好坏主要取决于砂浆的稠度和保水性，为改善砂浆的保水性，可在砂浆中掺入石灰膏、黏土膏、粉煤灰等无机塑化剂或皂化松香等有机塑化剂。

3.2.3.2.2 脚手架及垂直运输

3.2.3.2.2.1 脚手架

砌筑用脚手架是砌筑过程中堆放材料和工人进行操作的临时设施。脚手架的种类很多，按其搭设位置分为外脚手架、里脚手架；按其结构形式分为立杆式、门式、悬吊式、挑梁式、碗和式脚手架；按常用材料分为木脚手架、竹脚手架和金属脚手架。

脚手架的搭设应满足下列要求：

① 其宽度应满足工人操作、材料堆放及运输要求。其宽度一般为 1.5～2m，每步架高 1.2～1.4m。

② 有足够的强度、刚度和稳定性。

③ 装拆方便，能多次周转使用。

3.2.3.2.2.2 砌体工程垂直运输

目前，常用的垂直运输工具主要有：轻型塔吊、井架、龙门吊。

① 井架

井架的特点是取材方便、稳定性好、运输量大，可同时带有起重臂和吊盘，也可以不带重臂。

② 龙门吊

龙门吊是由两根支架及横梁组成，在横梁上设置滑轮、导轨、吊盘，进行材料的垂直运输。龙门吊构成简单、制作方便，常用于多层建筑施工；起吊高度为 15～30m，起重量为 6～52kN。

（1）温室砖墙体砌筑工程工艺

见表 3-2-4。

表 3-2-4 温室砖墙体砌筑工程工艺

序号	项目	施　工　工　艺
1	作业条件	①完成室外及房心回填土,安装好沟盖板。 ②办完地基、基础工程隐检手续。 ③按标高抹好水泥砂浆防潮层。 ④弹好轴线墙身线,根据进场砖的实际规格尺寸,弹出门窗洞口位置线,经验线符合设计要求,办完预检手续。 ⑤按设计标高要求立好应数杆,皮数杆的间距以 15～20m 为宜。 ⑥砂浆由试验室做好试配,准备好砂浆试模(6 块为一组)

序号	项目	施 工 工 艺
2	材料要求	①砖:品种、强度等级必须符合设计要求,并有出厂合格证、试验单。清水墙的砖应色泽均匀,边角整齐。 ②水泥:品种及标号应根据砌体部位及所处环境条件选择,一般宜采用 325 号普通硅酸盐水泥或矿渣硅酸盐水泥。 ③砂:用中砂,配制 M5 以下砂浆所用砂的含泥量不超过 10%,M5 及其以上砂浆的砂含泥量不超过5%,使用前用 5mm 孔径的筛子过筛。 ④掺合料:白灰熟化时间不少于 7d,或采用粉煤灰等。 ⑤其它材料:墙体拉结筋及预埋件、木砖应刷防腐剂等
3	主要机具	大铲、刨锛、瓦刀、扇子、托线板、线坠、小白线、卷尺、铁水平尺、皮数杆、小水桶、灰槽、砖夹子、扫帚等

<table>
<tr><td rowspan="9">4</td><td rowspan="9">工艺流程</td><td colspan="2">
①工艺流程

砂浆搅拌
↓
作业准备 → 砖浇水 → 砌砖墙 → 验评

②黏土砖必须在砌筑前一天浇水湿润,一般以水浸入砖四边 1.5m 为宜,含水率为 10%~15%,常温施工不得用干砖上墙;雨季不得使用含水率达饱和状态的砖砌墙;冬期浇水有困难,必须适当增大砂浆稠度。
③砂浆搅拌:砂浆配合比应采用重量比,计量精度水泥为±2%,砂、灰膏控制在±5%以内。宜用机械搅拌,搅拌时间不少于 1.5min。
④砌砖墙:
</td></tr>
<tr><td>工序名称</td><td>工 程 做 法</td></tr>
<tr><td>组砌方法</td><td>砌体一般采用一顺一丁(满丁、满条)、梅花丁或三顺一丁砌法。砖柱不得采用先砌四周后填心的包心砌法</td></tr>
<tr><td>排砖摌底
(干摌砖)</td><td>一般外墙第一层砖摌底时,两山墙排丁砖,前后檐纵墙排条砖。根据弹好的门窗洞口位置线,认真核对廊间墙、垛尺寸,其长度是否符合排砖模数,如不符合模数时,可将门窗口的位置左右移动。若有破活,七分头或丁砖应排在窗口中间,附墙垛或其它不明显的部位。移动门窗口位置时,应注意暖卫立管安装及门窗开启时不受影响。另外,在排砖时还要考虑到门窗口上边的砖墙合拢时也不出现破活。所以排砖时必须做全盘考虑,前后檐墙排第一皮砖时,要考虑甩窗口后砌条砖,窗角上必须是七分头才是好活</td></tr>
<tr><td>选砖</td><td>砌清水墙应选择棱角整齐,无弯曲、裂纹,颜色均匀,规格基本一致的砖。敲击时声音响亮,焙烧过火变色、变形的砖可用在基础及不影响外观的内墙上</td></tr>
<tr><td>盘角</td><td>砌砖前应先盘角,每次盘角不要超过五层,新盘的大角,及时进行吊、靠。如有偏差要及时修整。盘角时要仔细对照皮数杆的砖层和标高,控制好灰缝大小,使水平灰缝均匀一致。大角盘好后再复查一次,平整和垂直完全符合要求后,再挂线砌墙</td></tr>
<tr><td>挂线</td><td>砌筑一砖半墙必须双面挂线,如果长墙几个人均使用一根通线,中间应设几个支线点,小线要拉紧,每层砖都要穿线看平,使水平灰缝均匀一致,平直通顺;砌一砖厚混水墙时宜采用外手挂线,可照顾砖墙两面平整,为下道工序控制抹灰厚度奠定基础</td></tr>
<tr><td>砌砖</td><td>砌砖宜采用一铲灰、一块砖、一挤揉的"三一"砌砖法,即满铺、满挤操作法。砌砖时砖要放平。里手高,墙面就要张;里手低,墙面就要背。砌砖一定要跟线,"上跟线,下跟棱,左右相邻要对平"。水平灰缝厚度和竖向灰缝宽度一般为 10mm,但不应小于 8mm,也不应大于 12mm。为保证清水墙面主缝垂直,不游丁走缝,当砌完一步架高时,宜每隔 2m 水平间距,在丁砖立楞位置弹两道垂直线,可以分段控制游丁走缝。在操作过程中,要认真进行自检,如出现有偏差,应随时纠正。严禁事后砸墙。清水墙不允许有三分头,不得在上部任意变活、乱缝。砌筑砂浆应随搅拌随使用,一般水泥砂浆必须在 3h 内用完,水泥混合砂浆必须在 4h 内用完,不得使用过夜砂浆。砌清水墙应随砌、随划缝,划缝深度为 8~10mm,深浅一致,墙面清扫干净。混水墙应随砌随将舌头灰刮尽</td></tr>
</table>

序号	项目	施 工 工 艺		
		工序名称	工 程 做 法	
4	工艺流程	留槎	外墙转角处应同时砌筑。内外墙交接处必须留斜槎,槎子长度不应小于墙体高度的2/3,槎子必须平直、通顺。分段位置应在变形缝或门窗口角处,隔墙与墙或柱不同时砌筑时,可留阳槎加预埋拉结筋。沿墙高按设计要求每50cm预留φ6钢筋2根,其理入长度从墙的留槎处算起,一般每边均不小于50cm,末端应加90°弯钩。施工洞口也应按以上要求留水平拉结筋。隔墙顶应用立砖斜砌挤紧	
		木砖预留孔洞和墙体拉结筋	木砖预埋时应小头在外,大头在内,数量按洞口高度决定。洞口高在1.2m以内,每边2块;高1.2~2m,每边放3块;高2~3m,每边放4块,预埋木砖的部位一般在洞口上边或下边四皮砖,中间均匀分布。木砖要提前做好防腐处理。钢门窗安装的预留孔。硬架支模、暖卫管道,均应按设计要求预留,不得事后剔凿。墙体拉结筋的位置、规格、数量、间距均应按设计要求留置,不应错放、漏放	
		安装过梁、梁垫	安装过梁、梁垫时,其标高、位置及型号必须准确,坐灰饱满。如坐灰厚度超过2cm时,要用豆石混凝土铺垫,过梁安装时,两端支承点的长度应一致	
		构造柱做法	凡没有构造柱的工程,在砌砖前,先根据设计图纸将构造柱位置进行弹线,并把构造柱插筋处理顺直。砌砖墙时,与构造柱连接处砌成马牙槎。每一个马牙槎沿高度方向的尺寸不宜超过30cm(即五皮砖)。马牙槎应先退后进。拉结筋按设计要求放置,设计无要求时,一般沿墙高50cm设置2根φ6水平拉结筋,每边深入墙内不应小于1m	
		冬期施工	在预计连续10d由平均气温低于+5℃或当日最低温度低于-3℃时即进入冬期施工。冬期使用的砖,要求在砌筑前清除冰霜。水泥宜用普通硅酸盐水泥,灰膏要防冻,如已受冻要融化后方能使用。砂中不得含有大于1cm的冻块,材料加热时,水加热不超过80℃砂加热不超过40℃。砖正温度时适当浇水,负温即应停止。可适当增大砂浆稠度。冬期不应使用无水泥的砂浆。砂浆中掺盐时,应用波美比重计检查盐溶液浓度。但对绝缘、保温或装饰有特殊要求的工程不得掺盐,砂浆使用温度不应低于+5℃,掺盐量应符合冬施方案的规定。采用掺盐砂浆砌筑时,砌体中的钢筋应预先做防腐处理,一般涂防锈漆两道	
5	验收标准	①砖的品种、强度等级必须符合设计要求。 ②砂浆品种及强度应符合设计要求。同品种、同强度等级砂浆各组试块抗压强度平均值不小于设计强度值,任一组试块的强度最低值不小于设计强度的75%。 ③砌体砂浆必须密实饱满,实心砖砌体水平灰缝的砂浆饱满度不小于80%。 ④外墙转角处严禁留直槎,其它临时间断处留槎做法必须符合规定		
6	施工记录	①工程地质勘察报告。 ②材料(砖、水泥、砂、钢筋等)的出厂合格证及复试报告。 ③砂浆试决试验报告。 ④分项工程质量检验评定。 ⑤隐检、预检记录。 ⑥冬期施工记录。 ⑦设计变更及治商记录。 ⑧其它技术文件		

(2) 温室砖混结构、构造柱、圈梁、板缝等混凝土工程工艺
见表3-2-5。

表 3-2-5 温室砖混结构、构造柱、圈梁、板缝等混凝土工程工艺

序号	项目	施 工 工 艺		
1	作业条件	①混凝土配合比经试验室确定,配合比通知单与现场使用材料相符。 ②模板牢固、稳定,标高、尺寸等符合设计要求,模板缝隙超过规定时,要堵塞严密,并办完预检手续。 ③钢筋办完检查手续。 ④构造往、圈梁接槎处的松散混凝土和砂浆应剔除,模板内杂物要清理干净。 ⑤常温时,混凝土浇筑前,砖墙、木模应提前适量浇水湿润,但不得有积水		
2	材料要求	①水泥:用 325～425 号矿渣硅酸盐水泥或普通硅酸盐水泥。 ②砂:用粗砂或中砂,当混凝土为 C30 以下时,含泥量不大于 5%。 ③石子:构造柱、圈梁用粒径:0.5～3.2cm 卵石或碎石,板缝用粒径 0.55～1.2cm 细石,当混凝土为 C30 以下时,含泥量不大于 2%。 ④水:用不含杂质的洁净水。 ⑤外加剂:根据要求选用早强剂、减水剂等,掺入量由试验室确定		
3	主要机具	振动板、振捣棒		
4	工艺流程	工艺流程: 作业准备──→混凝土搅拌──→混凝土运输──→混凝土浇筑、振捣──→混凝土养护。 操作工艺:		

工艺流程(续):

工序名称	工 程 做 法
混凝土搅拌	根据测定的砂、石含水率,调整配合比中的用水量,雨天应增加测定次数。 根据搅拌机每盘各种材料用量及车皮重量,分别固定好水泥(散装)、砂、石各个磅秤的标量。磅秤应定期核验、维护,以保证计量的准确。计量精度:水泥及掺合料为±2%,骨料为±3%,水、外加剂为±2%。搅拌机棚应设置混凝土配合比标牌。 正式搅拌前搅拌机先空车试运转,正常后方可正式装料搅拌。 砂、石、水泥(散装)必须严格按需用量分别过秤,加水也必须严格计量。 投料顺序:一般先倒石子,再倒水泥,后倒砂子,最后加水。掺合料在倒水泥时一并加入。掺外加剂与水同时加入。 搅拌第一盘混凝土,可在装料时适当少装一些石子或适当增加水泥和水量。 混凝土搅拌时间,400L 自落式搅拌机一般不应少于 1.5min。 混凝土坍落度,一般控制在 5～7cm,每台班应测两次
混凝土运输	混凝土自搅拌机卸出后,应及时用翻斗车、手推车或吊斗运至浇筑地点。运送混凝土时,应防止水泥浆流失。若有离析现象,应在浇筑地点进行人工二次拌和。 混凝土以搅拌机卸出后到浇筑完毕的延续时间,当混凝土为 C30,及其以下,气温高于 25℃时不得大于 90min,C30 以上不得大于 60min
混凝土浇筑、振捣	构造柱根部施工缝处,在浇筑前宜先铺 5cm 厚与混凝土配合比相同的水泥砂浆或减石子混凝土。 浇筑方法:用塔吊吊斗供料时,应先将吊斗降至距铁盘 50～60cm 处,将混凝土卸在铁盘上,再用铁锹灌入模内,不应用吊斗直接将混凝土卸入模内。 浇筑混凝土构造柱时,先将振捣棒插入柱底根部,使其振动再灌入混凝土,应分层浇筑、振捣,每层厚度不超过 60cm,边下料边振捣,一般浇筑高度不宜大于 2m,如能确保浇筑密实,亦可每层一次浇筑。 混凝土振捣:振捣构造柱时,振捣棒尽量靠近内墙插入。振捣圈梁混凝土时,振捣棒与混凝土面应成斜角,斜向振捣。振捣板缝混凝土时,应选用 φ30mm 小型振捣棒。振捣层厚度不应超过振捣棒的 1.25 倍。 浇筑混凝土时,应注意保护钢筋位置及外砖墙、外墙板的防水构造,不使其损害,专人检查模板、钢筋是否变形、移位;螺栓、拉杆是否松动、脱落;发现漏浆等现象,指派专人检修。 表面抹平:圈梁、板缝混凝土每振捣完一段,应随即用木抹子压实、抹平。表面不得有松散混凝土
混凝土养护	混凝土浇筑完 12h 以内,应对混凝土加以覆盖并浇水养护。常温时每日至少浇水两次,养护时间不得少于 1d

序号	项目	施 工 工 艺
5	验收标准	①保证项目：水泥、砂、石、外加剂必须符合施工规范及有关标准的规定，有出厂合格证、试验报告。混凝土配合比、搅拌、养护和施工缝处理，符合规范的规定。按标准对混凝土进行取样、制作、养护和试验，评定混凝土强度并符合设计要求。 ②基本项目：混凝土应振捣密实，不得有蜂窝、孔洞露筋、缝隙、夹渣。允许偏差项目如下。 **允许偏差项目** （见下表）

允许偏差项目

项次	项　目	允许偏差/mm	检 查 方 法
1	构造柱中心线位置	10	用经纬仪或拉线和尺量
2	基础顶面标高	±15	用水准仪和尺量检查
3	标高(层高)	±10	
4	每层	10	托线板检查
5	垂直度	15～20	用经纬仪或拉线

序号	项目	施 工 工 艺
6	施工记录	①材料(水泥、砂、石、掺合料、外加剂等)出厂合格证明、试验报告。 ②混凝土试块试验报告。 ③分项工程质量检验评定表。 ④隐检、预检记录。 ⑤冬期施工记录。 ⑥设计变更及洽商记录。 ⑦其它技术文件

3.3　温室钢结构施工工艺

3.3.1　钢结构施工总体工艺

如图 3-3-1 所示。

3.3.1.1　基本规定

（1）钢结构工程施工单位应具备相应的工程施工资质，施工现场质量管理应有相应的施工技术标准、质量管理体系、质量控制及检验制度，施工现场应有项目技术负责人审批的确定施工组织设计、施工方案等技术文件。

（2）钢结构工程施工质量的验收，必须采用经计量检定、校准合格的计量器具。

（3）钢结构工程应按下列规定进行质量控制：

① 采用的原材料及成品应进行进场验收。凡涉及安全、功能的原材料及成品按本规范进行复验，并应经监理工程师（建设单位技术负责人）见证取样、送样。

② 各工序应按施工技术标准进行质量控制，每道工序完成后，应进行检查。

③ 相关各专业工种之间，应进行交接检验，并经监理工程师（建设单位技术负责人）检查认可。

（4）建筑钢结构的施工图必须经审查、批准，施工详图应经原设计工程师会签及合同规定的监理工程师批准方可施工。当需要修改时，制作单位应向原设计单位申报，并经同意且签署文件后方能生效。

（5）钢结构在制作前，应根据设计与施工图要求编制制作工艺。制作工艺包括：

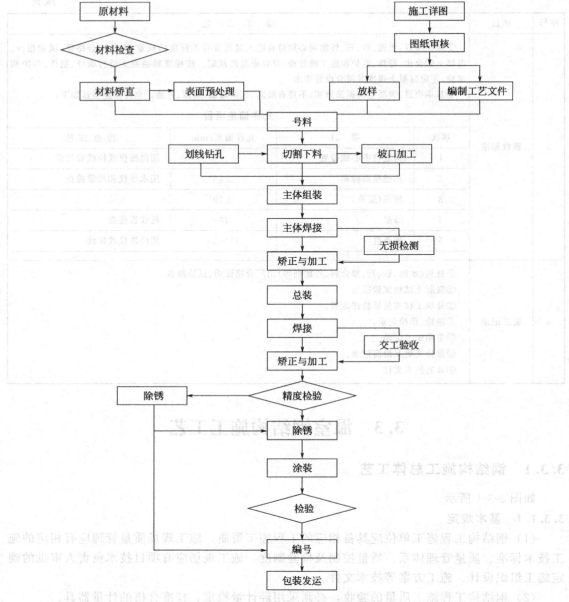

图 3-3-1 钢结构施工总体工艺流程图

① 施工中依据的标准；

② 制作单位的质量体系；

③ 质量保证措施；

④ 生产场地的布置，采用的加工、焊接设备和装备；

⑤ 制作工人的资质证明；

⑥ 各类检查项目表格和生产进度计划表。

制作工艺文件应作为技术文件经发包单位代表或监理工程师批准。

（6）钢结构在制作单位应在必要时对构造复杂的构件进行工艺性实验。

（7）连接复杂的构件，应根据合同要求在制作单位进行预拼装。

3.3.1.2 施工准备

（1）技术准备

① 图纸会审　与甲方、设计、监理沟通，了解设计意图。

② 审核施工图　根据工厂、工地的实际起重能力和运输条件，核对施工中结构的分段是否满足要求。工厂工艺条件是否满足要求。

③ 详图设计　根据设计文件进行构件详图设计，便于加工制作、安装，包括：a. 构造设计：节点板设计与放样；大跨度行车梁、桁架起拱构造与设计；构件加劲肋、运送单元横隔设计。组合截面构件缀板、填板布置、构造；螺栓群及焊缝群的布置与构造；拼接、焊缝坡口及切槽构造；支撑、支座、刨边及人孔、手孔等细部构造；现场组装的定位、夹具耳板等设计。b. 构造及连接计算：一般连接节点的焊缝长度与螺栓数量计算；小型拼接计算；材料或构件焊接变形高速余量及加工余量计算；起拱拱度、高强螺栓连接长度、材料量及几何尺寸与相贯线等计算。

④ 加工方案及工装设计　a. 钢结构加工工艺方案，由制作单位根据施工单位及合同对钢结构质量、工期的要求编制，并经工厂（公司）总工程师审核，经发包单位代表或监理工程师批准后实施。b. 根据构件特点和工厂实际情况，为保证产品质量和操作方变，应适当设计制作部分工装夹具。

⑤ 组织必要的工艺实验，如焊接工艺实验，尤其是对新工艺、新材料，要做好工艺实验，作为指导生产的依据。

⑥ 编制材料采购计划。

（2）材料准备

① 钢结构工程采用的钢材、焊接材料、坚固件、涂装材料等应附有产品的质量证明文件、中文标志及检验报告，各项指标应符合现行国家产品标准及设计要求。

② 进场的原材料，除有出厂质量证明书以外，还应按合同要求和有关现行标准在甲方、监理的见证下，进行现场见证取样、送样、检验和验收，做好记录，并向甲方和监理提供检验报告。

③ 在加工过程中，如发现原材料有缺陷，必须经检查人员、主管技术人员研究处理。

④ 材料代用应有制造单位事先提出附有质量证明书的申请书（技术核定单），向甲方和监理单位报审，经设计单位确认后方可代用。

⑤ 严禁使用药皮脱落或焊芯生锈的焊条、受潮结块或已熔烧过的焊剂以及生锈的焊丝。焊钉表面不得有影响使用的裂纹、条痕、凹痕和毛刺等缺陷。

⑥ 焊接材料和螺栓应集中管理、建立专用仓库，库内要干燥，通风良好。

⑦ 涂料应符合设计要求，并存放在专用的仓库内，不得使用过期、变质、结块失效的涂料。

（3）主要机具准备参见表3-3-1。

（4）作业条件

① 完成施工设计详图，并经原设计人员签字认可。

② 主要材料已经进场。

③ 施工组织设计、施工方案、作业指导书等各种技术准备工作已经准备就绪。

④ 各种工艺评定和工艺性能试验完成。

⑤ 各种机械设备调试验收合格。

⑥ 所有生产工人都进行了施工前培训，取得相应资格的上岗证书。

表 3-3-1　主要机具

序号	机械或设备名称	型号规格	数量	国别产地	制造年份	额定功率/kW	用于施工部位
1	多头直条气割机	QG-4000	2	中国成都	2004.1	1	直条下料
2	半自动切割机		5	中国上海	2002~2004		端板加劲肋小零件下料
3	液压剪板机	QY2-16＊3200/250	1	中国黑龙江	2004.2	22	加劲肋小零件下料
4	H型钢翼缘校直机		2	中国成都			H型钢翼缘校直
5	H型钢组立机		2	中国成都	2004.2		H型钢组立
6	门式自动焊	CMZ-1500	4	中国成都	2004.1	110	H型钢焊接
7	埋弧自动焊	MZX5-1000	10	中国成都	2003~2004	50	H型钢焊接钢板对接
8	CO_2气体保护焊	NB-500k	10	中国成都	2004.1	31	车间内手工焊
9	交直流电焊机	BX1-500ZX7-500	10	中国成都	2003~2004	24~28	轻重钢生产区手工焊
10	平面数控钻床		1		2004.1		肋板制孔用
11	刨边机		1				刨边、边缘加工
12	端面铣床		1				刨平面铣用
13	L吊	MB5t	12	中国河南	2004.1		工位吊
14	桥式行车	QD10t	6	中国河南	2004.1		构件转运用
15	桥式行车	QD32t	3	中国河南	2004.1		构件转运用及翻转
16	龙门吊	5t	3	中国河南	2004.3		构件转运用
17	叉车	CPQ-3型	2	中国成都			零部件转运用
18	经纬仪	DT16	2	中国北京			工装平台测量
19	水平仪		2				平台测量
20	抛丸机		1	中国青岛	2002.10	285	抛丸除锈用
21	九辊校平机		1	中国湖北	1998	32	钢板校平用
22	超声波探伤仪		2				焊缝检测用
23	漆膜测厚仪		1				漆膜测厚用
24	空压机		5		2004.2		喷漆、碳弧气刨用
25	龙门吊	75t	2				装车及预拼装

（5）钢材

① 钢结构使用的钢材应具有质量证明书，必须符合设计要求和现行标准的规定。

② 钢结构材料厂的代用，一般应为以高强度代低强度，以厚代薄并征得设计及建设单位同意且形成文件。

③ 必须对材料按合同要求和国家现行标准进行复验且应符合下列规定：

a. 承重钢结构的钢材宜采用 Q235 钢、Q345 钢、Q390 钢和 Q420 钢，其质量应分别符合现行国家标准《碳素结构钢》GB/T 700 和《低合金高强度结构钢》GB/T 1591 的规定。当采用其他牌号的钢材时，尚应符合相应有关规定和要求。

b. 高层建筑钢结构的钢材，宜采用 Q235 等级 B、C、Dr 的碳素结构钢，以及 Q345 等级 B、C、D 的低合金钢高强度结构钢。当有可靠根据时，可采用其它牌号的钢材，但应符合相应有关规定和要求。

c. 工作温度等于或低于−20℃直接承受动力荷载或振动荷载且需要验算疲劳的陌生结

构和重要结构不应采用 Q235 沸腾钢。

d. 承重结构的钢材应具有抗拉强度、伸长率、屈服强度和硫磷含量的合格保证，对焊接结构尚应具有碳含量的合格保证。

焊接承重结构以及重要的非焊接承重结构的钢材还应具有冷弯实验的合格证。对于需要验算疲劳的焊接结构的钢材，应具有常温冲击韧性的合格保证。当接构工作温度等于或低于 0℃但高于 −20℃时，Q235 钢和 Q345 钢应具有 0℃冲击韧性的合格保证；对 Q390 钢和 Q420 钢应具有 −20℃冲击韧性的合格保证。当结构温度等于或低于 −20℃时，对 Q235 钢和 Q345 钢应具有 −20℃冲击韧性的合格保证；对 Q390 钢和 Q420 钢应具有 −40℃冲击韧性的合格保证。重要的受拉或受弯焊接构件中，厚度大于或等于 16mm 的钢材应具有常温冲击韧性的合格保证。

e. 当承重结构处于外露环境，且对大气腐蚀有特殊要求的或在腐蚀性气态和固态介质作用下，宜采用耐候钢，其质量要求应符合现行国家标准《焊接结构用耐候钢》GB/T 4172 的规定。

f. 对属于下列情况之一的钢材，应进行全数抽样复验，其复验结果应符合现行国家产品标准和设计要求：国外进口钢材；钢材混批；板厚大于或等于 40mm，且设计有 Z 向要求的厚板；建筑结构安全等级为一级，大跨度钢结构中主要受力构件所采用的钢材；设计有复验要求的钢材；对质量有疑义的钢材。

g. 钢板厚度、型钢的规格尺寸及允许偏差应符合其产品标准的要求，每一品种、规格抽查 5 处。

h. 钢材的表面外观质量除应符合国家现行有关标准的规定外，尚应符合下列规定：当钢材的表面有锈蚀、麻点或划痕等缺陷时，其深度不得大于该钢材的厚度负允许偏差值的 1/2；钢材表面锈蚀等级应符合现行国家标准《涂装前钢材表面锈蚀等级和除锈等级》GB 8923 规定的 C 级及 C 级以上；钢材端边或断口处不得有分层夹渣等缺陷。上述要求做全数观察检查。

i. 钢材应按种类、材质、炉批号、规格等分类平整堆放，并做好标记，堆放场地应有排水设施。

j. 钢材入库和发放应有专人负责，并及时记录验收和发放情况。

k. 钢材结构制作的余料，应按种类、钢号和规格分别堆放，做好标记，记入台账，妥善保管。

(6) 焊接材料

① 钢结构所采用的确良焊接材料应附有产品的质量合格证明文件夹、中文标志及检验报告，各项指标应符合现行国家产品标准和设计要求。

② 焊条应符合国家现行标准《碳钢焊条》GB/T 117、《低合金钢焊条》GB/T 5118。

③ 焊丝应符合现行国家标准《熔化焊用钢丝》GB/T 14957、《气体保护电弧焊用碳钢、低合金钢焊丝》GB/T 8110 及《碳钢药芯焊丝》GB/T 10045、《低合金钢药芯焊丝》GB/T 17493 的规定。

④ 埋弧焊用焊丝和焊剂应符合现行国家标准《埋弧焊用碳钢焊丝和焊剂》GB/T 5293、《低合金钢埋弧焊用焊剂》GB/T 12470 的规定。

⑤ 气体保护焊使用的二氧化碳气体应符合现行国家标准《焊接用二氧化碳》GB/T 2637 的规定。大型、重型及特殊钢结构工程中主要构件的重要焊接点采用的二氧化碳气体质量应符合该标准中优等品的要求，即其二氧化碳含量不得低于 99.9%，水蒸气与乙醇总含量不得高于 0.005%，并不得检出液态水。

⑥ 大型、重型及特殊钢结构的主要焊缝采用的焊接填充材料应按生产批号进行复验。

复验应由国家技术质量监督部门认可的质量监督检测机构进行。

（7）涂装材料

① 涂装材料应符合设计要求，并存放在专用仓库，库内要干燥、通风好，不得使用过期、变质、结块失效的涂料。

② 根据设计选用不同品种的材料，并按规范要求和合同的规定进行材质检验。

3.3.1.3 温室钢结构制作工艺

见表3-3-2。

表 3-3-2　温室钢结构制作工艺

序号	项目	施 工 工 艺
1	作业条件	①完成室外及房心回填土,安装好沟盖板。 ②制作前根据设计单位提供的设计文件绘制钢结构施工详图,图纸修改时应与设计单位办理洽商手续。 ③按照设计文件和施工详图的要求编制造工艺文件(工艺规程)。 ④制作、安装、检查、验收所用钢尺,其精度应一致,并经法定计量检测部门鉴定取得证明
2	材料要求	①钢材:按设计图纸使用Q235钢或16锰钢,钢材应有质量证明书,并应符合设计要求及现行国家标准的规定。 ②连接材料:焊条、螺栓等连接材料均应有质量证明书并符合设计要求。药皮脱落或焊芯生锈的焊条,锈蚀、碰伤或混批的高强螺栓不得使用。 ③涂料:防腐油漆应符合设计要求和有关标准的规定,并应有产品质量证明书及使用说明
3	主要机具	剪切机、型钢矫正机、钢板轧平机、钻床、电钻、扩孔钻;电焊、气焊、电弧气刨设备;钢板平台;喷砂、喷漆设备等。 工具:钢尺、角尺、卡尺、划针、划线规、大锤、凿子、样冲、撬杠、扳手、调直器、夹紧器、钻子、千斤顶等
4	工艺流程	①工艺流程 ②钢屋架制作工艺: **工序名称** — **工程做法** 放样:按照施工图放样,放样和号料时要预留焊接收缩量和加工余量,经检验人员复验后办理预检手续。根据放样作样板(样杆)。 钢材矫正:钢材下料前必须先进行矫正,矫正后的偏差值不应超过规范规定的允许偏差值,以保证下料的质量。 屋架上、下弦下料时不号孔,其余零件都应号孔;热加工的型钢先热加工,待冷却后再号孔。（加工准备及下料） 切割:氧气切割前钢材切割区域内的铁锈、污物应清理干净。切割后断口边缘熔瘤、飞溅物应清除。机械剪切面不得有裂纹及大于1mm的缺楞,并应清除毛制。 焊接:上、下弦型钢需接长时,先焊接长并矫直。采用型钢接头时,为使接头型钢与杆件型钢紧贴,应按设计要求铲去楞角。对接焊缝应在焊缝的两端焊上引弧板,其材质和波口型式与焊件相同,焊后气割切除并磨平。 钻孔:屋架端部基座板的螺栓孔应用钢模钻孔,以保证螺栓孔位置、尺寸准确。腹杆及连接板上的螺栓孔可采用一般划线法钻孔。（零件加工） 屋架端部T形基座、天窗架支承板预先拼焊组成部件,经矫正后再拼装到屋架上。部件焊接时为防止变形,宜采用成对背靠背,用夹具夹紧再进行焊接（小装配(小拼)）

序号	项目	施 工 工 艺		
		工序名称	工 程 做 法	
4	工艺流程	总装配 (总拼)	将实样放在装配台上,按照施工图及工艺要求起拱并预留焊接收缩量。装配平台应具有一定的刚度,不得发生变形,影响装配精度。 按照实样将上弦、下弦、腹杆等定位角钢搭焊在装配台上。 把上、下弦垫板及节点连接板放在实样上,对号入座,然后将上、下弦放在连接板上,使其紧靠定位角钢。半片屋架杆件全部摆好后,按照施工图核对无误,即可定位点焊。 点焊好的半片屋架翻转180°,以这半片屋架作模胎复制装配屋架。 在半片屋架模胎上放垫板、连接板及基座板。基座板及屋架天窗支座、中间竖杆应用带孔的定位板用螺栓固定,以保证构件尺寸的准确。 将上、下弦及腹杆放在连接板及垫板上,用夹具夹紧,进行定位点焊。 将模胎上已点焊好的半片屋架翻转180°,即可将另一面上、下弦和腹杆放在连接板和垫板上,使钢背对开用夹具夹紧,进行定位点焊,点焊完毕整榀屋架总装配即完成,其余屋架的装配均按上述顺序重复进行	
		屋架焊接	焊工必须有岗位合格证。安排焊工所担任的焊接工作应与焊工的技术水平相适应。 焊接前应复查组装质量和焊缝区的处理情况,修整后方能施焊。 焊接顺序:先焊上、下弦连接板外侧焊缝,后焊上、下弦连接板内侧焊缝,再焊连接板与腹杆焊缝;最后焊腹杆、上弦、下弦之间的垫板。屋架一面全部焊完后翻转,进行另一面焊接,其焊接顺序相同	
		支撑连接板、檩条,支座角钢的装配、焊接	用样杆划出支撑连接板的位置,将支撑连接板对准位置装配并定位点焊。用样杆同样划出角钢位置,并将装配处的焊缝铲平,将檩条支座角钢放在装配位置上并定位点焊。全部装配完毕,即开始焊接檩条支座角钢、支撑连接板。焊完后,应清除熔渣及飞溅物。在工艺规定的焊缝及部位上,打上焊工钢印代号	
		成品检验	焊接全部完成,焊缝冷却24h之后,全部做外观检查并做出记录。Ⅰ、Ⅱ级焊缝应作超声波探伤。 用高强螺栓连接时,须将构件摩擦面进行喷砂处理,并做六组试件,其中三组出厂时发至安装地点,供复验摩擦系数使用。 按照施工图要求和施工规范规定,对成品外形几何尺寸进行检查验收,逐榀屋架做好记录	
		除锈、油漆、编号	成品经质量检验合格后进行除锈,除锈合格后进行油漆。 涂料及漆膜厚度应符合设计要求或施工规范的规定。以肢型钢内侧的油漆不得漏涂。 在构件指定的位置上标注构件编号	
		安装过梁、梁垫	安装过梁、梁垫时,其标高、位置及型号必须准确,坐灰饱满。如坐灰厚度超过2cm时,要用豆石混凝土铺垫,过梁安装时,两端支承点的长度应一致	
5	验收标准	①钢屋架制作进行评定前,先进行焊接及螺栓连接质量评定,符合标准规定后方可进行。 ②钢材的品种、规格、型号和质量,必须符合设计要求及有关标准的规定。 ③钢材切割面必须无裂纹、夹渣分层和大于1mm的缺棱。 ④构件外观表面无明显的凹面和损伤,划痕深度不大于0.5mm。焊疤、飞溅物、毛刺应清理干净。 ⑤螺栓孔光滑,无毛刺,孔壁垂直度偏差不大于板厚的2%,孔圆度偏差不大于1%。		

序号	项目	施 工 工 艺			

		项次	项 目		允许偏差/mm	检 查 方 法
5	验收标准	1	屋架最外端两个孔或两端支承面最外侧距离	$L\leqslant24m$	$-7\sim+3$	用钢尺检查
				$L>24m$	$-10\sim+5$	
		2	屋架起拱	设计未要求起拱	$-5\sim+10$	用水准仪和尺量检查
				设计要求起拱	$\pm L/5000$	
		3	屋架跨中高度		±10	用钢尺检查
		4	相邻节间弦杆的弯曲		$L/1000$	用水准仪和尺量检查
		5	固定檩条的连接件间距		±5	用钢尺检查
		6	支承面到第一个安装孔距		±1	用钢尺检查
		7	节点杆件轴线交点错位		3	划线后,用钢尺检查
6	施工记录	①钢材、连接材料和涂装材料的质量证明、试验报告。 ②钢构件出厂合格证。 ③主要构件验收记录。 ④设计变更及技术处理洽商记录。 ⑤焊缝超声波探伤报告、摩擦面抗滑移系数试验报告、涂层检测记录。 ⑥构件发运及包装清单				

3.3.1.4 钢结构安装工艺

（1）钢结构安装工艺流程

见图 3-3-2。

（2）钢柱吊装

① 钢柱起吊前在柱身上绑好上人爬梯，拴好缆风绳。

② 钢柱柱脚部位需要掂好木板，防止损伤柱脚和其他结构。

③ 钢柱吊装采用两个吊点，利用钢柱身上的梁承剪板的螺栓孔进行吊装。

④ 钢柱安装采用汽车吊，钢柱起吊时，吊车应边起钩，边转臂，使钢柱垂直离地。如图 3-3-3 所示。

⑤ 就位调整及临时固定　当钢柱吊至距其就位位置上方 200mm 时使其稳定，对准地脚螺栓孔缓慢下落，下落过程中避免磕碰地脚螺栓丝扣。落实后使用专用角尺检查，调整钢柱使其定位线与基础定位轴线重合。调整时需三人操作，一人移动钢柱，一人协助稳定，另一人进行检测。就位误差控制在 2mm 以内。

⑥ 钢柱标高调整时，先在柱身标定标高基准点，然后以水准仪测定其标高，旋动调整螺母以调整柱顶标高。如图 3-3-4 所示。

⑦ 钢柱垂直度校正采用水平尺对钢柱垂直度进行初步调整。然后用两台经纬仪从柱的两个侧面同时观测，依靠缆风绳进行调整。

⑧ 调整完毕后，将钢柱柱脚螺栓拧紧固定。

（3）钢梁安装

① 钢梁在现场必须码放整齐，每层钢梁中间必须摆放垫木，以免钢梁表面油漆破坏和碰撞变形。

② 吊点选择：一般跨度在 20m 以下的钢梁吊装选择两个吊点，吊点在钢梁的重心两

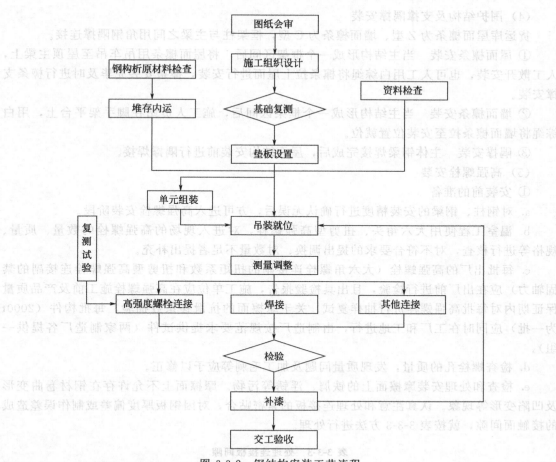

图 3-3-2　钢结构安装工艺流程

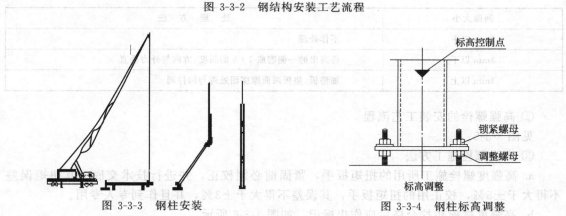

图 3-3-3　钢柱安装　　　　　　　　图 3-3-4　钢柱标高调整

侧，两个吊点位置应距离支座及跨中 800mm 以外，并根据钢梁的长短适当地增加两个吊点之间的距离。

　　③ 起吊时在钢梁的两端分别挂两根溜绳，两个人分别拉住两根溜绳，钢梁开始起吊速度一定要慢。为了保证安全，人员不能站在梁的正下方。待钢梁吊至就位位置以上时，开始就位钢梁，钢梁下落速度控制在 3m/min，在钢柱的两根牛腿（或承剪板）位置设有两名安装工，准备安装钢梁。钢梁接近就位位置时，两名安装工人要分别用手扶住钢梁的上翼缘，将钢梁拖至就位位置，准备安装临时螺栓。

（4）围护结构及支撑隔撑安装

货运库屋面檩条为 Z 型、墙面檩条为 C 型，框架柱与主梁之间用角钢隔撑连接。

① 屋面檩条安装　当主结构形成一个框架区间后，将屋面檩条用吊车吊至屋顶主梁上，人工散开安装，也可人工用白综绳将檩条拉上屋面进行安装，檩条安装完毕及时进行檩条支撑安装。

② 墙面檩条安装　当主结构形成一个框架区间后，施工人员站在脚手架平台上，用白综绳将墙面檩条拉至安装位置就位。

③ 隔撑安装　主体钢梁焊接完成后，屋面结构安装前进行隔撑焊接。

（5）高强螺栓安装

① 安装前的准备

a. 对钢柱、钢梁的安装精度进行确认无误后，方可进入高强螺栓安装阶段。

b. 温室工程使用大六角头、扭剪型高强螺栓，对进入现场的高强螺栓的数量、质量、规格等进行核查，对不符合要求的提出调换；对数量不足者提出补充。

c. 每批出厂的高强螺栓（大六角螺栓连接副的扭矩系数和扭剪型高强螺栓连接副的禁固轴力）应在出厂前进行检验，且出具检验报告，施工单位应在高强螺栓施工前及产品质量保证期内对每批高强螺栓进行抽样复试。关于摩擦面的抗滑移系数抽验，每批构件（2000t 为一批）应同时在工厂和工地进行，由制造厂按规范要求提供试件（两家制造厂各提供一组）。

d. 检查螺栓孔的质量，发现质量问题及加工毛刺等应予以修正。

e. 检查和处理安装摩擦面上的铁屑、浮锈等污物。摩擦面上不允许存在钢材卷曲变形及凹陷变形等现象。认真注意和处理连接板的紧密贴合，对因钢板厚度偏差或制作误差造成的接触面间隙，就按表 3-3-3 方法进行处理。

表 3-3-3　处理连接板间隙

间隙大小	处　理　方　法
1mm 以下	不作处理
3mm 以下	将高出的一侧磨成 1∶5 的斜度，方向与外力垂直
3mm 以上	加垫板，垫板两面摩擦面处理与构件同

② 高强螺栓的安装工艺流程

见图 3-3-5。

③ 高强螺栓施工方法

a. 高强度螺栓施工所用的扭矩扳手，紧固前必须校正，并进行技术交底。其扭矩误差不得大于±5%，校正用的扭矩扳手，其误差不得大于±3%，并且作到专人专用。

b. 高强度螺栓初拧合格后应作出标记，如图 3-3-6 所示。

c. 高强度螺栓紧固顺序；梁腹板与钢柱、梁对接螺栓紧固顺序为：从中心向两边依次紧固；高强度螺栓穿入方向应以便于施工操作为准，同一节点穿入方向应该一致。

d. 连接孔的处理方法：高强度螺栓的连接孔出现偏孔，及时申报总包方和监理，经过总包方和监理讨论确定出整改方法以后方可进行整改。

④ 高强螺栓安装的注意事项

a. 高强螺栓不能自由穿入螺栓孔位时，不得硬性敲入，偏差在 1mm 时可用冲销过孔，偏差在 1～2mm 的而要用铰刀修孔后再插入，高强螺栓穿入方向应一致。

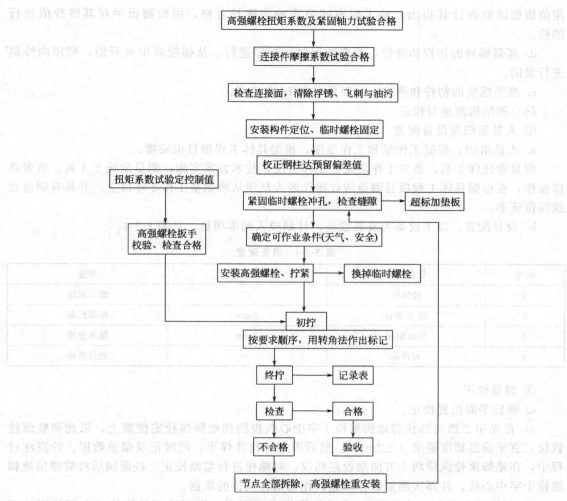

图 3-3-5　高强螺栓的安装工艺流程

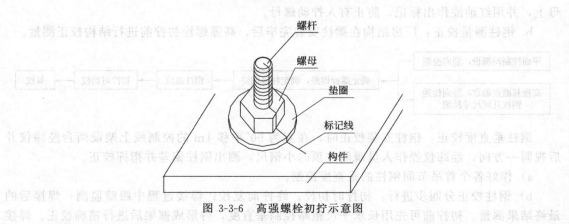

图 3-3-6　高强螺栓初拧示意图

b. 雨天不得进行高强螺栓安装，摩擦面上及螺栓上不得有水及其它污物。并注意气候变化对高强螺栓的影响。

c. 高强螺栓必须分两次拧紧。即初拧：50％左右的扭矩；终拧：100％扭矩。根据具体工程项目采用的扭剪型高强螺栓，依其尾头被拧掉，视为合格；大六角螺栓以扭矩扳手（标定值依据试验值计算得出）施工时有咔嚓声响为终拧合格，用检测扳手对其终拧值进行抽检。

d. 高强螺栓的初拧和终拧，都要按照紧固顺序进行。从螺栓群中央开始，顺序向外侧进行紧固。

e. 高强螺栓的初拧和终拧，一般要求在 1d 内完成。

（6）钢结构测量与校正

① 人员组织及设备配置

a. 人员组织：根据工作量和工作难度，根据具体工程项目拟安排：

测量责任师 1 名，负责工作质量，工作进度，技术方案实施；测量放线工 4 名，负责具体操作；在根据具体工程项目测量放线操作的人员须从事测量工作 2 年以上，并具有测量放线岗位证书。

b. 设备配置：以下设备为安装设备，计划投入到本项目。见表 3-3-4。

表 3-3-4　设备配置

编号	设备名称	精度指标	用途
1	经纬仪	2″	施工放样
2	S3 水准仪	2mm	标高控制
3	50m 钢尺	1mm	轴线量测
4	对讲机	—	通信联络

② 测量校正

a. 螺栓平面位置校正：

a）首先用 2″级经纬仪将地脚螺栓十字中心线投测到地脚螺栓定位架上，依此调整螺栓就位，直至满足精度要求（±2mm）。然后固定螺栓并焊牢，同时记录偏差数据。砼浇注过程中，在地脚螺栓纵横两个方向架设经纬仪，对螺栓进行监测校正。砼凝固后将放样出地脚螺栓十字中心线，并再次测量螺栓偏差，作为钢柱就位的依据。

b）螺栓标高控制，首先用 S3 水准仪将标高引测到地脚螺栓调整钢柱标高用的调整螺母上，并用红油漆作出标记，防止有人拧动螺母。

b. 钢柱测量校正：厂房结构在梁柱安装完毕后，高强螺栓初拧前进行结构校正测量。

钢柱垂直度校正：钢柱安装校正时，在互为 90°平移 1m 的控制线上架设两台经纬仪并后视同一方向，经纬仪操作人员观测柱顶的小钢尺，测出钢柱偏差并指挥校正。

a）作好各个首吊节间钢柱的垂直度控制。

b）钢柱校正分四步进行：初拧时初校；终拧前复校；焊接过程中跟踪监测；焊接后的最终结果测量。初拧前可先用长水平尺粗略控制垂直度，待形成框架后进行精确校正。焊接后应进行复测，并与终拧时的测量成果相比较，以此作为下一步施工的依据。

c）钢柱垂直度测量方法

初校正：采用水平尺对钢柱垂直度进行初步调整。

钢柱垂直度精确校正：主体框架吊装以一个柱网为一个安装节间，待连续的三个完整节间吊装完毕形成整体后即可插入测量校正。用两台经纬仪从柱的两个侧面同时观测，用地脚螺栓的调整螺母进行校正调整（图 3-3-7）。

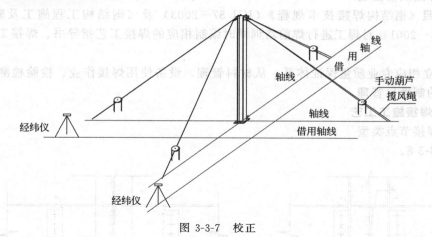

图 3-3-7　校正

钢柱标高控制，以钢柱所在平面层高程基准点为依据，用水准仪测出钢柱水平标高偏差值，并指挥校正。

c. 钢梁测量：钢柱吊装校正完后，根据现场水准点向每根钢柱引测＋1.00m 控制点作为标高的竖向传递和梁安装标高的依据；在钢梁表面弹出钢梁的中心线。

将控制轴线投测到柱身来控制梁位置的偏移；根据柱身标高控制点来控制梁标高的准确。在楼层平台上架设经纬仪，后视十字转角至相应梁的轴线，用经纬仪瞄准梁上表面中心线至另一端，看数字与梁轴线是否重合。

3.3.2　温室钢结构焊接施工工艺

焊接基本原则：单节柱连接应先连接上层梁，后焊下层梁，以便框架稳固便于施工。柱-梁节点上对称的两根梁应同时施焊，而一根梁的两端不得同时焊接。梁的焊接应先焊下翼缘，后焊上翼缘，以减少变形。

3.3.2.1　焊接施工准备

（1）焊接技术交底

对参加焊接工人依照焊接作业指导书及焊接工艺评定组织焊工进行技术交底。

（2）焊接材料准备

① 焊条应放在高温烘干箱烘干，低氢型焊条烘干温度为：焊条在高温箱中加热到 380℃后保温 1.5h，再在高温箱中降温到 110℃后保存，使用时从烘箱中取出应立即放入的焊条保温筒中，并须在 4h 内用完，焊条烘干次数不得超过两次。

② 焊丝包装应完好，如有破损而导致焊丝污染或弯折、紊乱时应部分弃之。

③ CO_2 气体纯度不低于 99.99％（体积比），含水量低于 0.005％（重量比），瓶内高压低于 1MPa 时应停止使用，焊接前要先检查气体压力表的指示，然后检视气体流量计并调节气体流量（20～80L/min）。

（3）焊接机械准备

根据焊接工程量及工期要求，钢桁架部位须安排 6～8 台 CO_2 气体保护焊焊机。焊接机具应在焊接前校验其指示表的电流、电压指示值的偏差。偏差范围小于 5A 和 3V，并根据焊接工程量统计相应的焊接、清根、打磨工具。焊机之电压应正常，地线压紧牢固接触可靠，电缆及焊钳无破损，送丝机应能均匀送丝，气管应无漏气或堵塞。

（4）焊接质量控制

① 依照《钢结构焊接技术规程》（JGJ 87—2003）及《钢结构工程施工及验收规范》（GB 50205—2001）对焊工进行焊前培训同时编制相应的焊接工艺指导书、焊接工艺卡和施工记录。

② 建立相应专业质量保证体系，从材料管理、设备使用焊接作业、检验检测等方面加强各环节的制度化管理。

3.3.2.2　焊接施工工艺

（1）焊接节点类型

见图 3-3-8。

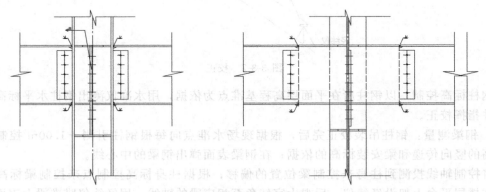

图 3-3-8　焊接节点类型

（2）手工电弧焊材和设备

Q345 钢材手工电弧焊采用 E5015 型焊条，Q235 钢材手工电弧焊采用 E4313 型焊条，Q345 钢与 Q235 钢材手工电弧焊采用 E4313 型焊条。

① 焊条应放在高温烘干箱烘干，低氢型焊条烘干温度为：焊条在高温箱中加热到 380℃后保温 1.5h，再在高温箱中降温到 110℃后保存，使用时从烘箱中取出应立即放入 100～110℃的焊条保温筒中，并须在 4h 内用完，焊条烘干次数不得超过两次。

② 焊丝包装应完好，如有破损面导致焊丝污染或弯折、紊乱时应部分弃之。

③ 焊机之电压应正常，地线压紧牢固接触可靠，电缆及焊钳无破损，送丝机应能均匀送丝，气管应无漏气或堵塞。

（3）焊前清理

清理焊缝坡口及加装引弧板、熄弧板。

（4）定位焊

定位焊的焊脚应低于 6mm，长度为 40～60mm，定位焊时应保证其焊接无气孔、夹渣、裂纹、咬边等缺陷。

（5）焊接过程温度控制

① 预热　按焊接工艺评定温度进行预热测温点应在焊口背侧，距焊口中心 100mm 处，采用电子测温仪测量温度。

② 焊接层温控制　每道焊缝焊完后进行焊缝表面温度测量，当温度超过要求范围时，应进行停焊自然降温；当层温过低时可采用背部保温或加热，提高层温。中途不宜长时间停焊，若遇特殊情况时，应至少完成焊缝填充的 1/3 方能停焊，且长时间停焊后应重新预热后方可施焊。

（6）焊后保温及后热处理

如有要求，采用氧-乙炔火焰加热法进行焊后热处理。

后热温度及保温时间：加热温度为 200～250℃，在该温度下保温时间以母材板厚每 25mm 保温半小时计，随后缓慢冷却，加温、测温方法与预热相同。

（7）焊接工艺流程

构件安装完毕后，严格按工艺试验评定的参数和作业顺序施焊，并按图 3-3-9 所示的工艺流程作业。

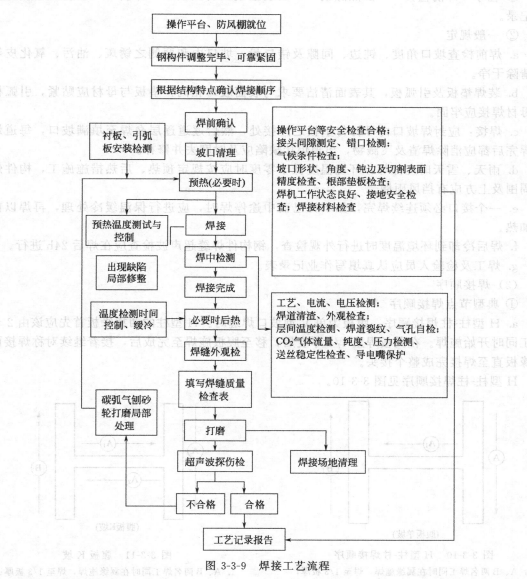

操作平台、防风棚就位
↓
钢构件调整完毕、可靠紧固
↓
根据结构特点确认焊接顺序
↓
焊前确认 → 操作平台等安全检查合格；接头间隙测定、错口检测；气候条件检查；坡口形状、角度、钝边及切割表面精度检查、根部垫板检查；焊机工作状态良好、接地安全检查；焊接材料检查

衬板、引弧板安装检测
↓
坡口清理
↓
预热（必要时）
↓
预热温度测试与控制 → 焊接
↓
出现缺陷局部修整 → 焊中检测 → 工艺、电流、电压检测；焊道清渣、外观检查；层间温度检测、焊道裂纹、气孔自检；CO_2 气体流量、纯度、压力检测、送丝稳定性检查、导电嘴保护
↓
焊接完成
↓
温度检测时间控制、缓冷 → 必要时后热
↓
焊缝外观检
↓
填写焊缝质量检查表
↓
碳弧气刨砂轮打磨局部处理 → 打磨
↓
超声波探伤检 → 焊接场地清理
↓
不合格　合格
↓
工艺记录报告

图 3-3-9　焊接工艺流程

3.3.2.3　焊接施工工艺顺序

（1）安装焊接工艺顺序的原则

根据具体工程项目结构特点制订如下的安装焊接顺序：

① 柱/支撑-梁栓焊混合节点中，梁的腹板应先与柱/支撑上的剪力板栓接后焊梁上下翼缘与柱之间焊缝，以便于栓孔的对准和摩擦面的紧贴，确保栓接质量。

② 栓接时先用销钉穿孔定位，然后上30％的普通螺栓，再安装高强螺栓，高强螺栓应初拧达到50％的扭矩值，再终拧到规定值。

③ 柱/支撑-梁节点上对称的焊缝尽量同时施焊，而一根梁的两端不得同时焊接。

④ 柱-柱/支撑节点焊接时，柱的对称两个翼缘应由两名焊工同时焊接。

⑤ 梁的焊接应先焊下翼缘，后焊上翼缘，以减少角变形。

（2）安装焊接程序一般规定

① 程序　焊前检查——→加热除锈——→安装垫板及引弧板——→焊接——→检查——→填写作业记录。

② 一般规定

a. 焊前检查坡口角度、钝边、间隙及错口量，坡口内和两侧之锈斑、油污、氧化皮等应清除干净。

b. 装焊垫板及引弧板，其表面清洁要求与表面坡口相同，垫板与母材应贴紧，引弧板与母材焊接应牢固。

c. 焊接：应封焊坡口内母材与垫板之连接处，然后逐道逐层垒焊至填满坡口，每道焊缝焊完后都应消除焊渣及飞溅物，出现焊接缺陷应及时磨去并修补。

d. 雨天、雪天时应停焊，环境温度低于零度时应按规定预热、后热措施施工，构件焊口周围及上方应有挡风雨棚。

e. 一个接口必须连续焊完，如不得已而中途停焊时，应进行保温缓冷处理，再焊以前应加热。

f. 焊后冷却到环境温度时进行外观检查，钢构件焊缝超声波检查应在焊后24h进行。

g. 焊工及检验人员应认真填写作业记录表。

（3）焊接顺序

① 典型节点焊接顺序

a. H型柱-柱焊接顺序：腹板为单V型坡口焊缝时：H型柱的两翼缘板首先应该由2名焊工同时开始施焊。在翼板焊至1/3厚度后，移至腹板施焊至完成后，接着继续对称焊接两翼缘板直至焊接完成整个接头。

H型柱-柱焊接顺序见图3-3-10。

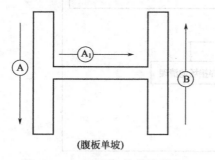

图 3-3-10　H型柱-柱焊接顺序

1. A、B两名焊工同时在翼缘施焊，焊至1/3板厚；

2. A焊工焊接腹板，完全焊完；

3. A、B两名焊工同时在翼缘施焊，完全焊完

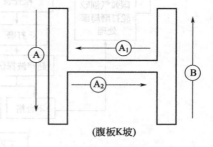

图 3-3-11　腹板K坡

1. A、B两名焊工同时在翼缘施焊，焊至1/3板厚；

2. A焊工焊接单侧腹板，焊至1/3板厚；

3. A、B两名焊工同时焊接翼缘，完全焊完；

4. 清根后，A、B焊工同时焊接腹板，完全焊完

腹板为K型坡口焊缝时：H型柱的两翼缘板首先应该由2名焊工同时开始施焊。在翼板焊至1/3厚度后，移至腹板坡口的两侧，施焊至1/3腹板厚度后，接着继续对称焊接两翼

缘板；然后再接着焊接腹板。如此顺序轮流直至焊接完成整个接头（图 3-3-11）。

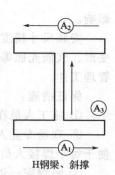

H 钢梁、斜撑

图 3-3-12　H 钢梁、斜撑
1. A 焊工焊接梁下翼缘，完全焊完；
2. A 焊工焊接上翼缘，完全焊完

b. 梁-梁（斜撑）节点连接顺序：梁与梁（斜撑）的连接采取焊接连接。H 型梁（斜撑）应先焊接翼缘板。翼缘的焊接顺序为先焊下翼缘后焊接上翼缘；当腹板厚度超过 30mm 以上，翼缘腹板轮流施焊。下翼缘焊接通过腹板的圆弧孔时各道次焊缝的熄弧点要适当错开，以避免夹渣等缺陷。

H 型梁-梁（斜撑）节点连接顺序见图 3-3-12。

② 高空对接接头焊接顺序　桁架在高空就位后与两端预埋牛腿进行对接施焊。由于桁架与埋件间没有自由端来消除焊接收缩应力，因此在桁架就位后，从桁架的一端开始进行焊接，使另一端在焊接前通过自由收缩消除焊接收缩应力，而仅在最终接口焊接时的焊缝横向收缩应力存在于桁架中，从而降低存在于桁架中的残余应力值。同时桁架杆件接口焊接顺序为先完成一端所有焊缝，再进行另一端定位焊接，最终完成桁架断面上的弦杆与预埋牛腿间焊缝的焊接。

3.3.2.4　桁架拼装焊接顺序

钢桁架地面拼装焊接顺序应遵循从中间向两边、对称施焊的原则。焊接的施工总体顺序为先焊接下部第一层与第二层间的构件，再焊接第二层与第三层间的构件，最后焊接上层的构件。施工时应根据需要对焊接顺序进行必要的调整。

3.3.2.5　桁架高空焊接顺序

钢桁架高空安装时，所有弦梁及腹杆为通过后装段与已安装的高空牛腿对接连接。且焊接的顺序应根据安装的顺序进行。

3.3.2.6　焊接质量要求

（1）外观质量

① 要求熔透的对接和角接组合焊缝，其焊角尺寸不应小于 $t/4$（t 指厚度）。

② 二级焊缝不得有表面气孔、夹渣、弧坑裂缝、电弧擦伤等缺陷。三级焊缝允许存在个别长度≤5.0mm 的弧坑裂纹、允许存在个别电弧擦伤、表面气孔每 50.0mm 焊缝长度内允许直径≤0.4mm，且≤3.0mm 的气孔 2 个，孔距≥6 倍的直径。

③ 焊缝感观应达到　外行均匀、成型较好，焊道与焊道、焊道与基本金属间过度平滑，焊渣和飞溅物要清除干净。

（2）二级、三级焊缝的质量等级缺陷分级见表 3-3-5

表 3-3-5　二级、三级焊缝的质量等级缺陷分级

焊缝质量等级		二级	三级
内部缺陷超声波探伤	评定等级	Ⅱ	不考虑
	检验等级	B 级	
	探伤比率	20%	

注：对现场安装焊缝，应按照同一类型、同一施焊条件的焊缝条数计算百分比，探伤长度应不小于 200，并应不少于一条焊缝。

（3）焊接质量管理措施

钢结构安装焊接质量，主要包括焊接接头质量和钢构件的尺寸精度，其质量控制是一项综合技术。焊接质量受材料性能、工艺方法、设备、工艺参数、气候和焊工技术及情绪的

影响。

安装尺寸精度的影响因素则有安装方法、顺序、设备仪器、构件制作、构件自重、焊接变形、气候光照等，因而必须各个环节紧密配合，并以完善的制度和组织作保证，做好质量管理工作。

保证措施：

① 施工人员在施工前应认真熟悉图纸，以便及时发现施工中出现的问题。

② 现场专业人员要按管理制度施工，对施工人员进行技术交底，并编制焊接工艺卡，便于每个焊接人员明确操作要领、材料的使用和质量要求，严格按预定的工艺施工焊接。

③ 每焊完一道焊缝都应清理，有缺陷的铲磨，这样才能保证整个焊接接头质量。

④ 施工中认真执行三检制，焊工应做好焊前和焊接中的记录。专职人员检查时应逐条焊缝检查验收，作好记录，经超声波检测人员检验合格后填写评定表。

3.3.2.7 焊接检验

(1) 焊缝外观检验

焊缝应在焊后进行表面的清理和飞溅打磨，对焊缝表面的裂纹、气孔、咬边、夹渣、未熔合等缺陷进行修补，焊缝端部的引、熄弧板采用气割割除后打磨光滑。气割时应留有2~3mm打磨量。在焊后24h以后进行100％超声波探伤，依照"GB 11345钢焊接平台超声波探伤方法和分级"。进行检验分级。对不合格的焊缝责令焊工进行修补。

(2) 焊缝的无损检测

焊缝在完成外观检查，确认外观质量符合标准后，按设计要求进行超声波无损检测，其标准执行"GB 11345—1989钢焊缝手工超声波探伤方法和结果分级"规定的检验等级。对不合格的焊缝，根据超标缺陷的位置，采用刨、切除、砂磨等方法去除后，以与正式焊缝相同的工艺方法补焊，同样的标准核验。

(3) 不合格焊缝的返修

① 焊后检查出不合格的地方，应与技术部门协商解决处理。

② 对有害缺陷的焊缝处，进行清理后再焊接。

③ 焊缝中有裂纹时，将焊缝裂纹全长清除后再焊，若采用超声波等方法清楚查出裂纹的界限，应从裂纹两端延长50mm打止裂孔并碳弧气刨加以清除后再焊。低合金结构钢在同一处的返修不得超过两次。

凡不合格的焊缝修补后应重新进行检查，焊缝质量符合《建筑钢结构焊接技术规程》(JGJ 81—2002) 的规定。

3.3.3　温室桁架结构施工工艺

3.3.3.1　技术准备

(1) 技术方案编制计划

编制施工作业指导书或施工技术交底。结合钢桁架结构工程的实际特点，编制各分项工程的施工技术交底或作业指导书。

(2) 试验计划

为保证所有进场材料达到合格标准及相关的技术性能，必须加强材料的进场检验，达到相关的使用性能。

(3) 测量基准点的交接与测量控制网的建立

① 基准点交接与测放　复测土建提供的测量控制网及基准点，并以此为依据建立和完善钢桁架的测量控制网，包括轴线控制点和标高基准点、测放钢柱、梁定位轴线和标高。

钢桁架地面拼装时采用内控法进行平面轴线的控制，利用激光垂准仪进行竖向投点。将控制点位投测到钢桁架地面施工层后，先复核距离和角度，经多次复核确认无误后即可进行主轴线的引测。高空安装时主要控制预留牛腿的安装精度。包括单牛腿的安装精度和相邻牛腿的空间位置的控制。安装时应反复多次测量。

② 测量人员及设备配置　人员配备：测量负责人由测量专业毕业的长期从事大型工程测量的工程师担任，全面负责测量工作质量、进度、技术方案编制与实施；测量员6名，负责日常轴线、标高测量及内业资料整理等。仪器配置见表3-3-6。

表 3-3-6　仪器配置

序号	名　　称	型号规格	数量	用　　途
1	全站仪	GTS-602	1 台	布设测量控制网
2	电子经纬仪	ET-02	4 台	测设轴线
3	精密水准仪	DiNi10	1 台	标高复核、沉降观测
4	自动安平水准仪	DZS3-1	2 台	标高控制
5	激光垂准仪	DZJ3	2 台	竖向点位传递
6	对讲机	TK278/378	2 对	通讯联络
7	钢卷尺	50m	3 把	量距、细部放线

注：以上仪器设备均经技术监督局检定合格。

3.3.3.2　材料准备

（1）高强螺栓

螺栓采用防水包装并将其放在托板上以便于运输。存放时根据其型号分组存放，只有在使用时才打开包装。

（2）焊接材料

① 焊条和焊丝在使用前都要存放在库房内，并存放在距离地面的货架上，做好防潮处理。

② 衬板、引弧板和熄弧板应根据其厚度和尺寸分类存放在包装袋内，并注意防水。

③ 气体钢瓶应当分类存放在不同的库房内。

（3）连接件

钢结构的连接件如螺栓、连接板等存放在现场专用仓库，由专人负责保管发放。

（4）辅助材料及用具

安装钢结构所用的工具、安全防护用品及辅助材料如：氧气、乙炔、二氧化碳气体、铁丝、钢绳、倒链、铁锹、安全网、专用爬梯等准备齐全，并运到现场专用仓库，经检验合格入库后由专人保管发放。

3.3.3.3　钢桁架构件地面拼装

钢桁架在地面拼装时应进行拼装台的布点、搭设、原位拼装时的测量放线工作、缆风绳锚固点的设置等。同时根据现场的需要进行施工材料的准备。

（1）地面拼装施工顺序

拼装支墩施工——底部第一层弦杆及立柱、连梁的安装与调校、固定——下部第二层构件的吊装——第二与第三层间构件的吊装与固定——对桁架整体结构进行精校与固定后焊接以形成固定的空间体系——压型钢板的铺设及其它安装辅助措施的施工。

（2）钢桁架现场拼装

现场拼装钢桁架的工作面要用支墩将钢桁架架空。一定要保证支点垫块上表面在设计标高（注意符合起拱值），并保证垫块的强度及平整度。构件组拼时用吊车进行吊装。在拼装过程中为保证桁架结构的临时稳固，必须拉设缆风绳以保证钢桁架构件在拼装过程中的稳定性。桁架的侧向稳定缆风绳采用Φ12.5-6＊19钢丝绳，在桁架的两边立柱位置上部设一道。缆风绳一端与钢柱连接，另一端与2F楼面结构梁有效连接。

由于钢桁架高度、长度等因素的限制，桁架无法以榀为单位进行运输。钢桁架构件要以构件形式进场，在现场进行组拼。组拼时先安装下部的底层结构，待校正完成检查合格后进行焊接，使之形成稳定的平面结构。然后安装上部构件，待校正完成检查合格后进行上部结构的焊接，使桁架段形成稳定的空间结构。

（3）桁架安装调校

校正中的测量工具主要用经纬仪与水准仪，组拼阶段必须保证杆件的顺直、就位准确。在桁架提升前必须在钢构件相应位置上精确放线并标识。

为确保钢桁架的整体性，当单个构件柱、梁校正完毕，进行临时或永久固定，必须将构件间的斜撑安装好，以增强钢架的侧向刚度，保证已安装桁架的稳定。

3.3.3.4　液压提升的施工准备

液压提升的施工准备工作包括提升设备的检修及试验工作、控制系统的调试、验收、提升中的各种措施的准备等。同时应进行各种辅助材料、工具的准备。

3.3.3.5　高空安装的施工准备

钢桁架在高空安装前应进行一系列的安装准备工作，包括安装前对高空安装构件的安装空间位置的测量、对应截面的吻合程度测量、安装接头的处理等进行细致的准备。同时对高空安装的相关措施进行准备。

3.3.3.6　设备、机具、仪器计划

本计划主要包括钢结构现场吊装、测量、高强螺栓安装、钢结构焊接、防腐涂装等各工序需用的设备、工具及仪器（表3-3-7）。

表 3-3-7　主要起升设备及材料清单

序号	设备/材料名称	数量	单位	备注	序号	设备/材料名称	数量	单位	备注
1	ZLD100串联油缸	10	台	2台备用	8	千斤顶	4	台	32t
2	液压泵站	2	台		9	千斤顶	4	台	10t
3	电控柜	2	台		10	倒链	15	台	3t、5t
4	压力传感器	4	台		11	对讲机	12	部	
5	钢绞线	5760	m	注意模数	12	切割设备	4	套	
6	锚具	16	套		13	电缆、钢丝绳	若干	m	
7	CO₂焊机	10	台						

3.3.4　温室网架结构施工工艺

3.3.4.1　图纸会审

由项目经理主持，工程总工程师组织厂内技术部、生产部有关人员，根据设计图纸，选

定加工方案，提出技术保证措施，将工程所用材料统计交于采购部门采购。

3.3.4.2 材料复检

采购钢材运到工厂后，质检部负责审查钢厂提供的材质证明资料，以及按要求取样复检。对试样进行力学性能测试和化学成分分析，并填写检测报告，与钢厂原始材质单一并归档。对于检验后不合格的材料，迅速通知采购部另行组织定购。合格材料由库房发给生产部开始生产。

3.3.4.3 螺栓球的制作

钢球加工严格按照其工艺要求，产品质量应符合行业标准《钢网架螺栓球节点》JGJ 11—1999 的规定，并附有出厂合格证明及机械性能实验报告以及检验记录。

（1）球节点加工工艺流程图见图 3-3-13。

（2）螺栓球质量标准（表 3-3-8）

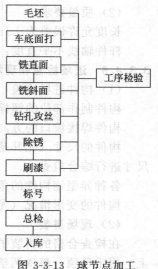

图 3-3-13 球节点加工
工艺流程图

表 3-3-8 螺栓球质量标准   单位：mm

项　　目		允许偏差	检验方法
圆度	$D \leqslant 120$	1.5	用卡尺和游标卡尺检查
	$D > 120$	2.5	
同一轴线上两铣平面平行度	$D \leqslant 120$	0.2	用百分表 V 型块检查
	$D > 120$	0.3	
铣平面距球中心距离		±0.2	用游标卡尺检查
相邻两螺栓孔中心线夹角		±30	用分度头检查
两铣平面与螺栓孔轴线垂直度		0.005	用百分表检查
球毛坯直径	$D \leqslant 120$	+2.0 -1.0	用卡尺和游标卡尺检查
	$D > 120$	+3.0 -1.5	

3.3.4.4 杆件的加工

（1）工艺流程

① 加工前必须有材料合格证和材料复试报告，并且均应达到合格标准。

② 采用专用切管车床下料，在车床上安装能形成"V"形坡口的刀具，使下料与开坡口同时完成，严格控制下料尺寸（杆件下料长度应预加焊接收缩量）。

③ 下料后再次进行平直度检查，如超差在专用设备上进行调整，但不得用大锤直接锤击。

④ 装入高强螺栓、锥头（或封板）。

⑤ 杆件与锥头、封板焊接。

⑥ 焊缝、尺寸检验。

⑦ 表面除锈，喷漆。

⑧ 下好的料按规格堆放整齐，并标识待用。

（2）质量要求

长度允许误差为±1mm。

杆件轴线不平直度：$L/1000$且$\not>5mm$。

3.3.4.5 进场检验和现场拼装

（1）构件进场检验

构件制作部位的螺栓孔位置、数量、大小；

构件焊接坡口的方向；

构件的尺寸（尤其是分段加工、现场拼接的构件，除了检查每一段的尺寸外，需对各段尺寸进行综合检查）；

各种异型钢构件的角度；

构件的变形情况（尤其是钢屋架，检查是否有扭曲现象）。

（2）现场拼装

在检查合格的拼装平台上，用50t汽车吊将拼装构件的两段按拼装的位置放在瓶装平台上。用千斤顶、垫铁调整，先校正标高平整度，再校正位移偏差，采用经纬仪、水平尺配合精确测量。调整到位后采用临时螺栓固定，再拼装第三段，整个构件临时拼装好后，进行整体测量校正，合格后进行焊接。焊接完后进行最后的测量，并做好测量成果。合格后方可吊装。现场拼装完后立即吊装，防止构件变形。

3.3.4.6 构件吊装

（1）吊装方法的选用

桁架：根据桁架的具体大小，采取分段加工（三段）、分段吊装、空中拼接的方法。

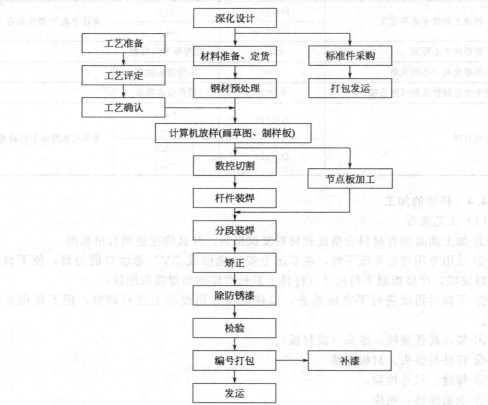

图 3-3-14　网架结构施工总体工艺

屋面门式钢架：最大屋面钢架外形尺寸：根据屋架的具体大小选用不同的吊装方式。例：27500mm×12700mm，重量16.606t。所以采取分段加工（三段）、现场拼装、整体一次吊装的方法。

（2）吊装设备选用和场地准备

根据构件重量和吊装位置最不利情况，选用120t和160t汽车吊进行桁架和屋面钢架的吊装，并配备一台50t的汽车吊进行地面构件的倒运和辅助拼装。

3.3.4.7 网架结构施工总体工艺

见图3-3-14。

3.4 温室结构不合理施工案例分析

3.4.1 温室基础施工

（1）基础施工不考虑地基的承载力和地基承力层位置

基础施工应按照设计要求将其坐落在设计要求承载力的承力层位置。施工中往往由于地基不均匀，相同持力层的位置可能不在一个高程，甚至完全不在设计文件要求的深度，为此，在基槽开挖后要及时进行验槽，以确定地基的均匀性以及地基的承载力，必要时应通知设计单位进行基础设计变更。

有些温室安装企业在施工中往往不重视对地基的勘探，一种规格温室用一套放之四海而皆准的标准基础施工图纸，甚至不同规格的温室也用同一套基础标准图，为此，给温室的结构安全造成的隐患将难以估量。图3-4-1是某温室企业将一栋连栋玻璃温室建设在一个回填的养鱼池上，由于地基的不均匀沉降以及基础没有坐落在地基持力层上而造成温室整体倒塌的案例。

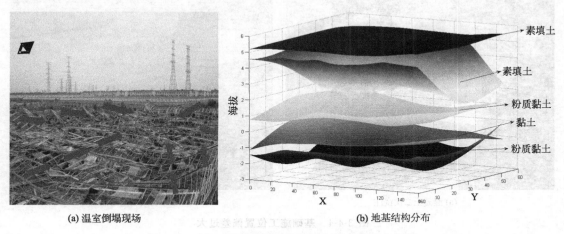

(a) 温室倒塌现场　　　　　　　　　　　　(b) 地基结构分布

图3-4-1　由于地基结构不均匀引起温室倒塌的案例

（2）基础埋深不够

基础的埋深，一是要考虑地基持力层的位置；二是要考虑当地冻土层的深度，避免由于地基的冻胀引起基础及温室结构的破坏；三是保证基础能承受足够的上拔力，抵抗温室结构由于风荷载作用而产生的上拔力。图3-4-2是温室基础埋深不足，在风荷载作用下将基础完全拔出地面造成温室倒塌的案例。

（3）基础尺寸不符合设计要求

图 3-4-2　由于基础埋深不够引起温室倒塌　　　　　图 3-4-3　基础尺寸不规整

　　基础的外形尺寸是设计中根据温室上部结构的传力和下部地基的持力大小以及持力层位置所确定的，施工中应严格按照设计图纸要求完成。但实践中经常出现人工开挖基坑时，基坑形状与基础的外形设计尺寸差异较大，钢筋混凝土基础施工中又为了节省费用而直接采用基坑替代模板，造成基础的外形尺寸完全背离了设计要求。图 3-4-3 是这种情况的典型案例。

　　（4）基础施工位置偏差过大

　　施工安装中立柱的中心线应与基础的中心线相重合，这样才能避免立柱对基础产生附加弯矩。但由于土建施工精度的限制，往往立柱中心线难以与基础中心线完全重合，为此，规范规定了两条线的允许偏差应控制给定在范围内。但有些施工企业基础施工的控制精度偏差过大，造成立柱不能准确安装在温室基础，或采用二次浇注混凝土的方法，或采用切削温室立柱的方法，如图 3-4-4 所示，这些方法都应在施工中尽量避免。

(a) 混凝土二次浇注　　　　　　　　　　　　　(b) 切削温室立柱

图 3-4-4　基础施工位置偏差过大

　　（5）基础施工的顶标高偏差过大

　　基础的顶标高不仅影响温室的安装质量，还直接影响温室天沟的排水。因此，对基础顶标高的施工精度要求更高。图 3-4-5 是一些企业在安装过程中由于基础顶标高没有达到施工精度要求而采用的错误的补救办法，施工中应尽量避免。

3.4.2　立柱与基础的连接

　　（1）立柱底板与立柱焊接不牢

(a) 采用垫片调标高　　　　　　　　　　　　　(b) 采用水泥砂浆调标高

图 3-4-5　基础顶面标高偏差过大

　　立柱底板是立柱连接基础的过渡构件，两者紧密连接形成一体才能将立柱的承力传递到基础。焊接作业中应保证四周焊缝高度，并避免漏焊。图 3-4-6 是典型的焊缝不饱满并出现一条边漏焊而造成破坏的实例。

图 3-4-6　立柱底板与立柱焊接不牢

　　（2）螺栓不戴垫片、螺母

　　垫片是螺栓连接中缓冲和分解应力的一个重要零件，不可缺少。而很多温室企业在立柱与基础螺栓连接中往往忽视垫片的作用，或者明知故犯地放弃安装垫片［图 3-4-7（a）］，也有的施工者在一个螺栓上同时安装两个以上的垫片，这些做法都是错误的。在立柱与基础的螺栓连接中不戴螺母更是不可容忍的，没有螺母的连接相当于没有连接［图 3-4-7（b）］。对螺母和垫片的安装不仅施工单位要自检，施工监理单位也应重点检查，发生这种情况大都是施工控制精度不够造成的。

　　（3）预埋板在基础中锈蚀

　　混凝土配比成分不当对金属有一定的腐蚀性，即使镀锌防护也不一定能够经受住劣质水泥的腐蚀，施工中应充分了解混凝土各种配料对金属材料及其表面防护层的腐蚀作用。基础施工中往往将温室立柱的底板，甚至部分温室立柱，埋入混凝土中，这种做法表面上看似乎

3　温室建筑工程工艺

(a) 连接螺栓不戴垫片   (b) 连接螺栓不戴螺母

图 3-4-7 连接螺栓不戴垫片和螺母的情况

有混凝土的防护，但实际上由于混凝土能够渗透水分和空气，如果再出现混凝土裂纹或破损，将会加快内部埋件的腐蚀速度，而且由于是预埋件，平时的维修又看不见，经常给温室的结构安全造成隐患。由于混凝土基础对温室立柱底板的腐蚀还连带温室立柱基部的腐蚀，从而完全破坏温室立柱的承载能力。图 3-4-8 是这方面的一些工程案例。

(a) 混凝土对立柱底板的腐蚀   (b) 混凝土对骨架基部的腐蚀

图 3-4-8 混凝土对立柱底板及骨架基部的腐蚀

（4）用膨胀螺栓替代预埋螺栓

连接立柱与基础的预埋螺栓应深入基础并与基础钢筋笼有牢固连接，这样才能保证立柱的受力能够完整地传递到基础中。实践中，有的企业偷工减料，采用普通螺栓或膨胀螺栓替代预埋螺栓（图 3-4-9），不仅没有和基础钢筋笼有连接，而且在基础中的埋深也严重不足，基本形不成对温室立柱的约束，更难以将立柱承力传递到基础。

（5）圆管立柱与基础预埋管之间的缩颈连接

塑料大棚或塑料温室常采用圆管做立柱或拱杆。为了方便立柱（拱杆）与基础连接，有的设计采用同直径的圆管做预埋件置于基础中，或直接用同直径的钢管插入土壤中做基础。管径相同的立柱（拱杆）与基础预埋管之间采用缩颈连接的方法，将其中一个圆管端部缩颈后插入另一个管中，并用螺栓固定。从设计上讲，这是一种比较节省的设计方案，但在具体施工中一要保证缩颈后的管径要与外套钢管的管径相匹配；二要保证缩颈管在外套管中足够

(a) 采用普通螺栓

(b) 采用膨胀螺栓

图 3-4-9　采用螺栓替代预埋螺栓

的插入深度；三要保证两个管之间的螺栓连接方向和数量符合立柱传力的要求。图 3-4-10 是这种连接正确与错误的两个案例比较。

(a) 错误的连接

(b) 正确的连接

图 3-4-10　圆管缩颈连接

3.4.3　立柱与桁架或屋面结构的连接

（1）立柱与桁架螺栓连接不带垫片

文洛型温室立柱与桁架多采用螺栓连接。设计中要求连接螺栓的两端均应配套安装垫片和螺母，以分散应力。图 3-4-11 是桁架下弦杆处连接螺栓由于没有安装垫片在下弦杆受到拉力的条件下螺栓直接从立柱螺栓孔中被拉出的案例。

（2）立柱与屋面结构件螺栓连接不牢

立柱上连桁架或屋面结构（可能是屋面拱杆或天沟），下连温室基础，实际温室倒塌的案例中真正造成温室立柱折断的现象并不多见，连接节点的失败往往是造成温室整体倒塌的主要原因。尤其是螺栓连接中，螺栓与螺母拧紧度不够、螺栓两端不上垫片、连接立柱与屋面结构的连接板强度不够是引起温室结构倒塌的主要元凶，如图 3-4-12 所示。

图 3-4-11　螺栓连接没有安装垫片

(a) 立柱与屋面拱杆之间连接板发生
变形破坏，连接螺栓断裂

(b) 立柱与天沟、屋面拱杆及横梁
连接点发生破坏

图 3-4-12　立柱与屋面结构连接处的破坏

（3）立柱与屋面拱杆连接件的插入深度不够

有的温室立柱与屋面拱杆的连接采用专用连接件连接的方式。这种方法构件镀锌、运输方便，安装施工简单，但在安装中一定要注意连接可靠。图 3-4-13 是一种立柱与屋面拱杆连接的专用连接件，其下部与立柱采用螺栓连接，上部与拱杆连接则采用插管连接。从现场拱杆与连接件脱离情况分析，出现问题的可能性主要有以下几个方面：一是插管在屋面拱杆中的插入深度不够；二是插管外径与屋面拱杆内径之间的配合公差不合理；三是插管与屋面拱杆之间没有直接的螺栓连接。

图 3-4-13　立柱与屋面拱杆连接件插入深度不够

3. 4. 4　桁架

（1）一榀桁架中间对接连接

文洛型温室标准跨度为 6.4m。为了增大温室空间，目前国内改进的文洛型温室的跨度大都做到了 9.6m、10.80m、12.80m 等。由于国内镀锌池尺寸的限制以及方便运输方面的考虑，大跨度的桁架经常加工成两段，工厂制作后现场连接安装。一些日光温室骨架，为了延长其使用寿命也采取工厂制作、整体镀锌、现场安装的工艺。一般日光温室的骨架长度总在 8m 以上，同样也存在大跨度文洛型温室桁架镀锌和安装的问题。两段式桁架在现场安装时多采用螺栓或专用卡具连接，而日光温室骨架在现场安装时则多采用焊接连接。不论哪种连接方式，连接牢固是基本的要求，连接处的连接强度（包括连接件的强度和连接构造的强度）应能满足桁架在连接处所承受的设计应力。对两个和四个屋面文洛型温室的两段式桁架而言，桁架的中部（亦即两榀桁架的拼接点）正好是屋面天沟的位置，此处受力较大，而且下弦杆受拉、上弦杆受压，连接点局部的应力很大。图 3-4-14 是这种连接由于螺栓和连接板承载力不足而引起破坏的案例。设计中应对局部连接进行强度分析，保证连接的可靠性，施工中应严格按照设计要求进行施工，避免由于局部结构失效引起温室结构的整体倒塌。

（2）桁架腹杆错位

(a) 螺栓断裂　　　　　　　　　　　　　　(b) 连接板变形

图 3-4-14　桁架拼接节点的连接强度不足

文洛型温室结构桁架中相邻腹杆的持力可能不同，为此，为了节约投资，在设计中相邻腹杆可选用不同截面的杆件。在桁架制作过程中，应充分分析和理解设计图纸，保证不同截面杆件焊装在其正确位置，不得错位焊装，安装时应按照桁架设计图纸的要求，准确掌握桁架的安装方向，不得装反。图 3-4-15 是这种设计在实际安装中装反而导致结构整体坍塌的案例。

图 3-4-15　不同截面腹杆桁架安装　　　　图 3-4-16　桁架腹杆与弦杆
方向错误导致结构失效的案例　　　　　　　轴线不在一个交点

（3）相邻腹杆轴线不能交接到一点

在温室结构设计的力学模型中，桁架结构中相邻腹杆与弦杆三者的轴线应交于一点，这样可避免弦杆内的弯矩，施工中应最大可能地满足这一设计要求。但由于温室结构构件尺寸均较小，从施工工艺的要求出发，往往难以将三者交点精确地相交于一点，图 3-4-16 是一个典型的案例。为此，施工规范中给出了一个最大允许偏差。如果在实际结构加工中不能满足规范规定的最大允许偏差，应按照实际可能控制的精度和工艺要求，重新确定计算模型，验证和修改结构的设计尺寸，保证结构的安全性。

（4）桁架端部弦杆与连接端板焊接不牢

桁架的腹杆与弦杆、弦杆与端板每个连接点均应连接可靠。焊接连接的焊缝应饱满，不得出现漏焊，焊接后应剔除焊渣，再进行整体镀锌。螺栓连接的应拧紧螺栓，按照设计要求垫齐垫片。图 3-4-17 为桁架上弦杆与连接端板焊接不牢出现焊口断裂造成桁架破坏进而引起温室整体倒塌的案例。

图 3-4-17　桁架上弦杆与连接端板焊接不牢　　　　图 3-4-18　表面镀锌质量缺陷

3.4.5　杆件自身质量与连接

（1）表面镀锌质量缺陷

钢结构构件表面防护是其作为温室构件的基本要求。温室内环境经常处于高温高湿状态，是钢结构构件的高腐蚀环境，为了保证温室结构的使用寿命，热浸镀锌是目前比较通用的钢结构表面防护措施。为了达到较高的防护要求，有的温室钢构件在热浸镀锌的基础上还再涂覆一层塑料层，即喷塑处理。但也有的企业为了降低成本，采用电镀锌管或在热浸镀锌过程中对钢管的表面清洗不干净，致使镀锌质量不均匀。这些都是未来温室运行中潜在的结构安全隐患，如图 3-4-18 所示。

（2）钢管自身焊接质量

温室钢结构用钢管大都采用有缝焊管。焊缝质量的高低直接影响构件的使用寿命和成才能力。在进行温室结构件加工前应认真检查钢管的焊接质量，不得将有焊接缺陷的钢管用在温室结构上。在温室安装施工中也应经常检查所安装的结构件是否有焊接质量缺陷，如果有，应立即退出安装现场。图 3-4-19 钢管表面现裂纹，也不可采用。

（3）杆件延长连接

标准的钢管长度一般为 6m。在温室和大棚的设计中有的构件长度可能要超过 6m，有

图 3-4-19　钢管表面裂纹　　　　　　　图 3-4-20　插管连接中插管强度不够

的温室企业为了节约材料，对即使不超过6m长的构件也采用2根或多根短管延长连接的方法加工制造。从理论上讲，只要保证连接强度和连接可靠性，任何的连接都是可行的。但具体在实践中，往往由于连接不可靠造成结构构件在连接点断裂，如图3-4-20。所以在实践中，对一些重要的结构受力构件，如立柱、横梁、屋面拱杆等应尽量采用整根钢管，不应采用短管拼接的方法。

3.4.6　温室结构整体安装质量

温室结构的整体安装质量要求表面（包括立面和屋面）平整、立柱整齐、拱架平直，最大限度减少结构安装造成的构件初始偏心，保证结构的稳定性。但一些安装工程出现明显的表面偏差，立面不平整、屋架下弦杆扭曲、同一根日光温室骨架不在一个平面内，如图3-4-21。这些都是明显不合格的安装工程，对温室结构的安全存在很大的隐患。

(a) 立面不平整　　　　　　　　(b) 屋架下弦杆扭曲　　　　　　　　(c) 日光温室骨架扭曲

图 3-4-21　温室结构整体安装质量缺陷

3.5　温室建筑工程工艺实践案例

本节以一座玻璃温室的建造过程来介绍现代大型温室的工程工艺。现代温室的建造一般分为以下几个步骤：

① 场地准备、材料进场；

② 建造基础和墙裙；

③ 安装钢骨架；

④ 安装覆盖材料；

⑤ 安装、调试配套设备；

⑥ 系统调试；

⑦ 竣工验收。

3.5.1　施工场地准备、建筑材料进场

该阶段施工工艺要求：

① 施工前应事先勘查施工现场，严格检查施工现场的水、电、基地情况，与设计中不符的方面应及时与甲方协调，从而保证施工的顺利开展。

② 在放线和温室地面标高的确定工作中，应严格按照施工工艺进行。这一阶段中的任何错误都可能导致整个工程的不合格。

③ 根据施工现场的实际情况确定基础的开挖深度和基础型式。

（1）确定施工现场的供水供电，修建临时施工宿舍，修建施工必需的蓄水池（图 3-5-1～图 3-5-6）。

图 3-5-1　施工场地临时开挖的蓄水池图

图 3-5-2　施工场地临时搭建供水设施

图 3-5-3　施工场地临时搭建施工棚

图 3-5-4　施工场地临时搭建施工管理用房

图 3-5-5　施工场地临时总电箱

图 3-5-6　施工场地临时二级电箱

图 3-5-7　运输和安装调试混凝土搅拌机

（2）将必需的施工机械安置在合适的位置，并且调试运行（图3-5-7、图3-5-8）。

图 3-5-8　安装调试钢筋加工设备

（3）放基线，基础开挖以地下扦探。在现代温室施工的过程中，通常都采用精密水准仪来进行温室的放线工作（图3-5-9～图3-5-12）。

图 3-5-9　放基础开挖线

图 3-5-10　基础开挖和标高复测

图 3-5-11　基础底部扦探布点

图 3-5-12　基础底部扦探作业

（4）地基处理（图3-5-13～图3-5-16）

图 3-5-13　铺设地基灰土

图 3-5-14　地基灰土机械搅拌

图 3-5-15　找平地基灰土

图 3-5-16　地基夯实

（5）依据施工的进度，将温室建造材料分批运入，并且堆放在合适的位置。在具体的操作中应依据事先规划好的施工组织管理横道图来确定（图 3-5-17～图 3-5-20）。

图 3-5-17　钢筋的抵场和堆放

图 3-5-18　钢筋加工和存储

图 3-5-19　模板的抵场和堆放

图 3-5-20　砖和支护管的堆放

3.5.2　基础建造工程工艺

在温室基础的建造过程中我们需要注意的事项有以下两点：

① 保证基础的刚性要求；

② 对基础中的预埋件，要利用水平仪逐个调平，保证每个预埋件的水平。

在温室项目的建造中，一般采用了点式基础和条形基础的基础类型。

① 独立点式基础　温室室内独立柱下的基础一般都采用独立点式基础。在该项目的建造中，由于是建造荷载较大的玻璃温室，因此，采用了现浇钢筋混凝土独立基础。独立柱基础有锥形和梯形等形式，有时为了施工简便也采用长方体，在本项目中即采用了长方体的独立柱形式。

在基础的建造中，除了要计算基地的承载力以外，通常还要考虑冻土层深度和地质情况。不过，对于处于温室内部的独立柱来说，可以只考虑地基的承载力（图 3-5-21～图 3-5-27）。

图 3-5-21　平整及清理地基表面

图 3-5-22　放基础施工线

图 3-5-23　支点式基础垫层模板

图 3-5-24　浇筑和振捣点式基础柱基

图 3-5-25　混凝土独立柱基础支模

图 3-5-26　浇筑和振捣点式基础柱身

图 3-5-27　独立柱基础养护及回填

② 条形基础　在温室中条形基础主要用于外墙下，除承受上部荷载传来的荷载外，还起维护和保温作用。因此，在温室基础建造的过程中一般条形基础都会伸出地面以上 200～500mm。在本项目中，由于上部为玻璃结构，因此为了增强温室的整体刚度，防止由于地

基不均匀沉降引起的不利影响，在地面以上延温室外墙浇筑钢筋混凝土圈梁，配筋为 $4\phi12$，箍筋为 $\phi6@250$（图 3-5-28～图 3-5-33）。

图 3-5-28　支条形基础模板

图 3-5-29　条形基础的拆模和养护

图 3-5-30　砌筑条形砖基础

图 3-5-31　铺设条形基础圈梁钢筋

图 3-5-32　支护基础圈梁模板

图 3-5-33　基础圈梁拆模

3.5.3　温室钢骨架建造工程工艺

温室钢骨架施工工艺要求：

① 温室钢结构要经过严谨的受力计算，在没有国内温室设计理论指导的前提下，可参照国外的设计标准，并结合我国各地的实际情况进行强度校核，确保温室受理均匀，在外界荷载接近设计的最大值时，温室整体刚度和强度的变化在正常范围之内。

② 温室钢结构的选材、防腐、节点设计应充分考虑温室的安装和使用，确保温室的使用寿命。

③ 铝合金的结构在满足使用要求的条件下，应充分考虑通用性和互换型，尽量减少型材的种类，以简化生产加工和安装。

（1）温室钢骨架的吊装进场和堆放（图 3-5-34、图 3-5-35）

图 3-5-34　温室钢骨架的吊装

图 3-5-35　温室钢骨架的码放

（2）温室钢骨架的安装通常包括以下几个安装工序

① 用螺栓将温室钢骨架立柱的底端和基础中的预埋件固定在一起（图 3-5-36、图 3-5-37）。

图 3-5-36　温室钢骨架的地面准备

图 3-5-37　温室骨架柱螺栓连接

② 在立柱的顶端固定桁架式屋面托梁（图 3-5-38）。

图 3-5-38　安装温室桁架式屋面托梁

③ 桁架式屋面托梁安装完毕之后，即可将天沟安装在立柱顶部的托架上，通常采用螺栓连接方式。由于文洛式温室采用了典型的无檩屋盖系统，玻璃所承受的荷载直接作用于温室的纵向天沟，由天沟将力直接传给立柱或屋面梁节点，因此天沟承受着几乎是全部的屋盖系统的集中、均布荷载。因此来说，天沟在文洛式温室的钢骨架系统中起着重要的作用（图 3-5-39）。

④ 在立柱的上端根据屋架的跨度安装屋架，同时注意调整立柱的垂直度，从而保证其在竖直方向上的偏差不超过 10mm（图 3-5-40）。

图 3-5-39　安装温室天沟　　　　　　　图 3-5-40　整体调整温室骨架安装精度

（3）文洛式温室的功能特点

文洛式温室由于其特有的骨架型式，而使其具有如下几个特点。

① 透光率高　由于承重结构的特点，文洛式温室屋面采用了透光率很高的玻璃作为采光材料，同时用专用铝型材作为屋面梁，大大减少了屋面梁的断面尺寸，使整个温室的透光率得到了非常大的提高。

② 温室密封性好　文洛式温室采用了专用铝合金和与之配合的橡胶条、注塑件作为玻璃的镶嵌构件，使温室的密闭性得到了大大提高。

③ 通风面积大　文洛式温室的屋面相对于地面的投影比例较高，与相同跨度的其他类型温室相比，在每跨内有 3 对屋面，因此采用间隔开窗时即可达到普通温室的通风量。

④ 屋面排水效率高　由于文洛式温室每跨内的天沟数量为 2～6 个，因此与相同跨度的其他类型温室相比，汇水面积减少了 50%～80%。

⑤ 使用灵活性强　桁架式屋面托梁的应用使文洛型温室具有更大的使用灵活性，由于桁架式屋面托梁的高度为约 500mm，这就为开窗机构、拉幕系统、作物悬挂系统和其它一些设备安装，提供了足够的安装空间和悬挂支撑。

⑥ 构件的通用性强　文洛式温室屋面单元的一致性和节点构造的相似性，为构件的标准化提供了最大的可能，从而减少了由于温室跨度不同而造成的构件变化大、数量多等缺陷。一方面减少了温室的建造成本和管理成本，同时也为温室的维修提供了方便。

3.5.4　温室覆盖材料安装工程工艺

温室之所以有别于其他的建筑，其中的一个很重要的原因就是，温室大面积地采用了透明的覆盖材料，温室覆盖材料的安装步骤如下。

（1）内外遮阳系统的安装

内外遮阳的安装基本相同，工艺内容包括以下几个步骤。

① 外遮阳的安装　首先要在天沟和桁架式屋面托梁上安装外遮阳支架，内遮阳需要在温室内部安装托架，然后在支架上绑扎托压幕线。在施工中，托幕线必须尽量绷直并且进行可靠的固定（图 3-5-41、图 3-5-42）。

② 用蛇形卡簧将内外遮阳幕的活动边固定在专用的铝型材上，在实际安装过程中一般还应该在铝型材上装有导向及收拢遮阳网的配件，以使得遮阳网能在规定的轨道内更好地运行（图 3-5-43）。

图 3-5-41　安装温室外遮阳骨架　　　　　　图 3-5-42　在托架上绑扎托压幕线

图 3-5-43　安装遮阳幕

③ 将内外遮阳幕的传动杆与外遮阳开闭系统的双齿齿条按照施工要求连接在一起。这样就可以用减速电机来控制温室外遮阳幕的开闭（图 3-5-44、图 3-5-45）。

图 3-5-44　安装帘幕驱动系统减速电机　　　　图 3-5-45　安装帘幕系统驱动杆

（2）玻璃的安装

在玻璃安装的过程中，安装工程工艺要求：

现场安装玻璃时，要合理安排安装工序，认真检查钢结构的质量，确认合格后再进行铝型材的安装。对于铝型材作为支撑构件的温室屋面，应严格按照玻璃的尺寸进行施工；对于铝合金型材作为镶嵌结构的温室，在施工中可根据前期钢结构的安装预先装好铝合金型材，根据铝合金条的分割，现场确定玻璃的规格尺寸。

铝合金作为玻璃温室主要镶嵌和覆盖支撑构件，其功能主要是用于玻璃等温室覆盖材料的支撑、固定构件，在玻璃安装的过程中，它与密封件配合，作为玻璃覆盖物密封系统的一部分，如顶窗、侧窗、门等部位。

橡胶密封条作为密封件与铝合金配合使用，达到减少震动、增加密封性的目的。在实际的设计中，应结合温室建造地区的气候特点，正确选择适宜的材质，以满足其抗老化和易安装的特点。一般橡胶密封件的材质为氯丁橡胶和乙丙橡胶（图3-5-46、图3-5-47）。

图 3-5-46　玻璃材料的地面准备

图 3-5-47　安装玻璃密封条

铝合金型材与温室骨架一般通过螺栓、拉铆钉等固件固定，也有通过专用连接件固定的（图3-5-48～图3-5-51）。

图 3-5-48　铝合金和基础圈梁的连接

图 3-5-49　铝合金和温室钢结构的连接

图 3-5-50　铝合金和钢结构连接细节

图 3-5-51　铝合金和铝合金的连接

3.5.5　温室配套设备的安装工程工艺

温室内部的配套设备一般会随着温室的不同使用要求而发生变化，就文洛式温室来说，对其配套设备安装，我们主要从以下三个方面来说明。

（1）通风系统

现代温室的通风系统中包括自然风压通风和机械通风。对于自然风压通风系统来说，通风设备的安装主要是自动化的开窗设备的安装。其安装内容包括：减速电机的安装、传动轴及传动齿轮的安装。

对于机械通风来说，根据不同温室的实际情况安装内容会有一定的差异，我们现在看到的文洛式温室的系统通风系统包括了如下几个安装步骤。

① 风机的安装　按照设计的要求和钢骨架上预留的位置用螺栓将风机固定在钢骨架上，风机与钢骨架的结合部位用橡胶条密封（图3-5-52、图3-5-53）。

图 3-5-52　风机和钢结构连接细节

图 3-5-53　温室风机安装

② 湿帘的安装　湿帘系统包括的内容有集水箱、给回水管路、湿帘等，整个安装过程有相当高的技术要求。各组成部分按照各自的安装工艺严格执行（图3-5-54）。

图 3-5-54　安装温室湿帘系统

③ 湿帘保护窗的安装　这种安装方法也是文洛式温室中保护窗的一种通用安装方法（图3-5-55）。

④ 环流风机的安装（图3-5-56）

图 3-5-55　安装温室湿帘保护窗系统

图 3-5-56　安装温室环流风机系统

（2）内保温幕系统的安装　室内遮阳保温幕的安装与外遮阳的安装基本相同，需要注意的是，内遮阳保温幕的密封方式，一般会采用不锈钢丝与铝型材搭接的方式来达到密封的效果（图3-5-57）。

（3）接露系统安装（图3-5-58）

3　温室建筑工程工艺

图 3-5-57　安装温室内保温幕系统　　　　　图 3-5-58　安装温室接露系统

3.5.6　温室采暖系统的安装工程工艺

　　温室采暖就是选择适当的供热设备以满足温室采暖负荷的要求。目前用于温室的采暖方式有热水采暖、蒸汽采暖、热风采暖、电热采暖和辐射采暖等。整个采暖系统的建造包括了地下回水管路的铺设、散热器的安装和管路的组装等步骤。

　　温室采暖系统的工程工艺要求：

　　① 现代温室中使用的主要是光管散热器和圆翼散热器；

　　② 现代温室的单位热负荷相对较大，对温度分布的均匀性要求很高，因此温室中的散热器一般都是延温室四周连续布置；

　　③ 温室中散热器的安装由于考虑到了植物采光的因素，一般安装的高度都较低；

　　④ 温室用的散热器一般没有组合数量的限制，可以根据温室的实际需求任意组合（图3-5-59～图 3-5-62）。

图 3-5-59　安装和调试温室锅炉　　　　　图 3-5-60　安装温室圆翼式散热器

图 3-5-61　安装苗床下光管散热系统　　　　图 3-5-62　安装植物冠层光管散热系统

3.5.7　温室系统的整体运行调试工程工艺

　　现代温室的各个子系统基本都实现了不同程度的自动化，因此就要求有一个主控系统来完成对整个温室的控制。我们现在看到的就是这栋温室的主控系统，在这个主控箱上排布了各种不同功能的按钮。在实际的温室运行过程中，我们可以通过主控系统来控制整个温室（图3-5-63、图3-5-64）。

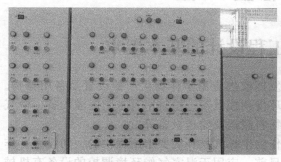 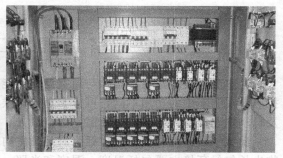

图3-5-63 温室自动控制系统　　　　　　　图3-5-64 温室电子系统电路

正因为主控系统具有非常重要的作用，所以我们需要在各个辅助设备安装都到位之后，对主控系统的控制功能进行系统的调试。主要是测试各个子系统是否能自由地控制，以及子系统的控制精度是否达到了要求的精度。同时我们还需要测试各个子系统能否在主控系统的控制下，协同完成温室控制的能力。

对于科技含量日益增高的现代温室来说，只有经过系统科学的调试，才能保证温室在实际应用中达到预期的目的。

4 温室工程配套工程工艺

4.1 温室工程配套工程设计的基本要求

温室配套设备是指直接参与温室设施功能发挥或供应温室作物生产的设置及备用器物。按照其在温室中的功用不同，可分为室内气候环境调控设备、给排水及水肥施灌设备、电气及自动控制设备、生产作业及温室维护机具、物料搬运及输送设备等。

温室气候环境调控设备包括为满足温室内作物生长气候环境要求所提供的一切设置。作物生长气候环境主要包括温度、湿度和光照。目前，应用于温室气候环境调控的设备有机械式遮阳保温拉幕、机械式开窗通风设备、风机通风设备、湿帘降温装置、喷雾降温设备等，锅炉、管道和散热器或燃油、燃气热风炉等供暖设备，以及照明灯、补光灯等。以上设备的不同组合和使用构成了不同作用强度的气候环境调系统。例如，机械式开窗通风设备与温室建筑物的窗口以及窗口的配置组成了自然通风系统，湿帘降温装置与风机在温室建筑物中不同布局组成了不同作用强度的湿帘降温系统。值得注意的是，有些设备的采用仅对某一参数的调控有部分贡献，而有些设备的采用不仅对一种参数的调控有贡献，还会影响到其他参数的调控。如湿帘降温装置需要风机的配合完成其功能的实现，机械式遮阳保温拉幕设备的使用同时影响到光照和温度的调控。所有设备的采用，目的在于温室气候环境可进行调节，保证气候环境可达到所期望的准确和精确程度。

夏季温度高的时候就需要降温。夏季，当室外气温较高，而温室里的作物要求不能超过32℃，否则就不能生长甚至死亡时，就必须采用蒸发降温措施。蒸发降温是利用空气中的水不饱和性和水的蒸发潜热来降温的。当空气中所含水分没有达到饱和时，水就会蒸发变成水蒸气进入空气中。水蒸发的同时吸收空气中的热量，降低空气的温度，提高空气的湿度。蒸发降温过程中必须保证温室内外空气流动，将温室内高温高湿的气体排出温室并补充新鲜空气，因此蒸发降温必须配合强制通风，如果只采用自然通风的方法，则会造成温室内高温高湿，对植物产生不利影响。蒸发降温主要有两种形式，即湿垫降温和喷雾降温。

在实际应用时，上述蒸发降温形式要与通风技术配合才能达到理想的降温效果。这里需要注意的是结合温室的结构要充分考虑当地的风向、风力、气温及湿度等环境条件和所种植物对环境的要求以及投资的多少等因素，只有这样才能对温室做到最好的降温，给作物带来适合的生长温度。

给排水及水、肥施灌设备可以认为是作物生长气候环境调控设备的另一类，它为满足作物生长营养需要而对作物进行营养供给和调控。目前，温室中应用较为普遍的有 CO_2 补充及施用设备、滴灌设备、固定式喷灌设备、行走式喷灌设备等。该类设备使用的目的是为满足作物生长的水、肥精确施用和管理。

电气及自动控制设备是温室实现作物生长环境自动或半自动调控的核心和神经中枢。由室外气象站、室内温、湿、光照、气体成分等传感器为主的数据采集器，电缆、电线组成的室内配线，控制电器、转换电器、保护电器、执行电器等组成的低压电器，以及用于数据处理和程序贮存及执行的电子计算机或单板机组成。

生产作业、植保及温室维护机具用于作物生长过程的日常管理和作业，并且维护温室的正常使用。该类设备的采用是以用现代技术和手段代替人工作业为目的，以提高生产效率、减轻劳动强度、改善劳动环境为宗旨。例如固定式栽培苗床、可移动式栽培苗床、土壤消毒及处理设备等均可归入该类设备。

物料搬运及输送设备指用于物料在温室内外的传送。一般普通温室仅需配备手推车或人力（或动力）托板车等搬运设备，在国外一些大型温室也有用到带式输送机、辊筒输送机等输送设备的。

按照不同的生产温室类型和温室所属企业个体的不同经营属性，温室配套设备的需求不尽相同，配套设备的种类、类型、数量、安置、排列、作业弹性和空间配置等组成及关联，将对作物生产或温室管理系统的整体运作产生不同的影响。

4.2 温室工程设备配套工程工艺

4.2.1 遮阳、保温、帘幕系统

4.2.1.1 温室遮阳系统

温室遮阳系统是现代温室重要的配套系统之一。温室遮阳是利用具有一定透光率的材料将一部分多余的光照进行遮挡，既保证温室作物正常生长所需的光照，又防止多余的太阳辐射在温室聚集，造成室内温度过高。因此，遮阳在现代温室种已成为不可或缺的光照调节和降温技术。

（1）遮阳系统的分类及其性能 温室遮阳系统根据在温室中的安装位置可分为室外遮阳和室内遮阳，对不同位置的遮阳系统、遮阳材料的选取及所需要的功能也相应有所不同。

① 室外遮阳 室外遮阳是温室外（温室顶部）安装遮阳网，见图 4-2-1，直接将多余的太阳辐射阻隔在室外，多余的太阳辐射基本上不进入温室，不会对温室内的温度造成影响，从遮阳降温角度来说，室外遮阳的降温效果是最好的。由于遮阳网安装在室外，遮阳网对温室内的其他环境因子没有直接的影响，因此，室外遮阳的功能基本上限于温室降温、光照调节。

室外遮阳安装在室外，需要在温室的天沟上再立支撑骨架，或在温室外单独立骨架，以支撑遮阳系统。由于遮阳网及拉幕系统、支撑系统暴露在室外，要求遮阳网、拉幕系统、支撑系统能承受风、雨、雪、冰雹等自然灾害。

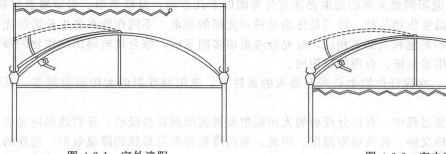

图 4-2-1 室外遮阳

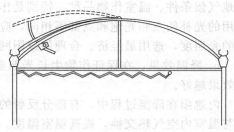

图 4-2-2 室内遮阳

② 室内遮阳 室内遮阳是在温室内部安装遮阳网，见图 4-2-2，在温室内阻隔多余的太阳辐射。由于太阳辐射进入室内，再经过遮阳网进行反射，一部分被遮阳网反射，一部分被遮阳网吸收，被遮阳网反射部分，在经过温室覆盖材料时，又有一部分太阳辐射被覆盖材料反射到室内，被遮阳网吸收部分，升高了遮阳网自身的温度，然后再传给室内的空气。因此，对于同等遮阳率的遮阳网，室内遮阳的降温效果比室外遮阳稍微差一些。但是，当内遮

阳与湿帘风机降温系统进行配合时，却能大大提高湿帘风机降温的效能，使得温室内需降温换气的空气体积更少，使得室内气流更加通畅。

在现代温室内，遮阳网材料选择得当会赋予内遮阳更多的功能，如保温节能、湿度控制及防流滴等功能。对于目前世界范围内常用的铝箔遮阳网，因为有良好的气密性以及能吸收、反射大部分远红外线，因此具有良好的保温性能，由于该网是用可吸湿的聚酯线编织而成，因此对温室内的湿度具有一定的调节能力，另外，由于遮阳网本身温度较高，遮阳网下的空气不易形成冷凝水，遮阳网纱线对温室覆盖材料滴下的冷凝水本身具有吸收及承托能力，因此能大大减少温室流滴现象。

由于内遮阳具有如此多的功能，综合起来看，内遮阳比外遮阳更经济适用，因此，在现代温室内，内遮阳的配置远比外遮阳广泛。具体到一栋温室，究竟是配置内遮阳还是外遮阳，或是两者都进行配置，应根据当地的气候、温室内种植的作物、温室的其他降温通风设备等诸多因素进行综合考虑，具体情况具体分析，选择一种既经济又实用的方案。一般在气候寒冷的地区，配置内遮阳，在主要靠自然通风降温的温室配置外遮阳，在配置有机械通风、湿帘通风降温或微雾降温的温室，配置内遮阳。对于需严格控制温度的温室，可同时配置内遮阳和外遮阳。

(2) 遮阳材料的分类及选择

① 遮阳网的分类　按布置方式可分为平铺和折叠两大类。按用途可分为室内和室外，按功能可分为保温型、遮阳型、保温遮阳型。按遮阳主要材料可分为针织网、铝箔网。

铝箔网材质主要为铝箔条、聚酯膜、FDY涤纶丝、HDPE单丝，具有遮阳降温、保温节能、湿度调节、防流滴及自然通风的功能。现在比较高档的铝箔网还增加了UV层，起到抗污染和有效吸收紫外线，增强耐磨性的作用。目前此类网在国内主要用于节能型高档温室的室内遮阳和保温，遮光率通常在40%～100%之间，收缩率不大于1%，正常使用质保年限室内不低于5年，室外不低于3年，常见辐宽有3.2m、3.5m、4.3m、4.8m和5.3m五种，长度可按要求生产。

针织网材质为HDPE单丝或PVA单丝（聚乙烯醇缩醛纤维）。此类网价格比较便宜，主要用于各类遮阳棚、单栋大棚、普通连栋大棚的室外遮阳。遮光率通常在35%～80%之间正常使用质保年限2～3年。

② 遮阳网的选择

a. 遮光率：遮阳网遮光率的选取必须充分考虑以下几方面：温室类型、温室覆盖材料、当地气候条件、温室作物品种。特别是作物品种对光照的要求，不同作物在各生长阶段光合作用的光补偿点和光饱和点都不相同，应充分考虑诸多因素后，综合比较得出该作物的最适宜的光照度，选用最经济、合理的遮阳网。

b. 降温效果：在保证作物生长光照要求的条件下，遮阳网反射的太阳辐射越多，其降温效果越好。

内遮阳在降温过程中，有部分反射的太阳辐射要被遮阳网自身吸收，导致遮阳网温度升高与温室内空气热交换，提高温室温度。因此，室内降温要获得最佳的降温效果，选择的遮阳网必须具有对太阳辐射较高的反射能力。总体而言，铝箔网中铝箔对太阳辐射的反射率较高，降温效果大大高于其它类型的网。

外遮阳的降温效果可以忽略遮阳网自身吸收的那部分能量，因此室外遮阳的降温效果一般由遮光率决定。

c. 使用寿命：遮阳网的使用寿命与温室内外因素的影响有关，其中气候状况、温度、紫外线、化学物质的影响最大。过高的温度会导致遮阳网中聚合物降解，降低遮阳网的使用寿命，表 4-2-1 是常用聚合物的熔化温度。

表 4-2-1　常用聚合物的熔化温度

聚合物	熔化温度/℃	聚合物	熔化温度/℃
低密度聚乙烯 LDPE	110	聚氨酯 PA	225
低密度聚乙烯 HDPE	120	聚酯 PET	265
聚苯烯 PP	160		

　　所有的聚合物材质曝晒在紫外线下都会产生分解，因此，聚合物表面必须添加紫外线抑制剂与吸收剂，以延长聚合物的使用寿命。生产厂家最常用的方法是添加紫外线稳定剂，紫外线稳定剂会与紫外线降解作用产生的氧化产物产生中和反应，如果氧化产物不能被中和，则紫外线降解作用就会加速，降低聚合物的寿命。由于大部分温室都使用杀虫剂、肥料和化学农药，而这些化合物质很容易与紫外线稳定剂产生中和反应，从而降低了紫外线稳定剂的效能。因此，在使用遮阳网时，要避免这些化学物质与遮阳网接触。目前较好地解决聚合物的紫外线稳定的方法，是将紫外线稳定剂复合到聚合物的分子结构中，这种稳定剂几乎不与温室内的化学物质产生反应，因此能延长遮阳网的使用寿命。

　　内遮阳由于温室内环境受外界自然影响较小，不受风、雨、雪、冰雹等恶劣气候条件的较大影响，紫外线也比室外弱得多，所以在同样条件下内遮阳网的使用寿命要比外遮阳长。但大部分现代温室都使用杀虫剂、肥料和化学农药这些化学物质极容易与遮阳网 UV 层中的紫外线稳定剂发生中和反应，降低紫外线稳定剂的效能。

　　外遮阳在室外的环境要比室内复杂得多，既要考虑风、雨、雪、冰雹等恶劣气候条件的影响，又要考虑室外温度以及比室内强得多的紫外线影响。所以为提高外遮阳的使用寿命，必须充分考虑遮阳网的强度、一定的抗高温性能以及很好的抗紫外线能力。

　　d. 保温节能性：如何低成本加温和降温是现代温室两大亟待解决的难题。遮阳的节能效果一般是指遮阳网对室内远红外线的反射能力，反射能力强，说明保温节能效果好。温室冬季通过内遮阳保温，特别是夜间遮阳网的红外线辐射透过率越低，保温效果就越好。另一个判别遮阳网保温性能的指标是遮阳网的气密性，气密性越好，遮阳网的保温效果越好。

　　e. 湿度调节及防流滴性：有的遮阳网采用可吸湿的纱线进行编织，由于纱线本身能吸收一定的水分，因为能对湿度起到一定的调节作用，另外，纱线可吸收一部分从温室屋面滴落的冷凝水，从而也减少了流滴现象。有的遮阳网在设计上可让高湿的空气透过到温室顶部，有效地达到湿气调节及防流滴的功能。

　　f. 遮阳网的折叠尺寸：遮阳网的折叠尺寸是指遮阳网在收拢状态下能达到的最小尺寸。折叠尺寸越小则对光照影响也越小，对温室内的光环境越有利。一般情况下，折叠网在收拢状态下对光照的影响要比平铺网小。

4.2.1.2　温室帘幕保温

　　在 20 世纪 70 年代初全球能源危机的背景下，瑞典斯文森公司（AB LUDVIG SVENS-SON）发明了以铝箔编织为特点，用于温室节约燃油的保温幕产品。从那时起，遮阳保温幕作为一种兼有遮阳降温、节能保温、调节光照、增产、提高作物品质、减少农药用量、防止滴水等功能的温室配套材料开始在全球的温室栽培中得到了广泛的应用，我国也自 20 世纪 70 年代后期随国外温室的引进而将该产品引进，显示了该产品独特的功能，受到温室使用者的高度重视。随后，国内外众多企业的同类产品也相继进入我国农资市场。到目前为止，此类产品已经发展成为仅次于温室主体结构和覆盖材料的重要温室用材，在我国温室中得到了大量应用，并在改善温室生产条件、提高温室整体功能等方面发挥了重要的作用。

不同的温室尽管有不同的保温措施，但都遵循一定的原则，即在减少热损的基础上，尽量不减少光照。保温幕作为一种简便、廉价、有效的节能措施，成为现代温室内极其重要的配套设施之一。保温幕可分为内、外保温幕及单层和多层等多种型式，其中以内保温幕保温性能好、启闭操作方便，应用最为广泛。单层活动式内保温幕在室内与透光面之间增加了一层空气层，增加了温室的表面辐射热阻和对流换热热阻，在白天打开收至天沟底下不影响采光，夜间关闭进行保温，有效地减少了温室地面的长波辐射散热量，同时还可减少围护结构的对流换热损失和冷风渗透量，起到良好的保温作用。

温室内的热量散失有通过地中土壤、冷风渗透和通过围护结构覆盖层散失三个途径。通过围护结构覆盖层的热量损失是温室热损失的主要部分，一般占总热损失的 60% 以上，因此减少该部分热量损失是温室保温技术的重点。通过增加保温覆盖来减少温室覆盖层夜间传热量是有效的节能措施之一。内保温幕作为一种便于安装、易于操作的保温节能装置在温室生产中得到了广泛的应用。保温幕在白天卷起，夜间放下，这样做可能会减少 4% 的透光率，但却可以节能 40%。

铝箔反射型保温幕是目前世界上各国的大型温室中最常用的保温幕类型。铝箔反射型保温幕采用条状铝箔、镀铝膜或混铝、夹铝等含铝材料与透明塑料条编织而成，利用铝箔材料的高反射、低透射的辐射特性，可同时减少温室因长波辐射和对流产生的热损失，具有良好的保温效果，另外还有一定的透气、透湿性，防止室内湿度过大，还可兼作夏季的遮荫降温，是一种很有发展前景的保温覆盖材料。缀铝保温幕与常见保温幕的保温特性比较，如表 4-2-2。根据铝箔面积的多少，铝箔遮阳保温幕节能率为 20%～70%，遮荫率 20%、99%。

表 4-2-2 缀铝保温幕与常见保温幕的保温特性比较

材料	传热系数 /[W/(m² · K)]	4mm 厚单层玻璃传热系数 /[W/(m² · K)]	热节省率 /%	红外辐射透过率 /%
缀铝膜	3.151		58.86	5.12
PE 塑料薄膜	4.353	7.660	43.18	6.58
的确良布	3.706		51.62	30.95
无纺布	4.051		47.12	44.58

注：铝箔表面为聚乙烯面层，铝箔条的比例为 66%，其厚度为 0.035mm；PE 塑料薄膜，厚度 0.1mm；的确良布，50g/m²；无纺布，22g/m²。

缀铝膜不仅具有良好的保温性能，同时还具有遮阳的功效，因此缀铝膜在大型连栋温室中的应用相当广泛，如何进一步提高其保温性能、降低成本是今后缀铝膜发展的主要方向。但由于其价格相对较高而且卷放不如一些纺织材料的内保温幕容易，在日光温室中应用不是很多。从现在的发展趋势来看，由于我国是纺织品大国，有着丰富的隔热保温材料资源，从各种纺织品中寻找适合我国国情的内保温材料，也必将成为内保温材料研究的主要方向。内保温材料的改进和研发必将对加速温室生产规模化、效率化起到重要作用，同时有利于降低温室造价和减少运行费用。

在我国，温室保温技术主要采用双层充气膜覆盖、地中热交换系统和铝箔保温幕。由于双层充气膜覆盖会降低透光率，以及地中热交换系统有一次性投资大、运行费用高等缺点，因此世界各国的大型温室基本上采用铝箔反射型保温幕。同时，无纺布在冬季蔬菜栽培中的增温效应的研究表明，其增温效果明显。本文根据华东地区的气候特点，在冬季要求温室不加温，华东型连栋塑料温室（以下称华东型温室）保温系统采用铝箔保温幕和无纺布相结合的形式。铝箔保温幕既可起到夏季遮阳降温，又能起到冬季节能保温的作用。

4.2.1.3 遮阳、保温帘幕系统的设计

遮阳、保温帘幕系统的设计主要考虑遮阳网和保温幕的布置方式、开启方向、系统的驱动方式及设备、系统的密封性等，原则是使遮阳网可进行收拢及展开动作，并且设备运行安全可靠。遮阳、保温帘幕系统的设计必须本着经济、实用、可靠的原则进行。

（1）遮阳网或保温幕的布置方式及开启方向

遮阳网或保温幕的布置方式一般分为平拉幕、折拉幕两种。一般较多采用平拉幕，见图4-2-3（a），平拉幕的造价较低，拉幕平整美观。当室内空间不够时，可考虑实用折拉幕，见图4-2-3（b）。

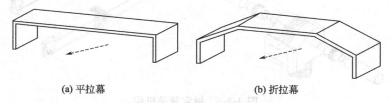

(a) 平拉幕　　　　　　　　　　(b) 折拉幕

图 4-2-3　遮阳网的布置方式

遮阳网或保温幕可沿温室开间方向开启，见图4-2-4（a），也可沿温室跨度方向开启，见图4-2-4（b）。沿温室跨度方向开启造价较低，但是当需要使用温室桁架或拱杆下弦悬挂物体时，系统会产生冲突而不能够实现。

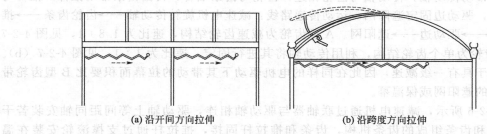

(a) 沿开间方向拉伸　　　　　　　(b) 沿跨度方向拉伸

图 4-2-4　遮阳网开启方向

（2）常用温室拉幕设备

温室拉幕设备也称为拉幕机。拉幕机指用于驱动温室遮阳、保温幕展开和收拢的设备，拉幕机与遮阳网及托幕线等组成了拉幕系统。按照传动方式的不同，可以分为钢索拉幕机、齿轮拉幕机和链式拉幕机。目前在温室中普遍采用的是钢索拉幕机和齿条拉幕机。

① 钢索拉幕机　钢索拉幕机是国内用得最早的遮阳系统驱动方式，其特点是造价低廉、结构简单。但其最大的缺点就是运行不可靠，由于使用钢索带动驱动边，钢索性能的不稳定导致经常产生运动轨迹紊乱，驱动轴上钢索相互缠绕、背叠，严重影响系统运行。现代温室设计时已基本不采用钢索拉幕机，但作为一种简单、经济的机械传动方式，钢缆传动机构现在通常应用在一些要求不高的遮阳棚及普通连栋大棚中。钢索拉幕机主要由减速电机（电机直联减速器）、联轴器、驱动轴、轴支撑、驱动钢索、换向轮等组成，见图4-2-5。

驱动钢索穿过换向轮后其两端在驱动轴上缠绕，形成一闭合环，减速电机通过联轴器带动驱动轴，使驱动钢索的一端在轴上缠绕，另一端从轴上放开，从而实现驱动钢索沿钢索轴线方向的运动。遮阳网的一端固定在梁柱上，另一端固定在驱动钢索上，驱动钢索的运动就可以带动遮阳网完成展开和收拢的动作。

通常减速电机安装在驱动轴的中部，可使驱动轴的最大扭转角为最小，以保证缠绕在驱动轴上的驱动钢索运动一致。

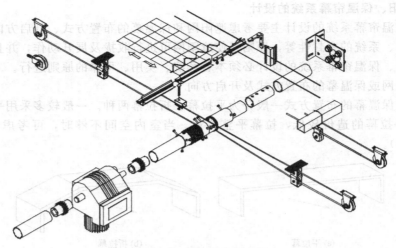

图 4-2-5　钢索驱动机构

② 齿条拉幕机　齿轮齿条传动机构主要由减速电机、驱动轴、齿条、齿轮盒、推拉杆、支撑滚轮等组成。根据所用齿轮的不同，国内常用的有两种类型 A 型齿轮齿条传动机构 [图 4-2-6 (a)] 和 B 型齿轮齿条传动机构 [图 4-2-6 (b)]。两者运行原理基本相似，都是通过减速电机带动传动轴，传动轴与齿轮相连，齿轮与齿条啮合，再由齿条带动推杆，推杆与驱动边相连，驱动边固定遮阳网。运动传递路线：减速电机旋转传动轴——→齿轮齿条——→推杆往复运动——→驱动边——→遮阳网。A 型齿轮为减速齿轮结构，速比为 1.8∶1，见图 4-2-7 (a)。B 型齿轮为单个齿轮结构，利用传动轴将其进行固定，速比为 1∶1，见图 4-2-7 (b)。A 型齿轮由于具有一级减速，因此在同样的电机驱动下其带动的拉幕面积要比 B 型齿轮带动更大面积的遮阳网或保温幕。

如图 4-2-6 所示，减速电机通过联轴器与驱动轴相连，驱动轴上等间距同轴安装若干个由齿轮盒和齿条组成的齿条机构，齿条和推拉杆固接，推拉杆通过支撑滚轮安装在温室骨架上。电机带动驱动轴转动时，通过齿条机构带动推拉杆做直线往复运动。遮阳网一端与温室梁柱固定，另一端固定在推拉杆上时，就可实现遮阳网或保温幕的展开和收拢动作。

（3）遮阳网或保温幕的支撑及固定方式

遮阳网或保温幕的支撑一般有托幕式和挂幕式两种。托幕式是用托幕线每隔一定距离布置一道线，并在梁交接的地方采用专门卡具支撑托幕线，或采用不锈钢丝支撑，用以托住遮

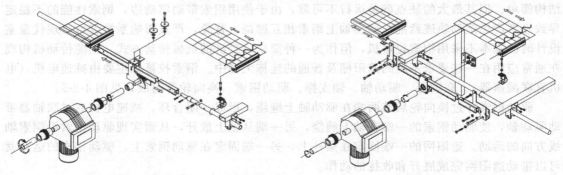

(a) A型齿轮齿条驱动机构　　　　　　　　　　　(b) B型齿轮齿条驱动机构

图 4-2-6　两种齿轮齿条驱动机构

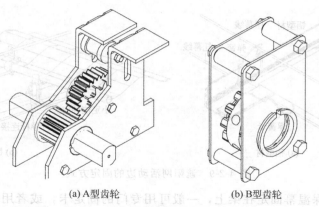

(a) A型齿轮　　　　　　　(b) B型齿轮

图 4-2-7　齿轮齿条拉幕系统的齿轮简图

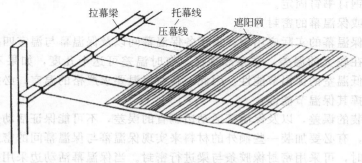

图 4-2-8　托幕式遮阳网支撑系统

阳网。每间隔一定距离还要布置一道压幕线，用于限制遮阳网的收拢体积。遮阳网或保温幕在托幕线和压幕线之间运动，见图 4-2-8。托幕线及压幕线一般采用透明的聚酯线，该线具有较高的强度及较低的伸长率，且对遮光减少到最低限度。

遮阳网或保温幕如果沿开间方向行走，则在每开间布置一块，如沿跨度方向行走，则在每一跨度布置一块，并要留有固定遮阳网或保温幕的余量，一般遮阳网或保温幕幅宽有 3.2m、4.3m、5.4m，如沿开间方向拉遮阳网或保温幕，分别适用于 3m、4m、5m 的温室开间。如果沿跨度方向拉网，若跨度为 8m，则遮阳网保温幕采用幅宽 8.4m 以上的。遮阳网或保温幕可采用缝合方式获得所需要的幅宽。

对遮阳网或保温幕在可活动一端的固定一般是采用铝型材或直径 19mm 的铝管。对于铝型材，一般采用蛇形的卡簧将遮阳网或保温幕卡在型材内，在型材上，一般还应装有导向及收拢遮阳网或保温幕用的配件，以使遮阳网或保温幕在规定的轨道内更好的行走，见图 4-2-9（a）。对于铝管、网的固定及导向都有专门的卡具。为了让遮阳网或保温幕与驱动机构一块运动，还需有专门的卡具使型材（或铝管）与驱动线、推拉杆连接起来，见图 4-2-9（b）。

拉幕式是利用专门吊挂用的专门卡具将遮阳网或保温幕悬挂在不锈钢丝上，驱动机构置于遮阳网或保温幕上方。挂幕式优点是收拢时较整齐美观，缺点是网展开后会形成一定的网兜，不够美观。

遮阳网或保温幕的固定边一般可直接固定在温室梁上或固定在不锈钢丝上，主要考虑的是便利性及密封性。比如，遮阳网或保温幕系统沿温室跨度方向拉网，由于开间方向无固定遮阳网或保温幕的梁，就需拉不锈钢丝固定遮阳网或保温幕；又如，沿开间方向拉网，如果温室立柱宽度比梁的宽度大很多，为了取得较好的密封效果，就需用不锈钢丝固定遮阳网或

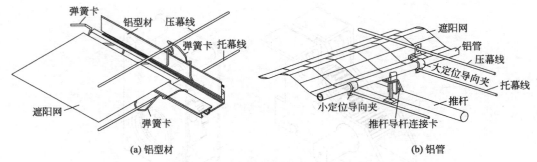

图 4-2-9　遮阳网活动边的固定方式

保温幕。遮阳网或保温幕固定在梁上，一般可用专门的固定卡，或者用卡簧卡槽进行笃定，也有采用不锈钢丝或尼龙扎带直接捆扎在梁上。在不锈钢丝的固定，可采用专门的塑料膜夹，或采用不锈钢订书钉固定。

（4）内遮阳或保温幕的密封方式

在内遮阳或保温幕的实际应用中，由于各保温幕间以及保温幕与温室四周存在缝隙，保温幕上下空气存在较大的温差，在寒冷地区，有时温差可达十几度，如果不将缝隙密封起来，将会大大降低温室的保温节能性。因此，在对保温要求严格的温室，必须做好保温幕的密封，以充分发挥其保温节能性。

由于梁柱安装的误差，以及保温幕活动边调直的误差，不可能保证活动边的每一点都不出现缝隙，因此，有必要加装一些额外的材料来实现保温幕与保温幕间的密封。当保温幕活动边采用铝型材时，可采用密封橡胶条与梁进行密封。当保温幕活动边采用铝管时，可采用一切特殊的卡具及结构达到密封效果。

在保温幕行走的方向，由于系统与温室墙边还有一定距离，因此必须进行密封，密封时可采用不锈钢丝采用一带孔的钢片支撑，将密封用的保温幕固定在两道不锈钢丝上，使之形成一个密封的网兜，见图 4-2-10。如果一栋温室中有两套或两套以上的内遮阳保温幕系统，在系统与系统间可采用如图 4-2-11 的方式进行密封。

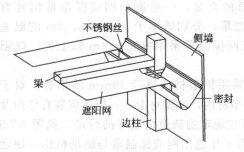

图 4-2-10　遮阳网与墙边密封

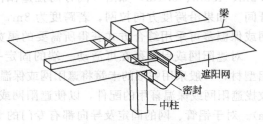

图 4-2-11　两套遮阳系统间的密封

（5）外遮阳支撑骨架设计

外遮阳骨架主要包括支撑立柱、横梁、纵梁（或拉结筋）、斜拉筋等，支撑骨架设计应根据遮阳网荷载进行计算，与天沟连接的立柱应注意不要妨碍天沟的设计排水量。图 4-2-12是常见的几种外遮阳支撑骨架的设计形式。

图 4-2-12（a）主要是应用在 Venlo 型温室上，支撑骨架由支撑立柱、横梁、纵梁及风撑组成网状，承载力大，刚度较好。

图 4-2-12（b）主要应用于圆拱形温室，支撑骨架立在天沟上，沿开间方向用梁将立柱

连接起来，沿跨度方向利用拉结筋连接，并在温室两端用斜拉筋将立柱与地面锚固，用于抗风。

图 4-2-12（c）主要用于大跨度温室。

(a) Venlo型温室   (b) 圆拱形温室   (c) 大跨度温室

图 4-2-12 常见的外遮阳支撑骨架设计

4.2.2 加热系统

我国北方地区冬季气候寒冷，设施内也很难保证作物栽培所需的适宜温度条件。人工采暖是冬季设施内温度环境调控的有效手段，但其代价是燃料能源的消耗和生产成本的增加。为了能够以尽量低的能源消耗和费用，有效保证设施内的温度条件，必须合理设计和运用采暖系统。

4.2.2.1 温室采暖热负荷

当温室中温度稳定时，其输入和输出的热量之间的热量保持平衡。当农业设施的失热量大于得热量时，为了保持温室温度不变，需要由采暖系统补进热量。温室采暖热负荷是指在某一定室外环境下，为了维持温室内温度在设定温度，采暖系统需在单位时间内向温室内供给的热量。温室采暖热负荷可由温室热平衡分析得到。以公式表示为：

$$Q_h = Q_w + Q_f + Q_{vs} \tag{4-2-1}$$

式中 Q_h——温室采暖系统热负荷，W；

   Q_w——通过围护结构材料的传热量，W；

   Q_f——地中传热量，W；

   Q_{vs}——通风（冷风渗透）排出的热量，W。

（1）通过围护结构材料的传热量 Q_w

温室的围护结构有的全部采用透明覆盖材料，有的采用部分透明覆盖材料和其它建筑材料混合组成。透过温室透明覆盖材料的传热形式不仅有其内外表面与温室内外空气间的对流换热和覆盖材料内部的导热，温室内的地面、植物等还以长波热辐射的形式，透过覆盖材料与室外即使大气进行换热，但在计算通过温室围护结构材料的传热量时，这部分传热量往往也和其他传热方式传递的热量一并计算。即通过透明覆盖材料和非透明覆盖材料传热量计算形式上一样，均采用总传热系数来计算包括对流换热、热传导和辐射几种传热形式的传热量。因此，通过温室围护结构材料的传热量 Q_w 为：

$$Q_w = \sum U_j A_j (t_i - t_o) \tag{4-2-2}$$

式中，U_j 为温室各部分围护结构的传热系数，W/（m²·℃）；A_j 温室围护结构各部分面积，m²；t_i 为室内计算温度，℃；t_o 为室外计算温度，℃。表 4-2-3 中是几种常见温室透明覆盖材料的总传热系数。

表 4-2-3　温室透明覆盖材料的总传热系数

透明覆盖材料类型	U 值/[W/(m²·℃)]	透明覆盖材料类型	U 值/[W/(m²·℃)]
单层玻璃	6.3	双层玻璃	3.0
单层塑料薄膜	6.8	双层塑料薄膜	4.0
单层玻璃纤维板	6.8	双层玻璃纤维板	3.0

注：资料来源于《Ventilation of Agricultural Structures》，M. A. Hgllikson 等著，ASAE，1983。

对于非透明材料围护其传热系数 U 可按下式计算：

$$U=\cfrac{1}{\cfrac{1}{h_i}\sum\limits_{k}\cfrac{\delta_k}{\lambda_k}+\cfrac{1}{h_o}} \tag{4-2-3}$$

式中，h_i；h_o 为温室覆盖层内表面及外表面换热系数，$W/(m^2·℃)$；δ_k 为温室各层覆盖材料的厚度，m；λ_k 为温室各层覆盖材料的导热系数，$W/(m·℃)$。

（2）冷风渗透耗热量 Q_{vs}

冷风渗透显热损失可按下式计算：

$$Q_{vs}=L\rho_a c_p(t_i-t_o) \tag{4-2-4}$$

式中，L 为通风量，m^3/s；ρ_a 为空气密度，通风量按进风量计算时取 $\rho_a=353/(t_o+273)$，通风量按排风量计算时取 $\rho_a=353/(t_i+273)$，kg/m^3；c_p 为空气的定压质量比热，取 $c_p=1030J/(kg·℃)$。温室的冷风渗透量可按照换气次数来算出。通风量等于换气次数乘以温室的内部体积，即：

$$L=\frac{1}{3600}nV \tag{4-2-5}$$

式中　n——温室的换气次数，次/h，可按表 4-2-4 选用；
　　　V——温室的内部体积，m^3。

表 4-2-4　温室因自然渗透的换气次数

温室结构	换气次数/(次/h)	温室结构	换气次数/(次/h)
新温室,玻璃或玻璃纤维板	0.7～1.5	旧温室	1.0～2.0
新温室,双层塑料薄膜	0.5～1.0	旧温室,玻璃状态差	2.0～4.0

注：资料来源于《Heating，Ventilating and Cooling Greenhouses》，ASAE Engineering Practice，2003。

（3）地中传热量 Q_f

地中传热情况比较复杂，其传热量与地面状况、土壤状况及其含水量等因素有关。但据研究，在采暖温室里地中传热耗热量一般仅占总损失热量的 5%～10%。地中传热的试验资料较少，目前各国仅用一些粗略的计算法。我国一般按《采暖通风与空气调节设计规范》（GBJ 19—1987）规定的不保温地面的传热计算方法计算。

在冬季，温室内热量通过靠近外墙的地面传到室外的路程较短，热阻较小，传热系数较大；而通过远离外墙的地面传到室外的路程较长，热阻较大，传热系数小。因此，温室内地面的传热系数（热阻）随着离外墙的远近而有变化，但在离外墙约 8m 以远的地面，传热系数（热阻）就基本不变。基于上述情况，在工程上一般采用近似方法计算，把地面沿外墙平行的方向分成四个计算地带，如图 4-2-13、表 4-2-5 所示。第一地带靠近墙角的地面面积（图 4-2-13 中的涂黑部分）需要计算两次。

贴土保温地面各地带的热阻值可按式（4-6）计算：

$$R'_0=R_0+\sum\limits_{k}\frac{\delta_k}{\lambda_k} \tag{4-2-6}$$

式中　R_0'——贴土保温地面的热阻，$m^2 \cdot ℃/W$；

R_0——非保温地面的热阻，$m^2 \cdot ℃/W$；

δ_k——各保温层的厚度，m；

λ_k——各保温材料的导热系数，$W/m \cdot ℃$。

表 4-2-5　非保温地面的热阻和传热系数

地　面	热阻 R_0 /[($m^2 \cdot ℃$)/W]	传热系数 K_0 /[W/($m^2 \cdot ℃$)]
第一地带	2.15	0.47
第二地带	4.30	0.23
第三地带	8.60	0.12
第四地带	14.20	0.07

注：资料来源于《供热工程》，贺平等著，1993。

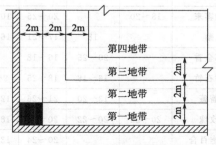

图 4-2-13　地面传热地带的划分

（4）室内计算温度

温室室内计算温度应由作物种类、栽培方式和管理条件来决定。由于白天和夜间的生育适温有较大的差异，所以室内计算温度应取为最大热负荷时所对应的生育适温。对于室外温度昼夜温差大的地区，应以夜间适温作为室内计算温度，如果采用变温管理，则应取变温管理中后半夜抑制呼吸作用的适温作为室内计算温度。表 4-2-6、表 4-2-7 中列出几种常见蔬菜和花卉的温度要求。

（5）室外计算温度

对于温室室外计算温度，我国还没有制定统一标准。《采暖通风与空气调节设计规范》规定：采用的采暖室外计算温度为每年 5 天室内温度不能够达到设计要求的室外日平均温

表 4-2-6　蔬菜的温度指标

蔬菜种类	生 长 时 期	对温度的要求/℃			
		适宜温度	最高温度		最低温度
			白昼	夜间	
黄瓜	苗期	19～25	28	22	15
	苗期到开始结瓜	20～28	33	22	15
	结瓜期	22～30	38	24	15
番茄、辣椒	苗期	15～21	26	18	10
	苗期到开始结果	19～25	28	20	10
	结果期	18～26	30	22	6
茄子	苗期	16～24	28	20	15
	苗期到开始结果	18～26	30	20	15
	结果期	22～30	34	24	12
菜豆	结荚前	17～23	25	20	15
	结荚后	18～26	30	22	15
菠菜		12～20	25	14	2
白菜、芹菜、莴苣、茴香、蒿子秆		12～24	30	15	2

表 4-2-7 花卉的温度指标

种类	繁殖适温/℃		生育适温/℃		成花适温/℃		备注
	种子发芽	插木发根	日气温	夜气温	日气温	夜气温	
惠兰			18~26	20~25		15~18	花芽形成需15℃左右,6~8周花蕾在25~30℃可消蕾
仙客来	18~20		20~25	10~15		16~17	花蕾在25℃以上将产生高温障碍
菊		18	17~21	16~17	17~20	16~20	
郁金香		20~25	16~18		9~13		
香石竹		16~18	18~25	9~14			夜温超过15℃切花品质下降
蔷薇		13~20	21~26	12~18			
玫瑰	20~22	20~22	20~25	18~20	13~15	13~15	
铁炮百合		20~24	18~18	18~23	13~16		

注：资料来源于《Greenhouse Management》，J. J. Hanan et al.

度。对大多数城市来说，是指 1951 年~1980 年共 30 年的气象统计资料里，不得有多于 150 天的实际日平均温度低于所确定的室外计算温度。根据实际使用情况来看，可认为此室外计算温度是比较符合我国的实际需要的。但是由于温室覆盖材料的热工性能和植物对低温的承受能力的不同，有时也不一定适用。国内有些学者建议，以当地采暖室外计算温度降低 2~3℃，来作为温室的冬季采暖计算温度。

4.2.2.2 热水采暖系统

以热水作为热媒的采暖系统，称为热水采暖系统。由于水的热惰性大，使采暖系统的温度可以达到较高的稳定性和均匀性，运行也比较经济，常用于温室的采暖。温室一般采用机械循环系统，靠机械（水泵）力进行循环的系统。热水采暖系统主要由提供热源的热水锅炉、热水输送管道以及散热设备等组成。

（1）锅炉设备

锅炉是一种利用燃料或其他能源的热能，将水加热成为热水或蒸汽的热工设备。锅炉由汽锅和炉子两大基本部分组成。燃料在炉子里进行燃烧，其化学能转化为热能，燃料产生的高温烟气通过汽锅的受热面，把热量传递给锅内温度较低的水，水被加热。热水锅炉的容量以额定热功率来表征，常用符号 Q 来表示，单位是 MW。蒸汽锅炉以每小时所生产的额定蒸发量来表征其容量，常用符号 D 来表示，单位是 t/h。

按照燃烧方式的不同，炉子可分为层燃炉、室燃炉和沸腾炉。层燃炉是将燃料层铺在炉排上进行燃烧的炉子，是目前国内供热锅炉中用得最多的一种燃烧设备。常用的有手烧炉、链条炉往复炉排和振动炉排等多种形式。室燃炉是将燃料随空气流入炉室呈悬浮状燃烧的炉子，如煤粉炉、燃油炉和燃气炉。沸腾炉是燃料在炉室中被由下而上送入的空气流托起，并上下翻腾而进行燃烧的炉子，是目前燃用劣质燃料和脱硫及减少氮氧化物的颇为有效的一种燃烧设备。

（2）散热器

散热器是安装在采暖房间内的一种放热设备。当热媒从锅炉通过管道输入散热器中时，散热器以对流和辐射的方式把热量传递给室内空气，以补充房间的散热损失，保持室内要求的温度。常见的散热器有铸铁散热器和钢制散热器。

① 铸铁散热器

常用的铸铁散热器有翼型散热器和柱型散热器两类。翼型散热器制造工艺简单，造价低；但承受压力低（工作压力小于 0.4MPa），传热系数低，外形不美观，易积灰，不易清扫，单片面积大，不易组合成所需要的散热面积。柱型散热器与翼型散热器相比，传热系数高，外形美观，易清除积灰，容易组成所需的散热面积；但造价较高。

② 钢制散热器

钢制散热器与铸铁散热器相比，金属耗量少，耐压强度高，外形美观，但除钢制柱型散热器外，水容量少，热稳定性差，容易被腐蚀，使用寿命短。对具有腐蚀性气体和相对湿度较大的房间，不宜设置钢制散热器。

还有一种最简易的散热器是光面管（排管）散热器，它用钢管焊接成，表面光滑不易积灰，便于清扫，能承受较高的压力，可现场制作和随意组合成需要的散热面积，但钢材耗量大，造价高，占地面积大，适用于粉尘较多和临时采暖设施中。温室中也常采用此种散热器。

③ 散热器的布置

散热器的布置原则是尽量保证房间温度分布均匀，热损失少，管路短，且应不妨碍生产操作。

对于一般的农业建筑和民用建筑，常将散热器靠墙布置，应安置在外墙，最好布置在外窗下，这样，从散热器上升的对流热气流就能阻止从外窗下降的冷气流，使流经工作地区的空气比较暖和。

④ 散热器的计算

散热器计算是确定采暖房间所需散热器的面积和片数。

a. 散热面积的计算

散热器散热面积 F 按下式计算：

$$F = \frac{Q}{K(t_{pj} - t_i)} \beta_1 \beta_2 \beta_3 \tag{4-2-7}$$

式中　Q——散热器的散热量，W；

　　　t_{pj}——散热器内热媒平均温度，℃；

　　　t_i——供暖室内计算温度，℃；

　　　K——散热器的传热系数，W/(m²·℃)；

　　　β_1——散热器组装片数修正系数；

　　　β_2——散热器连接形式修正系数；

　　　β_3——散热器安装形式修正系数。

b. 散热器内热媒平均温度

散热器内热媒平均温度 t_{pj} 随采暖热媒参数和采暖系统形式而定。在热水采暖系统中，t_{pj} 为散热器进出口水温的算术平均值。

$$t_{pj} = \frac{t_{sg} - t_{sh}}{2} \tag{4-2-8}$$

式中　t_{sg}——散热器进水温度，℃；

　　　t_{sh}——散热器出水温度，℃。

对双管热水采暖系统，散热器的进、出口温度分别按系统设计的供、回水温度计算。

对单管热水采暖系统，由于每组散热器的进、出口水温沿流动方向下降，所以每组散热器的进、出口水温必须逐一分别计算，计算方法将在后面进行阐述。

（3）散热器传热系数 K 及其修正系数值

影响散热器传热系数 K 值的因素很多，如散热器的制造情况、散热器使用条件等，因而难以用理论的数学模型表征出各种因素对散热器传热系数 K 值的影响，只有通过实验方法确定。实验结果一般整理成下面形式：

$$K = a(\Delta t)^b = a(t_{pj} - t_i)^b \tag{4-2-9}$$

式中 K——在实验条件，散热器的传热系数，$W/(m^2 \cdot ℃)$；

     a, b——由实验确定的系数，可查阅有关设计手册确定；

     Δt——散热器热媒与室内空气的平均温差，$\Delta t = t_{pj} - t_i$，$℃$。

散热器的传热系数 K 值是在一定的条件下，通过实验测定的。若实际情况与实验条件不同，则应对所测值进行修正。式（4-2-7）中的 β_1、β_2、β_3 值都是考虑散热器的实际使用条件与测定实验条件不同，而对 K 值，亦即对散热器面积 K 引入的修正系数。各系数可查阅有关设计手册。

（4）热水采暖系统的循环方式及管路布置

机械循环热水采暖系统与重力循环系统的主要差别是在系统中设置了循环水泵，靠水泵的机械能，使水在系统中强制循环。重力循环系统的作用压力是有限的，系统的作用半径较小，只能用于管路较短的小型热水采暖系统。当系统作用半径较大，管路较长，重力循环不能满足系统工作要求时，应采用机械循环热水采暖系统，这是因为水泵所产生的作用压力很大，所以采暖的范围可以扩大。机械循环热水采暖系统不仅可用于单栋建筑物中，也可以用于多栋建筑，甚至发展为区域热水采暖系统。但机械循环热水采暖系统增加了系统的日常运行电费和维修工作量。机械循环热水采暖系统主要有垂直式系统和水平式系统，在生产中常用到的是水平式系统。水平式系统按供水管与散热器的连接方式分，同样可分为顺流式（图4-2-14）和跨越式（图4-2-15）两类。这些方式在机械循环和重力循环系统中都可应用。

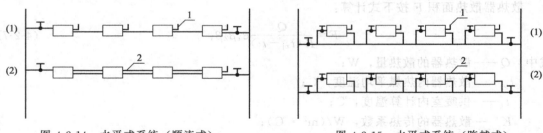

图 4-2-14   水平式系统（顺流式）   图 4-2-15   水平式系统（跨越式）
1—冷水阀；2—空气管   1—冷水阀；2—空气管

水平式系统的排气方式要比垂直式上供下回系统复杂些。它需要在散热器上设置冷风阀分散排气 [图 4-2-14（1）和图 4-2-15（1）]，或在同一层散热器上部串联一根空气管集中排气 [图 4-2-14（2）和图 4-2-15（2）]。对较小的系统，可用分散排气方式；对散热器较多的系统，宜用集中排气方式。

水平式系统与垂直式系统相比，具有如下特点：①系统的总造价，一般要比垂直式系统低；②管路简单，无穿过各层楼板的立管，施工方便；③有可能利用最高层的辅助间架设膨胀水箱，不必在顶棚上专设安装膨胀水箱的房间，这样不仅降低了建筑造价，还不影响建筑物外形美观。但单管水平式系统串联散热器很多时，运行时易出现水平失调，即前端过热而末端过冷现象。

（5）热水采暖系统的管道与附属设施

① 管道与阀门   供热管道通常都是采用钢管。钢管能承受较大的内压力和一定的动负荷，管道连接简便；但钢管易受腐蚀。室内采暖管道常采用水煤气管或无缝钢管，室外供热管道都采用无缝钢管和钢板卷焊管。

钢管的连接可采用焊接、法兰盘连接和螺纹连接。焊接比较简便可靠，但不能拆卸。法兰盘连接装卸方便，通常用在管道与设备、阀门等需要拆卸的附件连接上。螺纹连接能拆卸，又比法兰盘连接简便，常用在室内管道和管配件的连接。

阀门是用来开闭和调节热媒流量的配件。常用的阀门型式有：截止阀、闸阀、旋塞和逆止阀等。在热水采暖系统中，一般热水采暖管道的开闭采用闸阀，调节流量采用截止阀。放水放气在低温时用旋塞，高温时用截止阀。

② 膨胀水箱 膨胀水箱的作用是用来储存热水采暖系统中由于水加热的膨胀水量。膨胀水箱的另一个作用是恒定采暖系统的压力。膨胀水箱一般用钢板制成，通常是圆形或矩形。水箱上连有膨胀管、溢流管、信号管、排水管及循环管等管路。当系统充水的水位超过溢水管口时，通过溢流管将水自动溢流排出。信号管用来检查膨胀水箱是否存水。排水管用来清洗水箱时放空存水和污垢。

③ 集气罐和放气阀 热水采暖系统在充水前是充满空气的，充水后，会有些空气残留在系统中。水中溶解的空气也会因系统中水被加热而分离出来。如果系统中的空气不及时排除，就会聚集在管道中形成气塞，影响水的正常循环。集气罐和放气阀是目前常见的排气设备。

集气罐用直径 $\phi100\sim250$mm 的短管制成，它有立式和卧式两种。顶端连接直径 $\phi15$mm 的排气管。在机械循环上供下回式系统中，集气罐应设在系统供水管末端的最高处。当系统充水时，将排气管上的阀门打开放气，直至有水从管内流出时即加以关闭。在系统运行时，定期打开阀门将热水中分离出来并聚集在集气罐内的空气排除。集气罐标准型号和尺寸见国家标准图集。放气阀多用在水平式和下供下回式系统中，设在散热器上部，用手动方式排除空气。

④ 补偿器 当系统管道输送热媒时，管道被热媒加热会引起管道受热伸长。如果此伸长量不能得到补偿，将会产生巨大的应力而引起管道变形，甚至破裂。为减弱或消除因热胀冷缩所产生的应力，应在管道固定支架之间设有补偿器。采暖管道上采用补偿器的种类很多，主要有管道的自然补偿、方形补偿器、波纹管补偿器和套筒补偿器等。

（6）热水采暖系统的调节

一个优良的热水采暖系统应不仅能在设计条件下维持室内温度，在非设计条件下也能保证应有的室内温度。这就不仅需要有正确的设计，还需要对供热网路进行有效的调节。调节可分为初调节和运行调节两种。

一个热水采暖系统在建成和投入运行时，总会有些部分的室温不符合要求，这时可以利用预先安装好的阀门，对各支路的流量进行一次调节，这就是采暖系统的初调节。初调节应首先通过各建筑物入口与室外网路连接的阀门进行，使距热源远近不同的建筑物达到平衡，然后再对室内系统各支管进行调节，使各采暖间的室温达到设计值。

在完成初调节后，热水采暖系统还必须根据变温管理的要求和室外气象条件的变化进行调节，使散热器的散热量与实际热负荷的变化相适应，以防止发生过热或过冷现象。这种在运行中为适应条件变化而进行的调节，就称为运行调节。运行调节能提高采暖间室温的精度，并能节约能源。

根据采暖调节地点不同，采暖调节可分为集中调节、局部调节和个体调节三种调节方式。集中调节在热源处进行调节，局部调节在用户入口处调节，而个体调节直接在散热器处进行调节。集中调节容易实施，运行管理方便，是最主要的调节方法。热水采暖系统的集中调节方式有质调节、分阶段改变流量的质调节及间歇调节等。其选择应根据建筑物的热稳定性、采暖系统的形式及热媒参数进行技术经济比较确定。①质调节。热水采暖系统的循环水量不变，而只改变其供水温度的调节称为质调节。②分阶段改变流量的质调节。如果供水温度不变而只改变系统的流量，应称为量调节。由于系统流量的连续变化难以控制，因此一般不采用单纯的量调节，而采用分阶段改变流量的质调节。在整个采暖期，根据室外温度高低分为几个阶段，在室外温度较低的阶段保持较大的流量，而在室外温度较高的阶段保持较小的流量。在每一阶段内可采用维持流量不变而改变网路供水温度的质调节。③间歇调节。当室外温度升高时，不改变网路的流量和供水温度，而只减少采暖的时数，这种调节称为间歇调节。它主要用在室外温度较高的采暖初期和末期，作为一种辅助调节措施。

4.2.2.3 热风采暖系统

热风采暖是利用热源将空气加热到要求的温度，然后由风机将热空气送入采暖间。热风采暖的优点是设备投资低，可以和冬季通风相结合而避免冬季冷风对植物的危害；供热分配均匀，便于调节和实现自动控制。缺点是采暖系统停止工作后余热小，室温降低较快，但在系统能实现自动控制时影响很小。热风采暖系统主要有热风炉式、空气加热器式、暖风机式和加热器管道风机式。

(1) 热风采暖系统的型式

① 热风炉式　热风炉由炉膛、烟道、加热风管、空气室、热风室、热风管、风机等组成。热风炉由砖砌成，加热风管常采用直径 60～150mm 的铸铁管。当工作时，煤在炉膛内燃烧，燃烧后烟气通过烟道排出，同时对加热风管的外壁进行了加热。风机开动时，形成的吸力使空气从空气室进入，在通过加热风管时受到管壁的加热，再经过热风室进入风机，由风机通过热风管送入采暖间，由空气分配管均匀分配。空气分配管两侧有成排的均布孔，管子可由薄钢板、塑料薄膜制成。

② 空气加热器式　空气加热器是用热水或蒸汽作为热媒，热媒由锅炉提供。空气加热器由数排管子和联箱组成。热水或蒸汽从进口进入，通过排管后由出口排出，空气沿垂直与加热器的方向通过并受到加热。由于热媒（热水或蒸汽）与管的换热系数高，而空气与管的换热系数低，所以在管外加上肋片，以增加空气一侧的换热面积，增强其对空气的传热性能。为了保证空气加热器的性能，应力求管子和肋片之间接触紧密。常将肋片与管子接触处进行热浸镀锌消除间隙，或用加厚壁管直接挤压出肋片。

③ 暖风机式　暖风机又称热风机，它由吸气口、风机、空气加热器和送风口组合成整体机组。在风机的作用下，室内空气由吸风口进入机体，经空气加热器加热变成热风，然后经送风口送至室内，以维持室内一定的温度。空气加热器可用蒸汽或热水作为热媒。国产部分暖风机技术性能见表 4-2-8。

表 4-2-8　部分国产吊挂式暖风机技术性能

暖风机型号	热介质	产热量/kW	流量/(m²/h)	温度/℃ 进口	温度/℃ 出口	风速/(m/s)	电机功率/kW	外形尺寸 长×宽×高/mm
NC-30	蒸汽(98.1～392kPa) 热水(130～70℃)	31.4～40.7 11	2100	15	48～58.2 26.5	7.2	0.6	533×633×540
NC-60	蒸汽 热水	58.1～75.5 23.8	5000	15	50～60 29.5	6	1.0	689×611×696

注：资料来源于《农业生物环境工程》，崔引安著，1994.

④ 加热器管道风机式　除了以热水或蒸汽为热媒的热风机以外，还有烧燃油、烧天然气或液化石油气的热风机，这些热风机以烟道金属管壁作为热交换器，当其风机使空气流过时得到了加热，这类热风机不需要锅炉，使用方便，我国燃油和可燃气的资源不够丰富，不

能广泛应用，但在国外则应用较广。

(2) 送风温度和送风量

热风采暖的主要参数是送风温度和送风量。两者主要决定于农业建筑设施的类型和设计热负荷量。

对于热风采暖系统，其热风送风量为 $L_h＝L$；而对于采用暖风机以室内环流热风方式采暖的情况，暖风机送风与温室通风为各自分开的系统，则热风送风量 L_h 与设施的通风量 L 应分别计算。这样，通过热负荷公式的计算将有两个参数需要确定，即送风温度 t_2 和送风量 L_h。

我国工业与民用建筑提出的数据是：热风送风温度以不超过 45℃ 为宜，暖风机送风温度为 30～50℃。美国的温室和畜禽舍采用的热风机-管道送风采暖，其热风机部分采用的温升为 22～39℃。如果利用室内空气环流采暖，则热风机出口气流温度将为 35～60℃。我国工民建对热风采暖送风量无具体规定，但建议尽量减小送风量以减少风机电耗。对于农业建筑设施，由于某些生物的生理要求，对热风环流和非采暖期间的环流的流量有一定的要求。温室冬季室内环流量每平方米面积为 27～36m³/h。

(3) 空气加热器的选择

在各种热风采暖系统中，空气加热器是大型农业设施建筑所常用的。空气加热器的选择计算方法如下。

① 基本计算公式　因为在空气加热器中只有显热交换，所以加热器计算选择的基本原则就是空气加热器能供给的热量就等于加热空气所需要的显热量，即有：

$$Q_h＝KF\Delta t_m＝L_h\rho_a c_p(t_2-t_1) \tag{4-2-10}$$

式中　K——空气加热器的传热系数，$W/(m^2 \cdot ℃)$；

　　　F——加热器换热面积，m^2；

　　　Δt_m——热媒与空气之间的对数平均温差，℃。

为简化起见，用算术平均温差 Δt_p 代替对数平均温差 Δt_m。

当热媒为热水时：

$$\Delta t_p＝\frac{t_{w1}+t_{w2}}{2}-\frac{t_1+t_2}{2} \tag{4-2-11}$$

当热媒为蒸汽时：

$$\Delta t_p＝t_q-\frac{t_1+t_2}{2} \tag{4-2-12}$$

式中　t_{w1},t_{w2}——热水的初、终温度，℃；

　　　t_q——蒸汽平均温度，℃。当蒸汽表压力≤0.03MPa 时，$t_q＝100℃$；当蒸汽表压力大于 0.03MPa 时，t_q 取与空气加热器进口蒸汽压力相应的饱和温度。

② 选择计算方法和步骤

a. 初选加热器的型号：一般需先确定通过加热器有效截面积 F' 的空气质量流速 $\nu\rho$ 来初选加热器型号。空气质量流速 $\nu\rho$ 过低将使设备投资高，而 $\nu\rho$ 过高则会因阻力加大而使运行费用增高。最经济的空气质量流速 $\nu\rho$ 一般在 $8kg/(m^2 \cdot s)$ 左右。选择空气质量流速 $\nu\rho$ 后，需要的加热器有效截面积 F' 为：

$$F'＝\frac{G}{\nu\rho} \tag{4-2-13}$$

式中　G——被加热的空气流量，kg/s。

b. 计算空气加热器的传热系数 K：传热系数 K 通过实验方法确定，不同型号的空气加热器的传热系数实验公式形式类似，但系数不同，其一般形式为：

以热水为热媒的空气加热器：

$$K = A'(\nu\rho)^{m'}w^{n'} \tag{4-2-14}$$

以蒸汽为热媒的空气加热器：

$$K = A''(\nu\rho)^{m''} \tag{4-2-15}$$

式中　A', A''——由实验得出的系数；

　　m', n', m''——由实验得出的指数；

　　　w——热水流速，m/s。

不同型号空气加热器的各系数和指数可查阅手册。对于以热水为热媒的空气加热器，热水流速 w 应按进出口热水温度根据热平衡关系确定。一般是取 $w = 0.6 \sim 1.8 \text{m/s}$。

c. 计算需要的加热面积和加热器台数：根据基本计算公式（4-2-10），可得应有的加热面积 F 为：

$$F = \frac{Q_h}{K \Delta t_m} \tag{4-2-16}$$

计算加热器的加热面积后还应考虑使用时因积垢而选用安全系数，一般取为 1.1～1.2。最后根据所选型号加热器每台的实际加热面积确定加热器台数。

d. 计算加热器的空气阻力：空气通过加热器的阻力与加热器型号和空气流速有关，计算加热器空气阻力可作为选择风机的依据。空气通过加热器阻力的一般经验公式为：

$$\Delta H = B(\nu\rho)^p \tag{4-2-17}$$

式中　B, p——由实验得出的系数和指数，可根据加热器型号查阅有关手册得出。

4.2.2.4　局部采暖设备

温室用局部采暖设备主要用在土壤加温，有热水式和电热式两种。

（1）热水式温室土壤加温设备

热水土壤加温是将硬质聚氯乙烯或聚乙烯管道埋设在土壤中，通以 40～50℃ 热水进行加温，温水需要用水泵进行强制循环。通常使用的散热光管直径为 15～20mm，散热管埋深 10～15cm，为避免耕作时拆装，也可将散热管埋于地面以下 30cm 处。散热管间距视加热负荷而定，一般为 50～70cm。

热水土壤加温需要装设热源、水泵和管路设施，但运行费用较电热温床便宜。在已具备加热条件的育苗温室中采用较为合适。

（2）电热式温室土壤加温设备

电热温床主要由隔热层、加热线、床土及地面覆盖等部分组成。隔热层是为了减少深层热损失，一般用干燥的锯末、谷糠、麦秸等绝热性能好的材料铺成，厚度为 10～20cm。床土底层由 3～5cm 的炉灰或干土铺成，电热线布置在其中。其上则为床土及培养基质，根据需要加上有机及无机肥料。地面覆盖可由塑料薄膜或玻璃等做成，主要作用是利用"温室效应"蓄热保温，提高床温和节约电能。

4.2.3　通风系统

4.2.3.1　农业设施通风换气的目的与要求

（1）通风换气的目的

通风换气是调控农业设施内环境的重要技术手段。农业设施是一个相对封闭的系统，在依靠围护结构形成的与外界相对隔离的设施内部空间中，可以创造适于动植物生长的、优于室外自然环境的条件。但另一方面，在相对封闭的设施内部空间中，室外热作用和动植物的生长发育活动等对设施内温度、湿度和空气成分等环境产生的影响容易积累起来，从而产生高温、高湿和不利于动植物生长发育的空气成分环境。这时，通风换气往往是最经济有效的环境调控措施，其作用主要在于以下三个方面。

① 排除多余热量，抑制高温 温室和塑料大棚等园艺设施采用透明材料覆盖，白昼太阳辐射热大量进入设施内，在室外气温较高和太阳辐射强烈的春、夏、秋季，在封闭管理的设施内气温可高于外部20℃以上，将出现超过植物生长适宜范围的过高气温。在完全不通风的情况下，设施内气温甚至可高达50℃以上。进行通风可有效引入设施外相对较低温度的空气，排除设施内多余热量，防止出现过高的气温。

② 引入室外新鲜空气，调控设施内的空气成分 温室和塑料大棚等园艺设施内白昼因植物光合作用吸收CO_2，造成室内CO_2浓度降低，光合作用旺盛时，室内CO_2浓度有时降低至$100\mu L/L$以下，不能满足植物继续进行正常光合作用的需要。通风可从引入的室外空气中（CO_2浓度约为$330\mu L/L$）获得CO_2补充。在严寒冬季利用换气补充CO_2会造成温室很大热量损失时，应考虑采用CO_2施肥的措施。除此以外的情况，进行通风从室外空气中获得CO_2补充是经济可行的方法。

③ 排除设施内的水汽，降低空气湿度 温室在封闭管理的情况下，土壤潮湿表面的蒸发和植物蒸腾作用的水汽在室内聚集，往往产生较高的室内空气湿度，夜间室内相对湿度甚至可达95%以上。通风可有效排除室内水汽，引入室外干燥空气，降低室内空气湿度。

在不同季节，农业设施进行通风换气的主要目的或侧重点是不同的。夏季通风换气主要是为了从设施内排除大量余热，以缓和高温对动植物的不良影响；冬季通风换气则主要是为了引入室外新鲜空气，补充CO_2，排除水汽。

（2）通风换气设计的基本要求

根据农业设施通风换气的目的，其设计的基本要求首先是通风系统应能够提供足够的通风量，具有有效调控室内气温、湿度和室内气体成分环境的足够能力，以达到满足设施内动植物正常生长发育要求的环境条件。

同时农业设施通风换气的要求随植物的种类、生长发育阶段、地区和季节的不同，以及一日内不同的时间、不同室外气候条件而异，因此要求通风量能够根据不同需要在一定范围内有效方便地进行调节。

对于植物，为保证其具有适宜的叶温和蒸腾作用强度以及有利CO_2扩散和吸收，室内要求具有适宜的气流速度，一般应为$0.3\sim1m/s$左右，高湿度、高光强时气流速度可适当高一些。通风换气系统的布置应使室内气流尽量分布均匀、合理，冬季避免冷风直接吹向植物。

从经济性方面考虑，通风换气系统的设备投资费用要低，设备耐用、运行效率高，运行管理费用低。在使用和管理方面，要求通风换气设备运行可靠，操作控制简便，不妨碍设施内的生产管理作业，要求遮荫面积小。

（3）通风的基本原理与形式

按通风系统的工作动力不同，通风可分为自然通风和机械通风两种形式。

① 自然通风 自然通风是借助设施内外的温度差产生的"热压"或外界自然风力产生的"风压"促使空气流动。自然通风系统投资省且不消耗动力，是一种比较经济的通风方式。开放式畜禽舍、日光温室和塑料大棚多采用自然通风的方式。大型连栋温室等设置有机械通风系统和自然通风系统，在运行管理中往往优先启用自然通风系统。但自然通风的能力有限，并且其通风效果受温室所处地理位置、地势和室外气候条件（风向、风速）等因素的

影响。

② 机械通风　机械通风又称强制通风，是依靠风机产生的风压强制空气流动，其作用能力强，通风效果稳定。可以根据需要采用合适的风机型号、数量和通风量，调节控制方便。可通过风机和通风口或送风管道组织设施内气流，并且可以在空气进入设施前进行加温、降温以及除尘等处理。但是风机等设备需要一定的投资和维修费用，运行需要消耗电能，将增大设施的运行成本。风机等设备要占据一定的室内空间，运行中将产生噪声，对于温室还有遮光等问题。对于大型连栋温室等农业设施，由于设施内面积和空间大、环境调控要求高，仅靠自然通风不能完全满足生产要求，通常均需设置机械通风系统。

（4）确定通风换气量的一般性方法

根据设施内环境调控的需要确定的单位时间内交换的设施内外空气体积称为必要通风量。而通风系统的设计通风能力称为设计通风量或设计换气量，设计通风量一般应大于必要通风量，二者概念是有区别的。但一般在不致产生混淆时均简称为通风量或换气量，其单位为 m³/s 或 m³/h 等，有时也按空气质量计算，其单位为 kg/s 或 kg/h。在生产应用中，有时也采用"换气次数"来表示通风量的大小，换气次数与通风量的关系为：

$$n = L/V \tag{4-2-18}$$

式中　n——换气次数，次/h 或次/min；

　　　L——通风量，m³/h 或 m³/min；

　　　V——设施内部空间体积，m³。

设施在全面通风方式下的必要通风量称为全面通风换气量。为了确定设施的全面通风换气量，需分析设施内有害物浓度与通风量间的关系。这里有害物是广义的，包括多余热量、水汽以及有害气体等。忽略设施内外空气密度差异（进风量与排风量相等），并假定进入设施内的设施外空气以及设施内散发的有害物与设施内空气的混合是在瞬间完成的，G 为消除余热所需要的通风量

$$G = \frac{Q}{c_p(t_p - t_j)} \tag{4-2-19}$$

式中　Q——设施内的余热量（显热），J/s；

　　　c_p——空气的定压质量比热，$c_p = 1030 \text{J}/(\text{kg} \cdot \text{℃})$；

　　　t_p——排出空气的温度，℃；

　　　t_j——进风空气温度，在进风口不对空气进行加温或降温预处理时，即为室外空气温度，℃。

或：

$$L = \frac{Q}{\rho_a c_p(t_p - t_j)} \tag{4-2-20}$$

式中　ρ_a——空气密度，kg/m³。

4.2.3.2　农业设施的自然通风

（1）热压作用下的自然通风

① 热压通风的原理　热压通风是利用设施内外气温不同而形成的空气压力差促使空气流动。如图 4-2-16 所示，设施下部和上部分别开设了通风窗 A_a 与 A_b，二通风窗中心相距高度 h，下部通风窗内、外空气压力分别为 p_{ia} 与 p_{oa}，上部通风窗内、外空气压力分别为 p_{ib} 与 p_{ob}，室内气温与空气密度为 t_i 与 ρ_{ai}，室外气温与空气密度为 t_o 与 ρ_{ao}。当室内气温高于室外即 $t_i > t_o$ 时，室内空气密度小于室外，$\rho_{ai} < \rho_{ao}$。

如在图 4-2-16（a）所示上部通风窗关闭、下部通风窗开启的情况下，无空气流动，根据流体静力学原理，在下部通风窗内外连通，空气压力相等，$p_{ia} = p_{oa}$，而在上部通风窗内

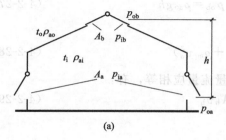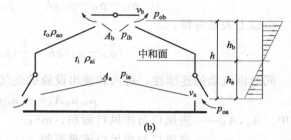

图 4-2-16 热压作用下的自然通风

外存在压力差：

$$p_{ib} - p_{ob} = (\rho_{ao} - \rho_{ai})gh \tag{4-2-21}$$

即上部通风窗内侧空气压力高于室外一侧压力，这个压力差即为热压。可见只要打开上部通风窗如图 4-2-16（b）所示，空气就要从内向外流动，随之室内空气压力降低，使得在下部通风窗处 $p_{ia} < p_{oa}$，室外空气将向室内流动。

只要设施内外存在温差和通风口的高差，即存在热压。通风口高度差越大，热压越大。因此，进行利用热压的自然通风设计时，应尽可能增大进出风口高差。在实际工程中，也有仅在一个高度上开设通风窗口的情况，但只要有内外温差，仍能进行热压通风，这时通风窗口上部排气，下部进气，如同上下二个窗口连在了一起。

为方便分析计算，将室内某点的空气压力与室外同一高度上未受扰动的空气压力之差称为该点的余压。余压沿设施高度方向的分布如图 4-2-16（b）所示。在一般室内气温高于室外气温且仅有热压作用时，在上部窗口处，余压 $p_{ib} - p_{ob}$ 为正，向外排风；下部窗口处余压 $p_{ia} - p_{oa}$ 为负，向内进风。余压从下至上逐步由负值增大为正值，其中存在某高度，该处余压为零，该高度的平面称为中和面。利用中和面的概念，某窗口处的余压 Δp_x 可采用下式计算：

$$\Delta p_x = (\rho_{ao} - \rho_{ai})gh_x \tag{4-2-22}$$

式中 h_x——窗口与中和面的高度差，窗口位于中和面以上为正，以下为负，m；

g——重力加速度，m/s^2；

ρ_{ai}, ρ_{ao}——设施内、外空气密度，kg/m^3。

则图 4-2-16（b）中，下部与上部通风窗口的余压分别为：

$$\Delta p_a = (\rho_{ao} - \rho_{ai})gh_a \qquad \Delta p_b = (\rho_{ao} - \rho_{ai})gh_b \tag{4-2-23}$$

式中 h_a, h_b——下部和上部通风窗口与中和面的高度差，m。

② 热压通风的计算 考虑如图 4-2-16 设施的全部通风窗口布置在二个高度上的情况。根据流体力学原理，通风窗口内外空气压差为 Δp(Pa) 时，通过通风窗口的空气流速为：

$$v = \sqrt{2\Delta p/\rho_a} \tag{4-2-24}$$

空气流量为：

$$L = \mu A v = \mu A \sqrt{2\Delta p/\rho_a} \tag{4-2-25}$$

式中 A——通风窗口面积，m^2；

μ——通风窗口流量系数。

则通过进风口 A_a 与排风口 A_b 的空气流速 v_a 和 v_b 与其内外压力差具有如下关系：

$$p_{oa} - p_{ia} = \frac{1}{2}\rho_{ao}v_a^2 \qquad p_{ib} - p_{ob} = \frac{1}{2}\rho_{ai}v_b^2 \tag{4-2-26}$$

并有：

$$p_{ia} - p_{ib} = \rho_{ai}gh \qquad p_{oa} - p_{ob} = \rho_{ao}gh \qquad (4\text{-}2\text{-}27)$$

由以上关系可得：

$$(\rho_{ao} - \rho_{ai})gh = \frac{1}{2}(\rho_{ai}v_b^2 + \rho_{ao}v_a^2) \qquad (4\text{-}2\text{-}28)$$

同时由流动的连续性，进入和流出设施的空气质量流量应相等，有：

$$\rho_{ao}\mu_a A_a v_a = \rho_{ai}\mu_b A_b v_b \qquad (4\text{-}2\text{-}29)$$

式中　A_a，A_b——进风口与排风口面积，m^2；

　　　μ_a，μ_b——进风口与排风口流量系数。

由以上二式可解出：

$$v_a = \sqrt{\frac{2(\rho_{ao}/\rho_{ai} - 1)gh}{(\rho_{ao}/\rho_{ai})^2 \dfrac{\mu_a^2 A_a^2}{\mu_b^2 A_b^2} + (\rho_{ao}/\rho_{ai})}} \qquad (4\text{-}2\text{-}30)$$

记室内、外空气热力学温度为 T_i 与 T_o（K），有 $\rho_{ao}/\rho_{ai} \approx T_i/T_o$ 的关系，代入上式：

$$v_a = \sqrt{\frac{2(T_i/T_o - 1)gh}{\dfrac{T_i^2}{T_o^2} \times \dfrac{\mu_a^2 A_a^2}{\mu_b^2 A_b^2} + \dfrac{T_i}{T_o}}} = \sqrt{\frac{2(T_i - T_o)gh}{T_i\left(\dfrac{T_i}{T_o}\dfrac{\mu_a^2 A_a^2}{\mu_b^2 A_b^2} + 1\right)}} \approx \sqrt{\frac{2(T_i - T_o)gh}{T_i\left(\dfrac{\mu_a^2 A_a^2}{\mu_b^2 A_b^2} + 1\right)}} \qquad (4\text{-}2\text{-}31)$$

则热压通风产生的进风口风量为：

$$L_a = \mu_a A_a v_a = \mu_a A_a \sqrt{\frac{2(T_i - T_o)gh}{T_i\left(\dfrac{\mu_a^2 A_a^2}{\mu_b^2 A_b^2} + 1\right)}} = \sqrt{\frac{2(T_i - T_o)gh}{T_i\left(\dfrac{1}{\mu_a^2 A_a^2} + \dfrac{1}{\mu_b^2 A_b^2}\right)}} \qquad (4\text{-}2\text{-}32)$$

或：

$$L_a = k\sqrt{\frac{2(T_i - T_o)gh}{T_i}} = k\sqrt{\frac{2gh\Delta T}{T_i}} \qquad (4\text{-}2\text{-}33)$$

式中，$\Delta T = T_i - T_o$，为室内外温差，k 为由进出风口的面积与流量系数确定的系数：

$$k = \frac{1}{\sqrt{\dfrac{1}{\mu_a^2 A_a^2} + \dfrac{1}{\mu_b^2 A_b^2}}} \qquad (4\text{-}2\text{-}34)$$

同理可得到排风口风量为：

$$L_b = \mu_b A_b v_b = \sqrt{\frac{2(T_i - T_o)gh}{T_o\left(\dfrac{1}{\mu_a^2 A_a^2} + \dfrac{1}{\mu_b^2 A_b^2}\right)}} = k\sqrt{\frac{2gh\Delta T}{T_o}} \qquad (4\text{-}2\text{-}35)$$

以上热压自然通风系统的通风量计算式，进风口风量与排风口风量因空气密度的差异而略有不同，工程计算中可忽略其差异，只计算其中之一即可。

进风口与排风口的流量系数与进、排风口的形式、窗洞口形状以及窗扇的位置、开启角度、洞口范围内的设施构件阻挡情况等因素有关，可按表 4-2-9 查取。在窗洞口安装有阻碍通风的窗纱、防虫网等时，流量系数应进行折减；当湿垫作为进风口时，流量系数可取为 0.2～0.25。

直接利用以上计算式，即可解决已知自然通风窗口位置与面积等条件、计算能够达到的通风量的校核类计算问题。对于设计计算问题，即已知必要通风量，需确定自然通风窗口的位置、面积时，可先根据设施的使用要求和形式、结构等方面情况，确定通风窗口的位置分布，再确定进、排风口的流量系数和面积比例，得出比值 $\mu_a A_a/\mu_b A_b$ 之后，即不难利用以

表 4-2-9 进、排风窗口流量系数

窗扇结构	窗扇高长比 h/l	开启角度/(°)				
		15	30	45	60	90
单层窗上悬	1:∞	0.18	0.33	0.44	0.53	0.62
	1:2	0.22	0.38	0.50	0.56	0.62
	1:1	0.25	0.42	0.52	0.57	0.62
单层窗上悬	1:∞	0.18	0.34	0.46	0.55	0.63
	1:2	0.24	0.38	0.50	0.57	0.63
	1:1	0.30	0.45	0.56	0.63	0.67
单层窗中悬	1:∞	0.13	0.27	0.39	0.56	0.61
	1:2	—	—	—	—	—
	1:1	0.15	0.30	0.44	0.56	0.65
双层窗上悬	1:∞	—	—	—	—	—
	1:2	0.18	0.32	0.44	0.53	0.65
	1:1	0.26	0.45	0.51	0.58	0.65
双层窗上下悬	1:∞	0.13	0.24	0.34	0.45	0.60
	1:2	0.15	0.30	0.41	0.50	0.60
	1:1	0.23	0.40	0.51	0.57	0.65
竖轴板式进风窗 对开窗	90°	0.65				
普通通风口		0.65~0.70				
大门、跨间膛孔	—	0.80				

注：资料来源于《简明通风设计手册》，孙一坚主编，1997，中国建筑工业出版社。

上计算式求得所需进、排风口的面积。

（2）风压作用下的自然通风

在室外存在自然风力时，由于建筑物的阻挡，气流将发生绕流，在建筑物四周呈现变化的气流压力分布。建筑物迎风面气流受阻，形成滞流区，流速降低、静压升高；而侧面和背风面气流流速增大和产生涡流，静压降低。

这种由于风的作用，在建筑表面形成比远处未受扰动处升高和降低的空气静压称为风压。由于风压的作用，建筑物迎风面室外空气压力大于室内，侧面和背风面室外气压小于室内，外部空气便从迎风墙面上的开口处进入室内，从侧面或背风面开口处流出。

风压以气流静压升高为正压，降低为负压，其大小与气流动压成正比。风压在建筑物各表面的分布与建筑物体型、部位、室外风向等因素有关，在风向一定时，建筑物外表面上某处的风压 p_v 可采用下式计算：

$$p_v = C \frac{1}{2} \rho_{ao} v_o^2 \tag{4-2-36}$$

式中　ρ_{ao}——室外空气密度，kg/m³；

　　　v_o——室外风速，m/s；

　　　C——风压体型系数，其取值与建筑物外形及具体部位、风向有关。

则在各窗洞口处室外与室内的空气压差为：

$$\Delta p_j = p_{vj} - p_i \quad \text{Pa}(j = 1, 2, \cdots) \tag{4-2-37}$$

式中　p_i——室内空气压力，Pa。

通过各通风窗洞口的空气质量流量可逐一用下式计算：

$$G_j = \pm \rho_{ao} L_j = \pm \rho_{ao} \mu_j A_j \sqrt{2|\Delta p_j|/\rho_{ao}} = \pm \mu_j A_j \sqrt{2|p_{vj} - p_i|\rho_{ao}} \quad (j = 1, 2, \cdots) \tag{4-2-38}$$

式中　A_j——各窗洞口面积，m^2；

　　　μ_j——各窗洞口流量系数。

但一般情况下 p_i 并不已知，计算中，可先假定一个数值（如最初可假定 $p_i = 0$），采用上式逐一计算各窗洞口空气流量，显然进风量总和应与排风量总和相等，应满足式（4-2-30）的要求，即应有 $\sum\limits_j G_j = 0$。

当在假定的室内空气压力 p_i 下上式不能满足时，调整 p_i 的大小再进行试算，直至满足要求。所有进风口的进风量之和或所有排风口的排风量之和即为所给条件下风压自然通风的通风量。

当所有进风口的风压系数和流量系数均相同，分别为 C_a、μ_a，所有排风口的风压系数和流量系数均相同，分别为 C_b、μ_b，这时风压通风的通风量计算可以简化为：

$$L = L_a = L_b = kv_o\sqrt{C_a - C_b} \tag{4-2-39}$$

其中系数 k 的计算式如下：

$$k = \frac{1}{\sqrt{\dfrac{1}{\mu_a^2 A_a^2} + \dfrac{1}{\mu_b^2 A_b^2}}} \tag{4-2-40}$$

式中　A_a, A_b——进风口面积总和以及排风口面积总和，m^2。

作为更加简便的估计方法，在美国通常使用下面的经验公式计算风压通风量：

$$L = EAv_o \tag{4-2-41}$$

式中　A——进风口面积总和或排风口面积总和，m^2；

　　　E——风压通风有效系数，风向垂直于墙面时取 $E = 0.5 \sim 0.6$，风向倾斜时取 $E = 0.25 \sim 0.35$。

由于室外自然风向与风速具有不断变化的特点，因此依靠风压的自然通风效果也是非稳定的。同时通风效果还受地形、附近建筑物及树木等障碍物的影响，这些因素在设计计算中难于较准确地考虑。因此，一般对于室内外温差较大、主要依靠热压通风的建筑，为可靠起见，设计计算中仅考虑热压的作用，据此设计自然通风系统，确定通风窗口面积。而对于风压对通风的影响仅进行定性分析，作为确定自然通风系统的设计布置方案以及生产中的运行管理等参考。对于主要依靠风压通风的建筑，为保证大多数情况达到要求的通风效果，室外风速的取值应按常年统计资料取较低值计算。

（3）热压和风压同时作用的自然通风

实际情况下，风压与热压两种自然通风作用是同时存在的。当需要确定两种作用下的通风量时，可采用以下方法进行计算。

上述计算方法较为麻烦，实用上可采用如下方法近似估计热压与风压两种作用下的自然通风通风量：

$$L = \sqrt{L_w^2 + L_t^2} \tag{4-2-42}$$

式中　L_w, L_t——按风压和热压单独作用情况下计算的通风量，m^3/s。

4.2.3.3　农业设施的机械通风

（1）农业设施机械通风的基本型式

机械通风系统一般有进气通风、排气通风和进排气通风三种基本形式。

①进气式通风系统　是由风机将外部新鲜空气强制送入设施内，形成高于设施外空气压力的正压，迫使设施内空气通过排气口排出，又称正压通风系统。

进气式通风系统的优点是便于对空气进行加热、冷却、过滤等预处理。设施内的空气正压可阻止外部粉尘和微生物随空气从门窗等缝隙处进入，避免污染设施内环境，设施内卫生条件较好。因此一些对内部需要洁净，卫生防疫要求较高的设施，往往采用进气式通风系统。

但进气式通风系统由于风机出风口朝向设施内，风速较高，大风量时易造成吹向动植物的过高风速，因此不易实现大风量的通风。同时室内气流不易分布均匀，易产生气流死角，降低换气效率。正压通风畜舍内，有害气体容易残留在屋角，以致舍内的臭味比较重。此外设施内正压作用在冬季会使水汽渗入顶棚、墙体等围护结构中，降低其保温能力，还会使水汽渗入门窗缝隙中引起结冰，因此，要求围护结构要有较好的隔汽层。

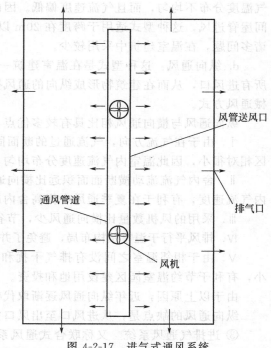

图 4-2-17　进气式通风系统

进气通风系统为使气流在设施内均匀分布，往往需设置气流分布装置，如在风机出风口连接塑料薄膜风管，气流通过风管上分布的小孔均匀送入设施内。

进气通风系统一般在天棚处设置通风管道输入室外新鲜空气。如图 4-2-17 的一座畜舍的正压通风系统，由天棚处的均匀送风管道进风，舍内污浊空气通过缝隙地板下的侧墙排气口排出。当建筑跨度小于 12m 时，室内可单设一条进风管道，当建筑跨度大于 12m 时，可设置两条进风管道。进风管道内设计空气流速为 1m/s左右，管道均匀送风口的出流速度一般小于4m/s。果蔬贮藏库采用的进气通风系统为保证库内的贮藏空间，常将进气管道设在地板下。

②排气通风系统　排气式通风又称为负压通风，是将风机布置在排风口，由风机将设施内空气强制排出，设施内呈低于设施外空气压力的负压状态，外部新鲜空气由进风口吸入。

排气通风系统因气流速度较高的风机出风口一侧是朝向室外，而面向设施内的风机进风口一侧，气流流速较大的区域仅限于很小的局部范围，这样可避免在大通风量时产生吹向动植物的过高风速，因此易于实现大风量的通风，换气效率高。依靠适当布置风机和进风口的位置，容易使室内气流达到较均匀的分布。在有降温方面要求时，排气式通风便于在进风口安装湿帘等降温设备。此外，排气式通风还具有系统简单、施工和维护方便、投资及运行费用较低等优点，因此，排气通风系统在农业设施中目前使用最为广泛。

但是排气通风系统一般要求设施有较好的密闭性，门、窗等密闭不严的缝隙处，由于负压作用可能产生直接吹向动植物的贼风，使动植物受到冷害。尤其是在靠近风机处的漏风，还会造成气流的"短路"，降低全设施内的换气效率。此外，排气通风系统不便于与外界的卫生隔离。

排气通风系统根据风机的安装位置与气流方向，分为上部排风、下部排风、横向通风与纵向通风等几种形式。

a. 上部排风：风机装在屋顶上，从屋顶的气楼排出污浊空气，新鲜空气由侧墙进气口进入设施内。这种型式适用于气候温和的地区，建筑物跨度一般小于9m，在温室建筑中通常采用无动力通风设施。一旦停电，还可以利用热压作用自然通风。

b. 下部排风：风机安装在侧墙下部，进气口设置在屋顶部分。在温室中参考的畜禽舍中做法，一般是将进气口设置在檐口部分，可沿屋檐通长设置，有足够的进风口面积，且沿建筑纵向气流分布均匀。进风口设置有调节板，可调节风口的大小与进气气流的方向，以适应冬、夏不同气候条件下的通风要求。冬季冷气流进入进风口后，可沿顶棚流动较长距离，温度升高一定程度后再下降到植栽的种植区；夏季则调节风口，使进气气流直接下降到植栽的种植区。

c. 横向通风：温室或者畜舍跨度小于9m时，排气风机可安装在一侧纵墙上，新鲜空气从对面纵墙上的进气口进入舍内。在畜舍跨度较大时，这种单向的横向通风容易导致舍内空气温度分布不均匀，而且气流速度偏低。因此在大跨度密闭畜舍内可采用两侧纵墙排风，中间屋脊进风，这种型式适用于跨度在20m以内的密闭式畜禽舍，但由于造价和结构设计等诸多问题，在温室建筑中采用较少。

d. 纵向通风：这种型式是在温室建筑一端山墙安装全部排气风机，在另一端山墙设置所有进风口，从而在建筑物形成纵向的通风换气。这种方式是现代温室建造通常所采用的机械通风方式。

纵向通风与横向通风相比具有较多优点：

ⅰ. 由于在气流方向，气流通过的断面固定不变，且进风口与排风口的气流局部不均匀区相对很小，因此温室内气流速度分布均匀，气流死角很少。

ⅱ. 舍内气流流动横断面面积远比横向通风小，因此容易用较小的通风量获得较高的舍内气流速度，有利于在夏季通风中提高舍内风速，促进温室内的降温。

ⅲ. 采用的风机数量比横向通风少，节省设备和运行费用。

ⅳ. 排风平行于温室结构布局，避免了并列相邻温室之间的排气污染，有利于卫生防疫。

ⅴ. 由于相邻温室之间没有排气干扰和污染，因此温室之间的卫生防疫间隔可大大缩小，有利于节约温室园区建设用地和投资。

由于以上原因，近年纵向通风逐渐取代横向通风，得到越来越多的应用。

纵向通风的缺点是，从进风口至出风口空气温度等环境参数有较大的不均匀性。

③ 进排气通风系统　又称联合式通风系统，是一种同时采用风机送风和风机排风的通风系统，室内空气压力接近或等于室外压力。因使用设备较多、投资费用较高，实际生产中应用较少，仅在有较高特殊要求、而以上通风系统不能满足时采用。

（2）风机的类型和选择

通风机是机械通风系统中最主要的设备。通风系统对风机的技术性能要求，除了应有足够的风量外，还要求能够克服通风系统的通风阻力。空气经过风机后压力升高，建立起风机前后稳定的压力差，这个压力差称为风机的静压，用以克服通风系统的通风阻力，在一般的进气通风和排气通风系统中，这个阻力即近似等于设施内外的空气压力差。此外风机的耗能（功率）与效率、噪音大小也是选用时考虑的性能指标。

对于确定的风机，其实际使用时的风量与通风系统的阻力大小有关，一般阻力增大时风量减小。风机在不同阻力（或静压）下可达到的通风量可在风机生产厂家提供的风机特性曲线或风机性能表中查到。选用风机时应根据通风系统的阻力大小，从风机特性曲线或风机性能表中查算出风机所能提供的通风量大小。

应用于农业设施领域的通风机一般有轴流式和离心式两种基本类型，均主要由叶轮和壳体组成。

① 离心式风机　离心式风机的工作原理，是依靠叶轮旋转使叶片间跟随旋转的空气获得离心力，于是空气从叶片间甩出压入机壳，使机壳内空气压力升高，并沿叶片外缘切线方向的出口排出。其结果是叶轮中心部分的压力降低，外部的空气则从该处被吸入，如此源源不断地向叶片外缘出口流动。离心式风机的叶轮旋转方向和气流流向不具逆转性，其比转数较小，性能特点是风压大而空气流量相对较小，根据不同型号，其压力从1000Pa左右到3000Pa以上。离心式风机适用于采用较长的管路送风，或通风气流需经过加热或冷却设备等通风阻力较高的情况。

离心式风机的选型需结合通风系统的管道水力计算进行，将在后面的相关部分介绍。

② 轴流式风机　轴流式风机的叶片倾斜，与叶轮轴线呈一定夹角，叶轮转动时，叶片推动空气沿叶轮轴线方向流动。用于农业设施的轴流风机通常在其外侧设有防风雨的活页式的百叶窗，在风机未启动时，活页关闭，防止室外冷空气进入；风机启动时，活页打开使空气流通。

轴流式风机的比转数较高，其性能特点是流量大而压头低，压力一般在几百帕（Pa）以下。农业设施通风系统很多情况下通风阻力较小，而要求通风量大。对于不采用空气处理设备和不经过管道输送、风机直接连通设施内外空间的大多数进气通风与排气通风系统，其通风阻力通常在50Pa以下。轴流风机的特性可以很好满足这种要求，并且轴流式风机工作在低静压下，耗能少、效率较高。轴流式风机的叶片旋转方向可以逆转，气流方向也随之改变，而同时可保持相近的工作性能，因此可以用在需要变换气流方向的场合。此外轴流式风机还具有容易安装和维护的优点，由于上述这些原因，轴流式风机在农业设施中得到了最为广泛的应用。

轴流式风机的流量和静压大小等性能与叶片倾斜角度等结构参数以及叶轮转速有关。对于确定构造和在某确定转速下工作的轴流风机，当其在一定静压范围（额定工况）下工作时，风机效率较高，偏离额定工况时风机工作效率下降。由于轴流风机最佳工作范围较窄，在风机的选择和考虑运行中的调节方式时，应注意不使其在偏离该范围的工况下运行。因此，在实际生产中，一般都不采用设置调节风门（调节阻力大小）的方法来调节轴流风机的流量，需要调节时，可采用改变转速的方法，或采用数台风机，通过改变投入运行的风机数量的方法来改变设施的通风量。

农用低压大流量轴流风机系列产品的叶轮直径范围为560～1400mm，适用于工作静压为10～50Pa的工况，单机的风量约达8000～55000m³/h，其单位功率所能提供的通风量达35～60(m³/h)/W，噪声一般在70dB以下。

轴流风机的选型依据主要是设施的必要通风量和通风阻力。关于必要通风量的确定可参见本教材其它部分的相关内容。对于设施通风系统的通风阻力，在不采用空气处理设备和不经过管道输送、即风机直接连通设施内外空间的大多数进气通风与排气通风系统中，其通风阻力一般为10～30Pa，可根据下式计算：

$$\Delta p = \frac{\rho_a}{2} \left(\frac{L}{\mu A} \right)^2 \tag{4-2-43}$$

式中　ρ_a——空气密度，kg/m³；

　　　L——通风量，m³/s；

　　　μ——通风口流量系数；

　　　A——进气口或排气口面积，m²。

如由上式计算出的通风阻力过大，说明通风口面积不够，应予加大。

在通风口装有湿垫时，通风阻力为 20～40Pa。在一般估算时，也可一律按静压为 32Pa 确定风机的工况，计算风量。如果室外自然风力影响风机通风时，风机静压还应增大，可按 50～60Pa 估计，或者仍按 32Pa 的静压确定风机的风量，而按总风量增加 10%～15% 的数值选择和确定风机及其数量。选择风机的型号和数量时，一是考虑总风量应满足必要通风量的要求，同时为使室内气流分布均匀，风机的间距不能太大，一般不能超过 8m。尤其是风机与进风口间距离较短时，风机的间距应更小一些。

另外，较大直径的风机其效率一般较小直径风机高，也易达到风量较大时的要求，从这个角度考虑选用大风机是有利的。但是通风系统在一年不同季节、一天之内不同室外气象等方面条件下，需要方便地调节风量，风机单台风量过大、台数过少时，不便按通风要求调节风量，同时从防止机械故障的要求考虑，风机数量也不宜过少。所以应综合考虑各种因素，合理选择风机型号、数量，可以采用多台大小风机，适当分组控制运行，以满足不同情况下的通风要求。在风机工作条件方面，由于温室排风湿度大，畜禽舍内多尘潮湿、氨气浓度高，应考虑防潮、防尘和防腐蚀方面的要求。风机应具有防腐蚀的叶片和外罩，配用的电机应是全封闭型的，以免产生绝缘破坏和风机过热等故障。

4.2.4　降温技术

4.2.4.1　概述

设施农业生产所涉及的多数动植物生长发育适宜的气温通常都在 30℃ 以下，对于世界上多数地区，夏季的气温都有相当时期超过这一温度。而设施内的气温，由于太阳辐射热量的进入和动物散发体热等因素的作用，往往还要高于室外气温，在室外气温还不太高的季节，就有可能出现不利于动、植物生长的较高气温环境。例如在温室中，由于采用透明覆盖材料，室外太阳辐射热能大量进入室内，在没有通风和任何降温措施的情况下，室外气温仅为 20℃ 左右时，室内即可出现 35℃ 以上高气温，而在室外气温高、日照强烈的天气下，室内气温甚至可高达 50℃ 以上。因此，农业设施内的降温是其环境调控技术的重要方面。

遮阳和通风是夏季抑制设施内高温的有效技术措施，尤其是机械通风可以采用大风量，可大量排除设施内的多余热量。但是，其抑制高温的能力是有限的：一方面，机械通风的通风量不能太高，过高的设施内气流速度对于农业生物也是不利的，过高的通风量还意味着投入较多的设备与过大的能量消耗，在经济上是不合算的；另一方面，遮阳和通风都不能直接降低进入设施内的空气温度，在夏季气候条件下，很多时候室外气温已高于动、植物生长适宜的气温条件，即使采用大风量机械通风，设施内气温也最多降至接近室外气温的水平。例如在室外气温 28℃ 时，即使采用遮阳和大风量机械通风的措施，温室内的气温也将超过 30℃。因此，在当室外气温接近和超过农业生物的上限临界温度时，要将设施内气温控制在动植物生长适宜的气温条件内，必须采用降低空气温度的技术和设施。

人工降温措施一般有机械制冷、冷水降温和蒸发降温等。

机械制冷是利用压缩制冷设备进行制冷，其优点是制冷量大，且降温能力强不受外界条件限制，同时还可除湿。但由于压缩制冷设备投资费用高，温室或畜禽舍的建筑面积都较大，需排除的多余热量很大，如采用机械制冷将需要很高的设备投资和运行费用。因此机械制冷只在一些农产品储藏库和食用菌生产设施中采用，在温室和畜禽舍的降温中一般不予采用。

冷水降温利用远低于空气温度的冷水，使之与空气接触进行热交换，降低空气的温度。此法是利用水吸收空气的显热，如果用低于空气露点温度的冷水，还具有能够除湿的优点。但水与空气热交换后将升温，必须源源不断排走温度已升高的水和提供新的冷水。水的比热为 4.18kJ/(kg·℃)，相对于设施内空气降温所需排出的热量而言，依靠一定数量水的升温（若干度）所能吸收的热量还是较小的，因此冷水降温需消耗大量的低温水，除当地有可以利用的丰富的低温地下水的情况外，一般不宜采用。

适用于农业设施夏季的降温技术是蒸发降温。蒸发降温是利用水蒸发需要吸收潜热的特性，通过水在空气中蒸发，从空气中吸收蒸发潜热，使空气温度得到降低。由于水的蒸发潜热很大，在常温 25℃ 时，水的蒸发潜热量为 2442kJ/kg，仅消耗较少的水量即可吸收较大量的热量，因此远比冷水降温节水。例如，假设冷水降温时采用的冷水温度为 12℃，冷水吸热后温度升高到 22℃，温升 10℃，则消耗每千克冷水所吸收的热量为 41.8kJ。而每千克水蒸发所能吸收的热量为 2442kJ，为冷水降温方法的 58 倍。换句话说，在吸收相同设施内热量的情况下，蒸发降温的耗水量仅为冷水降温的 1/58。同时，不同温度的水其蒸发潜热相差不大，所以用于蒸发降温的水可以采用常温的水，而不比像冷水降温那样需专门获取低温水。而在设备及运行费用方面，蒸发降温系统远远低于机械制冷的降温系统，例如通常得到较多应用的湿垫风机蒸发降温系统，其设备费用仅约为机械制冷降温系统的七分之一，运行费用仅为十分之一。

蒸发降温的不足之处主要有两点：其一是在降温的同时，空气的湿度也会增加，因此带来设施内环境高湿度的问题；其二是降温效果要受气候条件的影响，在湿度较大的天气下不能获得好的降温效果。但尽管蒸发降温存在以上不足，由于它能解决设施夏季生产中的高温这个主要矛盾，而且设备简单、运行可靠及维护方便、省能、经济，因此仍不失为夏季生产的有效降温技术。

具体实现蒸发降温的技术有湿垫与雾化两种方式，前者为用水淋湿特殊质纸等吸水材料，水与流经材料表面的空气接触而蒸发，从空气中吸热；后者多采用液力或气力雾化的方法向要降温的空间直接喷雾使之蒸发冷却空气。

4.2.4.2 蒸发降温原理

蒸发降温原理与过程可用焓湿图（h-d 图）进行说明。如图 4-2-18 所示，室外空气状态点为 a 点，当空气与水接触，在没有其它热量传递给水和空气的情况下，水蒸发所需潜热

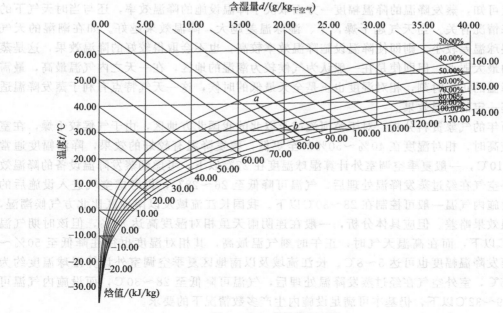

图 4-2-18　蒸发降温过程

全部来自空气，空气的状态变化为一绝热加湿过程。水蒸发从空气中吸收热量，该热量又随水蒸气回到空气中。如忽略进入空气中的水蒸气在液态下的焓值（很小），则空气的焓值在水蒸发前后近似不变，因此水在空气中绝热蒸发的过程又近似为一等焓过程。蒸发降温过程中空气的状态将沿等焓线变化，即沿 a-b-c 一线变化。如果水与空气充分接触蒸发，使空气达到饱和，则空气将达到相对湿度为 100% 的状态点 c，该点所对应的温度即为空气的湿球温度。蒸发降温的实际过程不可能进行得完全和彻底，因此实际空气可能达到的状态点为 b 点，与 a 点相比，其温度下降，含湿量增大，相对湿度也增大了。

由上所述可知，蒸发降温的极限是空气的湿球温度，即在最理想的情况下可将空气温度降低至等于空气湿球温度。实际经蒸发降温设备处理后，空气能够达到的温度越接近湿球温度，说明其降温过程进行越充分。通常采用降温效率 η 作为评价蒸发降温技术和设备的降温性能优劣的指标，其定义为：

$$\eta = \frac{t_a - t_b}{t_a - t_w} \tag{4-2-44}$$

式中　t_a, t_b——降温前、后的空气温度（干球温度），℃；

　　　t_w——空气的湿球温度，℃。

在上式中，$t_a - t_w$ 为空气的干球与湿球温度差，是理想情况下蒸发降温可以达到的最大降温幅度，而 $t_a - t_b$ 为空气经蒸发降温处理后实际达到的降温幅度。可见降温效率是反映蒸发降温技术或设备的降温能力与理论最大可能降温能力接近程度的评价指标，其值小于 1。

当已知降温技术和设备的降温效率 η，根据当时室外气候条件，可以计算空气经降温处理后的气温为：

$$t_b = t_a - \eta(t_a - t_w) \tag{4-2-45}$$

例如当蒸发降温设备的降温效率为 80%，室外气温为 35℃、湿球温度为 24℃ 时，室外干湿球温差为 11℃，蒸发降温后气温的降低幅度为 $(t_a - t_w) = 0.8 \times (35 - 24) = 8.8℃$，气温降低至 $t_b = 26.2℃$。

由上可知，蒸发降温的降温幅度一方面取决于降温设施的降温效率，还与当时天气下的空气状态情况有关。当天气越干燥，干、湿球温差越大，降温效果越好。如在潮湿的天气下，干湿球温差较小，则即使降温设施降温效率较高，也不会取得较好的降温效果，这是蒸发降温的最大弱点。但即使是在一般认为气候较为潮湿的地区，在一天之内气温最高，最需要进行降温的正午时刻，相对湿度也正是全天最低的时候，这一天气特点有利于蒸发降温适时发挥其一定的降温效果。

从历年的气象资料分析，对于黄河流域及以北的我国北方地区，由于气候较干燥，在室外气温较高时，相对湿度在 40%~50% 甚至更低，蒸发降温有较好的效果，降温幅度通常可达 7~10℃，一般夏季空调室外计算湿球温度在 27℃ 以下，考虑到蒸发降温设备的降温效率，室外空气在经过蒸发降温处理后，气温可降低至 26~28℃，再考虑空气进入设施后的温升，设施内气温一般可控制在 28~30℃ 以下。我国长江流域及以南地区比北方气候潮湿，蒸发降温效果略差。但应具体分析，一般在连阴雨天虽相对湿度高达 80%，但该时期气温多在 30℃ 以下，而在高温天气时，正午时刻气温最高，其相对湿度也往往降低至 50%~60%，蒸发降温幅度也可达 5~8℃。长江流域及以南地区夏季空调室外计算湿球温度约为 27~28.5℃，室外空气在经过蒸发降温处理后，气温可降低至 28~30℃，而设施内气温可控制在 29~32℃ 以下，仍基本可满足设施内生产多数情况下的要求。

为了计算蒸发降温设备供水量等要求，需要确定蒸发降温过程中的蒸发水量 E。应根据

142

降温前后空气状态，由含湿量 d 之差值进行计算：

$$E=(d_b-d_a)L/\nu \tag{4-2-46}$$

式中　d_a,d_b——降温前、后的空气含湿量，g/kg干空气；

$\qquad\quad L$——通风量，m³/s；

$\qquad\quad \nu$——湿空气比容，m³/kg干空气。

上式计算中需查算空气含湿量，为免此麻烦，方便计算，由湿空气焓的计算式：

$$h=1.01t+0.001d(2501+1.85t) \tag{4-2-47}$$

将蒸发降温的湿空气热力过程近似看作等焓过程，降温前、后焓近似不变，有：

$$E=(d_b-d_a)L/\nu\approx\frac{\mathrm{d}d}{\mathrm{d}t}(t_b-t_a)L/\nu$$

$$=\frac{1.01+0.00185d}{0.001(2501+1.85t)\nu}\cdot(t_a-t_b)L$$

$$=k_d(t_a-t_b)L \tag{4-2-48}$$

式中的系数 $k_d=\dfrac{1.01+0.00185d}{0.001(2501+1.85t)\nu}$，其物理意义是使单位体积空气的温度每降低 1℃所需蒸发水量，在农业设施蒸发降温常见的空气状态变化范围内，其值变化不大，约等于 $0.45\sim0.48$g/(m³·℃)，在工程计算中一般可直接取为 0.46g/(m³·℃) 即可。即有：

$$E=k_d(t_a-t_b)L\approx0.46(t_a-t_b)L \tag{4-2-49}$$

4.2.4.3　湿垫风机降温系统

湿垫是农业设施中使用最广泛的蒸发降温设备，实际应用中多与负压机械通风系统组合使用，称为湿垫风机降温系统，该系统由轴流风机、湿垫、水泵循环供水系统以及控制装置组成。

（1）湿垫的特性与使用

湿垫可以采用白杨刨花、棕丝、多孔混凝土板、塑料、棉麻或化纤纺织物等多孔疏松的材料制成，但目前最为多用的是波纹纸质湿垫。波纹纸质湿垫采用树脂处理的波纹状湿强纸层层交错粘结成蜂窝状，并切割成 $80\sim200$mm 厚度的厚板状。使用中竖直放置在设施的进风口，不断从上部供给喷淋水，通过有均布小孔的塑料管或水槽均匀地喷洒到湿垫顶部，水从湿垫顶部自上而下，使其通体表面保持湿润。室外空气通过湿垫时，湿垫纸表面的水分蒸发吸热，使空气降温后进入设施内。为使湿垫纸表面保持充分湿润，顶部供水通常远大于蒸发水量，多余未蒸发的水分从湿垫下部排出后，集中于循环水池，再由水泵重新送到湿垫顶部喷淋。波纹纸质湿垫通风阻力小、热质交换表面积大、降温效率高，工作稳定可靠，安装使用简便。目前国内外都已有成熟的产品生产提供使用。

湿垫的缺点是：在长期使用时空气中尘垢与水中盐类在纸帘上的沉积将降低其效率，并增大通风阻力；纸帘使用后易产生收缩与变形，使用寿命还有待提高。

湿垫的技术性能参数主要有降温效率与通风阻力，具体数值应由生产厂家提供。对于同一厂家的同类产品，降温效率与通风阻力主要取决于湿垫厚度与过垫风速 v_p（=通风量/湿垫面积）。湿垫越厚、过垫风速越低，则降温效率越高；湿垫越厚、过垫风速越高，则通风阻力越大。为使湿垫具有较高的降温效率，同时减小通风阻力，过垫风速不宜过高，但也不能过低，否则使需要的湿垫面积过分增大，设备费用增加，一般取过垫风速为 $1\sim2$m/s。一般当湿垫厚度为 $100\sim150$mm、过垫风速为 $1\sim2$m/s 时，降温效率为 $70\%\sim90\%$，通风阻力 p 为 $10\sim60$Pa。

湿垫在设施中的安装位置、安装高度要适宜，应与风机统一布局，使设施内能形成均匀流经全部动、植物的生长或活动区的气流。湿垫的运行可根据设施内气温由自动控制器控制，当气温上升到设定值（如 28℃）时开始启动水泵供水淋湿湿垫。每次用完后，水泵应比风机提前几分钟关停，使湿垫蒸发变干，以免湿垫上生长水苔。在冬季不用时，湿垫外侧要设置挡板或用塑料帘等遮盖，以阻止冷风从湿垫进入设施内。

波纹湿强纸湿垫大约有五年的使用寿命，这往往不是强度的破坏，而是湿垫表面积聚的水垢、水苔、尘土和碎物，使它丧失了吸水性和缩小了过流断面，造成堵塞。因此，使用中还应注意防尘和防止杂物等吸附在湿垫上，必要时湿垫进风一侧可设置纱网等。同时为了保护输水系统和湿垫上方的喷淋孔口不被堵塞，应在循环水回到水池的回水管口和水泵吸水管口处装置滤网。水循环系统中，由于水分不断蒸发，水中杂物和盐类浓度将不断增高，应定期排放已变脏的循环水。应定期清洗整个系统，除掉水池中的沉积物和湿垫上附着的尘土杂物。在使用一定时期后，波纹湿强纸湿垫会发生干缩，湿垫接缝处出现较大缝隙，造成空气短路，降低降温效果，应及时进行调整。

（2）湿垫风机降温系统设计计算

农业设施降温所需湿垫面积可按下式计算：

$$A_p = L/v_p \qquad (4\text{-}2\text{-}50)$$

式中　L——设计通风量，m^3/s；

　　　v_p——过垫风速，m/s，一般取 $v_p = 1\sim2 m/s$。

根据所需湿垫面积，可确定湿垫高度和宽（长）度，一般湿垫高度为 $1\sim2 m$。

湿垫降温的水循环系统的供水量 L_w 应能及时提供补充湿垫蒸发掉的水分，实际上，为保证湿垫表面充分湿润，循环供水量往往比蒸发水量大得多，可在式（4-2-49）确定蒸发水量的基础上，按下式计算确定：

$$L_w = 3600 n_w E/10^6 \qquad (4\text{-}2\text{-}51)$$

式中　n_w——湿垫耗水系数，即湿垫供水量与实际蒸发水量之比，一般取 $n_w = 5\sim15$，水质或环境条件较差时取较大值。

或更简单地根据经验，按下式确定湿垫供水量：

$$L_w = n_L L_p \qquad (4\text{-}2\text{-}52)$$

式中　L_p——湿垫长度，m；

　　　n_L——经验系数，$t/(m \cdot h)$，可取 $n_L = 0.1\sim0.5 t/(m \cdot h)$，湿垫高度较大时取较大值。

循环水池的容积应充分满足水泵开启时供水与停止时回水的调蓄能力，一般根据经验，按下式确定：

$$V = n_V L_p H_p B_p \qquad (4\text{-}2\text{-}53)$$

式中　L_p, H_p, B_p——湿垫的长度、高度、厚度，m；

　　　n_V——经验系数，一般可取 $n_V = 0.3\sim0.5$。

4.2.4.4　喷雾降温系统

雾化降温是另一种蒸发降温方式，是采用液力或气力雾化的方法，向空气中直接喷入雾滴使之蒸发冷却空气。水喷成雾状后，其总表面积大大增加，雾滴越小，单位体积的表面积越大，越有利于增加与空气的接触表面积，加速蒸发。雾化降温有室内细雾降温与集中雾化降温等多种方式。

细雾降温是采用在设施内直接喷雾的方法。为使雾滴在喷出后，能在下落地面的过程中完全蒸发，防止其落下淋湿动、植物或造成地面积水，以致设施内湿度过高，产生病害及管理不便，要求雾滴高度细化。根据不同环境和使用条件，一般应使雾滴直径在 $50\sim80 \mu m$ 以下。这往往需要高质量的雾化设备以及采用较高的喷雾压力。

室内细雾降温的蒸发降温效率比湿垫低，一般全室内平均降温效率仅为 20%～60%。因为细雾在设施内空间的分布不能保证完全均匀，在那些雾滴没有到达或分布稀少的空间，空气不能有效得到降温。同时，吸湿降温后的设施内空气，会不断从围护结构、动物体等吸收热量而逐渐升温，这些空气再度被加湿降温的余地已很小。这些原因均会降低室内细雾降温的总平均降温效率。因此，采用细雾降温的设施内必须保证良好的通风条件，以保证一定降温效果，同时降低室内湿度。

实际工程中为提高降温效率，往往加大喷雾量，同时由于设施内蒸发降温所需雾量是受很多因素（如降温负荷、空气湿度及通风量等）的影响，在不同情况下变化范围较大，但雾化设备难以随之相应变化调节，喷雾过量是常有的情况。因此，即使设备雾化质量很好，也难免会有部分雾滴不能完全蒸发，在雾化降温设备持续运行的情况下，将造成淋湿动、植物、地面积水和室内过高湿度的情况。为此，在使用中往往采用周期间断运行的办法，一般喷雾 1～2min，停歇 3～30min（根据天气和设施内情况确定），同时注意进行通风，以避免出现上述情况。

细雾降温系统的优点是投资较低，安装简便，使用灵活，自然通风与机械通风时均可使用，喷雾设备还可兼用于喷洒消毒、除病虫的药剂。

细雾降温系统的关键在喷雾设备，有液力雾化、气力雾化和离心式雾化几种。气力雾化设备采用高速空气流进行雾化，需要压缩空气设备，投资较高，实际应用较少。

液力雾化采用高压水泵产生高压水流，通过液力喷嘴喷出雾化。雾滴粒径的大小取决于喷嘴和喷雾压力，压力越高雾滴越细，通常采用 0.7～2MPa 的喷雾压力。液力式雾化设备雾化量大，设备费和运行费用低，但对于雾滴直径小于 50～80μm 的要求难于完全满足，一般雾化质量较好的喷嘴，其产生的雾滴直径分布在 10～100μm 之间。注意雾化设备标称的雾滴粒径多指体积中径，不是产生的雾滴的最大粒径。例如一种雾化质量较好的喷嘴，其标称的雾滴粒径为 60μm，即是指的体积中径，经实际测定其最大粒径为 100μm，其产生的雾滴中，60～100μm 粒径的雾滴体积占 50% 的比例。选用喷嘴时应充分注意这一点。液力式雾化喷嘴一般喷孔较小，使用中容易发生堵塞的问题，应在供水管路上采用水过滤装置。

为使雾滴喷出后有足够的在空气中漂移的时间，以便与空气充分接触蒸发，喷嘴安装高度一般宜高一些。在雾滴从喷嘴喷出后自由下落情况下，其完全蒸发完毕所下落的高度 h_e 可按下式计算：

$$h_e = \frac{d_0^4 - 8.2d_0^{5.5}}{6 \times 10^{-6}(t - t_w)} \quad (4-2-54)$$

式中　d_0——雾滴的初始直径，μm；

　　t, t_w——空气的干球温度与湿球温度，℃。

从理论上讲，喷嘴的最低离地安装高度应大于 h_e，使雾滴在降落到地面以前即完全蒸发完毕，一般安装高度宜在 2m 以上。

离心式雾化是将水流送到高速旋转的圆盘，当水从圆盘边缘高速甩出时与空气撞击而被雾化。其优点是产生的雾滴粒径小，不需高压水泵，不会产生堵塞。其缺点是需高转速的动力，设备费用较高。另外，其产生的雾滴四处飞散，导向性差，为此，离心式雾化器往往做成和轴流风机组合成一体的设备——喷雾风机，利用轴流风机排风口的射流输送雾滴和控制雾滴撒布的方向。

室内细雾降温所需喷雾量可由下式估算：

$$E = k_d(t_a - t_w)L \approx 0.46(t_a - t_w)L \quad (4-2-55)$$

式中　t_a,t_w——室外空气干球温度与湿球温度,℃;

　　　　L——设施通风量,m^3/s。

4.2.5　加湿系统

　　目前在温室行业里一般都用降温方法中的蒸发的方式同时进行加湿,对于室内湿度环境要求特别高的设施结构才用较为精准的加湿手段。加湿方式总的来说可以分为需要人工定期加水的有水加湿和不需要定期加水的无水加湿两类。有水加湿又分为加湿过程中空气焓值不变的等焓加湿和温度不变的等温加湿。常见的等焓加湿有高压雾化加湿、气水混合加湿、超声波加湿、离心式加湿、湿膜蒸发式加湿,前4种属于直接将水气化形成喷雾的喷雾式加湿,湿膜蒸发式加湿则属于湿膜式加湿。常见的等温加湿有直接喷干蒸汽式加湿、红外线式加湿、加热蒸发式加湿,其中加热蒸发式根据加热方式的不同又分为电极式和电热式两种。冷凝水加湿和吸附加湿由于无需定期加水属于无水加湿。

4.2.5.1　电极式加湿器

　　电极式蒸汽加湿是一种简便高效卫生的加湿方法,如图4-2-19所示,它利用金属网格

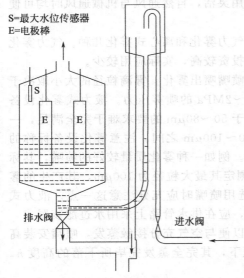

S=最大水位传感器
E=电极棒

图 4-2-19　电极式加湿器原理图

状电极插入盛水的容器中,水作为电阻,被加热沸腾后产生纯蒸汽进行加湿。电极加湿迅速、均匀、稳定、高精度、无水滴喷出、无白粉、无杂质、完全杀死细菌,是世界上公认的最洁净卫生的加湿方法。正是基于这些优点,电极加湿特别适合于环境要求严格的空调房间和对舒适性要求比较高的环境,比如植物生长室和高精度试验室。

　　自来水通过加湿器底部进水阀进入加湿桶,水位逐渐升高,当水位漫过电极后,电极之间所加的电压通过自来水(自来水中含有一定量的微量盐类,使其具有了一定的导电能力)这种导电介质而形成电流回路,随着水位的升高,导电面积不断增大,导电能力也逐渐增强,内部电流也就越来越大。电流的热效应使电能转化为热能,将水加热至沸腾,输出高洁净度的蒸汽,从而达到加湿目的。加湿过程中,通过检测加湿电流自动控制排水阀和进水阀

排水阀
进水阀

的动作,进而控制加湿桶中水位的高低从而控制蒸汽的产生量。

4.2.5.2　电热式加湿器

　　电热式加湿装置主要依据电阻加热原理,将电加热管浸没于水中,依据焦耳定律,电热管通电后产生热量,利用发热体将水加热至沸点,产生水蒸气释放到空气中,是技术最简单的加湿方式,结构如图4-2-20所示。水的沸腾分为自然对流沸腾和泡态沸腾,电热加湿可使水控制在泡态沸腾的状态以达到最佳的加湿效果。

4.2.5.3　高压微雾加湿器

　　水雾加湿主要是通过喷嘴或超声波振荡器等技术方法(图4-2-21),将水雾化成小颗粒水滴,在温室中或植物工厂中与空气进行热质交换,来提高空气含水量的一种方式。水雾加湿的过程中水滴吸收空气的热量蒸发、汽化,直至被空气吸收,水滴蒸发吸收空气的显热,空气失去显热而得到汽化潜热,空气加湿后焓值基本保持不变,称为等焓加湿。水雾粒径是衡量喷雾式加湿器加湿性能的重要参数。水雾粒径大小,决定被吸收速度,所以水雾加湿之

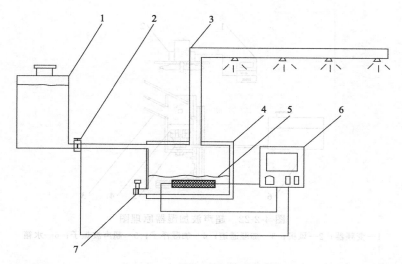

图 4-2-20　电热式加湿器原理图

1—储水装置；2—储水电磁阀；3—喷雾管；4—加热蒸汽室；5—电热管；6—控制电脑；7—排水阀

重点即是水雾中颗粒的大小与分布。在其他条件不变下，1 颗 $100\mu m$ 水珠，其体积为 $1\mu m$ 水珠的 1000000 倍，而面积为 $1\mu m$ 水珠的 10000 倍。相乘除的结果 $100\mu m$ 水珠的吸收距离为 $1\mu m$ 水珠的 100 倍，差异极大。因此，为求短的吸收距离就必须使雾化粒子很小。水滴雾化的作用是为了增加水滴与空气接触的面积，水雾粒径越小，提高了水滴与空气的热质交换效率，来达到提高加湿效率和缩短吸收距离的目的。因此，水雾粒径越小，其加湿效率越高，吸收距离越短。

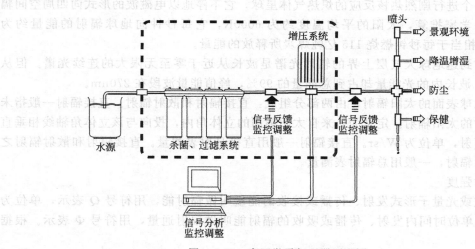

图 4-2-21　高压微雾加湿器原理图

4.2.5.4　超声波加湿器

超声波加湿装置的工作原理是利用超声波作用于液体时会产生激烈而快速变化的高频振荡使水破碎成许多水雾消散入空气中。加湿雾化头激振能产生几微米的均匀雾状水粒，可长期悬浮于空中，由于其雾化的粒度极细，可以通过风机将水雾带到空气中，达到均匀加湿空气的目的。如图 4-2-22 所示，超声波加湿装置工作时由浸泡于水中的超声波振子产生超声波射向水面，水表面呈现喷水状，并伴随有强烈的喷雾，利用风机加压，使水雾沿着加湿通道喷向需要加湿的区域。

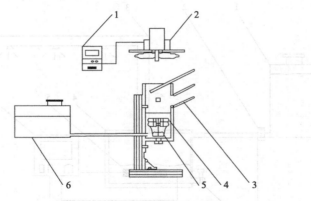

图 4-2-22　超声波加湿器原理图

1—变频器；2—风机；3—加湿通道；4—加湿浮子；5—超声波振子；6—水箱

4.2.6　补光系统

4.2.6.1　光照术语

（1）太阳辐射

在自然条件下，任何作物的生长都是靠太阳辐射作为唯一的光能进行光合作用。长期的培养和驯化形成了作物对太阳辐射的适应性。温室栽培，虽然能够人工控制光照环境，但作物对光照要求的习性仍然无法改变。所以，在进行温室补光设计前，必须首先了解太阳辐射的特性。

太阳是一个进行剧烈热核反应的炽热气体星球，它不停地以电磁波的形式向四周空间辐射能量。据科学家推算，太阳的平均温度约为 6000K，它每秒钟向地球辐射的能量约为 $3.8×10^{26}$ J，相当于每秒钟燃烧 115 亿吨煤炭所释放的能量。

太阳辐射到达地球大气层上界的辐射光谱是波长从近于零至无限大的连续光谱。但从 170～4000nm 波长内的光能量却占到总能量的 99%，峰值能量波段在 270nm。

可到达地球表面的太阳辐射，由两部分组成：直接辐射和散射辐射。直接辐射一般指未经散射和反射的太阳辐射。定义为：来自太阳圆面的立体角内，投向与该立体角轴线相垂直面上的太阳辐射，单位为 W/sr。直接辐射一般用直接日射表测量。直接辐射和散射辐射之和称为太阳总辐射，一般用总辐射表测量。

（2）辐射强度

以电磁波或光量子形式发射、传播或接收的能量叫做辐射能，用符号 Q 表示，单位为焦耳（J）。在单位时间内发射、传播或吸收的辐射能叫做辐射通量，用符号 Φ 表示。根据定义：

$$\Phi = dQ/dt \tag{4-2-56}$$

辐射通量就是辐射功率，其单位为瓦（W）。

对于点辐射源在单位立体角发出的辐射能通量称为点光源，在这个方向上的点辐射强度，用 I_e 表示，单位为瓦/球面度（W/sr）。

其中，球面角的定义为以立体角 ω 的顶点为球心的球面上所截取的面积 S 与球半径 r^2 的比值（图 4-2-23），即 $\omega = S/r^2$，单位为 sr。由此

$$I_e = \Phi_e/\omega \tag{4-2-57}$$

透射到某表面上的辐射通量 Φ 与该表面面积 A 之比，称为该表面接受或吸收的辐射强

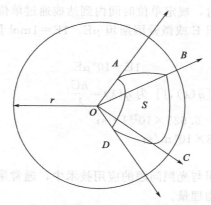

图 4-2-23　点光源的辐射强度

度，用 I 表示，单位为 W/m^2，即

$$I = \Phi / A \tag{4-2-58}$$

在光的热效应或辐射能利用中，常以辐射强度作为计量单位。

（3）生理辐射

绿色植物对辐射具有选择性的吸收特性。一般在 $300 \sim 440nm$ 与 $670 \sim 680nm$ 两处呈吸收高峰，对 $550nm$ 段吸收率较低。另外，对 $700 \sim 2500nm$ 段近红外线，由于植物避免高温的保护性反应几乎不吸收，而对大于 $2500nm$ 的远红外辐射，其吸收率又很高。

在植物学上，对绿色植物生长发育有效作用的辐射波长为 $300 \sim 750nm$ 内的辐射称为植物生理辐射。

（4）光照强度

和绿色植物吸收光谱的选择性一样，人眼对辐射的反应也有选择性。光刺激所引起的视觉强度不仅与光能量的大小有关，还与光的波长有关。在光学上将人的视觉器官接收光的刺激而产生视觉的波长范围内的辐射强度称为光照强度。人对光谱的灵敏度个体之间有一定差异，为此，通常所说的对人眼敏感的光谱是一个统计学概念，国际标准中规定了公认的正常人眼白天标准光谱效率范围，在光学研究中有专门的光谱范围，一般在 $400 \sim 700nm$，其中光谱光效率最大值在 $555nm$ 波长处。

相应地，在光照强度波长范围内的辐射通量称为光通量。国际单位规定：在标准空气中，单位立体角通过功率为 $1/683W$ 波长为 $555nm$ 的单色辐射相当于 1 流明（lm）的光通量。到达或通过某单位面积的光通量称为光照强度，单位是勒克斯（lx）。

原则上讲，研究植物光合作用不应该用光照强度作为计量单位，但由于先期研究植物光合作用的测量仪表主要是光照强度测量表，很多数据和指标都是以这种测量仪表为基础提出和制定的，为此，在除了对作物光合作用进行精密研究以外的大多数生产场合，光照强度仍然是比较通用的测量和控制指标。在使用中应注意表明测量的波段范围，以便了解植物光合作用的实际效果或进行不同单位之间的换算。

（5）量子流密度

爱因斯坦的量子学说把光辐射描述为不连续的细小粒子流。每一个粒子叫做光子或光量子。量子打击物质时，量子能量转移到被打击物质的电子上，于是被激活引起光化学反应。

光化学定律指出：吸收一个量子，只能激活一个分子或原子。因量子的能量与其波长成反比，故在研究光电效应与光化学反应如光合作用与光照的关系中，应该以量子流密度作为计量光辐射的单位。

在讨论辐射能量子概念时，规定单位时间内到达或通过单位面积的摩尔量子数，定义为量子流密度，单位为爱因斯坦 E 或微爱因斯坦 μE。$1E = 1 mol$ 量子$/(s \cdot m^2) = 6.022 \times 10^{23}$ 量子$/(s \cdot m^2)$

$$1E = 10^6 \mu E \tag{4-2-59}$$

一个量子所具有的能量 $[q(\lambda), J]$ 为 $q(\lambda) = \dfrac{hC}{\lambda}$

式中　h——普朗克常数，$h = 6.625 \times 10^{23} J \cdot s$；

　　　C——光速，$C = 2.998 \times 10^8 m/s$；

　　　λ——波长，m。

在现代研究植物光合作用与光照问题的应用技术中，通常采用生理辐射波长范围内的量子流密度作为评价光辐射的物理量。

4.2.6.2　光照单位之间的换算

上述所讲各种测量光照或辐射，由于其测量波段不同，使其相互之间数据的转换不可能用一个固定的常数来实现，尤其是太阳辐射由于云层、大气质量、污染程度等因素的影响，地表所接受的辐射光波可能随时都在变化，这使各种单位间的转换更加困难。为此这里仅给出各单位之间理论换算关系，实际应用中，还应根据具体光源的发光波长具体计算或通过实验测定。

（1）光量子单位向辐射度单位换算

将量子传感器的输出的光量子 (R) 的单位由 $\mu mol/(s \cdot m^2)$（$400 \sim 700nm$）转换成辐射度 (W_T) 的单位 W/m^2（$400 \sim 700nm$）的过程是非常复杂的，对不同的光源其转换系数也不同。因此为了这一转换，必须首先知道辐射源的光谱分布曲线 $[W_\lambda, W/(m^2 \cdot nm)]$。所需的辐射度 W_T 为 W_λ 在 $400 \sim 700nm$ 波段的积分值即

$$W_T = \int_{400}^{700} W_\lambda \, d\lambda \tag{4-2-60}$$

在给定波长处每秒发射的光子数是

$$光子/s = \frac{W_\lambda}{hc/\lambda} \tag{4-2-61}$$

因此 $400 \sim 700nm$ 波段范围内每秒发射的光子数为

$$\int_{400}^{700} \frac{W_\lambda}{hc/\lambda} \, d\lambda \tag{4-2-62}$$

这个积分可由量子传感器测量到，如果 R 是以 $\mu mol/(s \cdot m^2)$ $[1\mu mol/(s \cdot m^2) = 6.022 \times 10^{17}$ 光子$/(s \cdot m^2)]$ 为单位的量子传感器的读数则有

$$6.022 \times 10^{17}(R) = \int_{400}^{700} \frac{W_\lambda}{hc/\lambda} \, d\lambda \tag{4-2-63}$$

由上式可得

$$W_T = 6.022 \times 10^{17} (Rhc) \frac{\int_{400}^{700} W_\lambda \, d\lambda}{\int_{400}^{700} \lambda W_\lambda \, d\lambda} \tag{4-2-64}$$

为了求得这两个积分，必须做分区间求和，还有因为 W_λ，同时在分子和分母中出现。标准曲线 N_λ 可以代替它，从而得到

$$W_T = 6.022 \times 10^{17} (Rhc) \frac{\sum_i N_{\lambda i} \Delta \lambda}{\sum_i \lambda_i N_{\lambda i} \Delta \lambda} \tag{4-2-65}$$

式中，$\Delta\lambda$ 是所取区间长度，且是各区间中点处的波长；$N_{\lambda i}$ 是位于区间中点波长的标准辐射输出。最后得

$$W_T \approx 119.8(R)\dfrac{\sum\limits_i N_{\lambda i}}{\sum\limits_i \lambda_i N_{\lambda i}} \qquad (4\text{-}2\text{-}66)$$

R 的单位为 $\mu mol/(s \cdot m^2)$。

（2）光子单位转换成光学度单位

将光子单位 $\mu mol/(s \cdot m^2)$（400～700nm）转换成光学度 W_x 单位 lx（400～700nm），转换过程除一下各步外与上相同。

① 用方程 $W_x = 683 \displaystyle\int_{400}^{700} y_\lambda W_\lambda \mathrm{d}\lambda$ 代替式（4-2-60）。y_λ 是 CIE 曲线的发光系数，在 550nm 出 $y_\lambda = 1$。W_λ 是光谱照度 $[W/(m^2 \cdot nm)]$。

② 用 $W_x = 683 \times (6.022 \times 10^{17})(Rhc)\dfrac{\displaystyle\int_{400}^{700} y_\lambda W_\lambda \mathrm{d}\lambda}{\displaystyle\int_{400}^{700} \lambda W_\lambda \mathrm{d}\lambda}$ 代替式（4-2-64）。

③ 用 $W_x = 683 \times (6.022 \times 10^{17})(Rhc)\dfrac{\sum y_\lambda N_{\lambda i}\Delta\lambda}{\displaystyle\int_{400}^{700} \lambda_i N_{\lambda i}\Delta\lambda}$ 代替式（4-2-65）。

④ 用 $W_x = 8.17 \times 10^{17}(R)\dfrac{\sum y_\lambda N_{\lambda i}}{\displaystyle\int_{400}^{700} \lambda_i N_{\lambda i}}$ 代替式（4-2-66）。

不同光源在不同波段光照强度单位之间的换算没有固定的系数，设计中应咨询灯具生产商，根据特定的灯具进行补光设计。表 4-2-10 和表 4-2-11 给出了几种常用灯具光照强度单位之间的换算关系，供设计参考。

表 4-2-10　不同光源的转换系数估计值（PAR 波段 400～700nm）

转换方式	光源					
	日光	金属卤灯	高压钠灯	水银灯	白色荧光灯	白炽灯
W/m^2(PAR)转换成 $\mu mol/(s \cdot m^2)$(PAR)	4.6	4.6	5	4.7	4.6	5
klx 转换成 $\mu mol/(s \cdot m^2)$(PAR)	18	14	14	14	12	20
klx 转换成 W/m^2(PAR)	4	3.1	2.8	3	2.7	4

表 4-2-11　不同光照强度单位之间的转换

光源	lx 转换 $\mu mol/(s \cdot m^2)$ 400～700nm	$\mu mol/(s \cdot m^2)$ 转换 W/m^2 400～700nm	lx 转换 $\mu mol/(s \cdot m^2)$ 400～850nm
一般日光灯 FL48D/38/旭光	75.13	4.42	68.46
三波长太阳灯 FL40D-EX38/旭光	73.41	4.43	66.60
红灯 FL-40SR/38/旭光	18.12	5.31	18.38
植物生长灯 FL-40SBR/38/旭光	26.97	4.84	25.35
一般日光灯 FL-38D/飞利浦	73.86	4.43	67.86
植物生长灯 F40/AGRO/飞利浦	46.15	4.89	44.88

光　　源	lx 转换 μmol/(s・m²) 400～700nm	μmol/(s・m²)转换 W/m² 400～700nm	lx 转换 μmol/(s・m²) 400～850nm
医疗用特殊灯管 TL40W/03RS/飞利浦	12.44	3.59	8.58
三波段自然色日光灯 TLD36W/83/飞利浦	73.69	4.72	72.26
三波段自然色日光灯 TLD36W/84/飞利浦	74.71	4.60	68.64
三波段自然色日光灯 TLD36W/96/飞利浦	60.78	4.49	54.42
三波段自然色日光灯 TLD36W/965/飞利浦	60.43	4.47	56.21

4.2.6.3　人工光源的种类和特性

（1）人工光源的选择标准

在选择人工光源时，一般参照以下标准来进行选择。

① 人工光源的光谱性能

根据作物对光谱的吸收性能，光合作用主要吸收 400～500nm 的蓝、紫光区和 600～700nm 的红光区，因此要求人工光源光谱中富含红光和蓝、紫光。

② 发光效率

光源发出的光能和光源所消耗的电功率之比，称为光源的发光效率。光源的发光效率越高，所消耗的能能越少，这对节约能源、减少经济支出都有明显的效益。光源所消耗的电能，一部分转变为光能，其余则转变为热能。

③ 其它因素

在选择人工光源时还应考虑到其他一些因素，比如光源的寿命、安装维护以及价格等。

进行光照设计、选择最佳光源时，需要了解光源的结构、效率及电性能。白炽灯是热辐射，红外线比较大，发光效率低，但价格便宜，主要应用与光周期的照明光源；荧光灯发光效率高、光色好、寿命长、价格低，但单灯功率较小，只用于育苗；高压银灯功率大、寿命长、光色好，适合温室补光；金属卤化灯等具有光效高，光色好、寿命长和功率大的特点，是理想的人工补光光源。

（2）温室常用人工光源

自然光虽然具备植物生长发育所需的光谱和光照强度，但是由于受地理位置、季节和气象条件等的影响很难得到准确调控。因此，自然光并不是植物生产中最理想的光源。人工光源按照发光原理可分为热辐射和放电发光两大类，在植物生产中已普遍使用的有白炽灯、荧光灯、金属卤化灯和高压钠灯。近年来，发光二极管（Light-Emitting Diode，LED）和激光（Laser Diode，LD）也被用于植物生产的应用研究。各种植物生产用人工光源的分光特性和使用效率的对比见表 4-2-12 和表 4-2-13。

① 白炽灯和卤钨灯　白炽灯的发光原理是在抽成真空的灯泡或灯管中通过电流达到 2000℃ 以上高温而使钨丝发光。卤钨灯是在灯泡或灯管中充入少量的碘或溴等卤素蒸气制成碘钨灯或溴钨灯，在白炽温度下钨丝蒸发形成碘化钨或溴化钨，蒸汽中的钨会在钨丝上沉积从而防止玻壳黑化，寿命比普通白炽灯提高一倍以上。通常，白炽灯的平均寿命为 1000h，而卤钨灯为 2000h 以上。白炽灯和卤钨灯的辐射光谱主要在红外范围，可见光所占的比例很小，发光效率较低。但由于结构简单和价格便宜，可以在 0～220V 电压范围内通过增减电压而调节光照强度，故仍然被大量用于温室设施的光合和日长的补光。

② 荧光灯　荧光灯是一种低压气体放电灯，玻璃管内壁涂有荧光粉，管内充有水银蒸气和惰性气体，其分光特性随管内所涂荧光材料而异。采用卤磷酸钙荧光粉制成的白色荧光

表 4-2-12　各种荧光灯、金属卤化灯、高压钠灯及发光二极管的分光特性

特　　性		荧光灯				金属卤化灯	高压钠灯	发光二极管	
		白色标准型	白色三基色	红色	蓝色			红色LED	蓝色LED
光合有效光量子流密度/(mol·m⁻²·s⁻¹)		100	100	100	100	100	100	100	100
光量子流密度/(mol·m⁻²·s⁻¹)	300~400nm	3.1	3.9	3.7	2.2	7.2	0.6	0	0
	400~500nm	23.2	15.8	65.3	3.9	18.4	5.1	0	96.1
	500~600nm	52.8	39.5	32.0	30.7	55.9	58.4	0.2	4.0
	600~700nm	24.8	45.4	3.7	66.5	26.7	38.6	99.9	0.2
	700~800nm	8.9	9.0	3.3	23.2	8.7	8.2	0.2	0.2
R/FR(600~700nm)/(700~800nm)		2.79	5.08	1.10	2.87	3.09	4.71	562	0.98
R/FR(660±5nm)/(730±5nm)		3.81	9.70	2.70	8.01	2.74	6.03	4148	0.81
P_{FR}/P_R		0.76	0.79	0.69	0.76	0.77	0.78	0.67	0.82

注：资料来源于後藤秀司，2003，SHITA Report No.19，日本植物工厂学会。

表 4-2-13　各种人工光源的特性指标比较

人工光源	功率/W	发光效率/(lm/W)	可视光比/%	使用寿命/h	标准价格/日元	光源成本/(日元/lm/1000h)
白炽灯	100	15	21	1000	190	127
低压钠灯	180	175	35	9000	29,800	105
高压钠灯	360	125	32	12000	24,500	45
金属卤化灯	400	110	30	6000	13,300	50
高频荧光灯	45	100	34	12000	1,400	26
微波灯	130	38	30	10000	30,000	607
红色 LED	0.04	20	90	50000	10	50
红色 LD	0.20	35	90	50000	500	1420

注：资料来源于《閉鎖型苗生産システムの開発と利用》，古在豊樹编，養賢堂，日本，1999。

灯的发射光谱范围在 350~750nm，峰值为 580nm，较接近太阳辐射。采用混合荧光粉制成的植物生长灯在红橙光区有一个峰值，在紫光区还有一个峰值，与叶绿素吸收光谱吻合。荧光灯光谱性能适合于植物生长，发光效率高，寿命较长，近年来多用于组织培养、种苗生产等人工光植物生产系统。

③ 高压水银灯　高压水银灯是一种高强度放电灯，其核心是放电管，管内装有主、副电极，并充有 202~405kPa 的水银蒸气和少量氩气，气体放电中水银分子增加并由于电子冲击引起激发和电离而产生辐射。在可见光区域有 5 条辐射谱线，分布在 405~559nm 的蓝绿光波段，光色呈浅蓝绿色。高压水银灯的红色光谱成分较少，还有 3.3% 左右的紫外辐射。其分光特性不太适合于植物生产，故主要用于日长补光，但较少使用。

④ 高压水银荧光灯　高压水银荧光灯是在高压水银灯的玻璃壳的内壁上涂荧光材料，使紫外辐射转化为可见光。根据所涂荧光材料不同，红色成分增加，光色得以改善。高压水银荧光灯的发光效率为 40~60lm/W，寿命在 5000h 左右。其发光效率略低于荧光灯，但其功率可高达 1000W，常用于设施园艺的光合补光。

⑤ 金属卤化灯　金属卤化灯是在高压汞灯的基础上发展起来的，它由一个透明玻璃外壳和一根耐高温的石英玻璃放电管组成，放电管内除汞蒸气外添加了溴化锡、碘化钠或碘化铊等金属化合物。灯点燃后，金属卤化物形成蒸气，在放电过程中，元素激发产生不同波长

的辐射，使灯的发光效率和光色得以改善。金属卤化灯的发光效率为 $80\sim120\text{lm/W}$，寿命在 6000h 左右，常用于设施园艺的光合补光。

⑥ 高压钠灯与低压钠灯　高压钠灯的结构与金属卤化灯类似，在灯泡内充高压钠蒸气，添加少量汞和氙等金属卤化物帮助起辉，灯泡寿命在 12000h。低压钠灯放电管内充以低压钠蒸气，只有 589nm 的发射波长，发光效率最高，是国内外园艺栽培中应用最广泛的人工光源，常用于光合补光。

⑦ LED 光源　近年来，在电子通讯行业广泛使用的 LED 制作成光源板应用到植物生产中。GaAIAs 的红色 LED（660nm）的发光效率达到了 22% 以上，GaN 的蓝色 LED（410nm，470nm）的发光效率也达到了 8% 以上，发蓝色光的 InGaN 半导体和发黄绿光的 YAG（Yttrium Aluminum Garnet）合金一体化的白色 LED 的发光效率在不断提高。LED 的单色光谱域宽在 $\pm20\text{nm}$ 左右，使用与植物光合作用和形态建成的光谱范围吻合。LED 光源板用于植物生产有如下的好处：a. 可调控光源的光质分布；b. 实现了与植物的近距照明；c. 脉冲照射能促进植物生长；d. 使植物生产设施小型化和高耐久性。但目前由于成本问题还没有得到普及。

⑧ LD 光源　激光具有小型、重量小、低电压、功率高、发光效率好、脉冲发光、干涉性好、寿命长等优点。AlGaAs 系的红色 LD（650nm）、AlGaAs 系的蓝色 LD（430nm，450nm）的发射光谱与叶绿素吸收光谱基本一致，因此，激光是适合于植物生产的。LD 光源的发光效率均在 60% 左右，目前仅有少数研究。

最早在植物生产中应用的人工光源是白炽灯，最普遍使用的是高压钠灯。高压钠灯主要用于兰花和秋海棠的补光光源、育种选拔或人工气象室的照明光源。金属卤化灯的青色光成分多且近似于自然光，所以常用于果树的补光照明。人工光源的光转换效率最高的是微波灯、其次是低压钠灯，然后是高压钠灯和荧光灯。周围气温 25℃、气流速度 0.2m/s 的环境条件下，高压钠灯和金属卤化物灯的表面温度会上升到 $150\sim200℃$，因此，来自这两种光源的长波辐射（1.5～15m）对植物的发热影响不可忽略。虽然高压钠灯和金属卤化灯的功率大，发光效率好，却必须与植物栽培面保持 1～2m 的距离才能基本保证植物栽培面的光合有效光量子流密度的均匀分布，且不至于灼伤植物，这样就造成了光利用效率的降低。相同环境条件下，荧光灯的管面温度只有 40℃，可以把荧光灯设置在距离植物 10～30cm 的位置，平行配置长管状荧光灯还可实现光合有效光量子流密度在植物栽培面的均匀分布。以光照周期 12h、使用 3 年左右即点灯时间为 12000h 来计算每 10klm 光束的光源成本及耗电费，荧光灯和高压钠灯的使用成本最低，这也是这两种光源在实际生产中得到广泛应用的主要原因。目前，LED 光源和 LD 光源在植物生产中实现实用化还需要一定时间（表 4-2-14）。

表 4-2-14　各种实用化人工光源的特征及应用范围

光源种类	特　征	应 用 范 围
白炽灯	发光效率低，红色光和远红色光的成分多，成本低廉	菊花、百合和康乃馨的开花控制；草莓的休眠抑制；大叶的长日处理；人工气象室用光源
荧光灯	发光效率好，发热少，光合成有效光谱对应，种类多，成本低	组织培养和种苗生产的照明；日长处理；人工气象室用光源
金属卤化灯	发光效率低，青色光成分多，近似于太阳光光谱	果树的补光照明；育种选拔等生物学研究用人工光源；人工气象室用光源
高压钠灯	功率高，发光效率好，红色光成分多，寿命长	兰花和秋海棠的补光照明；育种选拔等生物学研究用人工光源；人工气象室用光源

4.2.6.4 人工光照的计算与调节

人工光照计算中有三个主要的物理量：光源功率、设计照度和灯具数。任知其中两个量，便可求得第三个量。其计算的方法有：逐点计算法、利用系数法、单位容量法等。由于设定平面光照强度的影响因素较多，各种参数并不十分准确，计算结果有一定的误差是容许的。对实际使用的光照强度可通过调节光源距离、电压等进行调节。

（1）光源的类型

根据光源尺寸及光源与采光面之间距离的大小，设计光源可分为点光源、线光源、面光源、带状光源等。当计算点与光源的距离大于光源最大边或一直径的 5 倍时，该光也可按点光源计算。当光源的姜度与其长度相比小得多，且计算高度小于光源长度的 4 倍时，光源可按线光源计算。

白炽灯和高能灯可以看做是点光源，而荧光灯管可看做线光源。反光板可以使作物得到来自点光源和线光源的光更均匀，光照强度更大。

温室中常用光源为点光源或线光源，只有在人工气候室或小型试验温室中才可能用到面光源或带光源。为此，将主要介绍点光源并对要求照度的温室介绍整体，设备容量的计算方法。

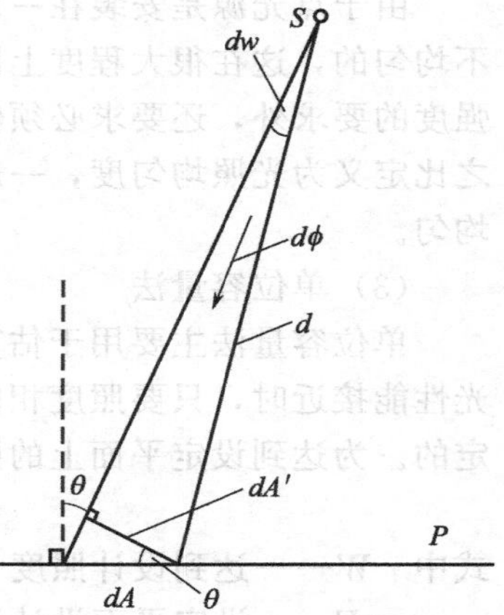

图 4-2-24　点光源对平面上
一个元面积的光照

（2）点光源逐点计算法

如图 4-2-24 所示，一点光源 S 对平面 P 上元面积 dA 的光照 E 等于入射到包含这一点的元面积上的光通量 $d\phi$ 除以该元面积 dA：

$$E = d\phi/dA \tag{4-2-67}$$

光源 S 向各个方向发射光通量，并照明平面 P。被照平面 P 上的元面积 dA 所截获的光通量 $d\phi$ 与发出光通量 $d\phi$ 的光源立体角 dw 之比称为该光源的发光强度 I，即：

$$I = d\phi/dw \tag{4-2-68}$$

$$E = Idw/dA \tag{4-2-69}$$

由此

从几何关系看 $dw = dA'/d^2$

式中　d——光源 S 到表面 P 的距离；

dA'——面积 dA 在垂直于光源方向的平面上的投影，$dA' = dA\cos\theta$；

θ——光源 S 在被照平面 P 上的入射角。

这样　　　　　　　　　$E = I\cos\theta/d^2 \tag{4-2-70}$

上式表明，离开灯一定距离的某一点上的光照度与此距离的平方成反比，也就是说，如果灯与作物之间的距离加倍，光照度将减少为原来的 1/4。因此，在设置灯的位置时，灯与作物之间的距离是影响种植区域的辐照度与光分布的一项重要因素。

由多点光源产生的照度等于每一光源分别产生照度的总和。即：

$$E = \sum_{i=1}^{n} \frac{I_i \cos\theta_i}{d_i^2} \tag{4-2-71}$$

点光源逐点计算法主要用在直射光灯具照射的场所，这时反射光影响较小。当墙面、屋面或室内遮阳幕（带铝箔遮阳幕）的反射光对点的光照影响较大时，可用附加照度系数 μ 进行修正。此外，由于光源老化、灯具污染、墙壁屋面污染等造成光通量下降对被照平面的光照也有一定影响，在设计中通常用维修系数 k 修正。

考虑上述因素后，点光源逐点计算法的通用公式为

$$E = \frac{\mu}{k} \sum_{i=1}^{n} \frac{I_i \cos\theta_i}{d_i^2} \qquad (4-2-72)$$

式中　μ——附加照度系数，与灯具类型、墙面、屋面反光系数、计算点位置等有关，一般
　　　　　$\mu = 1.05 \sim 1.5$；

　　　　k——维修系数，与灯具类型、环境条件等有关，一般 $k = 1.25 \sim 1.50$。

由于点光源是安装在一定高度分散布置的，所以照射到温室栽培面上各点的光照肯定是不均匀的，这在很大程度上回影响温室作物生长的一致性，因此，在光照设计中除满足光照强度的要求外，还要求必须保证一定的光和走啊均匀度。人工光照中将最小照度与最大照度之比定义为光照均匀度，一般要求光照均匀度应不小于0.7。因为光照越均匀，作物生长越均匀。

（3）单位容量法

单位容量法主要用于估算照明负荷总容量。在温室透光覆盖材料相同或材料的内表面反光性能接近时，只要照度相同，则它的单位工作面积上所需要的照明设备的总容量是比较稳定的。为达到设定平面上的照度 E，必需配置的照明设备的单位功率容量为：

$$W = E/q \qquad (4-2-73)$$

式中　W——达到设计照度 E 所需照明设备总容量，W/m^2；

　　　　E——设定平面设计光照强度，lx；

　　　　q——光源有效光照量，lm/W。

（4）利用系数法

利用系数法是一种简化的计算栽培床面平均照度的方法。其计算公式为

$$E = \frac{N\phi Uk}{A} \qquad (4-2-74)$$

式中　E——栽培床面设计平均照度，lx；

　　　　ϕ——光源额定光通量，lm；

　　　　N——光源数量；

　　　　k——维修系数；

　　　　U——利用系数；

　　　　A——工作面面积，m^2。

4.2.6.5　光照测量与调控

（1）光照测量

根据测量光辐射波段的不同，对应每种光照单位，测量光照的仪表分别有辐射表、照度计、光量子仪和光合有效辐射仪等。

① 辐射表

目前，测定光辐射的仪器主要是以测定吸收辐射所产生的热量为基础。黑体接受辐射后，热量增加、温度升高，其中温度升高的程度与接受的辐射能成正比，因此测定辐射，实际上就是测定黑体表面温度增加的情况。

辐射表分为总辐射表、直射辐射表和散射辐射表。辐射表测定的是单位时间单位面积上的总辐射能，单位为 W/m^2。

总辐射表测量的辐射光谱范围为 $300 \sim 3000nm$，受光面为平面，上面覆盖半球形玻璃罩，接受来自平面以上半球范围内的辐射，为了尽量减少来自玻璃罩的传热，一般将玻璃罩做成双层中空型。按照总辐射表感应面的结构不同，辐射表分为黑白片型和全黑型两种。黑

白片型辐射表受光平面为黑白相间的小方块，对应每个小方块接一个测温电极，从而形成两族电极，称为热电堆。山于黑白面吸收辐射量不同，黑白片间将产生温差，测定该温差值，即可相应地获得接受的辐射量。显然，这种仪器热电堆的低温端位于白片下，热端则位于黑片下，而全黑型辐射表热电堆的热端直接接触黑片，冷端则藏在仪器体内。

散射辐射的测定也是利用总辐射表。为了能够测到天空半球的散射辐射，仪器应水平安置，然后用固定在金属支杆顶端的圆片遮挡太阳直射光线使产生的阴影正好落在总辐射表的半圆球罩上。也有采用遮光环的，可以省去随太阳阴影的移动而要经常调节遮光圆片位置的麻烦，但需进行散射辐射测定值的修正，因为遮光环还遮掉了一大部分不应遮的天空。

直射辐射的数值，可以用总辐射数值减去散射辐射而获得。但在温室补光设计中一般常用总辐射，而很少独立使用直射辐射和散射辐射。

② 照度计

照度计是专用于测量光照度的仪表，测量的单位是 lx。由于光照度在温室光照设计中应用较多，所以照度计是温室光照测量中最常用的一种仪表，由于通用性强，相应地价格也较低。

照度计的光敏传感器是光电池，通常使用最多的光电池是硒光电池和硅光电池，它吸收光能后产生电能，进而推动一个小型电流计指示光照的大小。为获得准确的读数，照度计必须对光的颜色和余弦效应进行修正。对光颜色的修正是通过在光电池上加装一个滤光片以使输出与人眼的敏感性相适应；余弦效应的修正是因为硒光电池对垂直入射直线更为敏感。

由于其灵敏健，照度计还可用于获取辐射能（可见光＋紫外线＋红外线）的相对数值，并可对同一类型灯的输出进行比较，比如对两个荧光灯的光输出进行比较。但如果不对输出波段进行参数修正，则不能对一个荧光灯和一个白炽灯进行比较。

③ 光量子仪

光量子仪是专用于测定作物接收光量子数的仪表，其测定的单位是每平方米单位时间内的微爱因斯坦数 $[\mu E/(m^2 \cdot s)]$，主要用于研究作物光合作用，也可以用作测量光合有效辐射（PAR）。

光量子仪的光敏元件仍然是硅光电池。根据光电效应及光辐射与电流之间特定的物理关系，通过测定光电池的电流来获得吸收的光辐射量。假设与光合作用响关的辐射能限于 400～700nm 的光辐射波段，通过特殊滤光片的处理，按照不同光量子之间所具有能量的比例加以修正，最后将辐射能（400～700nm）换算成光量子数（假设 550nm 光量子的能量为 400～700nm 光量子的平均能量）。

（2）光照控制

光照环境的人工调控根据对调控光照要素的不同，分为光照强度的调控、光照周期的调控、光质的调控以及光照分布的调控几个方面，分别采取不同的调控手段（表 4-2-15）。

表 4-2-15　温室内光照环境的调控手段

光照强度的调控	内外遮光处理	光照周期的调控	人工光源补光
	光调节性覆盖材料的选用		遮光处理
	温室构造和建设方位的选择	光照分布的调控	人工光源的补光
	人工光源补光		反射板的利用
	反射板的利用		扩散型覆盖材料的利用
	覆盖材料的清洗和替换		温室的合理设计
光质的调控	覆盖材料的选择		
	采用特定光谱的光源补光		

注：本表制作的参考资料为《新施设园芸学》，古在豊樹・狩野敦等编，朝倉书店，日本，1992。

① 光照强度的调控　包括建造温室时的合理设计和在生产使用中温室内光照强度不满足植物光合作用对光照条件的要求时的调控两个方面，这里主要讲述后者。光照强度调控包括补光与遮光，称为光合补光与光合遮光调节。

a. 光合补光：设施内光照强度不足、不能满足光合作用要求时，需采用人工光源补光调节（光合补光），以促进作物生长。光合补光量应依据植物种类和生长发育阶段来确定，一般要求补光后光合有效光量子流密度在 $150mol/(m^2 \cdot s)$ 以上。

光合补光所需的人工光源的配置计算见前述人工光源的光照配置部分的内容。

通常低光照强度时的光能利用率较高。所以，人工光合补光的强度和时间应以单位产品的最大经济效益为依据。与光周期补光相比，光合补光要求提供较高的光照强度，消耗功率大，应采用发光效率较高的光源。低压钠灯发光效率最高，但其光谱为单一的黄色光，需和其他光源配合使用。高压钠灯光色较低压钠灯好，但光谱也较窄，主要为黄橙色光，宜与光谱分布较广的金属卤化灯配合使用。荧光灯可采用管内壁涂适当的混合荧光粉制成光色较好的植物生长灯，但由于单灯的功率较低，要达到一定的补光强度需要的灯数较多。由于温室内白昼时遮荫较多，故荧光灯多用于完全采用人工光照的组织培养室等。白炽灯发光效率低，辐射光谱主要在红外范围，可见光所占比例很小，且红光偏多，蓝光偏少，不宜用作光合补光的光源。

植物栽培面的光合有效光量子流密度达到一定强度并使其分布均匀是生产高品质植物的必要条件。人工光源的光照环境调控一般首先通过选择不同种类、不同功率的光源并设置到合理的位置，然后通过调光装置或设置遮光板和反射板来使植物栽培面的光合有效光量子流密度达到需要的强度。应尽量使光源发射的光合有效辐射能占光源消耗电能的比值尽可能大。尽量缩小光源与植物之间的距离和使用面式光源是改善光合有效光量子流密度分布均匀的有效手段。总之，合理设置光源及配套设备都应以提高植物栽培面接受的光合有效辐射，并被光合器官尽可能地吸收为前提条件。

b. 光合遮光　夏季当光照对于一些植物光照强度过大时，需采用遮阳幕（网）进行遮光调节（光合遮光）。幼苗移植、扦插后驯化缓苗、喜阴作物（兰科、天南星科、蕨类等）栽培都需要在夏季高温季节进行遮光处理。光合遮光主要目的是削减部分光热辐射，温室内仍需具有保证植物正常光合作用的光照强度，遮阳幕四周不需要严密遮蔽，一般遮光率40%～70%。遮光覆盖材料应根据不同的遮光目的进行选择（表4-2-16）。实际工程中用于光合遮光的遮阳材料有竹帘、白色聚乙烯纱网、黑色遮阳网、屋面涂白（用于室外），以及无纺布、缀铝膜（用于室内）等。

表 4-2-16　光调节性覆盖材料的利用目的和方法

调控类型	调控目的	利用资材
光照强度调控	遮光	塑料遮阳网、缀铝膜、白色涂料
	高温抑制	红外阻隔资材、遮光资材
	光量分布均匀化	光扩散型资材(加强纤维、皱折处理)
	光量增加	反射板等
光周期调控	花芽分化	高遮光率资材
光质调控	病虫害防治	紫外阻隔资材
	植物的形态调节	R/FR调节资材,用特定光谱的人工光源补光
	光合促进	光质转换资材,用特定光谱的人工光源补光

② 光周期调控　与光合有效光量子流密度和光质的调控相对比，光照时间的调控要容

易得多。植物生产中一般根据植物种类控制其光照时间，同时也通过间歇补光或遮光的方式调节光照时间。适当降低光照强度而延长光照时间、增加散射辐射的比例、间歇或强弱光照交替等均可大大提高植物的光利用效率。

a. 光周期补光：对光周期敏感的作物，当黑夜时间过长而影响作物的生长发育时，应进行人工光周期补光。人工光周期补光是作为调节作物生长发育的信息提供的，一般是为了促进或抑制作物的花芽分化，调节开花期，因此对补光强度的要求不高。光照周期补光的时间和强度、及使用光源依植物种类不同和补光目的而定。一般光照强度大于数十勒克斯即可，由于消耗功率不大，可以根据灯具费用选择价格便宜的白炽灯或荧光灯。

b. 光周期遮光：光照周期遮光的主要目的是延长暗期，保证短日照植物对最低连续暗期的要求以进行花芽分化等的调控。延长暗期要保证光照强度低于临界光照周期强度（一般在 $1 \sim 2 mol/(m^2 \cdot s)$，或 20lx 左右），通常采用黑布或黑色塑料薄膜在作物顶部和四周严密覆盖。光照周期遮光期间应加强通风，防止出现高温高湿环境而危害植株。

③ 光质调控　对光质调控研究最多的是对 R/B 比（即红光与蓝光的比例）和 R/FR 比（即红光与远红光的比例）的调控。自然光是由不同波长的连续光谱组成，因此调控方法可利用不同分光透过特性的覆盖材料。塑料覆盖材料可采用在其生产中添加不同助剂的方法，改变其分光透过特性，从而改变 R/B 比和 R/FR 比。近年来，通过改变温室覆盖材料的分光透过特性来控制植物生产的花芽分化、果叶着色等技术不断得到实际应用。某些塑料膜或玻璃板可过滤掉不需要的红色光或远红色光，以达到调节花卉的高度或抑制种苗徒长的效果。玻璃基本不透过紫外辐射，对花青素的显现、果色、花色和维生素的形成有一定影响，采用 PE 和 FRA 覆盖材料的温室能透过较多紫外辐射，种植茄子和紫色花卉等的品质和色度比玻璃温室好。

光质的调控也可以利用人工光源实现。人工光照中，选择不同分光光谱特性的人工光源组合，能够获得不同的光质环境，可以对不同栽培植物所需光质环境，选择合适的光源组合。

此外，光质的调控也可以选择具有所需补充波长光的人工光源补光来实现。许多研究成果表明，在自然光照前进行蓝色光的短时间补光可以促进蔬菜苗的生长，人工光条件下蓝色光、红色光、远红色光对植物生长有复合影响。在嫁接苗的驯化实验中，LED 光源比荧光灯和高压钠灯的效果要好。

随着 LED 和 LD 技术的不断普及，可以自由调节光质组成、光合有效光量子流密度和光照时间的 LED 光源装置将会得到普遍应用。近年来，为植物生产而开发的改良型高压钠灯和高频荧光灯不仅改善了光质的 R/B 比和 R/FR 比，也大大提高了光利用效率。

4.2.7　自动环境控制系统

4.2.7.1　温室环境控制系统概述

当温室环境控制设备一切到位，通过温室环境控制系统，使这些设备协调工作，以满足植物生长的需要。温室控制系统是指够按照一定规则控制温室的各种执行驱动设备，以达到控制温室环境的目的系统。一个完整的控制系统包括硬件部分和软件部分。温室控制系统根据控制方式可分为手动控制系统和自动控制系统。

（1）手动控制系统

手动控制系统的组成如图 4-2-25 所示。手动控制系统一般由继电器、接触器、按钮、限位开关等电气元件组成，简单可靠。一般来说，即使是温室自动控制系统，往往也包括有手动控制方式，手动控制系统是温室控制系统的基础。

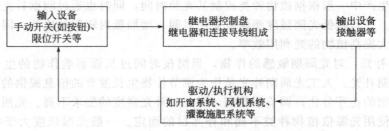

图 4-2-25 手动控制系统

(2) 自动控制系统

温室自动控制系统可分为数字式控制仪控制系统、控制器控制系统、计算机控制系统。

① 数字式控制仪控制系统 数字式控制仪控制系统的组成如图 4-2-26 所示。这种控制系统往往只对温室的某一环境因子进行控制。控制仪通过传感器对温室内的某一环境因子监测，并对其设定上限值和下限值，然后控制仪自动对驱动设备进行开启或关闭，从而使温室的该环境因子控制在设定的范围内。如温控仪可通过风机-湿帘降温等手段来调节温室的温度，这种系统由于成本较低，所以适用于对运行要求不高的温室。

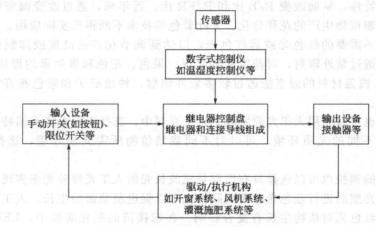

图 4-2-26 数字式控制仪控制系统

② 控制器控制系统 数字式控制仪采用单因子控制，在控制过程中只对某一要素进行控制，不考虑其他要素的影响和变化，局限性非常大。实际上影响作物生长的众多环境因子之间是相互制约、相互配合的，当某一环境要素发生变化时，相关的其他要素也要相应改变才能达到环境要素的优化组合。控制器控制系统就是采用了综合环境控制。这种控制方法根据作物对各种环境要素的配合关系，当某一要素发生变化时，其他要素自动做出相应改变和调整，能更好地优化环境组合条件。控制器控制系统由单片机系统或可编程控制器与输入输出设备及驱动/执行机构组成，见图 4-2-27。

③ 计算机控制系统 计算机控制系统有两类：一类由控制器控制系统与计算机系统构成，这类系统的控制器可以独立控制，将控制系统的大脑设置在计算机的主机中，计算机只需完成监视或数据处理工作，温室管理者可以利用微机进行文字处理及其他工作；另一类计算机作为专用的计算机，它是控制系统的大脑，不能用它从事其他工作。计算机控制系统组成如图 4-2-28。

就本质而言，控制器控制系统和计算机控制系统都是计算机控制系统。计算机系统使用了微机，工作人员有了更好的界面，操作非常方便和直观。

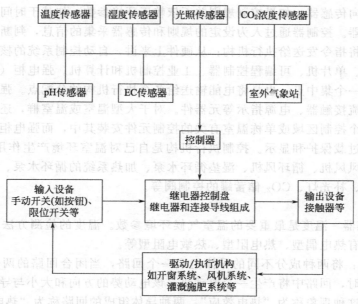

图 4-2-27 控制器控制系统

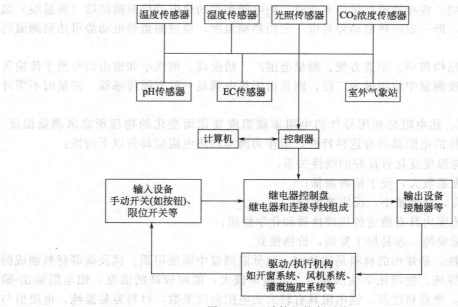

图 4-2-28 计算机控制系统

温室控制系统根据驱动/执行机构的不同,可分为开窗控制系统、风机控制系统、拉幕控制系统、风机湿帘水泵控制系统、补光控制系统、灌溉施肥控制系统、CO_2施肥控制系统、充气泵控制系统(双层充气膜温室专用)等。

在温室控制系统中,信息采集起着非常重要的作用。信息监测系统为自动控制系统提供环境要素的数据,是自动控制系统控制的依据。

4.2.7.2 控制硬件

控制系统主要有传感器和控制器组成。传感器负责将需要监测的物理量转化成可处理的电信号,温室中常用到的传感器包括温度传感器、湿度传感器、CO_2传感器、光照传感器、风速传感器、风向传感器；如果控制规则并不依赖于环境参数，如基于时间控制，这种控制系统不需要传感器。控制器通过人为设定的规则和传感器采集的信息，判断执行机构应采取的工作状态，并将指令发送给执行机构；从硬件上来讲，自动控制系统的核心控制部件可以是数字式控制仪、单片机、可编程控制器、工业控制机和计算机。强电柜（配电柜）是外部电源引入温室的一个集中点，也是将电能输送给各个执行机构的分配点。强电柜里装有断路器、熔断器、交流接触器、电源指示等元器件。对于大型温室或温室群，还需要安装单独的控制柜，将与一个控制区域或单栋温室有关的控制元件安装其中，而强电柜只负责电源的接入、分配，短路过载保护和显示。控制执行机构是自己对温室环境产生作用的设备、机构，常见的包括：通风风机、循环风机、湿垫循环水泵、加热系统的循环水泵、热风机，开窗电机，遮阳幕电机、补光灯、CO_2 储蓄罐的控制阀等。

（1）传感器

① 温度传感器　温度是最重要的温室气候环境参数。温度的检测方法和器件很多，常用的温度传感器有热电偶型、热电阻型、热敏电阻型等。

a. 热电偶型：将两种成分不同的导体组成一个回路，当闭合回路的两个接点分别置于不同的温度场中时，回路中将产生一个电动势。该电动势的方向和大小与导体的材料及两接点的温度有关。这种现象称为"热电效应"，两种导体组成的回路称为"热电偶"。热电偶的两个接点：一个称为工作端或热端；另一个称为自由端或冷端。热电偶温度传感器就是基于热电效应来工作的。在冷端温度保持不变时，热电偶产生的热电动势只随热端（测量端）温度的变化而变化，即一定的热电动势对应一定的热端温度，通过测量热电动势可达到测温的目的。

热电偶具有结构简单、制造方便、测量范围广、精度高、惯性小和输出信号便于传输等许多优点，在温度测量中应用极为广泛，而且由于热电偶是一种有源传感器，测量时不需外加电源。

b. 热电阻型：热电阻是利用导体的电阻率随温度变化而变化的物理现象来测量温度。几乎所有金属导体的电阻都具有这种特性，但作为测温的热电阻应具备以下特性：

ⅰ. 电阻值与温度变化有良好的线性关系；

ⅱ. 电阻温度系数大，便于精确测量；

ⅲ. 电阻率高，热容量小，反应速度快；

ⅳ. 在测温范围内具有稳定的物理性质和化学性质；

ⅴ. 材料质量要纯，容易加工复制，价格便宜。

根据以上特性，最常用的材料是铂和铜，在低温测量中则使用铟、锰及碳等材料制成的热电阻。铂易于提纯，物理化学性质稳定，电阻率较大，能耐较高的温度，铂电阻输出-输入特性接近线性，测量精度高。铜电阻具有较大的电阻温度系数，材料容易提纯，电阻值与温度之间接近线性关系，价格便宜，因此普遍应用在一些测量精度要求不高、测量范围较小（$-50 \sim 150℃$）的情况下。

c. 热敏电阻型：热敏电阻是一种利用半导体制成的敏感元件，其特点是电阻率随温度变化而显著变化。根据电阻值的温度特性，热敏电阻有正温度系数、负温度系数和临界热敏电阻几种类型。热敏电阻优点是灵敏度高；热惯性小，反应速度快；体积小，结构简单；使用方便，寿命长，易于实现远距离测量等。它的缺点是互换性较差。

② 湿度传感器　湿度可用绝对湿度和相对湿度来表示。相对湿度可用干湿球法检测，如果空气中的水汽未达到饱和状态，则干球温度和湿球温度之间就存在差值，根据干球温度和湿球温度之间的温度差就可得到空气的相对湿度。

直接检测湿度常用湿敏电阻传感器。湿敏电阻的制成原理是利用湿敏材料吸收空气中的水分而引起本身电阻值发生变化。几种具有代表性的湿敏电阻是半导体陶瓷湿敏元件、氯化锂湿敏电阻和有机高分子膜湿敏电阻。

a. 半导体陶瓷湿敏元件：铬酸镁-二氧化钛陶瓷湿敏元件是较常用的一种湿度传感器。这种材料的表面电阻值能在很宽的范围内随湿度的增加而变化，即使在高湿条件下，对其进行多次反复的热清洗，性能仍不改变。

b. 氯化锂湿敏电阻：氯化锂是潮解性盐，这种电解质溶液形成的薄膜能随空气中水蒸气的变化而吸湿或脱湿。感湿膜的电阻随空气相对湿度变化而变化，当空气中湿度增加时，感湿膜中盐的浓度降低。

c. 有机高分子膜湿敏电阻：有机高分子膜湿敏电阻是在氧化铝等陶瓷基板上设置梳状型电极，然后在其表面涂以既具有感湿性能，又有导电性能的高分子材料薄膜，再涂一层多孔质的高分子膜保护层。这种湿敏元件是利用水蒸气附着于感湿薄膜上，电阻值与相对湿度相对应这一性质。由于使用了高分子材料，所以适用于高温气体的测量。

③ CO_2 浓度传感器　检测 CO_2 浓度的传感器有气敏电阻 CO_2 浓度传感器、电化学 CO_2 传感器、红外 CO_2 浓度检测仪和阻抗型压电 CO_2 传感器等。气敏电阻是一种半导体敏感元件，它是利用 CO_2 的吸附而使半导体本身的电导率发生变化的机理来检测 CO_2 浓度。电化学 CO_2 传感器是基于 CO_2 浓度通过电化学反应转变成电信号的传感器。阻抗型压电 CO_2 传感器是基于串联式压电晶体对溶液电导率和介电常数的灵敏响应而制成的 CO_2 传感器。红外 CO_2 浓度检测仪是根据 CO_2 气体在红外区具有特定的吸收波长而制成的。

④ pH 测量仪　pH 值是溶液氢离子浓度的函数，它表示溶液的酸碱度。对于灌溉施肥和营养液栽培系统，检测溶液的 pH 值非常重要。检测 pH 值，目前多采用离子敏感元件，包括离子敏感选择性电极（ISE）和离子敏感场效应管（LSFET）。

⑤ EC 的测量　EC（Electrical Conductivity）是指电导率。在溶液中，离子浓度越高，导电能力越强，EC 值越大；离子浓度越低，EC 值越小。在营养液中，养分是以离子的形式存在，养分含量高则 EC 值大。所以测得营养液的 EC 值也就得到了营养液中养分的总浓度。EC 检测传感器有 DDC 系列、DDD 系列和 871FT 系列等型号的产品。

⑥ 光照强度传感器　光是一种以光速运动的粒子流，这种粒子称为光子。光子具有能量，不同频率光的光子能量是不同的，光的频率越高，光子能量越大。光照射在物体上，光子的能量就传递给电子，一个光子的全部能量一次性地被一个电子所吸收，电子得到光子传递的能量其状态就会发生变化，从而使受到光照射的物体产生相应的电效应，这种物理现象称为"光电效应"。通常把光电效应分为三类：在光线作用下能使电子溢出物体表面的现象称为外光电效应；在光线作用下能使物体的电阻率改变的现象称为内光电效应；在光线作用下物体产生一定方向电动势的现象称为光生伏特效应。

a. 光电管、光电倍增管：光电管和光电倍增管是利用外光电效应制成的光电元件。光电管是把半圆桶形金属片制成的阴极和位于阴极轴心的金属丝制成的阳极封装在抽成真空的玻璃壳内而制成。光电管可用来检测紫外光、可见光和红外线等。

光电倍增管具有放大光电流的作用，光电管具有极高的灵敏度。在输出电流 1mA 的情况下，它的光电特性在很宽的范围内具有良好的线性。由于这个优点，它多用于微光测量。

b. 光敏电阻：光敏电阻是采用半导体材料制作，利用内光电效应工作的光电元件。在光线的作用下其电阻值往往变小，这种现象称为光导效应，所以光敏电阻又称为光导管。光敏电阻的光电流与光照度之间的关系称为光电特性，由于光敏电阻的光电特性呈非线性，因而不宜做检测元件，但可做开关式光电传感器。

c. 光敏晶体管：光敏晶体管通常指光敏二极管和光敏三极管，它们的工作原理也是基于内光电效应，与光敏电阻的差别仅在于光线照射在半导体 PN 结上，PN 结参与了光电转换过程。

d. 光电池：光电池是一种自发式的光电元件，它受到光照时自身能产生一定方向的电动势，在不加电源的情况下，只要接通外电路，便有电流通过。光电池的种类很多，应用最广的是硅光电池。光电池的短路电流在很大范围内与光照度呈线性关系，因此用它来检测连续变化的光照强度。硅光电池有许多优点：性能稳定、光谱范围宽、频率特性好、转换效率高和能耐高温辐射等。

⑦ 风速传感器　风速作为温室外气象参数，对于温室窗户的保护、温室内温湿度的控制都起着重要的作用。风速传感器有风杯式风速传感器、射线路子式风速传感器和热敏电阻式风速传感器等。其中常用的是风杯式传感器，风杯的转速和风速具有一一对应的关系，测出风杯的转速从而得到风速。

⑧ 风向传感器　设施园艺中比较常用的风向传感器是电位器式风向传感器。电位器式风向传感器主要由风向标和线性电位器组成，风向标和线性电位器（0°～360°）的转轴固定在一起，风向标随风向的变化而转动，同时使线性电位器转轴转动，输出的电阻值也随着发生变化。通过电阻值和风向的对应关系而得到风向。

（2）控制器

① 数字式控制仪　数字式控制器采用单因子控制，不考虑其他因子的影响与变化。如温度控制器，可以根据温度来控制设备的开启；如湿度控制器可以用来控制与湿度相关的执行机构。这种数字控制仪一般都带有自配的传感器，并不需要额外另装传感器。如 OMEGA 温控器，可以接受热电偶、热阻传感器或其他标准信号（4～20mA，0～5V 等）作为输入信号来测量温度。显示屏上一个显示当前温度，一个显示设点温度，控制策略（如 PID，模糊控制）可以由用户自己设定。这种数字控制器相对于 PLC 或工控机价格便宜，安装简单，非常适合于控制要求不高的场合，如简易塑料大棚的风机控制。

② 控制器控制（PLC）　可编程控制器（Programmable Controller）是计算机家族中的一员，是为工业控制应用而设计制造的。早期的可编程控制器称作可编程逻辑控制器（Programmable Logic Controller），简称 PLC，它主要用来代替继电器实现逻辑控制。随着技术的发展，这种装置的功能已经大大超过了逻辑控制的范围，因此，今天这种装置称作可编程控制器，简称 PC。但是为了避免与个人计算机（Personal Computer）的简称混淆，所以将可编程控制器简称 PLC。PLC 的特点是：a. 可靠性高，抗干扰能力强；b. 硬件配套齐全，功能完善，适用性强；c. 易学易用，深受工程技术人员欢迎；d. 系统的设计、安装、调试工作量小，维护方便，容易改造；e. 体积小，重量轻，能耗低。

③ 单片机　单片微型计算机简称单片机，是典型的嵌入式微控制器（Microcontroller Unit），常用英文字母的缩写 MCU 表示单片机，单片机又称单片微控制器，它不是完成某一个逻辑功能的芯片，而是把一个计算机系统集成到一个芯片上。单片机由运算器、控制器、存储器、输入输出设备构成，相当于一个微型的计算机（最小系统），但和计算机相比，单片机缺少了外围设备等。概括地讲：一块芯片就成了一台计算机。它的体积小、质量轻、价格便宜，为学习、应用和开发提供了便利条件。同时，学习使用单片机是了解计算机原理与结构的最佳选择。它最早是被用在工业控制领域。由于单片机在工业控制领域的广泛应用，单片机由仅有 CPU 的专用处理器芯片发展而来。最早的设计理念是通过将大量外围设备和 CPU 集成在一个芯片中，使计算机系统更小，更容易集成进复杂的而对体积要求严格的控制设备当中。现代人类生活中所用的几乎每件有电子器件的产品中都会集成有单片机。

手机、电话、计算器、家用电器、电子玩具、掌上电脑等电子产品中都含有单片机。

④ 计算机 我们日常所用的个人计算机也具备上面介绍的控制器的组成部分（内存、CPU，通讯接口），因此适当的设置并加上一定的配件也可以用来控制温室环境。比如一个温室控制系统以计算机作为控制平台，传感器采集的温室环境信息通过一台数据采集仪传输到计算机，控制程序是 DOS 环境下编辑的 C 程序，输出信号通过计算机的 PCI 接口传输到固态继电器上，继电器用来控制温室执行机构。一般来说，当温室所需控制的设备不多，一台旧式电脑都可以承担起控制温室的任务，并不需要很高的配置。

4.2.7.3 控制软件

对于基于控制器的控制系统，只需将控制器按照控制的需要进行设置即可，并不需要编程控制软件。对于商用的温室控制系统，往往包括他们开发的控制软件。软件的安装、设置只需按照手册说明即可。现在国外常见的温室环境控制系统有加拿大的 Argus 系统，荷兰 Priva 公司的 Maximizer，以色列 Eldar-Shany 公司的 Galilieo2000。这些公司的控制软件都有图像用户界面，用户可以直观地设置控制参数、观察温室运行状况、环境历史数据。如果开发基于 PLC 的控制系统，则过程稍微复杂。一般 PLC 生产商都有自己的控制程序开发平台，用户可以在这个平台上编写控制程序。如西门子、ABB（现 Rockwell Automation）、三菱等厂商，都有自己或第三方的开发平台。比如一个温室控制系统，采用 Rockwell Automation 的 Micrologix1100PLC，下位机（即 PLC）软件开发在 RSLogix500 下进行，上位机（个人计算机）的人机界面在 GE 的 Proficy HMI/SCADA-IFIX5.1 环境下开发。如果开发基于微机、单片机的温室控制系统，则难度和工作量比较大。开发者需要在确定硬件设计的基础上，编写通讯模块、数据采集模块、显示模块等，花费很多精力用于与控制规则本身无关的工作。

如果控制系统是手动的，则无须设定规则，凭人的主观判断决定是否需要开启或关闭温室环境控制设备。如果是自动控制，则需要为控制器设定规则，以决定在何种情况下开启或关闭某种设备。最简单的策略是设点控制，就是当一个量超过或低于设定值，开启或关闭影响该控制量的设备。有时候为了防止设备的频繁开启，在设点上下设置一个缓冲区间（dead band），当控制量在缓冲区间内，设备保持其原来工作状态。对于可连续调节的控制输入量，可在设点控制的基础上引入改进的算法，如常见的 PID 算法。然而这种改进算法在温室控制中并不多见，因为在温室可连续调节的控制量不多。为数不多的有热水采暖的变速循环水泵，以改变循环水量来调节输热量，或根据回水温度调节三向混合阀门以达到调节供水温度的目的；还有一种情况是通风窗口大小根据开窗时间可连续调节。温室输入量还可以采用分级调节，如排风风机采用二级变速风机，加上风机分组控制，可以达到分级调节通风量的目的；通风窗口分级控制，窗口可以分成 0、25%、50%、75%、100% 五个等级，以适应不同自然通风需求。还有温室补光，将补光灯分组控制，以形成 2～3 个等级的补光强度。对于分级控制输入量，可以设置不同的环境设点与之对应。

在加热控制中，常见的做法是对昼夜分设不同的设点，以适应植物对昼夜温度不同的要求，抑或采用三阶段或四阶段变温控制。对热水采暖，通过调节循环水量或供水温度，来实现不同的室内温度。如果采用热风机，采用设点控制，以间歇式运作维持设点温度。

在温室降温中，室内温度设点从低到高，先从开启通风窗口起，其次开启遮阳幕，然后关闭通风窗口和打开风机，最后打开湿垫循环水泵，依次应对不同的热负荷。

温室补光也可以采取设点控制。当室内光照强度小于设定值时，打开补光灯。大于设定值时，关闭补光灯。也可以采用日累积光照量（daily light integral）来控制补光。原理是根据当前累积的光照量和当天剩余日照时数里预计的室外光照强度，决策下一个半小时或一小时内需要打开补光灯，以实现日累积光照量满足设定值。

二氧化碳施肥，在使用燃烧碳水化合物或瓶装二氧化碳的情况下可以实现自动控制。其他二氧化碳施肥方式不易实现自动化。荷兰 Venlo 温室通常采用燃烧天然气的方式产生二氧化碳，并把多余的热量以热水的形式储存起来。二氧化碳施用时间一般限于早上温室密闭期间；施用浓度维持在 1000～1500mL/L（1000～1500ppm）。

4.2.8　苗床系统

苗床系统由苗床架和苗床网还有苗床驱动系统构成。

4.2.8.1　苗床架的加工

加工前必须有材料合格证和材料复试报告，并且均应达到合格标准。

（1）结构组成

苗床由工作台、滚动体、支架三部分组成。

（2）结构规格

苗床规格按工作台的确定，即：长×宽，长度根据温室长度和结构确定，但最长不得超过 24000mm，宽度分为三个系列：1650mm、1800mm、1850mm。

（3）苗床高度

苗床高度一般在 810mm 左右，并可根据地面状况进行微调。苗床支架数目随苗床长度确定，间隔 2000mm 一个，两端伸出支架部分一般在 1000mm 左右，最长不得超过 1500mm。

4.2.8.2　苗床架的技术要求

（1）所有零件均需防锈处理。

（2）所有焊接均符合 JB/ZQ 4000.3—1986《焊接件通用技术要求》中的相应要求。

工作台网面采用符合《GBT 5330—2003 工业用金属丝编织方孔筛》规定的金属丝网，并应进行镀锌处理的标准件。

（3）所有连接件均须采用镀锌处理的标准件。

（4）苗床所能承受的最大负荷为 500N/m²。

4.2.8.3　苗床网的技术要求

苗床网也叫养花网、花架网、育苗网、植网床、热镀锌苗床网。苗床网采用优质低碳钢丝焊接而成，丝径一般是 2.5mm、3mm、4mm，网孔在 20～1500mm 之间，主要用于温室大棚养花、育苗。

苗床网的生产工艺：

① 采用优质低碳钢丝，拔成要求的丝径，并进行调直，切断。

② 根据要求的网孔调整机器，焊接成所需的网片尺寸。

③ 网片生产完成后，进行裁边处理，使网片更加美观。

④ 把网片进行热镀锌表面处理，这是最常见的一种表面处理方式，美观，耐酸碱，耐腐蚀，寿命长。也有部分按照要求表面为电镀锌或者浸塑。

⑤ 根据要求进行包装。

4.2.8.4　苗床的工程安装

① 根据苗床布置及安装图，安装苗床支架。

② 根据苗床图纸组合滚动体，并将滚动体置于苗床支架上。

③ 在滚动体上组合苗床工作台，并铺设钢丝网面。

④ 调整滚动体及工作台，使工作台在中间位置时，随滚动体的转动可分别向左或向右

移动 300mm。

⑤ 安装及调整整个温室内的苗床。

⑥ 逐个检查每个苗床，并修锉毛刺。

4.2.8.5 苗床的工程验收

（1）外观检验

温室内苗床排列整齐，高低一致，通长方向排列直线度误差不超过 15mm。苗床外观不得有明显的外观质量缺陷。

通过转动手轮移动工作台，可在任意两苗床间产生 600mm 的作业通道，通道误差不得超过 ±50mm。

工作台不得与温室周边的立柱、暖气及其它设施发生干涉现象。

（2）单个苗床检验应符合以下条件

苗床工作台四周不得有毛刺；

整个苗床宽度误差不得超过 10mm；

转动手柄应转动灵活，工作台移动平稳。

（3）负载检验

根据温室内配置温室的型号，每一型号随机抽一台，作如下负载检验。

静负载检验：根据苗床面积，按每平方米 500N，给苗床加载 24h 后卸载，苗床不应有外观上的明显变形。

防倾翻检验：以工作台中心线为界，按每平方米 100N 的载荷加在其中一侧，然后转动手轮，使工作台分别移至两个极端位置，工作台不得倾翻。

5　温室工厂化生产工程工艺

5.1　温室自动化生产特点与生产方式

环境是制约现代农业发展的一个重要因素。利用温室设施对植物进行保护地生产，是减少自然气候条件限制、创造植物周年适宜生产环境的一个基本前提。

5.1.1　温室工程设施生产的作用

设施园艺是指在露地不适于园艺作物生长发育的季节或区域，利用温室等特定设施、设备，人为创造适合于作物生长发育的小气候环境，根据人们的需要，有计划地生产安全、优质、高产、高效的蔬菜、花卉、水果等园艺产品的一种环境调控农业。与传统农业生产不同，设施生产突出了对不良环境条件的调控能力，通过采用现代科学技术，进行可控条件下的生产，能不同程度的减轻或防止露地生产条件下自然灾害和恶劣环境对农业生产的危害，消除了作物生产的季节性和区域性，因而可以实现周年生产、周年上市，使有限的土地获得更多的产出。以蔬菜为例，设施进行生产主要有以下几方面的作用。

① 育苗　在不宜进行幼苗培育的季节，利用风障、阳畦、遮荫棚、温床、塑料大棚及温室等培育蔬菜幼苗，以实现提早定植，获得早熟产品。

② 越冬或越夏栽培　利用设施进行耐寒性蔬菜的冬前栽培和安全越冬，实现早春收获；利用遮荫、避雨或具备降温条件的设施，进行高温季节作物的栽培。

③ 早熟或延后栽培　利用设施的防寒保温或加温作用，进行幼苗提前定植，以获得早熟产品；利用设施栽培，即使在早霜出现后，仍能保证植株继续生长，以延长蔬菜的供应期。

④ 软化栽培　通过棚、室（窖）或其他途径，为形成的鳞茎、根、植株或种子创造条件，促使其在遮光的条件下生长，生产黄化蔬菜产品如韭黄、蒜黄等以及进行芽菜生产。

⑤ 假植栽培或越冬贮藏　秋、冬季对在露地已长成或半长成的蔬菜连根掘起，密集围栽于棚、阳畦等设施中使其仍能保持一定的生长势，经假植后于冬、春季供应新鲜蔬菜。将植株贮藏或埋植于保护性设施中，防止冻害发生，确保其安全越冬或采种。

⑥ 利用设施进行园艺作物的无土栽培　传统农业离不开土壤，无土栽培则不需要天然土壤，而是将作物所需要的各种矿物质营养元素配制成营养液，通过不同的供液方式供给作物根系，使之正常生长发育获得产品。

5.1.2　温室工程设施生产的特点

设施园艺生产中，为确保作物生长发育所需的环境条件，使用的设施、设备种类繁多，功能各异，满足不同季节栽培需要。因此，与露地作物生产相比，具有以下特点。

① 根据生产目的选用不同设施类型　在我国，用于作物生产的园艺设施主要包括塑料大棚、单栋和连栋温室等大型设施，中小棚、改良阳畦等中小型设施，以及风障、冷床、温床，简易覆盖、地膜覆盖等简易设施。各种设施性能不同，作用也不同。大型设施通常现代

化程度比较高，采用的技术较为先进，各种设施设备配套较为完善，环境调控能力较强，能满足周年生产的需要。但其投资要比中小型及简易设施高出几倍到几十倍，运行成本也较高，对技术的要求严格。因此，在发展设施园艺生产时，必须按照经济规律和自然规律确定发展的重点，考虑资金、劳力、技术实力的使用，结合自身的条件，根据当地的自然气候条件、市场需要、栽培季节、栽培目的和生产的可能性，选择适宜的设施类型生产。

② 高投入、高产出　设施园艺生产除了设施、设备本身需要较大的投资外，还需要加大生产投资，才能在单位面积上获得最高的产量，最优质的产品，提早或延长（延后）产品供应期，提高生产率，增加收益，否则对生产不利，影响发展。

③ 生产环境可控　设施生产中的环境条件，如温度、光照、湿度、营养、水分及气体等，都可以通过调节和控制创造出一个适合于作物生长的人工小气候环境。因此，无论生产季节是否适宜，都可满足作物生长发育的需要。而环境调控设备运行的好坏和调控能力的高低，将直接影响产品的产量和品质，从而影响生产效益。

④ 要求较高的管理技术　设施生产较露地栽培要求严格，技术复杂。生产者首先必须了解不同园艺作物在不同生育阶段对外界环境条件的要求，并掌握设施的性能及其设施内部环境变化的规律，协调好小气候环境与自然环境之间的关系，才能使作物能始终获得适宜的生长发育环境。设施园艺本身涉及生物科学、环境科学和工程科学等多个学科，生产者必须具备各方面的知识。不但要懂得生产技术，还要善于经营管理，对市场有足够的洞察力。只有这样，才能确保设施生产的良性发展。

⑤ 设施生产与自然资源的充分利用　尽管设施生产可实现环境可控，但一味强调人工创造环境，势必导致生产运行成本过高，影响生产的经济效益。事实上，设施园艺生产的地域性较强。如发展日光温室，应选择冬季晴天多、光照充足的地区；又如，有些地区有较为丰富的地热资源和工业余热，可用来发展加温温室。因此，发展设施园艺生产，一定要因地制宜，充分利用好当地的自然资源。

⑥ 有利于实现农业生产的专业化、规模化和产业化　大型设施园艺一经建成必须进行周年生产，以提高设施的利用率。由于设施环境的可控，只要有先进的生产技术和科学的管理作后盾，作物生产过程是完全可以按人为给定的模式进行的，从而使农业生产的专业化、规模化和产业化成为可能。

5.1.3　温室工程设施生产环境特点及调控措施

5.1.3.1　光照

（1）园艺设施光环境的特点

设施内的光照条件受设施的设施结构、建筑方位、透光屋面形状、大小以及覆盖材料特性等多种因素的影响，造成设施内的光照、光质、光照时数和光的分布与露地存在较大差异。园艺设施内的光环境主要特点有：

① 总辐射量减少，光照强度减弱　由于覆盖材料及设施结构的遮光，园艺设施内的光照强度一般均比自然光照弱15%～50%。覆盖材料的吸收、反射及覆盖材料内壁结露对光的吸收、折射等的作用，使得内部的光照比自然光照弱，尤其在冬春季节或阴、雨、雪天，内部的透光率一般只有50%～70%。此外，如果透明覆盖材料的洁净度和老化程度也会降低室内的总辐射量。

② 光照时数变短　设施内光照时间比自然光照时数短。比如在北方地区冬季，为了防

寒保温，往往日出后揭开外保温覆盖材料，日落前铺放，使得设施内光照时间较露地短，平均光照时数只有 $7 \sim 8h$，高纬度地区甚至不足 $6h$，远不能满足作物生长发育对光照时间的要求。

③ 光量分布不均　由于设施内不同位置的光量不同，无论在水平方向还是垂直方向上，设施内光照强度均存在差异，使得地面上的光量分布不均，而在某些部位易形成弱光带。

④ 光质变化　由于各种覆盖材料的光谱特性不同，对各个波段的吸收、反射和投射能力存在差异，造成进入室内太阳辐射的光谱能量分布不同，使得设施内的光质与设施外也有差异。

（2）园艺设施内光照的调控

根据园艺设施内光照分布的特点，可采取不同的措施增加光照强度，并使光照分布均匀。

① 合理进行方位规划设计　根据当地的地理情况、气候特点进行温室布置，确定合适的建筑方位，一般认为日光温室以东西走向、坐北朝南为优，其它温室如以冬季生产为主时，往往采用东西走向的建筑方位，但若以春秋栽培为主的，则以南北走向为优。

② 选用透光率高的覆盖材料　不同的覆盖材料透光率具有较大差异，应选用透光率高、耐受性强的材料作为覆盖材料。塑料薄膜宜选用多功能复合膜。

③ 改进管理措施　在设施使用过程中，应经常清洁覆盖材料，提高透光率。在保温的前提下，尽可能早揭晚盖外覆盖保温材料，以延长光照时间。通过加强植株管理，合理密植，及时摘除老叶，增加植株中下部的光照。通过采用反光地膜覆盖和在温室内张挂反光幕的方式，改善温室内的光照分布不均匀状况。

④ 人工补光调节　人工补光具有两个目的：一是延长光照时间，称为人工光周期补光，是缩短黑夜时间，延长日光时间的补光措施，一般用于园艺植物开花期的调节；另一个目的是人工光合补光，当自然光照不足影响作物光合作用时，采用人工光源以补充光合能量的补光方式，一般用于光照比较弱的冬春季节。

⑤ 遮光　在盛夏季节，强光往往会抑制光合作用甚至影响作物生长发育，采用一定透光率的遮光材料进行遮光处理，可以有效降低设施内的光照强度，并降低设施内的温度。

5.1.3.2　温度

（1）园艺设施的温度变化特征

太阳辐射是温室热量的主要来源。太阳短波辐射进入温室被地面或作物吸收，而地面和作物的长波辐射却很少能向室外透射，因此温室将太阳辐射转化为热能使室内气温升高。此外，设施内是一个相对封闭的空间，通风状况与露地有明显不同，造成设施内的温度变化与室外具有较大差异，主要表现在以下几个方面。

① 温度高，日温差大　在不加温的条件下，园艺设施的温室效应可使设施内的温度高于外界气温。设施内的最高温度和最低温度出现的时间迟于露地，日温差显著大于露地，容积小的设施更为显著。以塑料大棚为例，在大棚密闭的情况下，晴天大棚内的温度上升迅速，昼夜温差可达 $30^{\circ}\mathrm{C}$。加温温室可通过加温方式提高夜晚温度，保持较小的日温差。据布辛格研究，温室效应主要是因为设施内外空气交换微弱，从而使储蓄的热量不易损失，其对温室效应的贡献率占 72%。其次是由于覆盖材料的保温作用，其贡献率占 28%。此外，温室效应以及设施内的日温差与太阳辐射的强弱、保温比、覆盖材料以及设施方位等有关。

② 设施内的温度分布　园艺设施内的温度分布并不均匀。受太阳辐射的不均匀性，采

暖系统和降温系统的布置和室外气象等多种因素的影响，室内水平方向和垂直方向都存在温差。在早春或冬季，边缘地带的气温和地温比内部低很多，而且设施园艺面积越小边缘低温带越大。外界气温越低，或因加热而引起较大的室内外温差越大，则水平温差越大。在垂直方向，热空气上浮，冷空气下沉，因此温室上部气温高于下部。

（2）园艺设施内温度的调控

园艺设施内的温度调节控制包括保温、加温和降温3个方面。

① 设施的保温方式　通过适当降低园艺设施的高度，减小维护结构的表面积，减小设施的散热面积，有利于提高设施的温度。对于覆盖材料的选择，则主要考虑覆盖材料白天对太阳辐射能的透过性和夜晚对长波辐射的阻隔性。在覆盖方式的选择上，采用多层覆盖的保温效果明显优于单层覆盖，我国长江流域一带塑料大棚近年推广"三棚五幕"多重覆盖保温方式，这是利用大棚＋中棚＋小棚，再加地膜和小拱棚外面覆盖一层草苫或厚无纺布，使该地区喜温果菜能进行冬春茬栽培，显著提高大棚利用率和增加经济。

② 设施的加温方式　设施加温有热风采暖、热水采暖、电热采暖、辐射采暖等多种方式，其加温效果、设备费用、运行费用具有很大差异。热水采暖的效果最稳定，但一次性投资大，适用于大型温室的供暖；热风采暖的一次性投资大约只有热水采暖的1/5，但运行费用较高，适用于各种类型的塑料棚；电热采暖的热效率较高，但耗电多，主要适用于苗床的育苗；辐射采暖是利用液化石油气燃烧取暖的方式，耗气较多，仅适用于临时辅助采暖。

③ 设施的降温方式　通过遮阳方法，减少进入设施内的太阳辐射能，在夏季强光照条件下，遮光20％～30％，可使设施内的温度降低4～6℃。现代化的温室配备内、外两套帘幕系统，采用外遮阳降温的效果优于内遮阳。通过蒸发冷却的方式，增加设施内的潜热消耗，在高温季节常采用喷雾降温和湿帘-风机降温，通过蒸发作用降低设施内的温度。这种降温的效果较好，但设施内的相对湿度相应增加，在使用过程中应注意除湿。此外，增加大功率的风机，可以增大设施的通风换气量，对于面积较大的温室，采用风机进行强制通风是有效的降温方式。

5.1.3.3　湿度

（1）园艺设施的湿度变化特征

① 空气湿度大　设施园艺湿度环境的突出特点就是内部较高的湿度，并且受到气象、加温及通风换气等因素的影响。园艺设施内的相对湿度一般能够达到70％以上；阴天或者灌水后几乎都在90％以上；夜间甚至能够达到100％的饱和状态。

② 日变化和季节变化较大　园艺设施另外一个突出的特征就是明显的日变化和季节变化。日变化表现为夜间湿度高，白天湿度低，其湿度日较差可达到20％～40％。夜间由于较低的外界气温，湿空气容易聚冷而产生"雾"，从而在设施内表面较冷的地方出现冷凝水滴，导致作物或床面沾湿。白天，随着设施内温度的不断升高，湿度逐渐下降，附着在内表面的水滴也逐渐消失。季节变化一般是低温季节相对湿度较高，高温季节相对湿度较低。

另外，设施结构对室内湿度也有很大影响。一般情况下，空间较大的设施湿度和湿度日变化都小，但局部湿差大；而空间较小的设施内湿度和湿度日变化相对较大，但局部湿差较小。密封性好、无加温条件的设施内湿度往往更高。设施内土壤的湿度通常比露地大，加之施肥量大，且无雨水冲刷，土壤中盐类积聚明显，土壤的溶液浓度较高。

（2）园艺设施内湿度的调控

园艺设施的湿度调控主要涉及除湿和增湿两方面。调控的途径主要包括空气湿度调节和土壤湿度调节。

降低设施内的湿度一方面可以通过降低设施内空气的相对湿度，通过通风换气、加热除湿等方式实现。通风换气是降低设施内空气湿度最经济有效的途径，在设施内可以通过开启自然通风系统和强制通风系统来实现。通过加温除湿也是降低设施内湿度的有效方法，但这种方法仅适用于冬季气温比较低的情况下。另一方面通过覆盖地膜、改变灌溉方式等调节土壤湿度的措施来除湿。覆盖地膜可以有效降低设施内土壤表面的蒸发量，覆膜前夜间空气相对湿度高达95%～100%，覆膜后可使相对湿度降低到75%～80%；通过改变设施内的灌溉方式亦可有效降低设施内的湿度，采用滴灌和膜下灌溉方式，可以降低土壤中的水分含量，从而减少土壤的水分蒸发量，达到减小设施内空气相对湿度的目的。园艺设施内降低湿度还可以采用专业的除湿机，虽然效果较好，但相对成本较高，目前仅在国外的一些小型温室中使用。

增加设施内的湿度可以通过喷雾加湿、湿帘加湿两条途径实现。喷雾加湿又有电动喷雾加湿器、离心式喷雾器、超声波喷雾等多种加湿方式，可以根据生产目的选择。湿帘加湿一般是与降温处理同步进行，在降温的同时，增加了设施内的空气湿度。

5.1.3.4 气体环境

（1）设施内气体环境变化特点

由于气体环境中的二氧化碳、氧气等成分对作物的光合作用和呼吸作用起着十分重要的作用，其含量的高低，不仅会影响作物的产量，而且还会影响作物的品质。二氧化碳是植物光合作用的原料。国内外大量试验证明，设施内人工增施二氧化碳，能显著提高作物的产量和质量，可使叶面积增大，叶数增多，叶片增厚，光合率提高；根系增多，生长速度加快，干鲜重提高。氧气是作物生命活动中不可缺少的因子。由于空气中氧含量充足，一般情况下，地上部分植株生长发育过程中所需的氧气能完全满足要求。而地下部分的根系发育，特别是须根及根毛的形成，必须要求土壤中含有足够的氧，否则会影响其根系的生长，引起根部危害，甚至导致其窒息死亡。此外，在种子萌发过程中要求保证氧的供应，否则会因酒精发酵毒害种子，使其丧失发芽能力。

大气的成分比较复杂，有些气体（如氧气、亚硝酸气、二氧化硫、一氧化碳等）对园艺作物有毒害作用。由于设施生产是一个相对封闭的空间，一旦存在有害气体，对作物生产所造成的影响远大于露地生产，因此在设施生产中一定要给予重视。如氨气和亚硝酸气主要是由于氮肥过多造成的，因次，可通过少施氮肥，追肥后及时灌水等减小其危害。又如，二氧化硫和一氧化碳是由于温室加温煤炭不完全燃烧所致，应选用含硫低的无烟煤，注意燃烧充分，避免烟道漏烟，注意通风换气等。

设施生产是在一个密闭或半密闭系统下进行的，空气流动性小，气体均匀性较差，与外界交换很少，往往造成园艺作物生长需要的气体严重缺乏，产生一些对园艺作物生长不利或有害的气体又不能及时排出，因此，设施内进行合理的气体调控是非常必要的。

（2）设施内的气体环境调节控制

设施内的气体环境调控主要涉及二氧化碳的补充以及有害、有毒气体的预防两个方面。

目前园艺设施内补充二氧化碳的措施有有机肥发酵、燃烧天然气、燃烧白煤油、释放液态二氧化碳和固态二氧化碳、燃烧煤和焦炭、通过化学反应等方法；国内比较常见的做法是燃烧天然气和通过化学反应的方法，国外则普遍使用燃烧白煤油和释放液态二氧化碳的方法。

预防有害、有毒气体需要根据有害气体产生的原因，有针对性地采取措施。生产中不使用未经腐熟的有机肥，改进加温方式，若必须要在设施内采用燃煤加温时，一定要安装烟道，以便有害气体能充分排出，以塑料薄膜作为覆盖材料时，要在薄膜生产过程中禁止使用正丁酯、邻苯二甲酸二异丁酯、己二酸二辛酯等原料，以免在使用过程中产生有害气体。在设施的使用过程中注意通风换气，能有效降低有害气体的危害，并可补充设施内的二氧化碳的含量。

5.1.4 温室工程设施生产方式

5.1.4.1 设施生产土壤栽培

（1）设施土壤栽培的特点

设施土壤栽培目前仍是设施农业的主要栽培方式，尤其是日光温室设施蔬菜和果树栽培，主要采用土壤栽培方式。设施土壤栽培与露地栽培的土壤相比，主要有以下特点。

① 易产生盐分积累　由于设施内温度高加上覆盖物又阻隔了雨水淋溶，而且设施内种植作物多，水肥用量大，导致栽培过程中大量的肥料留存在土壤内。随着土壤水分不断蒸发和作物的吸收利用，土壤深层盐分会随着水分不断跑到土壤表层。这就导致土壤表层盐分浓度不断提高，土壤发生次生盐渍化，进而造成作物根系吸肥吸水困难，施肥效果差，作物品质降低。

② 易酸化　如果设土壤栽培长期施用未经充分腐熟的有机肥料和化肥，特别是大量施用氮肥和含氯化肥等生理酸性肥料，易造成土壤酸化。土壤酸化导致土壤土传病害加重，土壤板结，物理性质变差，作物抗逆性差，作物品质变差。

③ 易造成养分不平衡　设施土壤主要种植经济价值高的作物，常年连作而且复种指数较高，易导致土壤养分不平衡等一系列土壤障碍因子。

（2）实现设施土壤可持续利用的措施

为实现设施土壤的可持续利用，设施土壤栽培时，应采用设施土壤清洁栽培模式和相关配套技术，即通过合理供水供肥措施、环境调节措施、栽培技术等，来控制土壤污染和次生盐渍化。具体措施包括：

① 轮作替代连作，改善土壤的理化性质。轮作可减轻或防治土传病害，还可减少土壤养分不平衡的出现以及土壤养分不平衡所带来的各类植物生长障碍。

② 增加有机肥料的使用以代替或部分替代化学肥料，施肥时兼顾氮磷钾，控制施肥量。有机肥含有各种有益微生物，结合深耕土壤，不仅可以改良土壤结构，改善土壤通透性，活化土壤，提高土壤保肥保水能力，提高土温，促进蔬菜作物的根系生长，增强自身抗盐能力，同时能增加土壤有机质含量，降低盐分的积累。

③ 改进灌溉技术。采用各种节水节肥技术，如地膜覆盖、膜下滴灌技术等，减少土表水分蒸发，从而减缓土壤深层盐分的上升速度。在农闲季节用淡水淋洗等方法，控制作物整个生长过程中化学肥料和水资源，实现土壤生态的可恢复性生产。

5.1.4.2 设施生产无土栽培

无土栽培是指不用自然土壤，而用营养液或固体基质加营养液栽培作物的方法。固体基质或营养液替代天然土壤向作物提供良好的水、肥、气、热等根际合适环境条件，使作物完成从苗期开始和之后的整个生命周期。无土栽培技术的出现，使人类获得了对作物生长全部环境条件进行精密控制的能力，从而使得农业生产有可能彻底摆脱自然条件的限制，依照人们的愿望，向着机械化、工厂化和自动化的方向发展，从而使农作物的产量大幅度提高。

目前美国和日本基本全面普及了营养液无土栽培技术。日本大面积推广水培和水汽耕（无基质）技术，其他国家普遍采用基质栽培（以基质固定根系，营养液循环使用），以及椰子壳、草炭、珍珠岩、岩棉、蛭石等基质被广泛采用。基质栽培方式多种多样，如日本的深液流循环式水耕，栽培槽中加入营养液深 10cm，槽上放置岩棉块，植物定植在岩棉板上，植物根系生长在可调温的流动循环的营养液中。美国的基质袋培，植物栽种在栽培袋中。以色列的蔬菜和花卉生产，采用的是营养液循环滴灌栽培，把基质铺于铺有薄膜的栽培畦上或水泥槽中，营养液通过滴灌系统进入植物根系周围，再通过特定的装置回收循环使用。

（1）无土栽培的特点

① 作物长势强、产量高、品质好　无土栽培和设施园艺相结合能合理调节作物生长的光、温、水、肥等环境条件，使作物的生产潜力得到最大发挥。与土壤栽培相比，无土栽培的植物生长速度快、长势强，例如西瓜播种后 60d，无土栽培的株高、叶片数、相对最大叶面积分别为土壤栽培的 3.6 倍、2.2 倍和 1.8 倍；作物产量可成倍提高，如表 5-1-1。

表 5-1-1　无土栽培与土壤栽培作物产量比较（郭世荣，2003）

作物	土壤栽培 /(t/hm²)	无土栽培 /(t/hm²)	两者相差倍数	作物	土壤栽培 /(t/hm²)	无土栽培 /(t/hm²)	两者相差倍数
番茄	10.5～25.0	150.0～600.0	12～20	马铃薯	7.4	154.4	20.8
生菜	10	23.5	2.4	小麦	0.7	4.6	6.6
黄瓜	33.5	100.0～900.0	3～25	大豆	0.7	1.7	2.4
豌豆	2.5	22.2	8.9	水稻	1.1	5.6	5.1
甘蓝	14.8	20.5	1.4				

无土栽培作物不仅产量高，而且品质好、鲜嫩、洁净、无公害。可生产绿色食品，产品档次高。无土栽培生产的芥菜、芹菜、小白菜、生菜等绿叶蔬菜生长速度快，粗纤维含量低，维生素 C 含量高；番茄、黄瓜、甜瓜等的瓜果蔬菜着色均匀、外观整齐、口感好、营养价值高；香石竹等花卉花期长、香味浓、开花数多。例如，无土栽培番茄维生素 C 含量 154.9mg/kg，比土壤栽培提高 25％；无土栽培香石竹单株开花数为 9 朵，裂萼率仅为 8％，无土栽培芥菜粗纤维含量 2.8％仅为土壤栽培的 61％；而土壤栽培则分别为 5 朵和 90％。

② 省水、省力、省工、省肥　无土栽培可以避免土壤灌溉养分、水分的流失和渗漏以及土壤微生物的吸收固定，保证充分被作物吸收利用，提高利用效率。无土栽培的耗水量只有土壤栽培的 1/10～1/4，尤其是对于种植在干旱缺水地区的作物有着极其重要的意义，是发展节水型农业的有效措施之一；土壤栽培肥料利用率只有 50％左右，甚至低至 20％～30％，大部分养分被损失掉，而封闭式营养液循环栽培，肥料利用率高达 90％以上。即使是开放式无土栽培系统，营养液的流失也很少；随着无土栽培生产管理设施中计算机和智能系统的使用，逐步实现了机械化和自动化操作，省去了繁重的翻地、中耕、整畦、除草等体力劳动，大大降低了劳动强度，提高了劳动生产率，这与工业生产的方式相似。

③ 减少病虫害，避免土壤连作障碍　在相对封闭的环境条件下，无土栽培和园艺设施相结合，在一定程度上避免了外界环境和土壤病原菌及害虫的发生。

④ 农业生产空间得到极大扩展，使作物生产摆脱了土壤的约束　可极大地扩展农业生产的可利用空间。空闲的荒地、荒山、海岛、河滩，甚至戈壁滩、沙漠都可采用无土栽培进行作物生产，特别在人口密集的城市，可利用阳台、楼顶凉台等空间进行作物栽培，同时还

改善了生存环境，在温室等园艺设施内可发展多层立体栽培，充分利用空间、挖掘园艺设施的农业生产潜力。

⑤ 有利于实现农业生产现代化　无土栽培通过多学科、多种技术的融合和现代化仪器、仪表、操作机械的使用，属一种可控环境的现代化农业生产。有利于实现农业机械化、自动化，从而逐步走向工业化、现代化。"植物工厂"是目前世界上现代化农业的标志。我国近十年来引进和兴建的现代化温室及配套的无土栽培技术，有力地推动了我国农业现代化的进程。

尽管无土栽培有很多优点，但在实用化的进程中也存在不少问题，如成本高、一次性投资大等，因此必须提高管理水平。从理论上讲，无土栽培中如何确定矿质营养的生理指标以解决某些作物的早衰等问题，同时要注意避免管理上的盲目性，要采用更加有效的手段，加强无土栽培中的病虫害防治，基质和营养液的消毒，废弃基质的处理等问题，都需要进一步研究解决。人类可以用无土栽培去代替部分土培，但不能完全取代土壤。土壤是人类赖以生存的物质基础，人类不能没有它。

（2）无土栽培的类型及其特点

① 水培　水培是指植物根系直接生长在营养液层中的无土栽培方式，它是无土栽培中最早采用的一种形式。其显著特征是能够稳定地供给植物根系充足的养分，并能很好地支持、固定根系，营养液在栽培槽内呈流动的状态，以增加空气的含量。根据营养液层的深度，水培可分为营养液膜技术（NFT）、深液流技术（DFT）和浮板毛管技术（FCH）等。

a. 营养液膜技术（NFT）：营养液层较浅，植株直接放在种植槽槽底，根系在槽底生长，大部分根系裸露在潮湿空气中，而营养液以一浅层在槽底流动，主要由种植槽、贮液池、营养液循环流动装置等组成。该技术主要适用于种植莴苣、草莓、甜椒、番茄、茄子、甜瓜等作物的栽培。

b. 深液流技术（DFT）：其栽培方式与营养液膜技术接近，营养液液层较深（5～10cm），植物由定植板或定植网框悬挂在营养液液层上方，而根系从定植板或定植网框伸入到营养液中生长，其根系的通气靠向营养液中加氧来解决。此系统的优点是解决了在停电期间 NFT 系统不能正常运转的困难。其基本设施包括营养液栽培槽、贮液池、水泵、营养液自动循环系统及其控制系统、植物固定装置等部分。这种水培方式适宜种植大株型果菜类和小株型叶菜类蔬菜。

c. 浮板毛管技术（FCH）：用泡沫板制成深水培栽培槽，槽内盛放较深的营养液，再在营养液的液面漂浮一块聚苯乙烯泡沫板，浮板上铺上无纺布，其两头垂入营养液中，通过分根法和毛管作用，使一部分根系在浮板上呈湿润状态吸收氧气，另一部分根系伸入深层营养液中吸收养分和水分。这种形式的栽培方式，协调了供液和供氧间的关系，液位稳定，不怕中途停电停水。该系统已在番茄、辣椒、芹菜中得到较好的应用。

② 雾培　雾培又称为喷雾培或汽培，它是将营养液用喷雾的方法，直接喷到作物根系上。根系悬空在一个容器中，容器内部装有自动定时喷雾装置，每隔一段时间将营养液从喷头中以雾状的形式喷洒到植物根系表面，同时解决了根系对养分、水分和氧气的需求。由于雾培设备投资大，管理不甚方便，而且根系温度易受气温影响，变幅较大，对控制设备要求较高，生产上很少应用。雾培中还有一种类型是有部分根系生长在浅层的营养液中，另一部分根系生长在雾培营养液空间，称为半雾培。也可把半雾培看做是水培的一种。例如用聚苯乙烯泡沫塑料板来栽培莴苣，先在板上按一定距离、直径打孔为定植孔，然后经泡沫板竖立

成 A 形状，使整个封闭系统呈三角形。

雾培系统成本很高，多作为旅游设施，供游客观赏，一般做法是用聚苯乙烯泡沫塑料板来栽培莴苣，先在板上按一定距离、直径打孔为定植扎，然后经泡沫板竖立成 A 形状，使整个封闭系统呈三角形。喷雾管设在封闭系统内靠近地面的一边，在喷雾管上接一定的距离安装喷头。喷头的工作由定时器控制，将营养液由空气压缩机雾化成细雾状喷到作物根系。由于采用立体式栽培，空间利用率比一般栽培方式提高 2～3 倍，栽培管理自动化，植物可以同时吸收氧、水分和营养。

③ 固体基质培　固体基质无土栽培简称基质培，它是指作物根系生长在各种天然或人工合成的固体基质环境中，通过固体基质固定根系，并向作物供应营养和氧气的方法。基质培可很好地协调根际环境的水、气矛盾，且投资较少，便于就地取材进行生产。

基质培可根据选用的基质不同而分为不同类型，例如以泥炭、秸秆基质、椰绒等有机基质为栽培基质的基质培称为有机基质培，还有岩棉培、砂培、砾培等无机基质培。

基质培也可根据栽培形式的不同而分为槽式基质培、袋式基质培和立体基质培。槽式基质培是指将栽培用的固体基质装入一定容器的种植槽中以栽培作物的方法，可以砖砌的永久性栽培槽，或木板制半永久性槽，也可就地挖槽再铺薄膜做成。栽培槽中布设滴灌管，营养液由水泵泵入滴灌管后供给植株。袋式基质培是指把栽培用的固体基质装入塑料袋中，排列放置于地面以种植作物的方法。袋式栽培要求在光照较强的地区，袋表面以白色为好，可延长其使用寿命，防止基质升温。相反，在光照较少的地区，袋表面应以黑色为好，利于冬季吸收热量，保持袋中基质温度。袋的底部或两侧都应开有一定数量的小孔，以便多余的营养液流出，防止沤根。立体基质培是指将固体基质装入长形袋装或柱状的立体容器之中，竖立排列于温室之中，容器四周螺旋状开孔，以种植小株型作物的方法。一般容重较小的轻基质可采用袋式栽培或立体基质培，如岩棉、蛭石、椰绒基质、秸秆基质等。

5.2　温室工厂化嫁接育苗自动生产线工程工艺

5.2.1　嫁接育苗的基本方法

5.2.1.1　概论

人们很早就发现林中树木枝条相互摩擦损伤后，彼此贴近而连结起来的自然嫁接现象，中国古代称为"木连理"。嫁接就是受这种自然现象的启发而创造的一种生产技术。

在古代欧洲，亚里士多德和古罗马学者普利尼都先后提到过嫁接。5 世纪枝接和芽接技术在地中海地区的应用渐多。16 世纪英国已有劈接、冠接和舌接等枝接方法。芽接技术在欧洲普遍应用是在 17 世纪以后，当时主要用来繁殖桃、油桃、杏等核果类果树。

中国关于嫁接的早期记载见于《氾胜之书》，内有用 10 株瓠苗嫁接成一蔓而结大瓠的方法。北魏《齐民要术》对果树嫁接中砧木、接穗的选择，嫁接的时期以及如何保证嫁接成活和嫁接的影响等有细致描述。在 6～13 世纪的几百年中，嫁接技术在牡丹和菊花等观赏植物和果树方面有很大发展。南宋时韩彦直在其著作《橘录》中赞美柑橘嫁接技术的神妙时称"人力之有参于造化每如此"。13 世纪由于蚕桑的发展，桑树嫁接受到重视。17 世纪王象晋在《群芳谱》中谈到嫁接和培养相结合可促进植物变异。到了清初，《花镜》等著作进一步肯定了嫁接在改变植物性状方面的效果。

20世纪，嫁接技术的应用范围不断扩大。除果树和观赏树木外，草本植物如蔬菜以及林木和其他经济植物如橡胶树、可可树等应用嫁接的日益增多。就嫁接材料看，从普通的枝接、芽接发展到嫩枝接、叶接、胚芽接、生长点嫁接、鳞茎和块茎的芽眼嫁接，乃至花序、柱头、子房和果实的嫁接等，几乎植物所有的部分都可用来进行嫁接。

1980年后，又在组织培养技术的基础上发展了微体繁殖和微体嫁接。在灭菌的组织培养中，用0.10～0.14mm的离体茎尖微体嫁接可以培养柑橘、苹果等果树的无病毒苗，中国、美国、西班牙都已有应用。除了嫁接技术的不断改进、提高外，进一步探索嫁接亲和力的本质与砧木影响的机理是研究的重点。

20世纪末，嫁接技术成为被广泛应用的成熟技术，特别是在蔬菜生产中应用更加广泛。1998年日本西瓜的91.1%、黄瓜的78.7%、茄子的57.1%、番茄的40.8%均采用嫁接苗；而在韩国，温室西瓜、甜瓜100%采用嫁接苗，温室黄瓜70%采用嫁接苗，就是最普通的露地西瓜、甜瓜也有80%以上采用嫁接苗。目前在我国，湖南、贵州、山东和福建等省一些地区70%以上的西瓜采用嫁接育苗；山东省日光温室栽培黄瓜几乎都采用嫁接育苗；东北地区，西瓜和蔬菜专业户为克服连作障碍和提高抗逆性也积极采用嫁接育苗技术。

嫁接就是将一株植物的枝或芽接在另一株有根植物的茎或根上，通过生长结合为一个整体，形成一株新的独立植株的方法。用嫁接方法培育苗木称为嫁接苗。它由两部分组成，供嫁接用的枝、芽称为接穗或接芽（俗称码子），带根的植物部分称为砧木（俗称脚树）。

表示方法为：接穗/砧木；砧木＋接穗。如：桂花/女贞＝女贞＋桂花，家核桃/野核桃＝野核桃＋家核桃。

5.2.1.2　嫁接的生理基础

嫁接是利用植物的再生能力的繁殖方法，而植物的再生能力最旺盛的地方是形成层，它位于植物的木质部和韧皮部之间。可从外侧的韧皮部和内侧的木质部吸收水分和矿物质，使自身不断分裂，向内产生木质部，向外产生韧皮部，使植株的枝干不断增粗。嫁接就是使接穗和砧木各自削伤面形成层相互密接，因创伤而分化愈伤组织，发育的愈伤组织相互结合，填补接穗和砧木间的空隙，沟通疏导组织，使营养物质能够相互传导，形成一个新的植株。

5.2.1.3　影响嫁接成活因素

（1）嫁接亲和力

嫁接亲和力是指砧木和接穗在嫁接后能正常愈合、生长和开花结果的能力。近藤雄次把瓜类的嫁接亲和力分为嫁接亲和力和共生亲和力。前者是指砧木与接穗的愈合和成活的能力，后者是指嫁接成活后的共生能力。二者有一定的关系，但并非完全一致。一般认为嫁接以后砧、穗完全愈合成为共生体，并能长期正常生长和结实的组合是亲和的，否则是不亲和的。

嫁接亲和与否，受砧木、接穗的遗传特性、生理机能、生化反应及内部组织结构等的相似性和相互适应能力的影响，也与气候条件和病毒侵染有关。但嫁接亲和力的强弱，主要决定于接穗与砧木之间的亲缘关系，即是因二者的品种、种、属、科间的关系远近而定。一般为同种间或同品种间亲和力最强；同属异种间亲和力次之；同科异属间亲和力小，有些植物可接成活；不同科间亲和力更弱，很难嫁接成活。其次是因接穗与砧木的代谢作用而异，二者的代谢作用相近，其亲和力则强，反之则弱。

嫁接亲和力的大小直接影响嫁接成活，嫁接体的长势、抗性和寿命，以及产量和品质等。嫁接愈合所需时间依植物种类、年龄、嫁接方法及时期等的不同而有差别，但砧穗间所发生的愈合过程却基本相同。该过程主要包括：①隔离层的形成及接穗与砧木间的初始粘连；②愈伤组织的形成；③连接砧木和接穗间的维管束桥的重新形成。通过嫁接使砧木和接穗形成一个整体，砧木和接穗切口细胞受伤口刺激，在砧木和接穗接口部位产生愈伤组织，将砧木和接穗结合在一起，两者切口处输导组织相邻细胞也进行分化形成同型组织，使两者输导组织相连通而构成一个完整个体。在嫁接愈合成活的过程中，薄壁细胞分裂形成愈伤组织，需要一定的营养物质作基础。随着时间的增加接穗的维管束不断的向下生长直至和砧木的维管束连接上，这时砧木的营养成分就会通过维管束传输到接穗上，使接穗和砧木形成一个整体直至成活。若砧木、接穗生长健壮，养分充足，则愈伤组织形成快而多，有利于嫁接苗成活。所以，培育根系发达、胚轴粗壮、叶片肥厚的适龄砧木与接穗幼苗，对嫁接的成功率有很大的影响（图 5-2-1）。

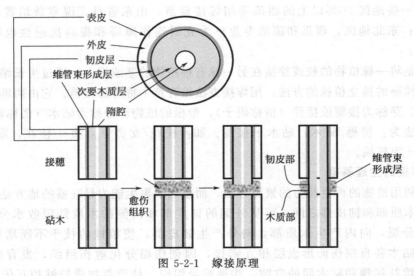

图 5-2-1 嫁接原理

通常认为，接穗与砧木维管束的连通是嫁接成功的关键因素。在不亲和性的嫁接组合中，大部分接穗和砧木间没有维管束桥的形成。

（2）外界环境条件

嫁接苗的愈合是完成砧木和接穗产生愈伤组织、分化同型组织的过程，这个阶段是保证嫁接苗成活的重要时期。嫁接初期的接穗还没有同砧木形成同型组织，两者输导组织没有疏通相连，所以接穗无法通过砧木的根系吸收水分和养分，这种情况下为保证接穗不发生萎蔫失水，必须为嫁接苗提供适宜的空气相对湿度和温度，确保嫁接苗顺利完成愈合过程。

嫁接育苗中，接穗与砧木的切面结合和愈合的时间虽然比较短暂，但对环境的要求却比较严格。此期间一旦由于管理粗犷或气候因素等引起育苗环境不适宜，则容易导致嫁接苗不成活或即使勉强成活也难以培育成壮苗。因此，在嫁接以后，一定要有一个管理严格的适宜环境。影响嫁接苗愈合的主要环境参数包括空气相对湿度、温度以及光照强度。

为了促使伤口的愈合，嫁接后应适当提高温度。嫁接愈合过程中需要消耗物质和能量，嫁接处呼吸代谢旺盛，提高温度有利于这一过程的顺利进行。但温度也不能太高，否则呼吸代谢过于旺盛，消耗物质过多过快，而嫁接苗小，嫁接伤害使嫁接苗同化作用弱，不能及时提供大量能量和物质而影响成活。

湿度是嫁接苗能否成活的关键因素。高湿可以减小蒸腾作用，促进愈合，避免接穗萎蔫，有利于提高成活率。潮湿的空气有利于减少接穗蒸腾失水，故空气相对湿度以80%～90%最佳。

嫁接的愈合是一个消耗大量能量和物质的过程，遮光必然会影响光合产物的同化。因此，在能保持温、湿度不会出现大的波动的情况下，还是应使嫁接苗早见光、多见光，但光强不能太强，以散射光为好。切口应保持黑暗，这样有助于愈伤组织的形成。

5.2.1.4 蔬菜嫁接的作用

利用嫁接的最初目的是进行植物的营养繁殖，而现代蔬菜嫁接主要利用的是嫁接对蔬菜作物的改良作用，如通过嫁接，可以增强蔬菜作物的抗病性、抗旱性、耐盐性、抗冷性及改善根系的吸收功能等，进而达到早熟、增产及增收目的。

在设施园艺生产中存在连作障碍问题，即连续种植造成土壤中病虫基数积累，形成土壤传播病害，最终导致蔬菜生产质量下降。自毒作用是导致作物产生连作障碍的因子之一。自毒作用是指一些植物可通过地上部淋溶，根系分泌和植株残茬等途径来释放一些物质对下茬或同茬同种或同科植物生长产生抑制作用的一种现象。

利用蔬菜嫁接技术，进行蔬菜嫁接苗的栽培能够减少土壤传播病害的危害，还可以克服作物的自毒作用。蔬菜嫁接后利用砧木发达的根系增强其吸收水分和矿质营养的能力，根系生长得到促进，生理活性增强，吸收和合成功能得到改善，长势旺盛，为提高产量形成奠定了基础，并且蔬菜选用适宜的嫁接砧木对蔬菜品质基本没有不良影响。

蔬菜嫁接育苗所用的砧木是具有某些特殊性能的野生或栽培植物，砧木改变原蔬菜的某些栽培性状，对所栽培的蔬菜起保护和促进生长等作用，有利于蔬菜生产，蔬菜嫁接栽培的作用主要有：

① 防治土传病害　瓜类蔬菜的枯萎病、茄子黄萎病、番茄青枯病与枯萎病以及蔬菜根结线虫病等是当前危害蔬菜最为严重的顽固性土壤传播病害（简称土传病害），其病菌在土壤中生存，通过侵害蔬菜的根系而引起发病。蔬菜嫁接栽培利用土壤传播病害对侵害蔬菜的种类要求具有较强专一性的特点，将栽培蔬菜嫁接到砧木上，利用砧木的根系吸收肥水供应接穗，栽培蔬菜不以自根从土壤中吸收营养，从而避免了病菌对栽培蔬菜进行的直接侵害，蔬菜的染病机会相应减少，发病也明显减轻。

② 增强幼苗长势、提高产量　通常蔬菜嫁接育苗所用的砧木大多较栽培蔬菜的根系发达，茎粗、叶大、生长旺盛，能够对蔬菜接穗提供充足的营养，育苗期就能对嫁接蔬菜产生明显的促进生长作用，因此嫁接蔬菜苗往往较不嫁接的自根苗长势强。与自根蔬菜相比较，嫁接蔬菜的生产能力明显得到增强，通常表现为结果期较长，产量增加较为明显，一般可增加产量20%以上。

③ 增强蔬菜的抗病性　利用抗病砧木进行嫁接可以增强蔬菜作物对多种病害的抗性，嫁接后蔬菜的抗病性取决于砧木的种类。砧木不同，嫁接后对各种病害的抗性也存在明显差异，即砧木对所抗病害的种类有一定的选择性。如番茄砧木 KNVF，对枯萎病、黄萎病表现出优良的抗性，但并未增强抗青枯病的能力；而砧木 BF 对青枯病和枯萎病具有良好的抗性，并不能增强抗黄萎病的能力。

④ 增强蔬菜的抗逆性　与不嫁接的自根蔬菜相比较，嫁接蔬菜一般表现为生长旺盛、

长势强，对低温或高温、干旱或潮湿、强光或弱光、盐碱土或酸土等的适应能力也增强，即通过嫁接可以增强蔬菜的抗逆性。

采用合适的砧木嫁接，可以提高瓜类作物的耐盐性。试验表明，无论盐胁迫与否，黄瓜嫁接苗的脯氨酸（Pro）和饱和脂肪酸含量、饱和渗透势均高于自根苗，说明黄瓜嫁接苗含有较多的渗透调节物质，对渗透胁迫的调节能力强。

通过选用合适的砧木进行嫁接能够提高瓜类作物的耐涝性。

瓜类春季早熟栽培时气温较低，容易产生低温障碍，通过嫁接可以显著提高瓜类的耐低温能力。

⑤ 提高蔬菜对肥水的利用率　蔬菜嫁接育苗所选用的砧木大多为根系发达、吸收能力

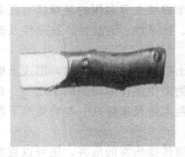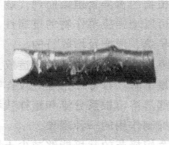

(a) 削接穗

(b) 切砧木

(c) 插接穗和绑扎

图 5-2-2　枝接

强的野生植物、半栽培植物或栽培植物，并且砧木根系的强大吸收能力不会因为嫁接而发生明显的改变。

5.2.1.5　嫁接的基本方法

嫁接有多种分类方法，按嫁接时接穗是否带有自己的根可以分为靠接和切接；按嫁接的地点和作业方式可以分为地接和掘接；按接穗的取材可以分为枝接、根接和芽接等，其中基本的嫁接方法主要是枝接、根接和芽接。

（1）枝接

将一段枝条作为接穗嫁接到砧木上。主要在休眠期进行，以砧木树液开始流动而接穗尚未萌动时为最适期，有时可在生长季节进行。主要的枝接方法有切接、插接、靠接等。

① 切接　是枝接中最常见的方法之一，多在早春树木开始萌动而尚未发芽前进行。通常在砧木粗度较细时使用。削接穗时，接穗上要保留 2～3 个完整饱满的芽，将接穗从下芽背面，用切接刀向内切一深达木质部但不超过髓心的长切面，长 2～3cm。再于该切面的背面末端削一长 0.8～1cm 的小斜面。削面必须平滑，最好是一刀削成。砧木宜选用 2cm 粗的幼苗，稍粗些也可以。在距地面 5～10cm 左右处或适宜高度处断砧，削平断面，选较平滑的一面，用切接刀在砧木一侧（略带木质部，在横断面上约为直径的 1/5～1/4）垂直向下切，深度 2～3cm 左右。准备好后，便将接穗削好的长削面向里（髓心）插入砧木切口中，使双方形成层对准密接，接穗插入的深度以接穗削面上端露出 2～3mm 左右为宜，俗称"露白"，有利愈合成活。如果砧木切口过宽，可对准一边形成层，然后用塑料条由下向上捆扎紧密，可兼有使形成层密接和保湿作用。必要时可在接口处封泥或接蜡，或采用土埋办法，以减少水分蒸发，达到保湿目的。具体的操作方法如图 5-2-2。

② 插接　也叫楔接、劈接，最常用的枝接方法。通常在砧木较粗、接穗较小时使用。主要的操作步骤：把采下的接穗去掉梢头和基部不饱满芽的部分，截成长 5～8cm，至少有 2～3 个芽的枝段。然后从接穗下部 3cm 左右处（保留芽）削成两长马耳形的楔形斜面。削面长 2.5～3cm，接穗一侧薄一侧稍厚。削面要平整光滑，才容易和砧木劈口紧靠，两面形成层易连接愈合，这是嫁接成活的关键。然后就是劈砧木，将砧木在离地面一定高度、光滑处剪（锯）断，通常 5～10cm，并削平剪口。用劈接刀从其横断面的中心通过髓心垂直向下劈深 2～3cm 的切口。注意劈时不要用力过猛，要轻轻敲击劈接刀刀背或按压刀背，使刀徐徐下切；不要让泥土或其他东西落进劈口内。准备好后，便用劈接刀的楔部撬开劈口，将削好的接穗轻轻地插入砧木劈缝，使接穗形成层与砧木形成层对准。如接穗较砧木细，要把接穗紧靠一边，保证至少有一侧形成层对齐。砧木较粗时，可同时插入 2 个或 4 个接穗。插接穗时，不要把削面全部插进去，要露 2～3mm 的削面在砧木外。这样接穗和砧木的形成层接触面大，有利于分生组织的形成和愈合。接穗插入后用塑料薄膜条或麻皮马蔺草把接口绑紧。绑扎时注意不要触动接穗，避免两者形成层错开。为防止接口失水影响嫁接成活，接口可培土覆盖、用接蜡封口或加塑料袋保湿。操作示意见图 5-2-3。

③ 靠接　主要用于培育一般嫁接难以成活的珍贵树种，要求砧木与接穗均为自养植株，且粗度相近，在嫁接前还应将两者移植到一起。主要的操作步骤：在生长季节（一般 6～8 月），将作砧木和接穗的植物靠近，然后在砧木和接穗相邻的光滑部位选无节方便操作的地方，各削一长、宽相等的削面，长 3～6cm，深达木质部，露出形成层。然后使砧木、接穗的切口靠紧、密接，双方形成层对齐，用塑料薄膜绑缚紧。待愈合成活后，将砧木从接口上方剪去，接穗从接口下方剪去，即成一株嫁接苗。这种方法的砧木与接穗均有根，不存在接

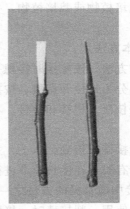

(a) 削接穗

(b) 劈砧木

(c) 插接穗与捆缚

图 5-2-3　插接

穗离体失水问题，故易成活。即使不成活，二者仍是完整的独立植株。如图 5-2-4 所示。

（2）根接

用根作砧木进行枝接，叫根接。可以用劈接、切接、靠接等方法。根接常常在秋冬季节的室内进行，结合苗圃起苗收集砧木。在北方常以芍药根作砧嫁接牡丹，采用根接法。主要的操作步骤：根接的接穗，可以削成劈接、切接、靠接的削面。与劈接、切接、靠接的插穗要求相同。砧木要求收集并剪制成粗度 1～2cm、长 15cm 左右的根砧。切法与劈接、切接、

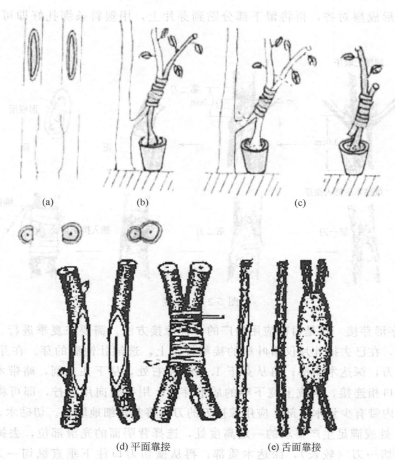

(a)　　　　　　　　(b)　　　　　　　　(c)

(d)平面靠接　　　　(e)舌面靠接

图 5-2-4　靠接

靠接的砧木要求相同。然后便将接穗与砧木结合，用麻皮、蒲草、马蔺草等能分解不用解绑的材料绑扎，并用泥浆等封涂，起到保湿作用。根接的绑扎最好不要用塑料条，因为它不会自然降解，需要解绑；如不解绑，塑料绑扎条就会影响生长。接后埋于湿沙中促其愈合，成活后栽植。根接一般于秋、冬季节在室内进行。

（3）芽接

用芽作接穗进行的嫁接称为芽接。芽接的优点是节省接穗，一个芽就能繁殖成一个新植株；对砧木粗度要求不高，1 年生砧本就能嫁接，技术容易掌握，效果好，成活率高，可以迅速培育出大量苗木。即使嫁接不成活对砧木影响也不大，可立即进行补接。但芽接必须在木本植物的韧皮部与木质部能够剥离时方可进行。常用的芽接方法有带木质部嵌芽接、"T"字形芽接等。

① 带木质部嵌芽接　带木质部嵌芽接也叫嵌芽接。此种方法不仅不受树木离皮与否的季节限制，而且用这种方法嫁接，接合牢固，利于嫁接苗生长，已在生产上广泛应用。具体的操作步骤：取接芽即接穗上的芽，自上而下切取。先从芽的上方 1.5～2cm 处稍带木质部向下斜切一刀，然后在芽的下方 1cm 处横向斜切一刀，取下芽片。然后切砧木，在砧木选定的高度上，取背阴面光滑处，从上向下稍带木质部削一与接芽片长、宽均相等的切面。将此切开的稍带木质部的树皮上部切去，下部留 0.5cm 左右。最后在进行插接穗，将芽片插

入切口使两者形成层对齐，再将留下部分贴到芽片上，用塑料条绑扎好即可。如图 5-2-5 所示。

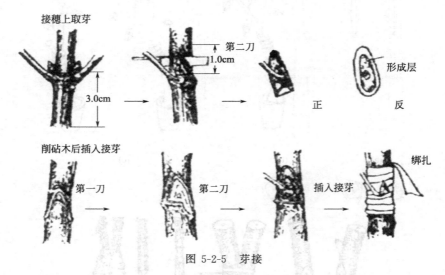

图 5-2-5 芽接

②"T"字形芽接 这是目前应用最广的一种嫁接方法。需要在夏季进行。具体的操作步骤：取接芽，在已去掉叶片仅留叶柄的接穗枝条上，选健壮饱满的芽。在芽上方 1cm 左右处先横切一刀，深达木质部；再从芽下 1.5cm 左右处，从下往上削，略带木质部，使刀口与横切的刀口相连接，削成上宽下窄的盾形芽片。用手横向用力拧，即可将芽片完整取下。如果接芽内带有少量木质部，应用嫁接刀的刀尖将其仔细地取出。切砧木，在砧木距离地面 7～15cm 处或满足生产要求的一定高度处，选择背阴面的光滑部位，去掉 2～3 片叶。用芽接刀先横切一刀（较长），深达木质部；再从横切刀口往下垂直纵切一刀，长约 1～1.5cm，刀口仅把韧皮部切断即可，不要太深，在砧木上形成一"T"字形切口。切砧木切口时要注意，刀子不要在砧木上乱划动，以防使形成层受到破坏。插接穗，手拿接芽片，捏住叶柄并使其朝上，右手拿嫁接刀，用芽接刀骨柄轻轻地挑开砧木的韧皮部，迅速地将接芽插入挑开的"T"形切口内，压住叶柄往下推，接芽全部插入后再往回推一下，使接芽的上部与砧木上的横切口对齐。手压接芽叶柄，用塑料条绑扎紧即可。绑扎时先从芽上或芽下开始均可。芽与叶柄应留在外边。具体操作示意见图 5-2-6。

5.2.2 工厂化嫁接育苗技术

5.2.2.1 播种期的确定

为使砧木和接穗适期相遇，需要通过播种期来加以调节。播种期确定的准确与否是关系到培育适龄的砧木苗和接穗苗的首要问题。因为每一种嫁接方法所要求的适宜嫁接期是不同的，而幼苗的生长速度又存在一定差异，所以要想使砧木和接穗的最适嫁接期协调一致，主要是从播种期上进行调整。一般来说，插接法需要的接穗最小（砧木需要早播），其次是劈接法（砧木略早播），再次是靠接法，需较大的接穗（砧木晚播或同时播）。在安徽省地方标准中，西瓜、甜瓜工厂化嫁接育苗操作技术规程提到：育苗时间根据生产定植时间而变动，冬春育苗往前推 40～45d、夏秋育苗往前推 30～35d；采用顶斜插嫁接，砧木较接穗提前 6～8d 播种；采用拔苗顶插接移栽（断根）嫁接，砧木、接穗同期播种。

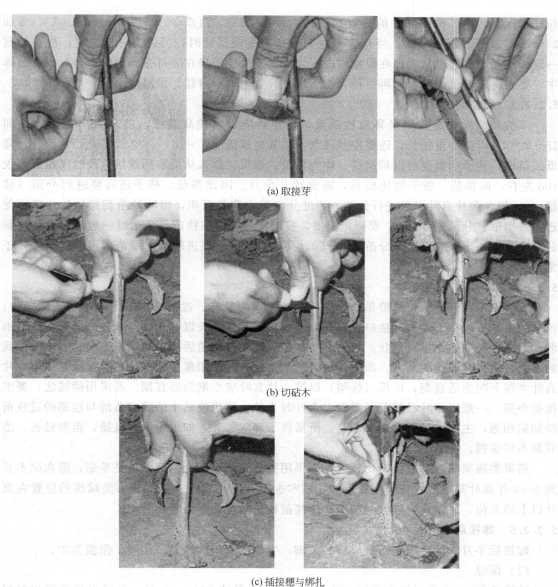

(a) 取接芽

(b) 切砧木

(c) 插接穗与绑扎

图 5-2-6 "T"字形芽接

5.2.2.2 浸种催芽与播种

在浸种前最好进行种子消毒处理，消毒的方法可用 40% 福尔马林 100 倍浸种 30～60min。经消毒后的种子，须用清水充分漂洗后放入清水中继续浸泡，使种子充分吸水。浸种的时间长短依种子的不同而异，黄瓜为 4～6h，其砧木南瓜为 8～12h；西瓜为 7～8h，其砧木瓠瓜为 24h 以上、南瓜为 8～12h；茄子为 10～12h，其砧木赤茄为 12～14h、"托鲁巴姆"为 24～48h；番茄为 8h 左右，其砧木与接穗浸种时间相同。对特殊不易发芽的砧木种子在浸种前可进行激素处理，如"托鲁巴姆"可用 100～200mg/L 的赤霉素浸泡 24h。浸种后将种子捞出，用湿布包好，放在温度较高处催芽，如恒温箱、暖气片上、火炕上。甜瓜一般催芽 18h 左右多数都能发芽，而砧木种子发芽慢，而且不整齐，要经 2～3d 才可发芽，可每隔 4～5h 拣 1 次种子。拣出后放入冰水中，或置于 13～14℃ 的阴凉处待播，但应用湿布包好以保湿防干。种子发芽的适宜温度为：黄瓜 28℃、西瓜 30℃、甜瓜 28～30℃、番茄 25～28℃、茄子 25～30℃。当有 75％左右种子破嘴或露芽时，可适当降低温度，待芽长到一定长度时即可播种。播种在温室内进行，将发芽的种子播在装有营养土的育苗盘或育苗钵中，要先将营养土浇透水，再播种，然后覆土，盖上塑料薄膜，保温增温。

5.2.2.3　幼苗期管理

瓜类和茄果类蔬菜都是喜温性蔬菜，播种后应保持较高温度，白天 26～30℃，夜间 15～20℃，以防幼苗徒长；还要控制浇水，尤其是嫁接前 1～2d，以免嫁接时胚轴劈裂，降低成苗率。茄子的温度可以稍高些。作为黄瓜、西瓜、甜瓜从播种到嫁接这段时间很短，仅 10d 左右，而番茄、茄子则比较长，需要约 2 个月。因此番茄、茄子还需要进行分苗（移植）。一般在两片真叶以前进行分苗，通过分苗扩大营养面积，以防幼苗拥挤徒长，又可促进多发侧根。分苗前 3～5d，要降低温度，控制水分，锻炼秧苗。分苗时一般将秧苗移植到营养钵内，便于以后嫁接。分苗后 3～5d，要提高温度，促进缓苗，缓苗后再降低温度，正常管理。

5.2.2.4　嫁接的适宜苗龄

瓜类砧木的最适嫁接苗龄是以第一片真叶出现为最佳。过于幼嫩的苗嫁接时不易操作；过老的苗，不仅中心腔大，接口也不易愈合。砧木下胚轴长以 6～7cm 为宜，过长则幼苗细弱，下胚轴短的砧木虽然健壮，但不易操作，且嫁接苗定植后接口易埋于土中，有土壤传病的机会，失去了嫁接的意义。瓜类接穗的适宜苗龄，若采用靠接法，黄瓜（接穗）以第一片真叶半展开时为适宜期；西瓜（接穗）以第一片真叶破心期为适宜期。若采用插接法，要求接穗小些，一般以子叶已展开而没有出真叶时为佳。要想使砧木的适宜苗龄与接穗的适宜苗龄如期相遇，主要通过播种期来调整。所播种子都应催芽，如果用干籽直播，苗期延长，适宜期不好掌握。

茄果类蔬菜的适宜嫁接期比较晚，如果用劈接的话，不论是茄子还是番茄，需在砧木长到 5～6 片真叶时进行；若采用插接法，砧木也得有 4 片真叶。由于茄果类嫁接的位置在真叶以上的节位，所以需要较大的苗龄，嫁接前秧苗的生长需要较长时间。

5.2.2.5　嫁接后的管理

嫁接后半月内的管理是嫁接成活的关键，主要以遮阳、遮光、加湿、保温为主。

（1）保湿

嫁接后前 5d 内相对湿度保持 95％以上，后 5d 保持 85％～90％。为了保持前期相对湿度，除拱棚及苗钵内浇足水外，还可在拱棚摆满嫁接苗后，从棚内四周或苗钵外浇 55℃左右的适量温水，然后立即扣膜封棚产生蒸汽，提高棚内湿度。6d 后逐渐换气降湿，7d 后要嫁接苗逐渐适应外界条件，早晨和傍晚温度较高时逐渐增加通风换气时间和换气量。换气可抑制病害的发生。10d 后注意避风并恢复普通苗床管理。

（2）保温

棚内前 5d 白天温度控制在 25～30℃，夜间 18℃左右，高于 30℃应及时通风，遮阳降温，低于 15℃时应适当加温。后 5d 适当降温，白天 23℃，夜间 15℃，高于 28℃通风降温，低于 12℃时适当加温。嫁接苗要固定专人管理工作，每天午后气温最高时，应视气候、环境条件及苗情反应，适时采取相应措施，防止因一时疏忽导致前功尽弃。

（3）遮阳

苗床必须遮阳，嫁接苗可接受弱散射光，但不能受阳光直射。嫁接苗的最初 1～3d 内，应完全密闭苗床棚膜，并覆盖遮阳网或草帘遮光，使其微弱受光，以免高温和直射光引起萎蔫。3d后，早上或傍晚揭去棚膜上的覆盖物，逐渐增加见光时间。7d后在中午前后强光时遮光，保持采受薄光。10d后恢复到普通苗床的管理。避免遮光时间过长，会影响嫁接苗的生长。

（4）通风

嫁接3～5d后，从拱棚顶端开口通风，并逐渐扩大通风口，逐渐延长通风时间，先下午日落前、上午日出后通风，后逐渐延长，温度过高时，还应及时搭凉棚遮阳通风。通风时应注意观察苗情，若出现萎蔫，应及时遮阳喷水，停止通风，苗期通风要防止通底风、通透风，更应防止久扣不放风或通风过急、大揭大放，保持由小到大、由短到长、由上到下、逐渐进行的通风原则。

（5）及时除萌芽

靠接苗10～15d后可以给茄果类接穗苗断根，用刀片割断接穗苗根部以上的茎，并随即拔出，切口注意观察，出现萎蔫时应及时遮阳保湿。嫁接时砧木的生长点虽已被切除，但在嫁接苗成活生长期间，在子叶接口处会萌发出一些生长迅速的不定芽，与接穗争夺营养，影响嫁接苗的成活，因此，要随时切除这些不定芽，保证接穗的健康生长。切除时，切忌损伤子叶及摆动接穗。

（6）其它管理

嫁接苗成活后及时剔除未成活苗，并将成活好的苗放到一起，适当稀放；成活不太好的苗集中保湿管理。定植前后要除去嫁接夹等固定物。

5.2.3　工厂化嫁接育苗设备

5.2.3.1　手工嫁接育苗工具

（1）切削及插孔的工具

用刮须的双面刀片削切砧木的接口和接穗的楔，为了便于操作，将刀片沿中线纵向折成两半，并截去两端无刀锋的部分。插接法需自做竹签在砧木上插孔，签的细度与接穗茎的粗度相仿，签的横切面呈扁圆形，顶端锋利，穿孔的大小正巧与接穗双面楔的大小相符。

（2）接口固定物

嫁接后砧木与接穗在接口处固定。最常用的固定物有塑料薄膜条和曲别针。其方法是，将塑料薄膜剪成长5～6cm、宽1.0～1.5cm的小条，在接口绕两圈后，将薄膜条两端用曲别针卡住。固定接口最好用塑料夹，它是一种嫁接专用的夹子，小巧轻便，可提高嫁接效率。现上海、天津等地大批生产嫁接专用塑料夹，一次投资可使用多次。在使用旧塑料夹子时，应事先用200倍福尔马林浸泡8h进行消毒。

（3）消毒用具

广口小瓶中放入75％酒精和棉花，操作时工作人员的手指、刀片、竹签等都应消毒，防止病毒从伤口带入植物体内。

5.2.3.2　工厂化机械嫁接育苗系统主要设备及功用

（1）基质消毒机

嫁接育苗生产多采用循环用基质，所以基质在使用前应置于基质消毒机中（图5-2-7）消毒。首先将待消毒栽培基质投入基质消毒机的基质消毒槽中，基质消毒槽底部开有均匀分布的通气孔，与下面的蒸汽分配室相通。当蒸汽锅炉产生蒸汽后，通过送汽管将高温蒸汽通

图 5-2-7 基质消毒机

入蒸汽分配室，经通气孔对栽培基质进行加热消毒。如 GJ-K1000-AMD 搅拌式基质消毒机，它为天然绿化消毒器械，不同于传统的药剂消毒，主要用于土壤和基质的种植前消毒；可完全杀死土壤或基质中的各类杂草、真菌、线虫等，能有效解决土传病害及重茬问题。这种基质消毒机运用现代自动化技术，可实现无人看护和远程操控。

（2）基质搅拌机

育苗基质搅拌是穴盘育苗作业的一个重要环节，直接影响基质填充和播种等作业质量以及后期秧苗的生长发育。该机主要有主机架、搅拌料槽、内外螺旋搅龙、传动机构和无级调速变速器等部分组成。物料从进料口投入料槽，电机带动螺旋搅龙，搅拌器在旋向配置上为相反配置，外螺旋输送物料过程中内螺旋同时完成物料搅拌，物料搅拌均匀后，在搅拌槽下方出料口处垂直出料。

（3）穴盘精量播种机

工厂化育苗通常采用穴盘育苗，并用精量播种机在穴盘中播种经过包衣的种子或裸种子，每穴 1 粒，出苗后幼苗各占 1 穴，互不干涉，不需要分苗。

（4）恒温催芽机

通过对温度、水分、氧气三要素的调节，增加种皮透气性和酶活性，促进新陈代谢，为种子发芽创造更加适宜的环境条件，提高发芽率，使种子发芽快、齐、匀、壮。

（5）二氧化碳增施机

在工厂化育苗过程中，增施二氧化碳可以促苗壮，特别是在寒冷的季节，保护设施无法通风的情况下，给幼苗增施二氧化碳对果穗的花芽分化，以及对定植后的产量都有较大影响。使用二氧化碳增施机可及时补充（增浓）二氧化碳含量，满足幼苗光合作用需要，提高作物的产量。

（6）育苗喷淋设备

工厂化育苗均采用穴盘、栽培盘和营养钵集中铺放管理，所以都采用喷淋形式为秧苗提供水分。喷淋是利用专用设备把水加压，使灌溉水通过喷头喷射到空中形成细小的雾滴，像降雨一样湿润基质的方法。工厂化育苗温室的灌溉系统一般采用行走式喷淋系统、固定式喷淋系统和人工喷洒等方式。

（7）自动嫁接机

它能实现将砧木和接穗嫁接到一起的自动化嫁接作业。1998 年中国农业大学的张铁中教授等成功研制了 2JSZ-600 型蔬菜自动嫁接机（图 5-2-8），同年，通过了由北京市科委组织的专家技术鉴定，填补了国内空白，并获得了国家发明专利。该自动嫁接机采用计算机控制，采用单子叶贴接法，实现了砧木和穗木的取苗、切苗、接合、塑料夹固定和排苗等作业的自动化。该机采用带营养钵贴接法嫁接作业，使用嫁接夹固定砧木和接穗，嫁接作业生产能力为 600 株/小时，嫁接成功率高达 95%，可以完成黄瓜、西瓜和甜瓜等的自动化嫁接工作，嫁接砧木可采用云南黑籽南瓜或瓠瓜。

图 5-2-8 2JSZ-600 型蔬菜自动嫁接机

嫁接时，操作者只需把砧木和穗木放到相应的供苗台上即可。其它嫁接作业如砧木生长点的切除、穗木切苗、砧木穗木的接合、固定、排苗均由机器自动完成。该机设计新颖、精巧，结构简单、合理，操作方便，其主要特点和性能指标如下：

① 蔬菜苗的砧木与穗木的嫁接过程实现了自动化；

② 采用独特的嫁接方法，对砧、穗木适应性强，嫁接可靠，用空盘所育砧木苗可直接带根和土团嫁接；

③ 嫁接速度达每 600 棵/小时；

④ 嫁接成活率达 95％以上；

⑤ 外形尺寸为 750×600×1030（mm）。

该嫁接机采用砧木带土坨或营养钵上机直接嫁接，减少了嫁接苗回栽的作业步骤，大大提高了嫁接作业的总体作业速度，砧木采用营养钵育苗，嫁接时砧木带钵直接上机嫁接。因此该嫁接机适合采用营养钵进行砧木育苗的生产体系，接穗可以采用平栽培盘育苗。

2JC-500 型插接式嫁接机是在黑龙江省科学技术厅攻关项目（GC05B703 插接式自动嫁接机的研究）成果 2JC-350 型插接式自动嫁接机的基础上研究出来的开发作业效率更高，自动化程度更高，操作更方便的嫁接机（图 5-2-9）。

图 5-2-9 2JC-500 型嫁接机

2JC-500 型插接式嫁接机采用插接法进行嫁接作业，不使用固定物，依靠砧木上开的孔来夹持固定接穗，因此作业方式简便，也减少了日后管理工作，不需去夹持物作业。并且，设有砧木断根切刀装置，可生产等高断根嫁接苗，进行断根嫁接苗生产。该机可自动完成砧木苗的夹持和断根切削，接穗苗的夹持和切削，以及砧木苗的打孔、接穗和砧木苗的插接式结合等作业。采用插接法嫁接与其他嫁接方法相比的优点是嫁接后不用嫁接夹，伤口愈合较快，嫁接成功率高。采用断根嫁接法可提高嫁接苗的成活率与一致性，新诱导的根系无主根，须根多根系活力强，定植后缓苗快。

本嫁接机由砧木夹持与断根切削机构、下压机构（打孔、嫁接）和接穗夹持与切削机构、主滑块、左右电磁吸合限位等组成。该机的嫁接作业生产能力为 500 株/小时，适合于黄瓜、西瓜和甜瓜的嫁接作业生产。砧木可采用南瓜、黑籽南瓜和瓠瓜。该嫁接机的作业由人工将砧木和接穗单株送入嫁接机的砧木和接穗夹持夹上，因此，使用该嫁接机进行嫁接苗生产，砧木和接穗的育苗可以采用平栽培盘，这样可节约栽培面积。

从国内外蔬菜嫁接机的发展情况来看，蔬菜自动化嫁接技术基本上还处于研究开发和试验推广阶段。机器人完成幼苗的自动化嫁接，需要解决三个问题：

首先，我们必须克服蔬菜生长的柔嫩性和生长尺寸的不一致性，做到准确无误的嫁接。现在，工业机器人完成机械或电子零部件的加工装配，已是易如反掌，因为这些部件大都具有相同的形状和尺寸。但植物生长却大不相同，即使具有大致相似的外部形状，但其粗细、大小、高矮、直曲程度是不同的。这给机器人的加工、处理带来很大困难。因此，对蔬菜育苗过程进行标准化管理，生产出整齐一致的商品苗是目前急需解决的问题。

二是机器嫁接速度要快，因为蔬菜苗嫁接期很短，嫁接量又很大，必须在准确无误的情况下有较高的嫁接速度，这样的机器在生产上才有使用价值。

三是机器成本要适当。国外价格较低的嫁接机价格在 25 万元左右，国内生产的嫁接机也在 10 万元上下，所以，农民甚至是种苗生产企业难以承受。另外，半自动嫁接机的作业生产率仅为人工的 2～3 倍，因此大多数嫁接苗生产企业感觉一次性投资高，而嫁接机生产率回报并不高。所以，虽然长远核算雇用人工费用并不划算，但企业主们还是趋向于一次性投资少的人工嫁接作业方式。过高的机器成本和价格，使用者将无法购买。

对于嫁接机器人的研究应着力于嫁接的速度和准确度上，同时应加强对砧木苗和接穗苗的素质、适合嫁接的苗龄、生长的整齐度以及嫁接苗的管理、嫁接苗的环境控制等方面的系统化研究，以期在此基础上实现工厂化育苗，使嫁接苗商品化。嫁接所需的劳动力是蔬菜嫁接扩大利用的主要限制因素。一个熟练的工人每小时仅能嫁接 150 株，幼苗培育成活需 7～10d，此期间嫁接苗对温度、光照及湿度管理要求严格，这给劳动力价格高的发达国家与生产者素质低及栽培设施简陋的发展中国家利用该项技术带来了难度。

（8）嫁接苗愈合设备

嫁接苗愈合设备是指嫁接苗人工气候愈合室，主要为刚完成嫁接的蔬菜苗提供一个适宜的人工环境。它可根据嫁接苗愈合所需要的环境要求，自动控制人工气候室内部的相对湿度、温度、光照、风速等环境因素，在这里，愈合苗可以得到最适宜的环境条件，愈合速度快。

目前，国外工厂化农业生产先进国家，在进行蔬菜嫁接苗规模化生产时，都采用人工气候室愈合嫁接苗，20 世纪 80 年代末日本在嫁接苗生产方面投入了大量技术力量，结合自动嫁接机的开发研究，日本三菱公司最早研制出适合嫁接苗愈合环境要求的专用人工气候室，这种嫁接苗愈合设备，可根据嫁接苗愈合所需要的环境要求，自动控制人工气候室内部的相对湿度、温度、光照、风速等环境因素，由于气候室内部封闭愈合不依靠自然光照，内部嫁接苗多采用多层集中摆放，节省空间和占地，且内部环境比较均衡，愈合过程不受外界自然条件的影响，嫁接苗可以得到最适宜的环境条件，愈合速度快，适合大规模工厂化生产。

我国还没有专用的促进嫁接苗愈合的产品，现有产品均为植物生长室或人工气候箱，价格比较高，如仅 320 升型人工气候箱价格就在 1 万～2 万元，并且不是针对嫁接育苗，此类人工气候室难以满足嫁接苗愈合长时间处于高相对湿度状态的要求，这种状况严重制约了蔬菜嫁接育苗技术的广泛推广。针对以上国情，东北农业大学研制出了适合于蔬菜嫁接苗愈合、成本低廉的愈合装置，目前正在研究结合我国日光温室结构，进行嫁接苗生产的简易嫁接苗愈合设备。

5.3　温室工厂化扦插育苗技术

扦插育苗是无性繁殖的一种，它将植物的部分营养器官扦插到基质中，使其生根、抽枝成为一株完整的新植株，可获得与母株遗传性状一致的种苗或砧木。扦插是一种利用植物营养器官繁殖新株的方法，在植物繁殖上具有重要意义。作为无性繁殖的一个主要手段，扦插能够把亲本的遗传性状很好地保存下来，不会像实生繁殖那样，使后代产生多样性的变化。扦插育苗周期短、成本低、繁殖材料来源广，便于大量育苗，但所繁殖的苗缺乏主根，固定性较差，没有利用上砧木的优点。扦插苗的抗性、固定性、适应性不如嫁接苗。

扦插育苗利用植物的芽、枝条等材料，通过断面形成的愈伤组织发根成苗，因此关键技术在于发根。为了促进发根和提高成活率主要采取两种方法：一是利用植物生长调节剂，常用的是吲哚乙酸（NAA）、吲哚丁酸（IBN）和萘乙酸（IAA）等处理扦插材料。生长调节剂使用的最佳浓度因植物种类、插条类型和使用方法而异，一般是草本植物的使用浓度低于木本植物；幼嫩未木质化插条的使用浓度低于半木质化插条。二是采用塑料薄膜覆盖保持较高的湿度。

5.3.1　扦插生根对环境的要求

5.3.1.1　扦插生根的生理基础

植物体的每个细胞都包含着产生一个完整有机体的全部基因。在适当条件下，一个细胞可形成一个完整的新植物体，这称之为细胞全能性，也有人称其为植物的再生作用，它是植物的扦插繁殖的理论依据。

当植物体的某一部分受伤或被切除而植物整体的协调受到破坏时，能够表现出一种弥补损伤和恢复协调的机能。当插穗基部受伤时，因其受伤细胞的分解而产生了一种创伤激素。这种创伤激素会被内层没有受伤的健全细胞所吸收，从而使健全细胞的细胞膜木栓化，将死伤细胞与健全细胞隔离出来。在插穗上部转移来的生长激素和切口处的创伤激素以及其它生根诱导物质的作用下，切口内层的健全细胞发生与切断面相平行的分裂，于是愈伤组织就形成了，这种愈伤组织对插穗切口有一定程度的保护作用，可以防止病原菌的侵入，同时也能防止插穗中有效物质的流失。增强植物体内生长激素的活性能加速促进愈伤组织的细胞分裂，促使愈伤组织薄壁细胞逐渐分化形成愈伤组织木质部，它先同插穗中水分和养分的通道输导组织连通，再同愈伤组织木质部的外侧连接，而发展成为根原始体，最后发育成根。

扦插苗的不定根可以在扦插后从次生韧皮部、次生木质部、形成层和髓射线交界处产生，还可以由愈伤组织产生，另外有些材料的不定根可由原细胞产生。根据插条不定根发生的难易与其发生部位的关系，王涛将其分为 4 种类型：潜伏不定根原基生根型；潜伏芽基部分生组织生根型（或诱生根原始体型）；愈伤组织生根型和皮部生根型。认为一个植株具有两种以上的生根类型为易生根型，若只是愈伤组织生根型或潜伏芽基部分生组织生根型，则属于较难生根的类型。

5.3.1.2 影响扦插生根的因素

影响插条生根的因素很多，主要分为内部因素和外部因素。

5.3.1.2.1 内部因素

主要包括植物自身的遗传特性、内源激素等方面。针对于树木扦插而言，不同的树种和品种其发根、萌芽的难易不同。同一树种和品种的幼树比老龄树容易发根；枝条的营养状况不同其生根能力不同。凡枝条充实、营养丰富的枝条易于生根，枝条细弱养分少则不易生根。植物的内源激素对枝条的生根有促进作用，因此，凡含有植物内源激素较多的植株都比较容易生根，所以在生产上，我们在扦插前往往要对枝条进行处理，一般用吲哚乙酸、吲哚丁酸、萘乙酸等外源激素处理插穗以促进插穗提前生根。

许多研究者发现，插条的碳氮营养、矿质营养水平、酶活力、酚类物质含量、内源激素水平及其变化影响插条基部不定根的形成和不定根发生的数量与质量。插条中还原糖的水平是影响生根能力的重要原因。茅林春对梅插条生根率与储藏养分的数据关系进行表型通径分析表明，梅插条储藏养分对其生根率的相对重要性依次为可溶性糖、总氮、淀粉和 C/N，其中总氮和淀粉对生根率起负效应，随不定根的发生和根的生长插条基部淀粉酶活力增强，淀粉含量急剧下降，可溶性糖含量先升后降，总碳和总氮水平变化不大。但也有研究明，在不定根形成过程中，含氮量升高，可溶性蛋白含量随插条不定根条数增加而下降，而铵态氮含量则呈上升趋势。此外，插条生根率与其基部矿质元素硼、钾的含量呈正相关，而与锰呈负相关，随根的发生，插条内钙的含量先降后升，但当外用 IBA＋硼时，其生根率并未见比单用 IBA 处理的高。插条愈伤组织形成时，插条基部过氧化物酶（POD）和超氧化物歧化酶（SOD）活性也增强，提高了插条的抗逆性并抑制了插条的衰老死亡。

许多植物插条难于生根并不是缺乏营养物质和生根辅助物质，而是与插条中内源激素水平有关。插条中生长素活性的高低是控制生根的重要因素，第一个根原细胞的分化依赖于插条内较高的 IAA 水平。另据报道，在不定根的诱导形成中，其他内源激素水平也发生变化，如脱落酸 ABA 含量持续下降，乙烯产生以及乙烯前体 ACC 积累等。

5.3.1.2.2 外部因素

主要是指土壤、温度、湿度和光照等方面。下面对此进行分别介绍。

（1）温度

各种植物生根所需的温度不同。通常土温以 15～20℃ 为宜，热带植物要求稍高，为 20～25℃，或略高于平均气温 3～5℃，即插穗露出新插土壤部分的气温以比生长适宜的温度稍低最为理想，目的是在生根之前抑制地上部分的生长。北方春季气温升高快于土温，所以解决春季扦插成活的关键在于采取措施提高土温，使插穗先发根再发芽以利于根系水分吸收和地上部分消耗趋于平衡。要达到此目的，采取用温室等设施扦插育苗为好。

对插穗发根的温度界限，一般低于 10℃ 发根几乎停止。15℃ 以上开始发根，高于 30℃ 则发根差，容易腐烂和引起高温障碍。

在硬枝扦插中，白天气温以 21～25℃，夜间以 15℃ 左右为宜，最适土壤温度 15～20℃，以土温略高于气温 3～5℃ 为宜，以免先发芽后发根，影响成活。嫩枝扦插，要求将温度控制在 20～25℃，相对湿度控制在 90% 以上，即可取得较好的繁殖效果。在 18～22℃，生根较慢，病菌活动较慢，22～30℃ 时，随温度升高，生根活动逐渐旺盛，病菌繁殖也加快。温度升高至 30℃ 以上或再升高，生根活动保持平稳或减慢状态，插条生活力下降，腐烂、污染加重。插床的温度一般维持在 25℃ 以下，既不利于病菌发生，又可保持较高的生根能力。在扦插初期，用电控调温育苗盘使基质 3cm 以下温度保持在 20～30℃，此时气温在 18～30℃ 相对湿度 85％ 以上时为佳。

以红叶石楠'红罗宾'工厂化扦插育苗为例，夏季扦插，可采用大棚通风、间隙喷雾、遮阳等方法降低温度。冬季扦插夜间温度较低，要用种植布严密包裹床面，并使用电热线加热系统在穴盘底部加温，确保床面温度不低于 15℃。阴天或雨天要全天加温。电热线加温会造成基质干燥，每间隔 2～3d 要检查扦插基质并及时浇一次透水，否则，插穗易失水而干枯。

（2）湿度

土壤湿度和空气湿度对扦插成活影响很大，插穗发根前，芽的萌发往往比根形成早，而细胞分裂、分化、根原基形成都需要一定的水分供应，而且叶片枝条的蒸腾作用也不断消耗水，当时新根尚未形成，水分无法从根部吸入补充，所以生根以前干枯是扦插失败的主要原因之一。当然剪除部分叶片可以防止过度的蒸发，但因叶片具有提供营养和生长物质的作用，所以又要尽可能地保留。为此，扦插时空气湿度必须尽可能地高，土壤含水量最好稳定在田间最大持水量的 50％～60％，以利插穗生根。

扦插育苗前期（扦插后 20d 内）应保证育苗大棚内具有较高的湿度，相对湿度在 85％ 以上。采用自动控制间隙喷雾系统来保证大棚内的空气湿度，调节种植布内的床面小气候。扦插 20d 后可减少喷雾的次数。但高温高湿有利于病害的发生，因此，夜间要将种植布打开，使扦插苗更好的通风透气，控制病害的发生。30d 后要减少喷雾次数，并打开种植布检查苗情，以种植布保持湿润为标准，扦插基质不宜过湿，否则不利于插穗的生根。

基质湿度是保证插穗成活生根的重要因素，基质过干，水分供应不足，插穗生根困难或干枯；过湿又易引起病菌感染。在扦插初期，插穗尚未生根，吸水能力很弱，特别是带芽、叶的插穗，此时如果土壤水分不足，极易导致插穗枯萎。所以这一时期必须经常灌溉，但水分又不宜过多，否则土壤温度低，通气不良，影响插穗呼吸和对水分、矿质养分的吸收，致使插穗不宜生根，甚至霉烂死亡，扦插后土壤含水量最好稳定在田间最大持水量的 50％～60％，由于在生产中难以准确测量和控制，故常以用手攥基质等经验方法判断。

目前，生产中常用遮荫、塑料薄膜覆盖等方法来保持，在炎热夏季的中午还应在温室内大量喷水以增加空气湿度，降低气温，也可以设置人工喷雾装置或人工细眼喷洒，增加空气湿度。

（3）氧气

土壤通气性对发根也很重要。土壤质地直接影响土壤中水分和空气的比例。重黏土保水力强，但通气性差，不利于生根。沙壤土不仅有良好的保水性，又具通气性，能供给生根所需的氧，故较其他质地的土壤为好。

通常以 15％ 以上氧并保持适当水分的土壤对生根有利。

（4）光照

光对植物的生长和开花有重要影响，其中许多重要的生理过程都受光的调节。插穗的顶芽及叶片在光下可进行光合作用，促进生根。但强光易造成高温低湿环境，从而引起叶片过度蒸腾失水，对生根不利，故高温强光季节，常用遮光、喷水、覆膜等措施以减光、降温、增湿。若采用全光照喷雾法则不用遮。

不同的光质对植物扦插生根的作用各不相同。光照有促进插条生根、壮苗的作用；并对生根的刺激作用与植物种类、繁殖方法等都有关。光照可使插床温度升高，促进植物生长激素的形成和碳素同化作用的进行，对插穗的生根有利。但强光可促进生根阻碍物质的形成，还可能引起叶的日灼。通常不透明覆盖物能使枝条黄化而促进生根。原因是黄化可以影响植物生长激素的积累和其他在光中不稳定的物质的积累。局部黄化可使生根部位提高 IAA 和降低酚化合物浓度。所以，在扦插前对枝条进行遮光处理或黄化处理，常常可以取得良好的扦插效果。适度遮荫可以防止干旱。一般透光量控制在 30%～50%，以 50% 为好。

日照在一定程度上也影响扦插生根，一般认为，短日照对不定根形成是不利的，但也有些植物结果恰恰相反，插穗的生长都以日照条件为好。

对于棚内扦插，若为炎热的夏季，为防止中午温度过高，可采用短时间遮阳和增加喷水次数来降低大棚内温度。秋季扦插可通过大棚通风，增加湿度来协调光照与温度之间的矛盾。

（5）扦插基质

理想的扦插基质应具备良好的通气性、保水性、排水性，且无病菌感染。不同植物因生根难易程度不同，对基质要求不同，因此基质的配制也应依植物而异。一般对于容易生根的树种来说，任何生根基质都可能扦插成功，而对于生根比较困难的树种，则受基质的影响很大，不仅影响生根率，同时也影响生根的数量与质量。难生根、耐旱或沙生植物扦插时基质必须具有良好的透气性。

植物扦插一般要求基质有一定的固相、液相、气相指标和化学稳定性。因为基质是植株生根营养物质的来源，不同的植物对扦插基质和生根条件的要求差异很大，一般要求容重在 0.5～1.0g/mL、持水量在 50%～150%、毛管孔隙度小于 50% 以及三相比为 1：0.5：1 时成活率较高。土壤是硬枝插和根插的常用基质，以沙壤土为好。对容易生根而抗腐烂的嫩枝或半木质化枝叶也可采用，但一般混以 1/2 或 2/3 的河沙，以改善土壤通气性。嫩枝扦插要求基质有较好的通透性，以利于水分的渗透和基质的通气，所以一般以河沙、炉渣灰、锯末、蛭石、珍珠岩、泥炭、炭化稻壳等为基质的较多。

不同基质的性质和生根效应不同，一般珍珠岩通气性和保水性比较好、质又轻、对插穗生根有利，但珍珠岩所含有的营养养分较少，不能满足扦插苗根系的后继生长，加之，其离子交换能力低，很少单独使用；泥炭含有丰富的有机质，持水保水力强，但透气性差，在园艺上很少单独使用；蛭石虽具有稳定性好、保水透气性好、且不带病菌、离子交换能力强等优点，但因为耐压能力较差、容易破碎、物理性能容易被破坏等特点，在园艺中一般也不单独使用，所以，在实际应用时，把珍珠岩、泥炭、蛭石搭配使用效果比较理想。由于用草炭、蛭石、珍珠岩等作育苗基质成本较高，且分布有地域性，所以国内外纷纷研究一些资源多价格低廉来替代草炭等。

菇渣是栽培各种食用菌后剩下的出菇料，菇渣中含有较高的有机质及氮、磷、钾等，可为作物生长提供丰富的营养物质。

苔藓的保水性能最好，通气性良好，酸性较弱，较耐腐，且湿度变幅小，故适于对水分要求较高的幼嫩枝扦插。但其富有弹性，在插床上难以固定，起苗时容易断根，因此应与其他基质混用。

在工厂化扦插育苗中，选择合适的基质虽是育苗成功与否的关键，但是我们还应考虑到基质材料的经济性。所以在基质的选择过程中，我们应遵循原则：首先是适用性，其次是经济性，在大规模生产即工厂化育苗中还要考虑原料来源的稳定性。基质的适用性，顾名思义，是指选用的基质是否适合所要培育的植物。研究表明，基质具有良好的物理性能是可否适合应用的主要性能。这包括基质的保温、保肥、通气、排水性能，恰当的容重和大小孔隙的平衡。有形成稳固根的性能，重量轻，无病虫害，不带杂草种子等。其次要求基质有良好的化学性状，大部分植物要求生长在弱酸性基质中，pH 值在 5.5～6.5 之间，肥力低，这样可以通过施用肥料对植物的营养状况进行调控。基质的经济性状主要是指基质的来源是否容易，价格是否便宜等，因此选择基质时要本着因地制宜、就地取材、来源容易、成本低廉、供应稳定等原则来考虑。

（6）植物生长调节剂

目前蔬菜以及其他植株在扦插繁殖中常用激素和植物生长调节剂来进行处理，以此来促进插穗的生根和幼苗的成活率。生长调节剂对插条的生根起着显著的促进作用。它可以促进插条内部营养物质的重新分配与内源激素的作用表达，促进插条生根。有些研究发现，用不同生长调节剂处理对插穗内的生理生化变化发生影响，可以促进插穗的代谢、内源激素的合成及营养物质的转化和运输等。生长素在枝条内并非参与有机物的重新建成，它可能解除基因的抑制，从而促进多种酶的合成，诱导根原始体的发端。NAA 作为生根剂被广泛应用于组织培养的生根和扦插繁殖，它能促进插条贮存的淀粉水解为还原糖，为根的形成提供丰富的能源和碳源，促进插穗生根。NAA 还有促进细胞分裂和扩大、诱导形成不定根的作用。与 NAA 相比，IBA 不易被光分解，比较稳定，并且有不易传导、不易伤害枝条、使用安全、生根作用强，但不定根长而细等特点。IAA 是最早发现的植物激素，对植物生长具有显著的促进作用，主要是刺激形成层活动，可诱导新根形成。生根粉中含有 IBA、NAA 等物质成分，可对生根起增效作用。生根粉处理的插条较好，能促进不定根的形成和伸长，平均根长、根数和有效成活率较高，病菌的抵抗力也较高，且价格便宜，是蔬菜扦插生产中生根处理很好的选择。

当然，目前的大多数研究主要集中在对生长调节剂浓度与种类的配比和选用上。植物特性决定了不同植物适用不同生长调节剂的不同浓度。而几种生长调节剂组合使用效果优于单独使用。合理地使用组合生长调节剂可以弥补单一生长调节剂的不足。

生长调节剂处理的时间也会对扦插效果产生影响。嫩枝扦插不宜在低浓度的生长素中浸蘸时间太长，长时间浸泡，下切口缺氧，颜色多半变成黄褐色，出现腐烂。

影响扦插生根的还有其它环境因子，扦插对环境条件要求较高，一般选择地势平坦、排水良好、四周无遮光物体、干燥、通风的育苗场地。一些失败的经验表明：空气不流通、阳光不充足，插穗经常处于低温、高湿状态，易染霉菌，往往造成苗木大量死亡。

5.3.2 进生根关键技术

（1）机械处理——剥皮

对木栓组织比较发达的果树，较难发根的种或品种，插前先将表皮木栓层剥去，有促进发根的作用。剥皮后能加强插穗吸水能力，幼根也容易长出。纵刻伤用刀刻 2～3cm 长的伤口，至韧皮部，可在纵伤沟中形成整齐不定根。环状剥皮在母株上准备用作插穗的枝条基部，一般在剪穗 15d，环剥一圈皮层，宽 3～5mm，有利于促发不定根。用铁丝等材料在枝条上绞缢也能起到相同效果。

（2）黄化处理

黄化处理一般在新梢生长初期，即扦插前三周，在基部先包上脱脂棉，再用黑布条或黑纸包裹基部。如砧木扦插，可将枝条压倒覆土黄化。若用 IBA 等生长素处理黄化过的枝条再扦插，效果更佳。

（3）植物生长调节剂处理

扦插生根中，应用生长素催根越来越普遍。人工合成的 IBA、NAA 对促进生根更为有效，其中以 IBA 对促进生根的效果最好。生长素处理方法有稀溶液浸渍法，硬枝一般用 0.0005％～0.01％ 的浓度处理，插穗基部浸渍 12～24h，嫩枝一般用 0.0005％～0.0025％ 的浓度处理，浸渍 12～24h，另外，也有将生长素配成 0.05％～0.1％，浸渍 1～2h；或用 0.2％～0.4％ 高浓度溶液速浸 5s，这种方法的处理时间短，比较方便。

（4）加温处理

早春扦插常因土温不足而造成生根困难，人为提高插条下端生根部位的温度，同时喷水通风降低上端芽所处环境温度。下端利用地膜，或利用秸秆、有机肥发沤生热来增加温度。插前在床面铺一层沙或锯木屑，厚度 3～5cm，将插条成捆直立埋入或一排排插入，间隙填充湿锯木屑，顶芽露出 3cm 以上，插条基部保持 20～28℃。

（5）其他物质处理

用 1mg/L（1ppm）的维生素 B_1 或维生素 C 等浸插穗基部 12h，再进行激素处理，即使是生根困难的柿、板栗都有 50％ 以上的生根率。2％～10％ 的蔗糖水溶液，不论单独使用还是与生长素混用，一般浸渍 10～24h，有较好的生根效果。用 0.1％～0.5％ 的高锰酸钾处理，对女贞、柳树、菊花、一品红等有明显的生根效果。

5.3.3　工厂化扦插育苗方法

（1）硬枝扦插

硬枝扦插又称休眠枝扦插，即用充分成熟的一年生枝条进行扦插，最好采条时间是秋末冬初，母株叶子已全部自然脱落，进入休眠，枝条贮藏养分充足，而且在严寒前也容易贮藏，插穗也有时间进行物质转化。一般葡萄剪成长 50cm，每 50～100 枝一捆，系上小标签，分层埋于湿沙中，随埋随活动，使湿沙进入捆中，防止抽干和发霉，贮藏温度为 1～5℃。春季要经常检查，以防埋沟里温度过高引起枝条发霉或发芽，如温度过高，要立即换沟，遮荫降温，如太干，则要喷水补充。插前剪成带 2～3 个芽的枝条，一般长 10～15cm，第一芽要离剪口 0.5～1.0cm，起保护作用，并将剪口剪平，下段靠节剪成斜面，一般节部易发根，插前可以催根，如加湿、纵刻伤或药剂处理。

硬枝插可在春、秋两季进行，秋插在土地上冻前完成。不但可以减少插条埋藏等工作，又利用了秋季农闲时期。秋插应比春插稍深，以防插条被风吹露土外，剪口芽被吹干而不能发芽。在翌年开春后，必须除去过厚覆土，否则影响幼根萌发。对不抗低温的树种如木香、木槿等，则不能秋插。春插在土地解冻后进行。据树种抗寒力不同安排扦插时间，抗寒性强的可以早插，反之要迟插，南方一开春就可以插。

（2）绿枝扦插

绿枝扦插又叫软枝扦插，一般是指用半木质化并处于生长期的新梢进行扦插，这种育苗方式具有操作简单、繁殖快、缩短周期、降低育苗成本、成活率高的特点（图 5-3-1）。如柑橘类、油橄榄、葡萄、枣树、苹果、梨、桃、李、杏、樱桃等果树及许多园艺观赏树木花卉，如月季、玫瑰、木香等均采用此法。

为了促进绿枝扦插苗的生长，应在扦插苗生根后（一般 6～8 周）开始施肥，施入完全

图 5-3-1　绿枝扦插

肥料，溶于水中以液态浇入苗床，浓度为 3％～5％，每周施入 1 次。绿枝扦插一般在 6～7 月进行，生根后到入冬前只有 1～2 个月的生长时间。入冬前，在苗木尚未停止生长时，为温室加温，利用冬季促进生长。温室内的温度白天控制在 24℃，晚上不低于 16℃。

实验表明，绿枝扦插比硬枝扦插易生根，但其对空气和土壤湿度要求严格，有条件可以安装迷雾装置，以控制温、湿度。

(3) 根插

根插往往在枝插不易成活或生根缓慢、管理费工的树种中采用，如毛白杨、泡桐、刺槐、香椿、枣、柿、核桃、长山核桃、牡丹、樱桃等，根插也比枝插成活率高，采用根插必须是根上能够形成不定芽的树种。根插繁殖可在休眠期母株周围刨取种根，亦可利用苗木出圃时剪留下的根段或留在地下的残根进行根插繁殖。

根插时保持插穗的正确极性很重要，为了避免栽植时颠倒插穗的极性，根段的近端（最接近植株上部的一端）剪成直口，而远端（远离植株上部的一端）剪成斜口。栽植时，根段的近端朝上，竖直将插穗插入基质中，近端与基质表面相平。但是，很多种植物适合将插穗水平放置在基质表面以下 2～5cm 深，这样可以避免根段上下颠倒。

根段以 0.3～1.5cm 粗为好，剪成长 10cm 左右根段，上口剪平，下口剪斜。北方按粗细分级成捆埋藏，至春季扦插。南方随挖随插，插时不要斜栽，插后立即灌水，并保持湿度。

(4) 叶插

很多植物包括单子叶和双子叶植物可以叶插繁殖。据其新根和新梢的起源不同，可分为初生分化组织和次生分化组织两类。

毛叶秋海棠、景天、非洲紫罗兰、虎尾兰和百合等，可以从叶基部或叶柄成熟细胞所发生的次生分生组织中发育出新植株。百合芽原基起源于鳞片上部薄壁细胞，新梢发源于表皮细胞。景天的叶柄可在插后几天内形成相当大的愈伤组织叶枕。根原基就在这些愈伤组织内形成，形成根原基后很快长出 4～5 条根，而后茎原基从愈伤组织叶枕的一侧产生，发育成新梢。

叶插分为全叶插、片叶插和叶柄插（图 5-3-2）。

全叶插是用完整的叶片扦插。有的种类是平置于扦插基质上，而有的要将叶柄或叶基部

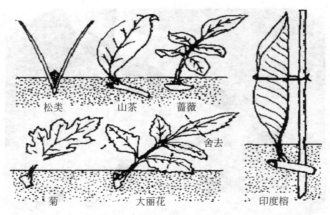

图 5-3-2 叶插

浅埋入基质中,叶片直立或倾斜都可以。叶片平置于基质中发根的种类主要有风车草、神刀、厚叶草、东美人、褐斑彻蓝、玉米石和弱翠景天等。将叶片插入基质发根的种类主要有沙鱼掌属和十二卷届、豆瓣绿属种类,还有石莲花属、莲花掌属和青锁龙属的少数种类。

片叶插是将叶片分切成数段分别扦插。如龙舌兰科的虎尾兰属种类,可将壮实的叶片截成 7~10cm 的小段,略干燥后将下端插入基质。景天科的神刀也可以将叶切成 3cm 左右的小段,平置在基质上也能生根并长出幼株。片叶插能增加繁殖数量,但适用的种类不多。

叶柄插是将叶柄插入沙中,叶片立于沙面上,则于叶柄基部发生不定芽。大岩柄的叶插,则先在叶柄基部发生小球茎,而后发生根与芽。叶柄插应该把叶柄的 2/3 插入基质。叶片蒸发量大,要注意保湿和遮荫。

(5) 叶芽插

用带有腋芽的叶进行扦插,也可看成是介于叶插和枝插之间的带叶单芽插。叶芽插的插穗仅有一芽附有一片叶,并带有盾形茎部一片,或一小段茎。许多对生叶植物,每节均为一对叶附一对腋芽,可将其剖为两半,使每叶带一芽作插穗。然后插入基质中,仅露芽尖即可。叶插不易产生不定芽的种类可采用此法繁殖。

李曙轩等对大白菜、甘蓝试验了"叶-芽"扦插育苗法并获得成功。从田间选择生长健壮、无病害且具备本品种优良特性的大白菜叶球,把叶球横切去 1/3~1/2,再纵切四等份。用利刀从外层到内层切取每张球叶,都带有一部分中心柱(短缩茎)的组织及一个腋芽,中肋部分长 4~6cm,宽 2~4cm。然后把切下来的"叶-芽"的茎组织底部切口蘸到吲哚丁酸或萘乙酸 0.1%~0.2% 的水溶液中,蘸一下就立即取出,扦插到基质中,基质为砻糠灰(水稻壳灰)或砻糠灰与水稻壳与沙土混合物。培养在温室中,保持 20~25℃ 的温度和85%~95% 的空气相对湿度,适当遮光,经 7~8d 产生愈伤组织,14~15d 产生须根并发芽。再移栽到营养钵中,在保护地中生长一段时间后定植到采种田里。一株大白菜有叶片40~50 张,就可繁殖 30~40 株扦插苗,比一般母株留种法繁殖系数提高 15~30 倍,特别适于提高自交不亲和系等优良品系的繁殖率。

5.3.4 工厂化扦插育苗形式与配套设备

采用温室和大棚等设施进行扦插育苗是工厂化扦插育苗的基本形式。通常,使用钵、盆、木箱、地热温床以及雾培、水培插床等进行扦插育苗。

（1）钵内和箱内扦插

对贵重或比较少量的插穗进行扦插育苗适于钵内或箱内扦插方法。盆多用口径大而浅的瓦钵，下面先铺上小石砾或粗砂，再在上面填上 5～10cm 厚的床上，然后就可以进行扦插了。

木箱比盆大些，有效面积大，一般做成长、宽、高分别为 50cm×35cm×（10～12）cm 的箱，底板上每隔 6～10cm 留有 0.8～1.0cm 的槽缝，以便排水，木箱底下垫横条，使木箱不能直接接触地面，底板上放上金属网再放粗沙砾，然后填上床土，就可用来扦插。

（2）地热温床扦插

为了保持插穗基部温度比上部高，采用床土底部铺设电热线，床一般可用木板框成，亦可用水泥制成，或临时用砖围成。先在最下面铺 5cm 左右厚的排水材料，如珍珠岩，再在上面安装乙烯绝缘电热线，最后装入床土。电热线一般为 100W 和 500W、长 60cm 的绝缘线。插床深 15cm 左右，电热线与恒温控制仪相连，恒温控制仪有一温度感应插头，插入床土内 5cm 深处，刚好与插穗插入土层深度一致，调节恒温控制仪，保持插穗基部在 20～23℃。

（3）弥雾插床扦插

用喷雾方法在插穗叶面上维持一层薄的水膜，使叶周围有很高的相对湿度，并降低了空气和叶的温度，从而降低蒸腾作用。一般弥雾下比对照温度低 5.5～8.5℃，是插床在全日照、不使叶温升高的条件下，可以得到太阳光的强光照射，增加光合作用，从而使插穗的光合产物超过呼吸消耗，有利于根的发生和生长。这样就可能利用极幼嫩且生理活动最强的插穗来促发生根，使嫩枝扦插时期大大提高，并可使过去难以生根的类型也获得生根。但连续喷雾要浪费水电资源，并使土温过低。现普遍使用电子叶自动控制喷雾系统，可以控制水分损失。

为促进生根，弥雾扦插插床还可以按上述方法在床底安装电热线，通过恒温控制仪控制插床温度，形成最理想的"头冷脚热"的扦插环境。插床基质多用 20～30 目的粗沙或与等量珍珠岩混合，也可用蛭石、石英沙或粗沙与泥炭等混合作床土。

（4）水插

水插苗室可应用小型塑料大棚（宽 4m 左右）。靠两边各装一排三层育苗架，每平方米育苗架上放 25 只插瓶，每瓶中放插枝 10～15 枝。插瓶为 500mL 广口瓶，瓶底放 1～2cm 碎石，以固定插枝，使其基部 3cm 左右浸在营养液中。

5.4　温室蔬菜自动化生产工程工艺

5.4.1　设施蔬菜生产的特点

（1）蔬菜设施生产的特点

蔬菜是可供佐餐的栽培和野生植物的总称。其栽培的种类约有 300 种，但普通栽培的蔬菜只有 60 多种。蔬菜生产受季节的影响较大，对生产条件要求较高、产量及品质易受环境条件的影响。设施蔬菜生产是指利用设施，在人工控制的环境条件下，运用机械化、自动化手段，采用专业化、标准化技术及现代企业的管理方法，按一定的生产工艺流程，实现蔬菜快速、优质、高产、高效而稳定的生产方式。特别是在冬季寒冷的北方地区，进行设施生产不仅能增加蔬菜栽培的种类及品种，对产量及质量也有较大的提高。

蔬菜是一年生植物，多为草本植物，多具有喜光、喜湿的特点。温度、湿度的控制是蔬菜优质高产的重要条件。在温室中，既有对作物生产有利的一面，也会产生一些不利条件，如光照弱、温差大、湿度大、通风差、二氧化碳不足、土壤盐碱化等。能针对温室的特点和蔬菜生产的特点，为作物创造最佳的环境条件，是设施蔬菜生产的一大优势。

（2）设施蔬菜生产的主要种类

① 茄果类　茄果类蔬菜主要有番茄、茄子、辣椒等，同属茄科（Solanaceae），产量高，供应期长，南北各地普遍栽培。

② 瓜类　设施栽培的瓜类蔬菜主要是黄瓜，面积居瓜类之首，由于甜瓜、西瓜、节瓜、瓠瓜反季节栽培价值高，所以栽培的面积也不断增加。

③ 叶菜类　目前设施栽培面积较大的叶菜有生菜、蕹菜、芹菜、豌豆、小白菜等。

④ 芽苗菜类　立体栽培是芽苗菜工厂化的特色，对提高温室、塑料大棚的利用率，反季节栽培和周年均衡供应有重要作用。豌豆、萝卜、苜蓿、香椿、菊苣等种子或母株遮光培育成黄化嫩苗或芽球，或在弱光条件下培育有色芽菜，尤其适于工厂化生产。

（3）蔬菜设施生产的一般原则

目前，蔬菜工厂化生产主要围绕无公害、绿色食品标准，将产地环境质量标准、生产技术标准、产品标准、产品包装标准和储藏运输标准构成一个完整的质量体系。从种苗繁殖（穴盘育苗和组培）──→定植──→营养生长期──→土、肥、水管理──→生殖生长（开花、结果）──→采收、贮藏到终端消费的各个环节，都列入质量管理序列，生产过程通过建立严格的工艺质量监督管理机制，物流过程建立规范的质量信息反馈系统，实行网络化管理，以保证产品的整体质量。

5.4.2　设施番茄生产工程工艺

（1）生物学特性

番茄原产秘鲁西部高原地带，是较耐低温果菜，在我国设施栽培中具有十分重要的地位。按开花结果习性，番茄分无限生长和有限生长两类。无限生长类一般第九节着生第一花序，以后每隔3叶，在同方向着生花序，环境条件适宜，可连续收获果实6~8个月，着生15~20花序。采收期长达6~8个月，但也可3~6个月短期栽培，连续收获6~8穗果。春季、秋季栽培大多为有限生长型。一般主枝着生2~3花序即封顶停止伸长。适宜于早熟栽培番茄果实有红、粉红、金黄等，果型有大果型和小果型（20~30mm）之分。番茄从定植到收获，春夏季约50~60d，低温季节时间加倍，需100~120d。

（2）对环境的要求

番茄种子最适宜的发芽温度为23~28℃，生育适温13~28℃，低限10℃、高限35℃。栽培时最适温度，白天为23~28℃，夜间为13~18℃，根际温度以18~23℃为好。

番茄喜光，光饱和点为70000lx，光补偿点为3000lx，冬春季设施内栽培番茄，常因光照强度弱，营养水平低，品质低和产量少。番茄对日照长短要求不严格，但以每天光照时数14~16h为好。

番茄植株需水量大，根系吸水能力较强，基质培基质含水量为60%~85%适宜，空气相对湿度50%~65%时长势最好。设施栽培时应注意通风换气，防止因湿度过大而造成病害发生严重。

番茄对土壤的要求不严格。选择土层深厚、有机质丰富、排水和通气性良好的肥沃壤土，可获得高产。栽培在沙壤土中，且早熟性较好番茄对土壤酸碱度的要求是pH6~7，对土壤的EC值要求在0.4~0.7mS/cm。

番茄生长期长，需要吸收大量有机养分和无机营养元素，才能获得高产优质的果实。据分析，生产1t果实需要吸收氮2.7~3.2kg、磷0.6~1.0kg、钾4.9~5.1kg。此外，微量元素缺乏会引起各种生理病害。

(3) 栽培季节及品种

利用温室或大棚进行番茄无土栽培，一般有两种茬口类型：一种类型是一年二茬，第一茬春番茄一般在11~12月播种育苗，1~2月定植，4~7月采收，共采收7~10穗果。第二茬秋番茄多在7月播种育苗，8月定植，10月至翌年1月份采收，共采收7~10穗果。另一种茬口类型是一年一茬的越冬长季节栽培，一般在8月播种，9月定植，11月至翌年7月连续采收17~20穗果。此类型适于在温光条件好的节能型日光温室以及大型现代化加温温室内进行。冬季较温暖，光照充足地区。

因茬口类型不同，无土栽培的番茄品种也各异。早春茬低温寡照，番茄处于苗期及生长前期，故以选择耐低温弱光品种为宜，同时还应选用抗青枯病、叶霉病、烟草花叶病毒的品种；秋茬番茄应选用生长势不过旺、低温着色均匀、耐病性强、优质的品种；长季节栽培品种应具有耐弱光、耐低温、长势强、抗病、坐果率高、畸形果率低的品种。"九五"期间，中国农科院蔬菜花卉研究所选用国内外近20个适于温室生产的品种，在不同生产季节进行品比试验。结果显示：适宜温室长季节栽培的品种有中杂9、中杂11、佳粉15、红冠98和卡鲁索；适于秋季栽培的品种有佳粉15、中杂11和卡鲁索；适于早春栽培的品种有中杂9、中杂11、佳粉15、卡鲁索和L-402。此外，随国外温室同步引进，最近几年一些温室专用番茄品种如荷兰的Roman、百利、Apollo、Tuast，以色列的Daniela、144及一些品质好、含糖量高的小番茄如中国台湾农友的龙女、圣女等也有一定栽培面积。

(4) 番茄工厂化生产工艺流程

① 品种选择 冬春及春季栽培时应选择耐低温弱光、早熟、植株开展度小、抗病、丰产的品种；秋、冬季栽培时宜选择耐热、抗病性强、生长势强、根系发达的无限生长类型的中晚熟品种。我国近年来设施栽培的番茄品种主要有西粉3号、毛粉802、早丰、辽园多丽、中杂11号、佳粉15号、苏抗3号、苏抗9号、L-401、L-402、合作903、合作906等。进口品种有荷兰的卡鲁索、以色列144以及其他品种。樱桃番茄有龙女、圣女、金珠及日本引进品种。

② 播种育苗 番茄的设施栽培多为育苗移栽。番茄壮苗的标准是株高15~25cm，茎粗0.5~0.6cm，完整子叶，具有7~9片真叶，带有大花蕾，叶大而厚实，叶色浓绿，侧根多而白，无病伤。一般早熟品种苗龄55~65d，中熟品种60~70d，晚熟品种为80d。有条件的地区应提倡穴盘育苗，省时省工，成本低，效率高，种苗质量好。

③ 整地作畦 耕作层要求深20~25cm，做成（连沟）宽1.2~1.5m、高15~20cm的畦，畦面铺设地膜，并且地膜要紧贴畦面。

番茄生育期长，需肥量大，尤其需大量钾肥。施肥原则是前期重施氮、磷肥，中后期增施钾肥和微量元素，氮磷钾三要素的配合比例应为1∶1∶2。施肥方法为每公顷施腐熟有机肥4.5万~6.0万千克、碳酸氢氨750kg或尿素300kg、过磷酸钙300~375kg、硝酸钾450kg（或用二元复合肥750~900kg）。

④ 定植　应根据品种特性、整枝方式、肥力条件和施肥数量来决定定植密度。一般（连沟）畦宽 1.4～1.5m，株距 30～40cm，每畦两行，每公顷定植 4.5 万株左右。大棚秋延后栽培苗龄可缩短，5～6 片真叶即可定植。为防夏秋高温，定植后可在棚顶覆盖遮阳网或在畦面覆稻草。

⑤ 定植后管理

a. 温度管理：日温控制在 25℃左右，上限为 30℃，夜温在 10℃以上，以 14～17℃为最适，可利用调节通风口大小和通风时间长短以及揭盖农膜和覆盖物进行调控。当棚内最低气温稳定在 15℃以上时，白天温室大棚顶侧通风口可全开，这样既可通风，又能增加光照。

b. 湿度（水分）管理：在栽培前期需要注意降低设施内湿度。在番茄整个生育期内，土壤水分供应要均衡。进入结果期后，土壤忽干忽湿，会导致番茄裂果，最好能使设施内土壤含水量稳定在 70%～80%。采用膜下滴灌，可降低设施内湿度。秋季栽培，在土温高时切忌灌水，否则将引起落花落果。在日光温室栽培中要注意保温，超过 25℃才需通风，下午温度降到 20℃左右时停止通风。

c. 光照管理：冬春季节设施番茄栽培，白天应尽量揭开室内外覆盖物，即使是阴、雨、雪天，也要揭开不透明的覆盖物，但要晚揭早盖。经常清理透明覆盖物上的污染，在后墙张挂反光膜等，有利于增加光照。

d. 施肥管理：重施基肥、及时追肥是设施番茄施肥的原则。坐果前要控肥，在第一花序坐果后，果实至核桃大时开始追肥。应分次进行追肥，第一次每公顷施 120～150kg 复合肥或磷酸二铵，第二次追肥在第一穗果采收后，一般公顷施 225～300kg 复合肥，或 120kg 尿素加 120kg 硫酸钾，以后视植株的生长情况再行追肥。

设施内的 CO_2 追肥显著增产。可在第一果穗开花至采收期间，在日出或揭除不透明覆盖物后 0.5～1.0h 开始，连续施用 2～3h。施用浓度为 800～1000μL/L，阴天用量减半。

e. 植株调整：当番茄植株长到 30cm 时，需要吊蔓或搭架，一般用吊绳或在距根部 15cm 处插一根竹竿支撑植株。竹竿垂直插入时为直立架，在其上方绑一根横竹形成篱壁式联架，每两根竹竿相对时为人字架。在每一果穗下需绑一道绳，不使番茄倒伏。

设施栽培一般采用单杆整枝。在番茄的整个生育期，尤其是中后期要注意摘除老叶、病叶，以利通风透光，同时还要对侧枝进行打杈。打杈的时间不宜过早，尤其对生长势弱的早熟品种，打杈过早会抑制营养生长；过迟会导致营养生长过旺，影响坐果。长季节栽培当植株高度达到生长架横向缆绳时，要及时放下挂钩上的绳子使植株下垂，来进行坐秧整枝。

f. 保果疏果：设施栽培常因光照不足、湿度偏大、棚温偏低而发生落花落果现象。除了要加强栽培管理外，可适时使用植物生长调节剂。使用时注意，低温时用较高浓度，高温时用较低浓度，并避免溅到生长点和嫩茎叶上产生药害。现代温室多采用雄蜂授粉或在 10:00～15:00 用电动授粉器授粉，这种方法较使用生长调节剂，既省工省力又安全卫生。如果花序的结果数过多，导致果实偏小，可适当疏果，大果型品种每个花序应保留 2～3 个果实，中果型品种可保留 3～4 个果实。

⑥ 病虫害防治　番茄栽培上的主要病害有灰霉病、猝倒病、菌核病、立枯病、青枯病、早疫病、叶霉病、病毒病等，主要虫害有茶黄螨、蚜虫、棉铃虫、蓟马等，应及时采取措施加以防治。病虫防治以预防为主，综合防治，禁用高毒高残留农药。

⑦ 采收　设施栽培的番茄由于温度较低，果实转色较慢，一般在开花后 45～50d 方能采收。短途外运可在变色期采收，长途外运或贮藏则在白果期采收。

5.4.3 设施黄瓜生产工程工艺

5.4.3.1 生物学特性

根具有瓜类蔬菜的基本特点，根系分布较浅，根系主要集中在10~30cm表土层中，并且根系易木栓化，受伤后再生能力弱，因此设施栽培时通常采用护根育苗，且为保护根系通常在四叶期前进行移栽。茎蔓性、无棱、中空，有刚毛，茎上有卷须着生，瓜秧不能直立，需要通过人工吊蔓进行植株调整。叶面积较大，缺水立即萎蔫，因此对土壤水分和空气湿度要求严格。黄瓜的花大多是雌雄同株异花，环境条件影响其花的性型分化。果实为瓠果，具有单性结实的特性。种子扁平状长椭圆形，淡黄色，千粒重22~42g。贮藏在适宜条件下，种子寿命可达4~6年，甚至可延长至10年。

5.4.3.2 对环境条件的要求

黄瓜属喜温蔬菜，生育适宜温度18~30℃，最适温度24℃，种子发芽适温27~29℃。黄瓜区别于其他瓜类作物的特性之一是从幼苗期开始，昼夜温差宜保持在10~15℃。夜温以15~18℃为宜，较低夜温有利于雌花形成。黄瓜植株不耐低温，10~13℃停止生长，可忍耐的最低温度是5℃，低于-1~0℃受冻害。根系生长适宜温度范围20~25℃，低于20℃根系生理活性减弱，10~12℃停止生长。

黄瓜喜强光不耐弱光，光饱和点为55000lx，光补偿点2000lx。在较高温度和较高CO_2浓度条件下，增加光强可提高光合性能。黄瓜对日照长短要求因生态环境不同而有差异。一般华南生态型品种对短日照要求较为严格，而华北生态型要求较长光照时数。对所有类型品种，短日照均有利于花芽分化，促进雌花形成。

黄瓜作为喜湿作物，根系浅，叶片大而薄，因此对空气和根际湿度要求较高。适宜的空气相对湿度为60%~90%。湿度过低，黄瓜植株生长发育和果实生长均受影响。因此，应该慎用为减轻病害发生而片面要求降低空气湿度的措施。

黄瓜根系喜弱酸至中性条件，在pH5.5~7.2范围内均可正常生长，但以pH6.5最为适宜。根系耐盐性差，故根际环境盐分不宜太高。对矿质元素要求较高，每生产1000kg黄瓜果实所需营养元素的量为：N 2.8kg、P 0.9kg、K 3.9kg、Ca 3.1kg、Mg 0.7kg，因此，N、K、Ca为黄瓜生长的关键元素。

5.4.3.3 栽培季节及主要品种

根据黄瓜品种的分布区域及生物学性状，可分为不同生态类型，生产上应用最为广泛的是华南型、华北型、欧美型露地黄瓜和欧洲型温室黄瓜四种类型。

设施栽培对黄瓜品种要求与露地不同，主要特点是：①要适合市场要求：黄瓜果实有长型、短型、有刺、绿色、白色等区别，要根据不同地区消费习惯和市场需求选择品种；②生长和结果特点：要求生长势强，结果期长，持续结果能力强的品种；③对环境条件要求：选择耐低温弱光或抗高温能力强，光合性能好，抗病虫能力较强的品种。

黄瓜无土栽培选用的品种首先要满足设施栽培的要求，大多数设施栽培条件下表现好的品种都可用于无土栽培。常见品种有：

① 长春密刺 北方地区应用广泛，是我国使用最早的设施栽培品种。植株生长势较强，早熟，主蔓结瓜为主，第一雌花着生在第2~4节，易结同头瓜。单瓜重150~200g，丰产性强。抗枯萎病，对霜霉病、白粉病抗性较差，较耐低温和弱光。典型长春密刺类型的品种有山东密刺、新泰密刺等。

② 津春 3 号　天津农业科学研究院黄瓜研究所育成的 F1 杂交种。早熟性好，一般第 2～3 节出现第一雌花，雌花比例较高，主蔓结瓜为主。植株生长势强，茎蔓粗壮，分枝性中等，叶片肥大。商品瓜棒状，瓜长 30cm 左右，瓜条顺直，瓜把短。皮绿色，瓜瘤适中，刺白色，单瓜重 220g 左右，风味品质较佳。植株高抗霜霉病和白粉病，耐低温和弱光。该品种结瓜期较短，后期植株易早衰，适宜早熟栽培。

③ 津优 3 号　天津农业科学研究院黄瓜研究所育成的 F1 杂交种。植株紧凑，生长势强，叶色深绿。第一雌花着生在第 3～4 节，雌花节率 30% 左右，主蔓结瓜为主。瓜条顺直，瓜把短，长 35cm，单瓜重 230g 左右。瓜色深绿，有光泽，瓜瘤明显，白刺密生。果肉浅绿色、心腔较细，小于瓜径 1/2，质脆味甜，品质优。高抗枯萎病，中抗霜霉病和白粉病，耐低温弱光。回头瓜多，早期产量及总产量均高于长春密刺，畸形果少，商品率高。

④ 津美 1 号　天津农业科学研究院黄瓜研究所育成的适宜出口的品种。早熟，第 1 雌花出现在第 4 节左右，雌花节率高，主蔓结瓜为主，瓜码密，产量高。瓜条顺直，瓜把极短，瓜长 30cm，单瓜重 150g。瓜色深绿，皮色亮绿，少刺。果实直径 2.8cm，腔小肉厚，畸形瓜率极低。中抗枯萎病、霜霉病和白粉病。

⑤ 中农 5 号　中国农科院蔬菜花卉研究所育成的 F1 杂交种。植株生长势较强，第一雌花着生在第 2～3 节，以后几乎节节为雌花，主蔓结瓜为主，回头瓜多。瓜条发育快，结果期集中。瓜棒状，瓜长 32cm，瓜把长 4cm，单瓜重 100～150g。果皮深绿色，有光泽，白色密刺。果实横径 3cm，心腔 1.5cm，肉质脆、清香、品质上等，畸形瓜率 7%。早熟性强，播种到始收 55～60d。抗枯萎病、疫病和细菌性角斑病，耐低温和弱光照。

⑥ 京研迷你 2 号　北京市蔬菜研究中心育成的水果型 F1 杂交种。全雌型，节节着生黄瓜。瓜长 12～13cm，棒状。瓜色翠绿，表皮光滑，无刺瘤。心室小，味甜、质脆，适于生食。抗白粉病、霜霉病。

⑦ 国外引进温室黄瓜品种　主要是从荷兰、日本、以色列等国家引进的温室专用品种，多为水果型黄瓜。特点为生长势旺，单性结实，结果能力强，结果期长。果皮多为绿色，表皮光滑，有棱，无刺瘤。耐低温弱光，抗多种病害。品质好，耐贮运，适宜大型温室栽培。

目前生产上使用的品种主要有：

a. Nevada：荷兰品种，果长 38cm，有棱，抗叶霉病，不抗霜霉病及病毒病。

b. Printo：荷兰品种，果长 14～16cm，抗病毒病、细菌性角斑病、黑星病，耐白粉病，不抗霜霉病。

c. Virginia：荷兰品种，果长 36～38cm，有棱无刺，生长势极强，适应性广。果实品质好，风味佳。

d. Deltastar：荷兰品种，果长 16～18cm，深绿色，耐病毒病，适宜长季节栽培。

e. Ilan：以色列品种，果长 18～20cm，绿色，每节 2～3 瓜，适于晚秋、越冬及早春栽培。

5.4.3.4　栽培季节与方式

栽培季节：黄瓜无土栽培的季节选择主要取决于黄瓜的生长发育特性和设施的环境条件。因黄瓜的生长势难以像番茄那样长期维持，一般较难进行长季节栽培，生产上多进行短季节栽培。在现代温室条件下，主要有两种茬口类型：

① 一年三茬　第一茬在 8 月中旬播种、育苗，9 月上旬定植，10 月上旬至 1 月采收；第二茬为 12 月育苗，翌年 1 月定植，2 月下旬至 4 月采收；第三茬为 5 月上旬定植，6 月上

旬至 8 月采收。

② 一年两茬　前茬为长季节番茄，黄瓜为番茄后作。3 月下旬育苗，4 月上旬定植，6 月上旬到 8 月采收。也可作为春番茄后作，7 月下旬育苗，8 月定植，9 月下旬至 12 月采收。

北方地区日光温室一般安排两茬，以冬春季节栽培为主茬，栽培时间较长，秋冬季节为副茬，栽培时间较短。冬春季节栽培于 11 月下旬至 12 月上旬播种育苗，1 月中下旬定植，3 月上旬至 6 月下旬收获。秋冬季节栽培于 8 月下旬到 9 月上旬播种育苗，9 月下旬到 10 月上旬定植，11 月上旬至翌年 1 月采收。

塑料大棚由于保温增温能力弱，一般进行秋延后栽培和春提前栽培。秋季 7 月下旬至 8 月上旬育苗，9 月中旬定植，10 月到 12 月收获；春季于 1 月下旬育苗，2 月下旬定植，4 月至 6 月收获。

5.4.3.5　管理技术

（1）育苗

采用基质穴盘、营养钵或岩棉块进行无土栽培黄瓜育苗，穴盘以 72 孔为宜，营养钵可采用 8cm×10cm。采用精量播种时，播种前种子应进行消毒和催芽处理，1 穴（钵）1 苗，一次成苗。出苗后，管理上应增强光照，保持较大昼夜温差、为防止疫病、蔓枯病等传染性病害，提高植株抗性，可采用嫁接育苗，用 1/2 剂量日本园试配方营养液淋浇补充营养，以栽培品种为接穗，以云南黑籽南瓜、新土佐南瓜等为砧木进行嫁接。

（2）定植

为了防止根系老化，定植后影响植株生长，黄瓜幼苗不宜过大。一般在 3 叶 1 心或 4 叶 1 心期即可定植。苗龄在高温季节（夏秋季节）适当短些，15～20d，低温季节（冬春季节）可长些，30～35d。定植之前须将定植设施准备好，进行棚室和设施消毒，基质栽培应将基质铺好。定植密度应考虑栽培季节，同时也可根据品种特性和栽培方式而定。生长势弱、分枝少、栽培季节温度较低，密度可适当高些，每 667m² 定植 2500～3000 株；生长势强，分枝多的品种，温度较高的季节，密度应小一些，一般每 667m² 定植 1500～2000 株。

（3）环境调控

黄瓜设施栽培的环境调控应根据黄瓜对环境条件的要求和生长发育特性进行。保持合适的昼夜温差对于获得优质高产是必要的。冬春低温季节在棚室内栽培黄瓜，夜间气温以保持在 15℃ 为宜。如果夜温过低，则侧枝发生困难，产量受到严重影响。其原因首先是因为植株夜间不进行光合作用，过高温度促进呼吸，增加消耗，低温则可减少呼吸消耗；其次是夜温过高，同化物质运转缓慢，植株生长迟缓，引起落花；第三是夜间缺少紫外线照射，温度过高，会引起徒长。阴天植株温度要求比晴天低，许多研究和栽培实践证明，黄瓜在阴天日照不足的情况下，较低温度比较高温度可获得更高产量。

可采用增强设施密闭性能，进行覆盖保温，必要时进行人工加温等方法来提高栽培环境的温度。夏秋季节温度较高，可采用地面覆盖银色地膜、遮阳网覆盖、地面铺设冷水管道降低根际温度；采用顶部微喷、强制通风、湿帘等方法降低空气温度。当环境温度超过 30℃ 时，即应采取措施降温。

黄瓜为喜光植物，弱光不利于植株生长发育和产量品质，特别是低温与弱光同时作用不仅影响开花坐果，并易导致形成畸形瓜，可通过延长光照时数、及时揭开保温覆盖物等方法提高光照。日光温室采用机械卷帘，采用结构合理的棚室设施，均可提高光照效果。光照强度过高时，可通过遮阳网覆盖遮阳。温室内相对湿度应维持在 70%～80% 范围，以促进植株正常生长，减少病害发生。湿度过高过低均会造成产量减少和品质下降。温室大棚在冬春季节为加强保温经常处于密闭状态，内部相对湿度常在 90% 以上，可以在白天温暖时段进行通风或通过加热降低湿度。

白天太阳升起后，温室大棚内 CO_2 浓度急剧下降，造成黄瓜植株光合能力下降，严重时甚至出现 CO_2 饥饿。大量研究和生产实践证明，增加 CO_2 气肥可显著提高黄瓜品质和产量，提高植株抗病性，生产上 CO_2 施用浓度般在 $(800～1500)×10^{-6}$。

（4）植株调整

黄瓜的植株调整包括绑（吊）蔓、整枝、摘心、打杈、摘叶等作业。设施栽培，特别是无土栽培一般以吊蔓栽培为主要形式，而不采用搭架方式。因此，在吊蔓之前，首先在栽培行上方拉挂铁丝，然后将聚丙烯塑料绳一端挂在铁丝上，另一端固定在黄瓜幼苗真叶下方的茎部，将植株向下牵引。当植株长至 3～5 片真叶时即可吊蔓，株高 20cm 左右时开始绕蔓，即将黄瓜蔓缠绕在吊绳上使之固定。

应根据品种特性、栽培目标及设施性能来确定黄瓜植株调整。一般以早熟、短季节栽培为主，只将基部侧枝、卷须、花芽去掉，当植株长到铁丝高度时进行摘心，主蔓瓜采收后，再利用侧蔓回头瓜提高产量。对于日光温室或现代温室较长季节栽培方式，只留 1m 以上的花芽，将植株 1m 以下（12～13 片叶）的卷须、侧枝、花芽全部除去，当植株长至 2m（20～21 片叶）左右时，应即时摘除基部老叶，植株长至 2.5m（25～26 片叶）时摘除顶芽。侧芽长出后，绕过铁线垂下，利用侧蔓结瓜。一般每周整枝 2～3 次（打老叶、侧枝除卷须、疏果等）是获得优质高产的关键措施。

黄瓜整枝方式一般有伞型整枝、单干垂直整枝、单干坐秧整枝和双干整枝（"V"形整枝）等方式。短形黄瓜品种一般从第 4 节开始留果，侧枝生长旺的品种，也可在侧枝留 1～2 果后再摘心，整枝方法可采用单干坐秧或单干伞形整枝。长形黄瓜品种一般采用伞型单干整枝，植株长至 1m 高度以上时开始留果，早熟品种留果结位可适当降低。夏季栽培为提高光合作用，充分利用夏季温光资源，可采用双干整枝。摘除主蔓 5 节以上所有花芽和侧蔓，在第 6 节开始留一侧枝并培养成另一主蔓，以后保持双干生长，为"V"形整枝。

在进行植株调整的同时为了判断和评价肥水管理及环境调控措施是否合适，应对植株生长状态进行观察和分析，以便及时进行调整。观察主要集中在茎、叶、生长点及花上。

① 茎 正常节间长度为 12～15cm，昼夜温差过小容易导致节间过长，低 EC 或高根压可导致茎基部开裂，从而容易感病。

② 叶 叶片的颜色可以反映出植株缺素的种类和程度，通过对叶片观察，可以初步判断植株缺素情况。

③ 生长点 植株生长点是最活跃，也是最敏感的部位。植株顶部生长瘦弱，花发育不良，卷须生长细弱时，可缩小昼夜温差 2～4d，然后提高日温，降低夜温。昼夜温差达到 10℃ 以上，约 2～3d 后可有新花长出。植株顶部生长心植株生长点粗短紧缩，并伴有大花形成，卷须生长旺盛，表明植株营养生长差，要求给予较高的昼夜温度，平均温度应在 24℃ 左右，直到新的侧枝出现及花数增加。植株顶部退绿或有轻微斑点，通常是由暂时性缺铁所致。当结果过多而光照较差时，即使根部有足够铁供应，也会造成生长点缺铁。

④ 花 花的颜色偏淡，可能是相对湿度过高所致，可适当降低空气湿度，增加湿度饱和差，但应注意湿度过低对植株生长产生抑制。花芽或幼果发育不良，可能是光照过弱，可

适当降低环境温度。也可能是开花过多，根系受到伤害，过度打老叶或除侧枝所致。因此，每周最多只能打掉1～2片老叶及1个侧枝。

⑤ 果实　长形果实偏短，主要是昼夜温差过小或湿度饱和差过小所引起，昼夜温差在6～10℃有利于细胞伸长，可保证果实正常生长。此外，经常出现的蜂腰瓜、大头瓜、尖头瓜等畸形瓜均为低温弱光等不适宜的环境条件引起。

（5）病虫害

黄瓜病害种类较多，危害不同部位的侵染性病害有20多种，主要有霜霉病、白粉病、灰霉病、黑星病、细菌性角斑病等；黄瓜虫害主要有蚜虫、红蜘蛛、棉铃虫等，近年来温室白粉虱发生也日趋严重，防治方法首先是做好棚室及内部栽培设施的消毒，切断病虫害来源，然后再配合化学药物防治。

5.4.3.6　采收包装和贮运

① 采收　黄瓜以嫩果食用，而且持续结果，因此要适时、及时采收。否则，不仅影响果实质量，还会发生坠秧并影响以后果实的发育，进而影响产量。采收期的确定应根据品种特性和消费习惯，对于出口产品应根据进口国的产品质量标准进行采收。

我国北方地区传统习惯消费顶花带刺的嫩瓜，因此可适当早采。一般在雌花闭花后7～10d，果皮颜色由淡绿色转为深绿色即可采收。此时长黄瓜30～40cm，单瓜重400～450g；短黄瓜长度15～18cm，单瓜重200～250g。长型黄瓜每2天采收一次，小型水果黄瓜（短黄瓜）一般每天采收1次。采收时在果实与茎部连接处用手掐断，果实的果柄必须保留1cm以上。采收一般在早晨和上午进行，主要是避免果实温度过高，否则不仅影响贮运，还因温度过高导致水分散失加快，降低新鲜度，影响品质。采摘应使用专用采摘箱，禁止使用市场周转箱采摘，否则易将病菌和病毒带入温室大棚而传染病害。采收的产品应避免在光下暴晒，应及时运出棚室至阴凉处保存。

② 分级包装　黄瓜产品采收后，应根据不同标准进行分级和包装。分级标准一般根据黄瓜大小、颜色、弯曲度等指标确定，不同目标市场、不同消费用途的分级指标不同。但不论什么标准，都不允许有畸形果、病果。分级后应对果柄进行修剪，按要求剪成1cm或0.5cm长。分级后的黄瓜根据市场或客户要求应进行包装，外包装可用市场周转箱，有钙塑箱、纸箱等。有些情况下也需要内包装，主要是采用塑料薄膜进行包装，可带有托盘，也可不带托盘。这种包装不仅保护黄瓜果皮免受伤害，还可起到贮藏作用，称为自发性气调薄膜包装（MAP）。

③ 贮藏与运输　黄瓜果实采收后，有条件应进行预冷并进行冷藏或在冷藏条件下运输。黄瓜贮藏或运输应在低温下进行，但温度不能过低，一般不能低于10℃，否则会出现冷害。在适宜条件下，即温度12～13℃，相对湿度90%～95%，CO_2浓度0～5% O_2浓度2%～5%，可贮藏20～40d。贮藏时注意与其他蔬菜及果品分开，一方面避免吸收其他产品气味影响质量；另一方面避免呼吸跃变型果实，如番茄释放乙烯引起黄瓜变黄和衰老，品质变劣。黄瓜运输，特别是长距离运输应尽可能采用冷藏运输，并进行良好的包装，防止运输过程的机械损伤和衰老劣变，保持果实的最佳品质。

5.4.3.7　拉秧与设施消毒

当黄瓜植株出现衰老迹象，表现为生长势减弱，植株营养不良，新叶变小，枯叶老叶增多，结出的果实大部分为畸形果，产量也明显下降，此时应及时拉秧，将植株拔出基质。待植株失水干枯后，统一收起并运至温室大棚外进行处理，不允许堆放在栽培设施内部或附近，以防传播病虫害。拉秧后要进行棚室清理，并连同栽培设备一起进行消毒。

5.4.3.8 设施黄瓜栽培关键技术环节

① 种子 选用本地区适用品种，净度不低于99%，杂交种纯度不低于95%，种子含水量不高于8%发芽率不低于95%，发芽势不低于95%。

② 种子消毒 已经包衣种子不再消毒，未包衣种子播种前要进行温汤浸种，或针对本地区黄瓜主要病害采取最佳种子药剂处理，采用精量播种最好选用包衣种子。

③ 播种 采用72孔穴盘播种，精量播种准确率98%以上。

④ 培育壮苗及相应的环境要求 黄瓜穴盘苗的壮苗标准为一叶一心，真叶面积7cm×8cm，株高8~10cm，茎粗0.4~0.45cm，子叶完整，叶色绿，无病虫害。为获得壮苗，育苗期环境控制标准为：发芽期温度控制在30℃，拱土出苗后温度降至20℃；子叶展开后苗期温度控制标准为白天18~25℃，夜间10~12℃。光强30000lx左右，出苗后可浇灌"山崎"黄瓜专用配方1/2浓度营养液。

⑤ 移栽后管理 缓苗期温度管理要求白天28~30℃，夜间不低于18℃。缓苗后采用四段变温管理，8:00~14:00，25~30℃；14:00~17:00，25~20℃；17:00~24:00，20~15℃；24:00至次日8:00，15~10℃。黄瓜工厂化生产栽培密度为27000~30000株/hm^2。

⑥ 黄瓜采收标准及产品质量 达到商品成熟及时采收，产品感官质量要求同一品种长短和粗细基本均匀，无腐烂、机械伤、病虫害、异味。

⑦ 黄瓜贮藏条件 用于黄瓜的包装容器应整洁、干燥、透气、无污染、无异味，内壁无尖突物。塑料箱应符合GB/T 8868的要求，包装上的标志和标签应标明产品名称、生产者、产地、净含量和采收日期；纸箱无受潮、离层现象。短期贮存环境要求阴凉、通风、清洁、卫生，远离强光、高温、雨淋、冷冻及有毒物质；长期贮存对环境的要求：温度10~13℃，空气相对湿度90%~95%，有通风换气装置，确保温度和相对湿度的稳定与均匀。

⑧ 运输。轻装、轻卸，防止机械损伤，运输温度10~15℃，防热防冻，运输工具清洁卫生。

5.4.4 水培生菜的工厂化生产工艺

（1）生菜的生物学特性

生菜是菊科莴苣属植物，学名叶用莴苣，俗称生菜。原产我国、印度及地中海沿岸地区，是世界广泛栽培和食用的叶类蔬菜，也是无土栽培四大类蔬菜之一。无土栽培生菜生长迅速，产量高，粗纤维含量低，口感极好，深受消费者欢迎。

（2）对环境条件的要求

生菜性喜冷凉，不耐高温。种子发芽温度以15~20℃为宜，高于25℃种子发芽不良；茎叶生长适宜温度为13~16℃，25℃以上温度易引起秧苗徒长，并且品质变差，0~5℃以下会产生冷害；结球期对温度要求严格，适宜温度为白天20~22℃，夜间12~15℃；温度过高，日平均温度超过20℃会导致结球松散，提早拔节抽薹，或发生叶片焦边、心腐病等。

生菜喜光，光照充足有利于植株生长，叶片厚，叶球紧实。光照弱则叶片薄，叶球松散，产量低。生菜为长日照植物，每日光照时数为8~10h。适宜的光照度是，缓苗期在10000lx左右；生长期为20000lx。当夏季生产时光照度超过25000lx时需适当遮阳，至室内降至15000lx为止；冬季生产时应尽量延长照光时间，保证每日光照不少于8h。如遇连续阴天，光照较弱且时间较短，则需适当降低设施内温度，防止生菜徒长。

生菜根系对氧气要求较高，适宜微酸性根际环境，pH6.5左右。生菜需有充足的氮素供应，并配合适宜的磷、钾元素。幼苗期对磷十分敏感，缺磷会引起叶色暗绿和生长衰退，可适当增加磷的施用量。钾可以促进光合产物向叶球运转和积累，有利于叶球膨大和充实，在结球时应注意补充钾素。同时还应补充钙、硼、镁等。缺钙容易引起生理病害干烧心，导致叶球腐烂。

（3）品种选择

无土栽培使用的生菜品种主要有：

① 大湖336（Great Lakes 336） 20世纪70年代末80年代初自美国和日本引入，在国内应用较广。株高18cm，开展度38cm，最大叶长23.2cm，宽28cm；叶绿色、微皱，叶缘波状，先端圆形；叶球高14.4cm，横径14.2cm，单株重500g。叶球黄绿色，圆形，紧实，质地脆嫩，品质好，属中晚熟品种，定植至收获50d左右。生长势强，抗性较好，保护地可四季栽培，周年供应。

② 大湖118（Great Lakes 118） 引自美国。叶球大，圆球形，外叶深绿，心叶绿色；心茎大，叶球中等紧实，稍抗干烧心病，品质好。成熟期整齐，适用于秋冬茬栽培的中熟品种。

③ 大湖659（Great Lakes 659） 引自美国。叶片皱缩，嫩绿，外叶较多，叶球较大，产量高，单球重0.5～0.6kg；品种好，抗干烧心病。不耐热但向寒性较强，属中晚熟品种，定植后50～60d收获

④ 爽脆（Crispy） 叶球中等大小，圆球形，叶一片肥厚，绿白色，外叶深绿。不易抽薹，产量高，质地脆嫩，甘甜爽口，定植后50d左右收获。

⑤ 玛莎（Mesa） 引自荷兰。叶面微皱，叶球扁圆形，包球紧，耐热抗病，净菜率高，单株重0.5kg左右。属早熟品种，定植后45d左右收获。

⑥ 皇帝（Kaiser） 20世纪80年代引自美国叶绿色，阔扇形，叶面微皱，叶缘波状。叶球近圆形，中等大，心叶浅绿色，外叶绿色，质地嫩脆，品质优良。单球重0.4kg，抗病，耐热，适应性广，在夏季较高温度下仍可正常生长。早熟，定植后46d左右收获。

⑦ 意大利生菜 20世纪90年代引自意大利，属个年耐热、耐抽薹型生菜，叶簇生，叶片近圆形，叶色黄绿，有光泽，株型紧凑，株高25cm，开扇度30～40cm，抗热性、抗病性均较强，耐抽薹性极强，生长速度快，生育期60～80d，可全年播种，当单株重达100～150g时即可采收上市。

⑧ 迷你型生菜 属半结球袖珍型生菜，叶球淡绿色，叶皱缩，球型较小，口感非常好，食用方便。耐热性强，容易栽培。

生菜品种较多，在品种选择上，首先要考虑到市场需求，即消费者食用习惯和保证周年供应。水培生菜尽可能选择早熟、耐热、耐抽薹、结球性好的品种。

（4）栽培季节与方式

① 栽培季节 由于生菜性喜冷凉，因此除夏季炎热季节之外，其他时间均可进行生菜栽培。近年逐渐引进耐热、耐抽薹品种并配合遮阳、降温等措施，在7～8月份高温季节也可以进行生菜栽培。生菜从定植到收获生育期因品种而异，35～60d。因此，根据不同品种特性和市场需求特点进行茬口安排，可实现周年供应。

② 栽培方式 生菜生长期短，生长速度快，苗期一般15～20d。定植后，散叶生菜约15～40d，结球生菜50～70d即可收获，因此可采用各种不同类型的无土栽培方式。生菜株

型小，较适宜进行水培，营养液膜、雾培以及深液流形式均可以进行生菜栽培，也可以采用基质培方式进行种植。采用立体柱式栽培结合地面 NFT 栽培系统（图 5-4-1），可提高土地利用率 4.7 倍。生菜 NFT 栽培形式可采用特制的栽培床进行，由输液槽和盖板组成，这种栽培床除用于生菜之外，还可用于其他各种绿叶蔬菜栽培。栽培系统除栽培床外，还包括贮液池（罐）、供液系统等（图 5-4-1）。

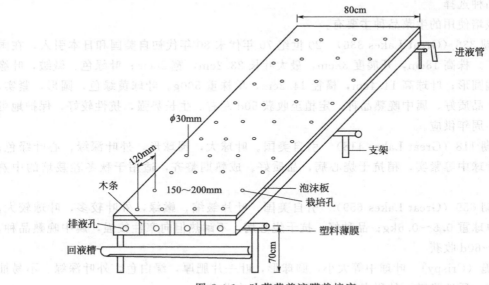

图 5-4-1　叶菜营养液膜栽培床

基质栽培方式可参照果菜类，以基质槽培较普遍，可采用无机基质，也可使用有机基质或混合基质。

（5）管理技术

① 育苗　水培生菜应使用岩棉块或海绵块育苗，基质栽培可采用基质穴盘育苗。生菜播种前应进行种子处理，方法是用 20℃ 左右清水浸泡 3～4h，搓洗沥干水分后，置于清洁湿纱布上，在 15～20℃ 下催芽。催芽过程中每天用清水冲洗 2 次，出芽时间 2～3d。种子出芽后即可播于 2.5cm×2.5cm×2.5cm 的育苗岩棉块或海绵块上，每块播 1 粒种子，待长出 3～4 片真叶时即可定植。岩棉块育苗的营养液可用园式通用配方的 1/2 剂量，从第 1 片真叶长出时结合喷水施用。

穴盘育苗可将发芽种子直接播入基质中，每穴一粒种子。育 3～4 片真叶苗选用 288 孔穴盘，育 4～5 片真叶苗选用 128 孔穴盘。基质可用草炭与蛭石按 2：1 比例或草炭：蛭石：珍珠岩按 1：1：1 比例的混合基质，配制基质时可在每立方米基质中加入 15：15：15 的氮磷钾三元复合肥 0.7～1.2kg。出苗后，前期只浇清水即可，三片真叶后，结合喷水施两次叶面肥。

生菜种子发芽具有需光特性，因此播后不宜覆盖过厚，基质育苗的播种深度不宜超过 0.5cm，播后上面覆盖一层蛭石，浇水后种子不露出即可。苗期适宜温度为白天 18～20℃，夜间 8～10℃。苗龄一般为 25～30d。

② 定植　当生菜幼苗达到苗龄要求即可进行定植。定植前应准备好栽培床，安装好供液系统，检查系统运行的良好性，然后对栽培床及供液系统进行消毒。水培方式栽培，先把生菜苗移入定植杯，随即放入定植板的定植孔中。栽培床定植槽的水位调至营养液能浸没定

植杯底端 1~2cm 为宜。对于基质培,在栽培槽的基质中直接定植生菜苗即可。

③ 环境调控　生菜无土栽培的环境调控主要是温度管理,通过通风、遮阳、微喷等技术使生长环境温度控制在白天 15~20℃,夜间 10~12℃。尽量增加昼夜温差,当温度高于 25℃时,应采取措施降温,适宜的营养液温度为 15~18℃。

④ 营养液管理　适于生菜种植的营养液配方较多,如日本山崎莴苣配方、园试配方 1/2 剂量等。生菜耐酸性差,生长适宜 pH 为 6.0~6.9。pH 过低(低于 5.0)造成根系生长不良,地上部分出现焦状缺钙症状,结球生菜反应更为敏感。pH 过高,会造成离子吸收障碍,产生缺素症,表现全株黄化,生长缓慢。

营养液浓度影响生菜对水分和养分的吸收,从而影响其生长速度、产量和品质。生菜整个生长期内对钙、镁需求变化不大,尤其是对镁的需求从定植到收获维持在 30mg/kg 左右,对磷、钾需求在结球后期大幅度增加,否则易因缺钾而引起黄化。理论上应根据生菜不同生长阶段对矿质元素需求特性调节营养液配方,但在实践上往往难以做到。因此,在生产上,水培生菜全生育期只使用同一种配方,而在不同生长期调节营养液浓度。综合考虑营养液对生菜生长、产量及品质的影响,定植后到结球前期浓度适当低些,结球期浓度适当增加。根据刘增鑫研究,认为在结球期前(11 片叶)营养液浓度为 2.0mS/cm,进入结球期为 2.0~2.5mS/cm。

当植株稍大,根系较为发达之后,应把栽培槽的营养液位降低,控制液面距定植杯底部 4~6cm 为宜,这样有利于根系对氧气吸收。为了使营养液供给生菜养分更为均匀和迅速,水培生菜采用循环供液,但不同地区循环方式不同。如有些地区采用白天上、下午各循环 1~2 次,每次 20~30min,夜间不循环;有的地区则采用白天从上午 8 点到下午 5 点持续供液,夜间不循环。

营养液的补充应根据栽植的品种和选择的营养液配方进行。如果是散叶生菜且生长期较短,可不补充营养液,直接以原营养液循环。如果生长期较长,如结球生菜,定植后需 50~70d 才收获,应每隔 20d 左右补充一次营养液。也可通过测定营养液电导率来确定,如果 EC 降到初始 EC 的 1/3~1/2 时则应补充营养。加入的肥料数量可按营养液体积加入定植时的初始量,也可只加入到定植时的初始 EC 即可。生菜生长期因蒸腾作用会消耗水分,应不断补充,1 株生菜在整个生育期约耗液 2.5L。

生菜栽培如果从定植到收获没有出现大的生理病害,营养液一般不必更新,只需定期补充即可。在收获前 1 周左右不必再补充营养,这样不会降低产量,但可显著降低生菜的硝酸盐含量。

⑤ 病虫害防治　生菜无土栽培的病害主要有菌核病、霜霉病和灰霉病等。菌核病主要在茎基部和叶柄发病,病斑初期为褐色水浸状,叶柄受害时叶片萎蔫下垂。在潮湿条件下,病部布满棉絮状毛霉,后期产生鼠粪状菌核;生菜无土栽培的虫害主要有温室白粉虱、蚜虫、红蜘蛛等,应确立以预防为主,综合防治的原则,注意棚室卫生、消除虫卵,采用防虫网阻断害虫传播。药物防治以生物农药和高效低毒农药为主。

(6) 采收包装和贮藏

生菜采收时期因栽培品种和季节不同而存在差异,一般情况下,晚熟品种,冬春茬栽培,生菜生长缓慢,生长时间长;早熟品种,夏秋季节栽培,生长时间短。因此一定要确定适宜的采收期,过早影响产量,过晚会引起抽薹。结球生菜一般在心球较为紧实时进行采收,而散叶生菜可根据市场情况,既可在较小时采收,也可在较大时采收。

采收时连根拔出，带根出售，即可表示该产品为无土栽培产品，又有利于保鲜。采收后可采用纸箱或塑料周转箱等大包装容器进行包装。结球生菜也可先用塑料薄膜进行单个叶球包装，然后再装入周转箱。

生菜含水量高，组织脆嫩，常温一般仅能保鲜 1～2d，因此有条件应在 0～3℃低温和 90%～95% 的较高相对湿度条件下进行保鲜和运输。在适宜条件下，贮藏期因品种不同一般可达 10d 以上。

(7) 水培生产配套设施及设备

① 主要设施　生菜工厂化生产的设施由播种车间、育苗室、生产温室和包装及附属用房等组成。

a. 播种车间：播种车间主要放置育苗盘、育苗车等，要求有足够的空间，便于播种操作，使操作人员和育苗车的出入快速通顺，不发生拥堵，同时要求车间的水、电、暖设备完备，工作良好。

b. 育苗室：育苗室设有加热、增湿和空气交换等自动控制和显示系统，室内温度在 20～35℃ 范围内可以调节，相对湿度可保持在 85%～90% 范围内，经过 7d 左右，生菜苗就可移栽进入生产温室进行生产。

c. 生产温室：大规模的生菜生产温室要求建设现代化的连栋温室作为生产温室，可采用单跨跨度 6～9m、脊高 4～6m、8 连栋以上的大型温室。温室为南北走向、透明屋面，保证光照均匀。生产温室内，主要完成生菜定植后生长到采收，共 28d 左右。

② 主要设备　生菜工厂化生产主要生产装置包括播种装置、育苗装置、移栽装置、株间自动调节装置，包装装置等。整个生产过程实现了微电脑自动化控制温度、光照、水肥等环境因素。

a. 生产床架与株间调节装置：生产车间床架的设置以经济有效地利用空间、提高单位面积的种苗产出率、便于机械化操作为目标，选材以坚固、耐用、低耗为原则，通常生产床架选用移动式生产床架，只留一条走道，通过生产床架的滚轴任意移动床架，可随着生菜的长大，自动调节株间距离，以保证生菜能苗壮成长的前提下，有效地利用栽培面积，提高生产床架的空间利用率。

b. 环境调控系统：在生菜工厂化生产中，通过加温、降温和保温系统，补光、遮光系统，调节通气系统等来调节生产中的温度、湿度、光照、通气等环境条件。为实现周年生产，必须按照生菜生长对环境的要求，对生产条件进行调节控制。

c. 深液流水培系统：包括贮藏池、栽培床、循环系统、控制系统四大部分组成。可根据生菜不同阶段需水肥情况，由控制系统控制水培营养液浓度等指标，定时循环供液。

d. 自动控制系统：通过控制系统可实现对温度、空气湿度、光照、水分和营养液灌溉实行有效的监控和调节。自动控制系统由传感器、计算机、电源、监测和控制软件等组成，可对加温、降温、补光、营养液分析和监测实施准确而有效的控制。

5.4.5　芽苗菜的工厂化生产工艺

利用禾谷类（如大麦、小麦、荞麦、薏米等）、豆类（如豌豆、蚕豆、黑豆、黄豆、绿豆、红豆等）和蔬菜（如白菜、萝卜、首指、香椿、空心菜、莴苣、筒篙、芫荽等）的种子，萌发的种子在短时间的生长后（10～20cm 的高度），生长出来的幼苗，称之为芽苗菜或芽菜。但它与常见的豆芽不同，芽菜的营养成分比豆芽更丰富，这主要是因为芽菜苗是经过绿化的幼苗。据测定，芽菜中富含有各种维生素和多种氨基酸，其中维生素 B、维生素 C、维生素 D 的含量，亮氨酸、谷氨酸的含量比豆芽都要高。芸香苷这种成分对高血压的治疗具有积极的作用，植物种子发芽后的幼苗，常常含有此种特殊成分，氮随着植株长大后会逐渐消失，例如，在荞麦种子发芽后 20d 内幼苗中含有的芸香苷含量达到最高。在芽菜中含有的这种特殊物质利于人体的健康，其具有口味鲜嫩可口、营养丰富、味道鲜美等特点，作为一种"健康食品"，越来越受到人们的喜爱和认同。近年来的统计显示我国目前的芽菜生产单位、经济效益和社会效益均很好。

（1）芽苗菜生产的基本设施

根据生产规模和投资额度大小来选择不同的生产设施。在简易的、自动化或机械化程度较高的生产设施内都可以进行生产。这些生产设施主要由以下几个部分组成。

① 栽培容器及栽培架　芽菜生产的栽培容器，一般选择底部有孔的硬质塑料育苗盘（图 5-4-2），规格有多种，如 62cm×24cm×5cm、50cm×30cm×5cm 等，这些统一规格的容器可以适应工厂化、立体化、规范化栽培的需要，同时具有重量轻、易于搬运的优势；在芽菜的生产中，也可以采用专门用于芽菜生产的聚苯乙烯泡沫塑料的栽培箱（图 5-4-3）。栽培箱内有许多四方形的小格，小格的底部有一个小孔，使多余的水分或营养液流出，种子放置于小格中，深度约为 4cm，在箱子上面的四个角较高，高于放置种子小格的上部 15～20cm，使得成熟后的芽菜可以保存在箱子中，箱子叠放一起，这样芽菜就可以保持自然的生长状态出现在市场上。有些地方进行芽菜生产时将棚内地面挖出宽约 100cm、深 10～15cm 的沟（种植槽），在沟的两侧平放一排红砖，种植槽的深度为 15～20cm，铺上一层黑色塑料薄膜衬里，放入干净河沙作为栽培芽菜的基质（图 5-4-4），栽培时将催芽露白的种子播入种植槽中，在种子上面铺上一层 0.5～1.0cm 厚的河沙，浇水或喷洒营养液来使其生长。长成后的芽菜从沙床上拔出，抖掉河沙，用清水冲洗干净即可上市。为了充分利用空间、提高生产场地的利用率以及管理上的方便，芽菜生产可以采用立体栽培。栽培架和栽培容器的规格应该相匹配，每个栽培架可按 30～40cm 左右的间隔分设 4～6 层，在架的四角安装方向轮，便于推动（图 5-4-5）。栽培架采用铁制的和木质的都可以。为了整体销售的方便，将栽培架每层之间的间距缩短为 20cm 左右，育成的芽菜可以与整个栽培架作为一个整体来进行运输和销售。

② 栽培基质　在芽菜的生产过程中，有不用基质而直接把经过催芽的种子放在栽培容器中，通过频繁的间歇淋水来保证芽菜生长的水分和养分的栽培方式。为了管理的方便，使根系附近较长时间地保持水分，在栽培容器中放入具有较强吸水力、质轻、芽菜收获时易于

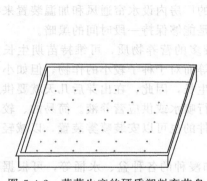

图 5-4-2　芽菜生产的硬质塑料育苗盘

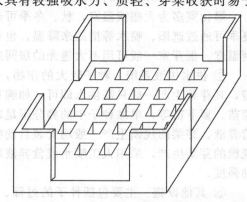

图 5-4-3　芽菜生产专用泡沫塑料箱

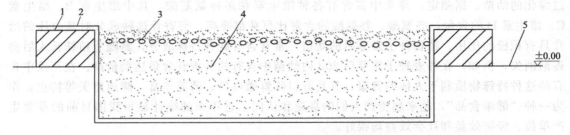

图 5-4-4　简易槽式砂培芽菜生产种植图
1—红砖；2—黑色塑料薄膜；3—种子；4—河砂；5—地面

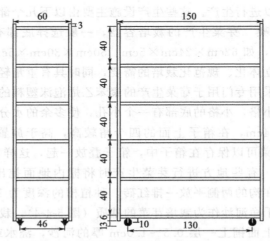

图 5-4-5　芽菜栽培架示意图（单位：cm）

清理的基质，如无纺布、报纸、白棉布、河沙、珍珠岩等。

③ 保护设施　保护设施主要包括催芽和前期生长两个部分，分为催芽室和后期生长、绿化的绿化室两个部分。催芽的光要求一般是黑暗或弱光，温度在 20～25℃ 之间，湿度较高。种子在前期生长时（10～15d 之内）要在弱光或黑暗中生长，这样胚轴和嫩茎的伸长才能保持较快的生长速度，使得植株中纤维素积累较少，口感较好。绿化室的光照较好，在催芽室中 10～15d 的芽菜，在没有光照或光照较弱的环境下，植株瘦弱，叶绿素含量较低，植株淡黄，此时要将这些芽菜放入绿化室中见光生长 2～3d，有些作物生长时间可长达 4～10d，即可让植株绿化而长得较为粗壮。

绿化室多为大棚或温室，秋、冬季可通过覆盖材料薄膜或加温来保持一定的温度，而在夏季可通过遮阳、喷水等措施来降温，也可以利用密闭的厂房内设水帘通风和加温装置来控制温度。催芽室一般可用不太透光的房间或荫棚，最好是能够保持一段时间的黑暗。

④ 供水供液系统　种子较大的作物，种胚中含有较多的营养物质，可维持苗期生长所需，其芽菜生产一般只需供水即可，如豌豆苗、蚕豆苗等而对于种子较小的作物，但如小白菜苗、萝卜苗等，单靠种子中的养分不足以维持其苗期生长，因此，在出芽后几天就要供应营养液。芽菜的规模生产一般均安装自动喷雾装置来进行喷水或供应营养液。简易的、较小规模的芽菜生产，采用人工喷水或营养液的方法，有条件的也可以安装喷雾装置，以减轻劳动强度。

⑤ 其他设施　主要包括种子的过筛、清洗、消毒和浸种的各种盆、水桶等，可根据实际需要配置。

（2）芽苗菜生产的基本过程

芽菜的生产过程主要包括种子筛选、清洗、消毒、浸种催芽、铺放种子、暗室生长、绿化室生长成苗这几个过程。

进行种子筛选主要是去除瘪粒，保证种子的出苗。种子清洗和消毒是洗去沾在种子表面的粉尘等污垢，并且把种子表面的病原菌清除，防止在以后的生长过程中幼苗经常处于高湿度条件下而发病。可采用温烫消毒法：即将经过筛选，去除瘪粒后用自来水洗净的种子放在容器中，取煮开后放置冷却至约55℃的温开水倒入盛有种子的容器中，温开水要漫过种子，经过5~10min后，将温开水倒掉，改倒入冷开水，进行一到两天的的浸种。浸种后倒掉冷水，用湿毛巾或纱布将种子包裹后进行催芽。催芽时要特别注意保湿，一般在每12h左右，用30℃的水淋过一次种子，以保持种子湿润，经过2~3d之后，待种子露白后即完成催芽的工作。

种子放入栽培容器时，将已催芽的种子平摊在容器中，撒种量以种子与种子之间紧密排列，而上下不重叠为宜。等种子播入后，可用一个塑料袋或塑料薄膜罩上栽培容器，作为保温和遮光，也可以不加覆盖而直接放在暗室中生长3~7d，待苗长到10cm左右时将其移入弱光条件和较强光条件下进行枝体绿化。

从暗室中移出的芽菜，个体黄弱，不可立即暴晒与强光下。应先放置在光线较弱的地方（如用遮光50％~70％遮阳网覆盖的大棚内）生长2~3d，使芽苗完成绿化过程。一般情况下，不需要在强光下生长，为了防止茎秆纤维化，绿化时间不可太长，许多地方芽菜的简易生长过程中，在催芽过后就让幼苗一直处于弱光条件下，而不是将其放在暗室中生长一段时间，因此，生产出来的芽菜纤维含量较高，品质较差。表5-4-1为几种芽苗菜生产各阶段的安排，供参考。

表 5-4-1　几种芽苗菜生产的各阶段安排表

作物	消毒		浸种		催芽		温室生长		绿化		生长时间/d	芽菜长度/cm
	时间/min	温度/℃	时间/h	温度/℃	时间/h	温度/℃	时间/d	温度/℃	时间/d	温度/℃		
豌豆	5~10	80	4~6	20~25	24	25	6~8	20~25	1~2	5~30	8~10	12~15
大豆			1~2		24	30	4~6	28~30	1~2		6~9	10~15
绿豆			3~6		24	30		28~30			6~9	8~10
蕹菜			12~16		12	30	5~7	20~25	1~2		7~10	12~15
萝卜			6~12		48	25	5~7	20~25	3~4		9~12	10~12
苜蓿			12~16		24	20	7~9	20	1~2		10~13	6~10
香椿			12~20		72~96	22	10~15	20~25	1~2		15~18	8~12
大麦			12~24		48	20	5~7	20~25	1~2		10~12	15~17
小麦			12~24		48	20	5~7	20~25	1~2		10~12	15~17
荞麦			12~16		48	20	4~5	20~25	1~2		8~10	5~7

（3）芽苗菜生产的关键问题

① 注意消毒，防止滋生霉菌　种植中用的器具和种子必须清洗干净，先用自来水和井水洗干净，再用已煮开并放置冷却的温开水中冲洗1~2次，防止所用器具和种子带菌。种植过程中喷洒的营养液或水也要求是较为干净的自来水，最好是用温（冷）开水。

② 生产过程的温度应控制适当　在暗室中应将温度控制在25~30℃的范围，如温度过高，易引起徒长，苗细弱，产量低，商品性差，品质变劣。而温度如果过低，则生长缓慢，

生长周期加长，经济效益受到影响。

③ 控制光照 在暗室中也要避免光照，否则可能因光照时间过长而出现纤维化严重、品质下降的问题。在幼苗移入绿化室后，光照强度不能过强，应在弱光下生长。选择温室和大棚栽培时要进行适当的遮光。可以加盖一层遮光率为 $50\%\sim75\%$ 的黑色遮阳网来进行遮光。

④ 控制水分 在整个生长过程中要控制好水分的供应，如果湿度过高，则可能出现腐烂，在暗室栽培时供水不可过多，而在光照下绿化时要注意水分不能过少，防止幼苗失水萎蔫。

（4）工厂化芽苗菜生产

利用上述技术生产时，规模一般都是比较小的，劳动强度大、机械化水平低、自动化程度较低。在日本，芽菜的生产已经进入到规模化和工厂化的规模，近几年来，国内已经有企业进行芽菜生产的尝试，取得了一些技术上的突破，而且经济效益较好。下面介绍一下日本的"海洋牧场"和双层秋千式工厂化芽菜生产系统

① "海洋牧场"的芽菜工厂化生产 1984 年日本的静冈县建立了一个以生产萝卜芽为主的"海洋牧场"，它有两部分组成：一个是种子浸种、播种、催芽、暗室生长部分；另一个是暗室生长后，上市几天前的绿化生长部分。其生产流程如图 5-4-6 所示。在这个芽菜工厂中，每隔 1 周时间就可以生产出一茬萝卜缨，其生产的步骤主要为：

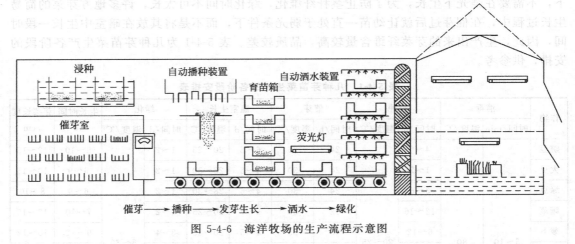

图 5-4-6 海洋牧场的生产流程示意图

a. 浸种：用比重法筛选出种子中的瘪粒和其他杂质，然后倒入金属网篮中，置于 20℃ 恒温水槽中。槽中的水采用循环式流动，每小时循环流动一次，经过 $3\sim5\text{h}$ 的浸渍之后取出。

b. 催芽：浸种后倒入 $50\text{cm}\times20\text{cm}\times4\text{cm}$ 的木箱中，倒入木箱前，放置一层吸水性强的吸水纸，倒入的种子厚度约 3cm，再在种子上面放置一层吸水纸，然后移入温度为 22℃、相对湿度为 $70\%\sim75\%$ 的催芽室中，催芽的木箱可放在多层的铁架上催芽 $24\sim36\text{h}$。

c. 播种：催芽后，直接倒入自动播种机中，由播种机以每穴播 $250\sim280$ 粒的速度播入泡沫塑料的育苗箱中。

d. 供水供肥及其他条件的控制：种子播入育苗箱后每天需喷水 $1\sim2$ 次，在发芽后 $2\sim4\text{d}$ 开始供应营养液。可以采用上方喷水的方式供液，也可以直接把营养液灌入绿化池中，让育苗箱浮起来。在整个育苗过程中育苗室的环境因子要多加控制，例如室温、相对湿度及室内光强等均有一定的上下限；室温为 $22\sim25\text{℃}$、相对湿度为 $75\%\sim80\%$、光强为 1000～

1500lx，阴天或下雨的天气要采用荧光灯补光。

e. 绿化：从播种到育成苗需要 4～5d，之后，要将育苗箱移入绿化室中生长 2～3d。海洋牧场几乎整个绿化室内均做成水培的营养液池，育苗箱飘浮在营养液上，幼苗从育苗箱播种穴下的小孔吸收到营养液而生长良好。在绿化室中光照强度要有 8000～15000lx，营养液温度控制在 20℃左右，而且空气要以 60cm/s 的流速流动，以保持室内的空气流通。冬季整个室内密闭时还要通入二氧化碳，以增加芽菜的光合作用能力。

② 双层秋千式芽菜工厂化生产系统　日本静冈县兼正公司使用一种由山本产业公司开发的双层秋千式芽菜工厂化生产系统（图 5-4-7）。种子经过消毒、浸种催芽 6～12h 之后撒播在泡沫塑料的育苗箱中（图 5-4-3），然后把育苗箱移入吊挂在双层传送带的架子上，传送带在马达的驱动下不停地缓慢运动，当育苗箱处于下层的灌水槽时，有数个喷头可进行喷洒式供应清水或营养液，多余的清水或营养液通过"V"形的灌水槽回收至营养液池中。

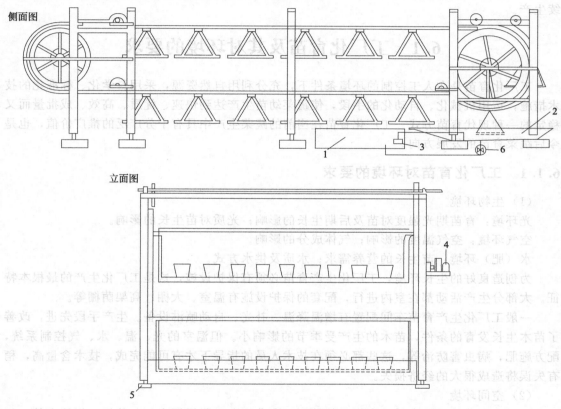

图 5-4-7　双层秋千式芽菜工厂化生产系统
1—营养液池；2—灌液槽；3—水泵；4—马达；5—水平调节脚；6—阀门

6 工厂化育苗温室建造工程工艺

工厂化育苗是随着现代农业的快速发展，农业规模化经营、专业化生产、机械化和自动化程度不断提高而出现的一项成熟的农业先进技术，是工厂化农业的重要组成部分。它是在人工创造的最佳环境条件下，采用科学化、机械化、自动化等技术措施和手段，进行批量生产优质秧苗的一种先进生产方式。工厂化育苗技术与传统的育苗方式相比具有用种量少、占地面积小；能够缩短苗龄，节省育苗时间；能够尽可能减少病虫害发生；提高育苗生产效率，降低成本；有利于统一管理，推广新技术等优点，可以做到周年连续生产。

6.1 工厂化育苗及其对环境的要求

工厂化育苗是在人工控制的环境条件下，充分利用自然资源，采用科学化、标准化的技术措施，运用机械化、自动化的手段，使蔬菜幼苗生产达到快速、优质、高效、成批量而又稳定的一种现代育苗方式。工厂化育苗在当前的蔬菜生产中具有十分广泛的推广价值，也是今后蔬菜育苗的发展方向。

6.1.1 工厂化育苗对环境的要求

（1）生物环境

光环境：育苗期光强度对苗及后期生长的影响；光质对苗生长的影响。

空气环境：空气温度的影响；气体成分的影响。

水（肥）环境：苗生长的营养需求；水质及供水方式。

为创造良好的生长环境，工厂化生产育苗必须有保护设施，这是工厂化生产的最根本特征。大部分生产活动都在室内进行，配套的保护设施有温室、大棚、高架荫棚等。

一般工厂化生产育苗车间配置有增温降温、补光、自动喷淋设备。生产手段先进，改善了苗木生长发育的条件，苗木的生产受季节的影响小。但温室的光、温、水、气控制系统，配方施肥，病虫害防治等，这些都必须在技术人员的指导下才有可能完成，技术含量高，稍有失误将造成很大的经济损失。

（2）空间环境

工厂化育苗的场地由播种车间、催芽室、育苗温室及附属用房（包装间、组培室等）组成。播种车间占地面积视育苗数量而定，一般为 $100m^2$ 左右，主要放置播种流水线、搅拌机及一部分基质、肥料、育苗盘、推车等。催芽室一般 $15m^2$ 左右，设有加热、增湿和空气交换等自动控制和显示系统，室内温度、光照可调，相对湿度能保持在 $85\% \sim 90\%$ 范围内，室内的温湿度、光照度在误差允许范围内相对一致。另外还有育苗温室。

6.1.2 工厂化育苗对设施及配套设备的要求

（1）温室

温室是比较完善的一种世界性的保护地设施。在育苗生产中，温室已经成为不可或缺的重要设施。

在欧洲国家如荷兰、法国、英国等，蔬菜及花卉工厂化育苗多采用双屋面连接式现代温室。这种温室的特点是：占地面积小，土地利用经济；室内面积大，便于机械化操作及环境自动化调控；温室内温度及光照比较均匀，容易培育出整齐一致的秧苗。其不足之处是一次性投入较大；冬季保温性较差，加温耗能大，育苗成本较高；夏季自然通风降温较困难，需要有机械通风及人工降温措施。从总的来看，这种类型的温室适用于大规模工厂化育苗，特别是冬季气候比较温和、夏季气候比较凉爽的地区应用。在冬季气候严寒的高纬度地区，采用这种温室，尽管具有上述的不少优点，但冬春季加温的耗能过大，育苗费用过高。如果采用小型连栋温室并加上外覆盖及室内多层覆盖保温等措施，也不失为一种比较理想的工厂化育苗温室。

目前，我国北方地区普遍推广的节能型日光温室是一种采光保温性能很好的温室，在温室结构优化及强化保温措施条件下，冬季寒冷季节夜间达到最低温度时，不加温可以保持室内外温差在30℃左右。显然，在冬春严寒地区采用这种温室进行工厂化育苗，能耗及生产费用可大大降低，能够培育出成本低、质量较好的秧苗。但这种温室内部的温度、光照不够均匀，秧苗生长有较明显的趋光性，单栋温室的面积及空间较小不便于机械化操作及环境自动化调控。但是，如果适当加大温室跨度及高度，或者吸取日光温室结构、保温的优点及建筑方位而形成适度规模的连栋，将可望成为我国北方冬春严寒地区工厂化育苗的首选温室类型。

塑料大棚也是一种日光温室，只不过结构简单，保温性能差一些，但却具有造价低，温、光比较均匀，室内面积及空间较大等优点，如果在冬春气候比较温和的长江流域以南地区，也是工厂化育苗的一种优选类型。

在现代育苗温室内应装配以下的主要设备。

① 自动或半自动增温控温设备　大型双屋面连栋温室可设暖气加温设备；一般温室可用小锅炉热水加温或暖风炉加温；采光保温性能好的日光温室也应配有临时加温的小型热风炉。温室的通风系统应该完善，依据温室类型及面积大小选用排风扇、屋顶自动开窗放风、手动揭膜放风等设备。在无法进行自动控制的条件下，室内应备有高温、低温警报器。夏季应有湿帘、遮阳网或喷水降温等设备，防止高温危害。

② 空气湿度控制设备　在空气湿度过高时，应开放顶窗或排湿风扇排湿；空气湿度过低时，可通过微喷或喷雾设备增高空气湿度。

③ 应设有 CO_2 发生及施放装置，依据秧苗生长的要求定时定量施放 CO_2。

④ 在可能条件下安装补光设备，防止冬季光照不足、阴雪天光照过弱或日照时数不够而出现的弱光反应。

⑤ 在采用穴盘无土育苗时，温室内应设有育苗架，并装配有与之相适应的营养液喷施装置或机械，来降低劳动强度，提高工作效率，保证营养液供给的标准化。

（2）催芽室

催芽室是专供种子催芽出苗用的，是一种自动控温控湿的育苗设施。利用催芽室催芽出苗具有量大、节省资源、出苗迅速整齐等优点，是工厂化育苗的必备条件。

在我国北方工厂化育苗中，普遍认为在日光温室内设置催芽室既节能又简便，施用于较小规模专业化育苗采用。催芽室的体积根据育苗面积确定。在温室内设置见光催芽室的优点是节能、简易，可降低使用成本，其缺点是应注意防止高温对出苗的危害，必要时采取遮荫及放风等措施。

在温室内的小型催芽室可采用空气加温线加温，控温仪控温。控温仪的感温探头应放在催芽室内具有代表性的位置。空气加温的功率密度与催芽室外接空气温度有关。表 6-1-1 是上海市农业机械化研究所提出的参数可供参考。

表 6-1-1　空气加温线的功率密度　　　　　　　　　　单位：W/m³

外界温度	室内要求温度	功率密度	外界温度	室内要求温度	功率密度
0℃	15℃	27	0℃	25℃	74
0℃	20℃	55	0℃	30℃	111

（3）电热温床

在工厂化育苗中，电热温床的应用具有多方面的优点：可有效地提高地温及近地表气温；一次性投资少，折旧费用低；设备体积小，易拆除，设备利用率高；可按照育苗要求控制适宜温度，提高秧苗质量。

① 电加温线与控温仪是电热温床的两个主要设备。

a. 电加温线：电加温线是将电能转化为热能的器件。电加温线型号有多种，给土壤加温的叫土壤电加温线，统称电加温线；给空气加温的叫空气加温线。详细规格见表 6-1-2。使用电加温线应注意：严禁成圈电加温线在空气中通电使用；电加温线不许剪短或加长；布线时不许将电加温线交叉、重叠、扎结；电加温线工作电压一律为 220V，不许两根串联，不许用△型法接入 380V 三相电源给土壤加温时整根线，包括接头全部均匀埋入土中。

从土中取出电热线时，禁止硬拉硬拔或用铁锹横向挖掘，以免损坏电加温线。

表 6-1-2　不同型号电加温线的主要参数

型号	用途	工作电压/V	功率/W	长度/m
DR208	土壤加温	220	800	100
DV20406	土壤加温	220	400	60
DV20608	土壤加温	220	600	80
DV21012	土壤加温	220	1000	120
DP22530	土壤加温	220	250	30
DP20810	土壤加温	220	800	100
DP21012	土壤加温	220	1000	120
F421022	空气加温	220	1000	22
KDV	空气加温	220	1000	60

b. 控温仪：它是电热温床用以自动控温的仪器。使用控温仪可以节约 1/3 的耗电量，可以使温度不超过作物的适宜范围，并使其满足各种作物对不同低温的要求。控温仪的型号及参数见表 6-1-3。如果电加温线的功率大于控温仪的允许负载时，应外加交流接触器。

表 6-1-3　控温仪的型号及参数

型号	控温范围/℃	负载电流/A	负载功率/kW	供电形式
BKW-5	10～50	5×2	2	单相
BKW	10～50	40×3	26	三相四线式
KWD	10～50	10	2	单相
WKQ-1	10～50	5×2	2	单相
WKQ-2	10～50	44×3	26	三相四线式
WK-1	10～50	5	1	单相
WK-2	10～50	5×2	2	单相
WK-3	10～50	15×3	10	三相四线式

② 电热温床的应用　在工厂化育苗的成苗温室内，可将电加温线铺设在床架上。在增温值不超过 10℃ 的条件下可按照 $100W/m^2$ 的功率设计。如果温室内温度过低，应在电热线下铺设隔热层，在床架上再加设小拱棚，强化夜间保温。这样，不仅能保证育苗所需的温度，且可节约用电。

（4）穴盘精量播种设备和生产流水线

穴盘精量播种设备是工厂化育苗的核心设备，它包括以每小时 40～300 盘的播种速度完成拌料、育苗基质装盘、刮平、打洞、精量播种、覆盖、喷淋全过程的生产流水线。20 世纪 80 年代初，北京引进了我国第一套美国蔬菜种苗工厂化生产的设施设备，多年来政府相关部门组织多行多业的专家和研究人员，消化吸收使之国产化，目前已经进入中试阶段。穴盘精量播种技术包括种子精选、种子包衣、种子丸粒化和各种蔬菜种子的自动化播种技术。精量播种技术的应用可节省劳动力、降低成本、提高效益。

播种系统的型号有多种。布莱克默系统（Blackmore system）播种装置（图 6-1-1）可以将单粒种子分别自动播种到 648 个育苗孔中，它有一个平台，发芽盘可在平台上静置，亦可滑动。还有侧梁，对发芽盘的滑动起导向作用，对种子吸持装置起支持作用。种子吸持装置有一根横梁，横梁悬挂在装有弹簧的套管支臂上，并可以旋转。横梁两端分别与导杆相连。12 个空心吸放嘴从空心横梁上延伸下去并与其内相连。横梁经过关闭阀与真空管道相通。每个吸嘴均由富有弹性的柔软材料（塑料、橡胶）构成，内部有一个真空通道，一直延伸到平台的进种口处。存放单层种子的槽与横梁平行安装，使吸放嘴能降至槽内。

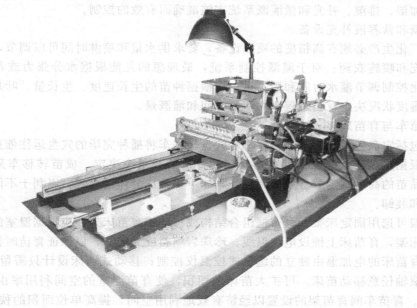

图 6-1-1　Blackmore 涡轮/针管播种机

范达纳（Van Dana）播种机是由美国密尔沃基的生长系统公司（Growing System Inc.）设计制造的。该机较实用，成本仅为大多数播种机的一半。该机能准确、快速地将种子播种于真空导板上，将真空导板转动到排种管处，真空就变成压力，种子通过排种管进入各种钵体。它能 100% 单个地吸持住所有颗粒状种子，且能有效地操作半圆形的非颗粒状种子。范达纳播种机配有各种大小的导板，以适应各种类型的种子和钵体。

（5）育苗环境自动控制系统

育苗环境自动控制系统是指育苗过程中的温度、湿度、光照等的环境控制系统。我国大多数地区园艺作物的育苗是在冬季和早春低温季节（平均温度 5℃、极端低温－5℃以下）或夏季高温季节（平均温度 30℃，极端高温 35℃以上），外界环境不适于园艺作物幼苗的生长，温室内的环境必然要受到影响。园艺作物幼苗对环境条件敏感，要求严格，所以必须通过仪器设备进行调控，使之满足光照、温度、湿度（水分）的要求，才能育出优质壮苗。

① 加温系统　育苗温室内的温度控制要求冬季白天温度晴天达 25℃，阴雪天达 20℃，夜间温度能保持在 14～16℃。育苗床架内埋设电加热线可以保证秧苗根部温度在 10～30℃范围内任意调控，以便满足在同一温室内培育不同园艺作物秧苗的需要。

② 保温系统　温室内设有遮荫保温帘，四周有侧卷帘，入冬前四周加装薄膜保温。

③ 降温排湿系统　育苗温室上部可设置外遮阳网，在夏季有效地阻挡部分直射光的照射，在基本满足秧苗光合作用的前提下，通过遮光降低温室内部的温度。温室南侧配置有大功率排风扇，高温季节育苗时可显著降低温室内的温度及湿度。通过温室天窗和侧窗的开启或关闭，也能实现对温湿度的有效调节。在夏季高温干燥地区，还可以通过湿帘风机设备来降温加湿。

④ 补光系统　苗床上部配置光通量 $1.6×10^4$ lx、光谱波长为 550～600nm 的高压钠灯，在自然光照不足时，开启补光系统可增加光照强度，满足各种园艺作物幼苗健壮生长的需求。

⑤ 控制系统　工厂化育苗的控制系统对环境的温度、光照、空气湿度、水分、营养液灌溉实行有效的监控和调节。有传感器、计算机、电源、监视和控制软件组成，对加温、保温、降温、加湿、排湿、补光和微灌溉系统实施准确而有效的控制。

（6）灌溉和营养液补充设备

种苗工厂化生产必须有高精度的喷灌设备，要求供水量和喷淋时间可以调节，并能兼顾营养液的补充和喷施农药；对于灌溉控制系统，最理想的是能根据水分张力或者基质含水量、温度变化控制调节灌水时间和灌水量。应根据种苗的生长速度、生长量、叶片大小以及环境的温、湿度状况决定育苗过程中的灌溉时间和灌溉量。

（7）运苗车与育苗床架

运苗车包括穴盘转移车和成苗转移车。穴盘转移车将播种完毕的穴盘运往催芽室，车的高度与宽度根据穴盘的尺寸、催芽室的空间和育苗的数量来决定。成苗转移车采用多层结构，根据商品苗的高度确定放置架的高度，车体可设计成分体组合式，以利于不同园艺作物种苗的搬运和装卸。

育苗床架可选用固定床架和育苗框组合结构或移动式育苗床架。应根据温室的宽度和长度设计育苗床架，育苗床上铺设电加温线、珍珠岩填料或无纺布，以保证育苗时根部的温度需要，每行育苗床的电加温由独立的组合式控温仪控制；移动式苗床设计只需留一条走道，通过苗床的滚轴任意移动苗床，可扩大苗床的面积，使育苗温室的空间利用率由 60% 提高到 80% 以上。育苗车间育苗架的设置以经济有效地利用空间，提高单位面积的秧苗产出率，便于机械化操作为目标，选材以坚固、耐用、低耗为原则。

6.2　工厂化育苗的类型及操作流程

6.2.1　工厂化育苗的类型

现代工厂化育苗类型主要有蔬菜工厂化育苗；花卉工厂化育苗；林木工厂化育苗（林木工厂化容器育苗）；植物组织培养工厂化育苗。

6.2.2 工厂化育苗的操作流程

（1）穴盘育苗操作流程

基质库——→（基质处理工段）粉碎——→过筛——→混拌——→（精量播种生产线）——→装料——→压穴——→精播——→覆盖——→喷水——→（催芽室）——→催芽——→（育苗温室）——→脱盘取苗，移栽练苗——→（穴盘周转工段）——→清刷，消毒，干燥，入库。

（2）方法（流程）

工厂化育苗目前主要是采用穴盘育苗。穴盘育苗是一种采用一次成苗的容器进行种子播种及无土栽培的育苗技术，是目前国内外工厂化专业育苗采用的最重要的栽培手段，也是蔬菜、花卉苗木生产中的现代产业化技术。

① 穴苗盘的选择　市场上穴盘的种类比较多，且穴盘的种类与播种机的类型又有一定的关系，因而穴盘应尽量选用市场上常见的类型，并且供应渠道要稳定。市场上一般有 72 穴、128 穴、288 穴、392 穴等类型，长×宽为 550mm×280mm。各种穴盘对应的容量为：72 穴——4.2L，128 穴——3.2L，288 穴——4L，392 穴——1.6L。所用的基质量由此可以计算出来，在实际应用中还应加上 10%的富余量，以使基质能填满穴盘。穴盘孔数的选用与所育的品种、计划培育成品苗的大小有关。一般培育大苗用穴数少的穴盘，培育小苗则用穴数多的穴盘。为了降低生产成本，穴盘应尽量回收，并在下一次使用前进行清洗消毒。

② 穴盘育苗的基质　穴盘育苗采用的基质主要有：泥炭土、蛭石、珍珠岩等。泥炭土也称草炭，是地底下多年自然分化的有机质，无病菌、杂草、害虫，是较好的基质。蛭石是工业保温材料，经高温烧结后粉碎，无病菌、害虫污染，且保水透气性好，含有效钾 5%～8%，酸碱度中性，作配合材料极佳。珍珠岩也可作配料，但含养分低，持水力弱，价格高。买来的优质泥炭土和蛭石等仍然含有杂物，如草根、泥团、石块、矿渣等，必须经过筛选、粉碎后才能使用。各种基质和肥料要按一定的比例进行配制，并在配制过程中喷上一定量的水，加水量原则上达到湿而不黏，用手抓能成团，一松手能散开的程度。当采用泥炭土和蛭石（2:1）的混合料时，一般播种前含水量应达到 30%～40%，或视具体情况而定。

③ 播种和催芽　播种由播种生产线（精量播种机）来完成。播种生产线由混料设备、填料设备、冲穴设备、播种设备、覆土设备和喷水设备组成。穴盘从生产线出来以后，应立即送到催芽室上架。催芽室内保证高湿高温的环境，一般室温为 25～30℃，相对湿度 95%以上，根据不同的品种略有不同。催芽时间 3～5d，有 6～7 成的幼芽露头时即可运出催芽室。

④ 温室内培育　育苗的温室尽量选用功能比较齐全、环控手段较高的温室，使穴盘苗有一个好的环境生长。一般要求冬季保温性能好，配有加温设备，保持室内温度不低于 12～18℃。夏季要有遮阳、通风及降温设备，防止太阳直射和防高温，一般温室室温控制在 30℃以内为好。育苗期内需要喷水灌溉，一般保持基质的含水量 60%～70%。

⑤ 穴盘苗出室　园林苗木（种苗）在室内生长和室外生长所处的环境不同，在出苗前 3～5d 应逐渐促进室内环境条件向室外环境条件的过渡，以确保幼苗安全出室。穴盘苗可作为种苗销售，也可出室露地培植成品苗，但在严冬季节出苗一定要处理谨慎，以免对小苗造成冻害。大田移植应计算每天的定植株数，按每天的移植株数分批出苗，保证及时定植。

⑥ 出室后管理　幼苗出室后对外界环境的适应性较差，必须精心管理，才能确保全苗、壮苗。定植后一周内要注意苗床温度，增加叶面喷雾的次数，适当遮阳。一周后可减少喷雾次数和遮阳时间，直到小苗完全适应外界的环境条件之后，免去遮阳，转入正常管理。

⑦ 日常管理　水分管理做到干干湿湿，以促进小苗的根系生长。施肥应以追肥为主，

每隔 3～5d 根外追肥一次，用 0.2％磷酸二氢钾喷雾。撒施或随水追施，每公顷需用复合肥 150～240kg。追肥后应及时浇水，防止烧苗。同时，应注意防治幼苗的病虫害。

6.3　工厂化育苗设备及其技术要点

（1）精量播种

精量播种机因其省种、节本、高效等功能，在大田中已得到广泛应用。但在设施农业中，由于作业空间狭小、作业范围宽泛、作业规范不同等因素，温室园艺精量播种机在其推广应用中受到一定的制约。种苗是园艺植物生产的物质基础，好的种苗是早熟、丰产、优质、高效的重要保证。

（2）温室精量播种机的主要类型及特点

目前，按结构形式划分，国内外温室精量播种机可分为针管式播种机、板式播种机和滚筒式播种机；按自动化程度划分，可分为手动、半自动和全自动播种机。手动播种机又可分为点播机、手持振动式播种机。半自动播种机包括手持管式播种机和板式播种机，而全自动播种机有针式精量播种机、滚筒式播种机两种。

① 点播机　北京碧斯凯公司引进了一种适用于小型育苗生产者的点播机。该机为真空吸附式，每次吸附 1 粒种子，更换不同吸嘴可以适用不同种子，也可用于批量精量播种后补空穴和消除重播。

② 手持振动式播种机　美国 GRO-MOR 公司的手持振动式播种机，主要适用于小型育苗生产或播少量种子。使用时将其倾斜一定角度，手柄处的振动器会产生振动，使种子槽内的种子流呈线性流至穴盘内。

③ 手持管式播种机　GRO-MOR 公司生产的 WAND 系列手持管式播种机由播种管、针头、种子槽、气流调节阀等部分组成，工作原理是真空吸附。播种管配有 8 个、10 个、12 个、16 个不同规格的针头，分别适合 128 目、200 目、288 目、512 目的穴盘，针头孔径为 0.7mm、0.5mm、0.3mm。播种时，将播种管置于种子槽上方，用手指封住播种管上方的圆孔，调整气流调节阀，让每个针头都吸附 1 粒种子，然后移动播种管到穴盘上方，手指离开圆孔，即可完成播种。该机的特点是结构简单、使用方便，适用于中小型穴盘苗生产及大型花卉或专业的种苗公司在播种较少量种子时使用。

④ 板式播种机　万达能 VandanaTubless 系列板式播种机工作机理是针对规格化的穴盘，配备相应的播种模板，1 次播种 1 盘。优点是价格低、操作简单、播种精确，操作熟练后播种速度可达 120～150 盘/h。该机配套可调的真空马达和瞬间振动器，配有正压气流开关用来清洗模板。但播种 288 目、200 目、128 目等规格穴盘，需要有不同规格的播种机。每种规格的播种机因所播种的种子形状、大小和种类不同，有不同型号的播种板与之相配，一般每台播种机至少配 3 种规格播种板。这 3 块播种板适合特定的穴盘穴孔数，可以满足大多数种子的播种要求，包括未处理的洋桔梗、矮牵牛、花烟草、万寿菊以及颗粒较大的种子。同一播种板可以通过调整压力来控制 1 次播种 1 粒种子或多粒种子。

⑤ 针式精量播种机　针式精量播种机以英国 Hamihon 公司生产的 Natural 系列针式精量播种机为典型代表。该机型是自动的管式播种机，只须配置几种规格的针头就可适播质量不同、形状各异的种子，而且播种精度高。配套动力为空压机，输送胶带为步进式运动，播种速度为 100～200 盘/h。工作原理是负压吸种，正压吹种。通过带喷射开关的真空发生器产生真空，同时，针式吸嘴管在摆杆气缸的作用下到达种子盘上方，种子被吸附。随后，气缸在回位弹簧的作用下，带动吸嘴杆返回到排种管上方。此时真空发生器喷射出正压气流，

将种子吹落至排种管，种子沿着排种管落入穴盘中。该机配备 0.5mm、0.3mm、0.1mm 针式吸嘴各 1 套，可对秋海棠及瓜果类的种子进行精量播种。使用时需要根据种子情况，调整真空压力和吸嘴与种子盘距离等参数。为防止种子中的杂质堵塞吸嘴，该机还配置自清洗式吸嘴（0.3mm）1 套。针式精量播种机在欧洲和美国应用比较广泛，其主要特点是操作简便、适应面广、省工省时。

⑥ 滚筒式播种机　滚筒式播种机的穴盘输送带行走速度和滚筒转动速度一样，均为连续运动。Hamilton 公司生产的滚筒式播种机的播种头，利用带孔的滚筒进行精量播种，工作原理是：种子由位于滚筒上方的漏斗喂入，滚筒的上部是真空室，种子被吸附在滚筒表面的吸孔中，多余的种子被气流和刮种器清理。当滚筒转到下方的穴盘上方时，吸孔与大气连通，真空消失，并与弱正压气流相通，种子下落到穴盘中。滚筒继续滚动，且与强正压气流相通，清洗滚筒吸孔，为下一次吸种作准备。该机由光电传感器信号控制播种动作的开始与结束，滚筒转速可调，速度可达 800～1200 盘/h，非常适合常年生产某一种或几种特定品种的大型育苗生产。使用时，应定期清洁滚筒和吸孔，不能使用含油的工具，以免影响吸种和排种。

7 植物工厂建造工程工艺

7.1 植物工厂建筑工程工艺

7.1.1 植物工厂概论

7.1.1.1 植物工厂定义

植物工厂是指利用环境控制和自动化高新技术在全封闭式或半封闭式空间内进行植物周年工厂化生产的一种体系。它是现代生物技术、环境工程、机械传动、自动化控制等高新技术综合集成的产物。

7.1.1.2 植物工厂特征

植物工厂是设施农业发展的高级阶段，代表未来设施农业的发展方向，是一个高技术、高投入、高产出的新兴产业。植物工厂有以下几方面特征：

① 环境精确可控　植物工厂综合应用了多学科高技术手段，可实现自动化控制、机械作业，可以精确控制作物生长环境及时间。

② 工厂化作业　植物工厂从种子到育苗、移栽直至收获实现全过程机械化作业。

③ 卫生安全　植物工厂是全封闭环境，进出风口高效通过率，不施农药，生产出来的产品整齐、绿色。

④ 高密度生产　植物工厂采用多层次立体栽培，形成高度集约化生产系统，能够实现周年生产，提高了生产效率。

7.1.1.3 植物工厂优越性

植物工厂综合应用了多学科高技术手段，形成高度集约化生产系统，不仅可以大幅度提高作物产量和品质，提高土地利用率，减轻劳动强度，而且对解决粮食危机、资源短缺、环境污染问题乃至宇宙空间的开发利用都具有十分重要的价值。其优越性主要表现在以下几个方面：

① 作物生产的计划性，周年生产的均衡性，产量和品质的稳定性；

② 作物生长周期短，设施利用率高，单位面积产量高，产值高；

③ 机械化、自动化程度高，劳动强度低，用工少，工作环境轻松；

④ 不施农药，产品无污染；

⑤ 多层式，立体栽培，大大节省土地；

⑥ 不受地理、气候等自然条件的影响，甚至可在极端气候区、外层空间及其它星球上进行农业生产；

⑦ 与现代生物技术紧密结合，可以生产出稀有、价高、富含营养的植物产品。

7.1.1.4 植物工厂类型

植物工厂可以根据建设规模、研究对象、生产功能、光源利用等方式进行分类，主要类型如下。

从规模上分为：大型（建设面积 $1000m^2$ 以上）、中型（$300\sim1000m^2$）、小型（$300m^2$ 以下）。

从研究对象的层次上分为：①以研究植物体为主的植物工厂；②以研究植物组织为主的

组培植物工厂；③以研究植物细胞为主的细胞培养植物工厂。

从生产功能上分为：种苗植物工厂与商品菜（果、花）植物工厂。

从光能的利用方式上分，共有三种类型：①人工光利用型；②太阳光利用型；③太阳光和人工光并用型。

人工光利用型植物工厂的特点：①密闭性强，屋顶及墙壁材料不透光，隔热性较好；②光源多采用高压卤灯、高压钠灯、高频荧光灯（Hf）以及发光二极管（LED）等新型光源；③采用了植物在线检测和网络技术，对植物进行连续检测和信息处理；④耗用的能源多，运行成本高，应用面较窄。

太阳光利用型植物工厂的特点：①覆盖材料多为玻璃或塑料（氟素树脂、PC等）；②光源为自然光；③温室内备有多种环境因子的监测和调控设备；④不封闭或半封闭，有顶开窗、侧开窗、通风降温、喷雾系统、采暖系统等；⑤双层遮阳网、保温幕、防虫网等。

太阳光、人工光并用型植物工厂的特点：①覆盖材料与太阳光利用型相似；②白天利用太阳光，夜晚或白天连续阴雨寡照时，用人工光源补充；③与人工光利用型相比，用电较少；④与太阳光利用型相比，受气候影响较小。

虽然植物工厂建造成本高，能源消耗大，目前主要还处于超前试验阶段，真正用于实际生产的还不多，还未达到普及发展的时期，但其出现预示着工厂化农业将来的发展前景。

7.1.1.5　植物工厂发展概况

植物工厂发展历程概括起来大致分为3个阶段，各个阶段之间既相互联系又各有特点。

（1）试验研究阶段（20世纪40年代～60年代末）

早在20世纪40年代，美国加州帕萨迪纳建立了第一座人工气候室，并把营养液栽培与环境控制有机地结合起来。人工气候室的出现引发出"模拟生态环境"研究领域的一场革命。1953年和1957年日本和前苏联也相继建成了大型人工气候室，进行人工可控环境下的栽培试验。人工气候室以及北欧在同一时期发展起来的设施园艺技术为植物工厂的出现奠定了技术基础。1957年世界上第一座植物工厂在丹麦约克里斯顿农场建成，面积为1000m²，属人工光和太阳光并用型，栽培作物为水芹，从播种到收获采用全自动传送带流水作业，年产水芹400万袋，约合100万千克。1963年，奥地利的卢斯那公司建成一座高30m的塔式植物工厂，利用上下传送带旋转式的立体栽培方式种植莴苣，完全采用人工光源，使植物在均匀一致的光环境中生长，但运行成本较高。

这一阶段植物工厂的特点是：①建设规模小。除个别规模较大之外，一般仅为几十平方米到几百平方米。②范围窄。主要局限在实验室内。③试验作物品种单一。以芹菜和沙拉莴苣为主。④植物工厂类型多是人工光利用型，采用人工气候室，便于完全控制，但运行成本较高。

（2）示范应用阶段（20世纪70年代初～80年代中期）

水培技术的发展是这一阶段植物工厂应用的重要标志。1973年英国温室作物所的Cooper教授提出了营养液膜法（Nutrient Film Technique，简称NFT）水培模式。由于NFT简化了设备结构，大大降低了生产成本，因而很快在植物工厂和无土栽培领域得到广泛应用。此间，波兰、罗马尼亚等国先后建成大小不等的十多家植物工厂。英国还开发出果树植物工厂，利用固体基质，把苹果、梨、桃等果树的枝条插在树枝形的橡胶管上，合成的营养液通过橡胶管输送到各个枝条中，每一个枝条都能像在树上一样开花结果，而且坐果率很高。果实成熟后，只需在橡胶管子中输入脱落酸，果实即可自行脱落。这样的果枝可用2～3茬，1年能收获3～5次。维也纳技术大学也建成一座太阳光利用型钢架玻璃结构植物工厂，面积虽小，但自动化程度很高，植物在人工模拟环境下生长良好，番茄每平方米产量可达 80kg，是露地生产的十几倍。在这一时期，世界上许多国家如美国、日本、英国、奥地利、挪威、希腊、伊朗、利比亚等近 20 家企业都曾利用植物工厂开展过莴苣、番茄、菠菜、药材和牧草等作物的栽培与生产，但除了日本发展较快外，其余国家大多停留在示范和小规模应用阶段。此外，一些国际著名公司如荷兰的菲利浦、美国的通用电气、日本的日立和电力中央研究所、三菱重工和九州电力公司等也纷纷投入巨资与科研机构联手进行植物工厂关键技术开发，为植物工厂的快速发展奠定了坚实的基础。

这一阶段的特点是：①应用范围较广；②营养液配方技术日臻成熟，自动化控制系统逐渐完善；③开发力度加大，示范效果明显。

（3）快速发展阶段（20 世纪 80 年代中期～至今）

20 世纪 80 年代中期，瑞典的爱伯森公司从节能和降低运行成本的角度出发，建成了一座人工光和太阳光并用型大型植物工厂，其在光照、温度、气体等环境控制的自动化方面作了大量改进，为植物工厂的快速推广奠定了基础。此后，美国和加拿大也相继建成了一些有实用价值的植物工厂，美国的亚基塔尼约卢·米德兰都农场建立了一座面积为 18000m² 的植物工厂，是迄今为止世界上规模最大的。加拿大冈本农园建立的人工光蔬菜工厂，充分利用了得天独厚的气候资源，大大节省了能源和运行成本，为寒冷地区植物工厂的建设树立了典范。荷兰是建立植物工厂最早的国家之一，尤其是计算机用于植物工厂环境控制方面居于世界前列。与欧美国家相比，日本在植物工厂方面的研究相对来讲起步较晚，但其研究与开发的速度很快。1974 年日立公司最早开始研究，随后一些电子、精密仪器、重工业领域的大企业和科研机构也纷纷投入。1985 年在日本筑波世博会上展示的一套三层楼高的塔式人工光利用型植物工厂，是日本在这一时期植物工厂成就的重要标志。随后，千叶县、东京等地陆续出现了生产莴苣、苜蓿苗、豆芽菜和菠菜等作物的植物工厂。在营养液配制技术领域相继研究开发出山崎配方和园试配方，在营养液栽培方面推出了深液流（Deep Flow Technique，简称 DFT）栽培模式，形成了神园式、协和式、新和等量交换式等系统，为植物工厂的发展提供了技术支持，仅 1992～2002 年短短 10 年间，全日本实际建成运行的植物工厂有 26 个，总规模达 18900m²，遍及日本各地。其投资建设的主体除农业领域外，还扩大到石油、电力、重工、食品、环境、汽车制造以及金融等领域，其中以神内公司规模最大，也最具代表性。同时，日本国内外学术交流活动也十分频繁，1989 年成立了日本植物工厂学会，目前该学会已有会员 1200 多位，每年举行一次全国性的学术会议，开展学术研究与推广普及活动，其会刊《植物工厂学会志》具有很强的影响力。该学会还与设施园艺学会、生物园艺学会、生物环境调节学会以及气象、照明、电气等学会密切协作，以保证其研究水平的先进性和实用性。

这一阶段的主要特点是：①发展速度快；②涉及的行业广泛，规模不断扩大；③国际学术活动频繁；④高科技成果应用多。这一阶段也正是我国设施园艺发展最快的时期，我国园艺工作者在无土栽培领域进行了大量研究。一些科教单位如中国农业科学院、中国农业大学、华南农业大学、南京农业大学等先后在营养液栽培方面进行了一些研究与开发，并取得了阶段性的成果。但就真正意义上的植物工厂而言，我国尚属空白，与国外的技术差距较大。

7.1.2　植物工厂生产工艺

植物工厂生产工艺流程为：播种──→催芽──→绿化──→苗化──→定植──→营养液管理──→采收。

7.1.2.1 播种育苗

播种：选择适宜当地栽培的生菜优良品种，利用育苗生产线播种，每孔播1~2个，通过淋水机浇透已栽种完种子的穴盘。

催芽：在闭锁型育苗室进行催芽，温度20~25℃，湿度70%~100%，时间为36~48h。

绿化：在闭锁型育苗室进行绿化，光照强度7000 lx，温度18~24℃，湿度75%~85%，二氧化碳浓度400~500μL/L（400~500ppm）（图7-1-1）。

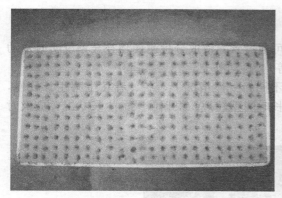

图 7-1-1　绿化后 3d 生菜种苗生长情况

图 7-1-2　苗化 18d 生菜生长情况

苗化：光照强度不低于 7000 lx；温度白天 18~24℃、夜间 10~18℃，湿度 60%~75%，二氧化碳浓度 400~500μL/L（400~500ppm）（图7-1-2）。

7.1.2.2 定植管理

定植：光照强度不低于 8000 lx；温度白天 20~24℃、夜间 10~18℃，湿度 60%~75%，二氧化碳浓度 400~500μL/L（400~500ppm）（图7-1-3）。

图 7-1-3　定植 5d 生菜生长情况

营养液管理：

（1）营养液配方

营养液是叶菜水培的关键，不同作物要求不同的营养液配方。目前世界上发表的配方很多，但大同小异，因为最初的配方源于对土壤浸提液的化学成分分析。营养液配方中，差别最大的是氮和钾的比例。配制营养液要考虑到化学试剂的纯度和成本，生产上可以使用化肥以降低成本。先配出母液，再进行稀释，可以节省容器便于保存。需将含钙的物质单独盛在一个容器内，使用时将母液稀释后再与含钙物质的稀释液相混合，尽量避免形成沉淀。营养液的 pH 值要经过测定，必须调整到适于作物生长的范围，水少时尤其要注意调整 pH 值，以免发生毒害。

（2）营养液液位控制级循环流动

当植株稍大、根系较为发达之后，应把种植槽的液位降低至液面离开定植杯杯底 4～6cm，以利于根系对氧的吸收。为了使营养液更为均匀、供给叶菜的养分更为迅速，在生产上仍需要进行营养液的循环流动。白天时，上、下午各循环流动 1～2 次，每次 20～30min 即可，夜晚则不需要循环。

（3）营养液补充

叶菜整个生长期间一般不需更换营养液。可通过营养液成分检测循环补充系统实时自动检测营养液环境因子（液温、EC、pH、溶氧等），自动补充营养要素。

采收：叶菜的采收时间因季节不同而有所不同，一般情况下，冬、春茬生菜生长较慢，从播种到采收需要的时间长些；而夏茬叶菜生长时间则较短。根据叶菜的生长状况，应及时采收（图 7-1-4）。

图 7-1-4　生菜收货时生长情况

7.1.3　植物工厂系统组成

目前，植物工厂比较习惯的分类方法是按照光能的利用方式不同来划分（图 7-1-5），共有三种类型，即太阳光利用型、人工光利用型、太阳光和人工光并用型。其中，人工光利用型被视为狭义的植物工厂，它是植物工厂发展的高级阶段。本节将以人工光利用型植物工厂作为介绍重点。

人工光利用型植物工厂由围护结构、立体栽培系统、人工光系统、营养液循环再利用系统、环境调控系统、CO_2 补气系统、视频监控系统、配电及照明系统等组成。

7.1.3.1　外围护结构

采用聚苯乙烯泡沫夹芯彩钢板作为围护结构。聚苯乙烯泡沫夹芯彩钢板是由两层进口彩色钢板，中间夹阻燃型聚苯乙烯泡沫板，经加热、加压而形成的夹芯板，具有重量轻、保温、隔热性能好、价格经济、安装周期短等优点，是目前使用最为广泛的环保新型轻质建材。聚苯乙烯泡沫夹芯彩钢板能够大大减少通过壁板的传热，并能防止室外气温比室内气温低而造成壁内侧的结露。

外围护结构一般要求构建在混凝土结构基础及轻钢龙骨的骨架上，按照洁净板材的安装工艺要求进行拼接安装。观察窗采用全封闭式，配以专用铝合金型材与玻璃板结合，边角成

图 7-1-5　人工光利用型植物工厂

45°。门采用彩钢板配以专用铝型材门框，周边嵌入橡胶密封条。墙与吊顶、墙与地面均采用半圆弧铝型材交接。地面底层采用水泥砂浆地面，上层铺自流平地面，自流平地面防尘、防潮、耐磨、防滑、防静电，且应具备便于清洁、施工快捷、维护方便、耐重压、耐冲击等特点。植物工厂的外围护结构可参照《清洁厂房设计规范》（GB 50073—2001）、《洁净室施工及验收规范》（GB 50591—2010）进行施工与验收。

7.1.3.2　立体栽培系统

早期的植物工厂由于使用高压钠灯等发热量大的人工光源，栽培床架多数仅有一层，即使采用两层结构，其层架之间的距离也在 1m以上。随着荧光灯、LED 等冷光源的应用，使得栽培层架之间的距离缩小为 0.3～0.4m，植物工厂的栽培层数可达 3～4 层，有些甚至达到 10 层以上，形成多层立体栽培系统。这种栽培系统一般由固定支架、人工光源架、栽培槽、防水塑料膜、带孔泡沫栽培板、进水管、溢水管、循环管路等组成，通过循环管路与营养液自动循环系统连接，实现植物工厂的

图 7-1-6　立体栽培系统

立体多层栽培，大幅度提高空间利用率和单位面积产量（图 7-1-6）。

7.1.3.3　人工光系统

（1）人工光源光谱的选择

人工补光的效果除取决于光照强度外，还取决于补光光源的生理辐射特性。所谓生理辐射，指在辐射光谱中，能被植物叶片吸收光能而进行光合作用的那部分辐射。不同的补光光源，其生理辐射特性不同。在光源的可见光光谱（380～760nm）中，植物吸收的光能占生理辐射光能的 60%～65%。其中，主要是波长为 610～720nm 的红、橙光辐射，植物吸收的光能约占生理辐射光能的 55%。红、橙光的光合作用最强，具有最大的光谱活性，用富含红、橙光的光源进行人工补光，在适宜的光照时数下，会使植物的发育显著加速，引起植物较早开花、结实。采用红、橙光的光源进行人工补光，可促使植物体内干物质的积累，促使鳞茎、块根、叶球以及其他植物器官的形成。其次是波长为 400～510nm 的蓝、紫光辐射，植物吸收的光能约占生理辐射光能的 8%。蓝、紫光具有特殊的生理作用，对于植物的

化学成分有较强的影响，用富于蓝、紫光的光源进行人工补光，可延迟植物开花，使以获取营养器官为目的的植物充分生长。而植物对波长为 510～610nm 的黄、绿光辐射，吸收的光能很少。所以，通常把波长范围在 610～720nm 和 400～510nm 两波段的辐射能称为有效生理辐射能，而不同波段有效生理辐射能占可见光波段总辐射能的比例则称为有效生理辐射比率，并以有效生理辐射效能来表征输入光源的电能转化为光合有效辐射能的程度。通过这些指标来评价人工补光的效果。

（2）人工光源红光与蓝光比值（R/B）的选择

实验证明，适当的 R/B 比才能培育出健全形态的植物，红光过多会引起植物徒长，蓝光过多会抑制植物成长。较小的 R/B 比值可以促进植物生长，而当 R/B 比值在 5～10 之间时，植物生长速率最快。为了防止植物徒长，人工光源 R/B 比值为 6。

7.1.3.4 营养液循环再利用系统

营养液循环再利用装备是由营养液循环系统、营养液自动监控系统、紫外消毒系统组成（图 7-1-7）。

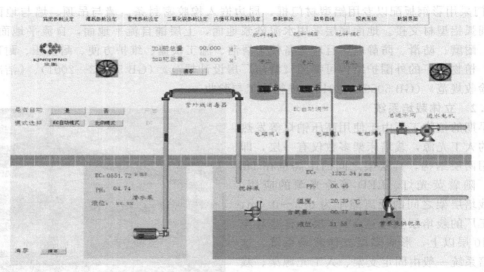

图 7-1-7　营养液循环再利用系统界面

（1）营养液循环系统

营养液循环系统主要由栽培床、营养液池、供液管道系统、回流管道系统、纳米气泡发生装置组成。栽培床用于盛放营养液，给作物提供营养和水分。营养液池是贮存和供应栽培床营养液的容器，母液罐、酸罐、碱罐和清水罐中的溶液在电磁阀门的控制下流入营养液池。供液管道系统将贮液池中的营养液界首到栽培床中供作物需求，它主要包括供液管道、调节流量的阀门等部分组成；而回流管道系统是将栽培床内的营养液回流至贮液池中。

贮液池设在地面以下，以便让栽培床中流出的营养液回流到贮液池中。贮液池容积应保证植株足够的供水和循环流动的需要前提确定。供液管道是指从地下贮液池经由水泵然后通向各个栽培床。所有的管道均需采用塑料管，勿用镀锌水管或其它金属管，因营养液会腐蚀金属管道。

水培蔬菜生长的好坏除了与营养液配方及栽培方式有关外，最重要是与水中溶氧的关系较为密切，特别是高温季节，营养液的溶氧量会急剧降低，常会出现生长量减少、生理缺素之障碍，这种缺素之所以产生并不是因营养中矿质离子的缺乏，而是因溶氧降低导致矿质营养吸收的无效化，是因根系呼吸吸收动力之不足造成。为了改变高温时溶氧低的问题，采用了超溶氧技术也就是气液混合技术，可以使高温下的营养液中溶入超饱和氧。

微纳米气泡发生装置是利用专用的水下式曝气石高速旋转，使其内部周围形成一个负压区，此时水面上的气通过进气口进入负压区，由高速旋转的气石出气将空气均匀切割成5～30μm直径微纳米气泡。这种方式产生的微气泡不受空气在水中溶解度的影响，是通过物理方式切割形成，产生的气泡溶解量是容器气浮的七倍，由于不受温度、压力的外部条件的限制，能有效地保证气浮效果。该装置的运用可有效解决水培技术中缺氧所造成生长影响产量降低的问题，是解决水培缺氧障碍的一种成本低且实用的方法。

（2）营养液自动监控系统

操作控制系统由软件程序来控制水流和各阀的营养配比。整套系统是由软件、硬件、传输设备、传感器、环境控制、灌溉控制及营养控制组成。

该系统通过施肥泵精确控制水和肥液的比例，以实现精确控制肥料浓度的目的。其工作原理是：控制器通过采集电子水表信号计算出水流量，通过程序判断实际的水流是否达到设定量，当灌溉水量达到设定值时就自动切断电磁阀，从而实现自动控制灌溉水量。肥料箱安装有液位传感器，通过测量水位电阻的变化来自动检测水位。当肥料用尽时，电阻值就会很大，传感器检测到阻值变化信号后传送给控制器，控制器驱动报警器发出报警声音，并切断进水口的电磁阀，供给泵自动停止工作。

为了能检测pH值和EC值，系统设计的传感器接口可以采集传感器模拟量，并将数值显示在液晶上，通过人机交互界面，可以随时查看系统工作时的pH值和EC值，并且数据可以自动保存，可以查看历史数据文档。外接的光照传感器和水分传感器信号采集到控制器中，可以作为施肥灌溉程序的参考值。

（3）紫外消毒设备

紫外线消毒设备是利用波长为225～275nm的紫外线对微生物的强烈杀灭的作用，对原水中的微生物进行杀灭。其特点是：杀菌速度快，不改变水的物理、化学性质，不增加水的嗅味，不产生对人体有害的卤代甲烷化合物，无副作用；水处理筒体采用进口优质不锈钢，可满足1.2MPa的工作压力，具有防锈、强度高、无金属离子污染、设备表面易于清洁等优点；紫外线灯选用国家卫生部门、防疫部门鉴定的专业新产品，功率30W，主线谱253.7nm，此波长的紫外线杀菌率最高，可达98%以上，耗能低，连续使用寿命可达3000h以上，并配有可靠的镇流装备；模块化电控装置，功能齐全，定时标准，与水处理筒体采用一体化设计，具有安装方便，操作简单，安全可靠，便于维护的特点（图7-1-8）。

图7-1-8 紫外线消毒设备

7.1.3.5 环境调控系统

JP/WSK全自动智能温室环境调控系统综合运用了计算机网络技术，使用上位机通讯技术加测控站，实现了分散采集控制、集中操作管理。相对独立的设计思想，使系统具有功能强大、性能优越、配置灵活、安全可靠等优点。该系统能自动检测温室温湿度、光照度及室外气象参数，并根据实际需要输入每一个电气设备的开启条件值，每一个电气设备均能根据需要阶段式开启，大大提高了温室控制精度，并且有逼真的动画显示、完善的数据查询和声音报警等功能。

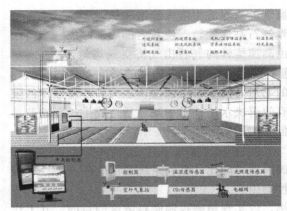

图 7-1-9　环境调控系统界面

JP/WSK 全自动智能温室环境调控系统主要用于植物工厂内环境的调控，包括温度、湿度、CO_2 浓度、光照等，除此之外，环境调控系统还可以根据作物生长发育的需要，对营养液的 EC 值和 pH 值进行调控，以便保证植物工厂正常运行。

（1）系统组成

该调控系统由 JP/WSK-PLC 控制器，温湿度传感器、光照度传感器、室外气象站、PC 机和打印机等组成（图 7-1-9）。

（2）网络技术

系统的数据采集和控制由 PLC 控制器进行，它与 PC 机和其他设备间采用串口通讯，只需双芯电缆可将多台设备相互连接起来，不仅大大节约了电缆数量和布线难度，而且可根据具体情况随时进行系统调整和扩展。网络传输距离可达 1000m。

（3）传感器特点

调控系统内配置的传感器主要包括温湿度传感器、液温传感器、液位传感器、CO_2 传感器、EC-PH 传感器、光照度传感器。

所选传感器具有接口简单、性能稳定、工作可靠等优点。其中温湿度传感器选用优质进口元件，彻底解决了目前国内外大多数温湿度传感器不耐高温，在温室环境中极易失效的难题，保证了系统的可靠性和稳定性。

（4）系统功能

JP/WSK-PLC 系列温室控制器通过检测植物工厂内温度、湿度、光照度等环境系数，并根据用户设定的温度、湿度等传感器上下限自动开启、关闭天窗、遮荫幕、湿帘风机等执行机构的运行，并且能根据用户需要阶段式开启窗户、拉幕等，大大提高了温室控制精度；同时，与室外气象站连接可实现对室外气象参数的检测，并根据控制要求控制各种执行结构。

（5）中心计算机控制软件

本软件是基于 Windows XP 计算机控制软件，采用组态软件开发而成，具有人机交互界面。其程序主要功能为将传感器数量、传感器测试时间间隔、各传感测试数据的上下报警和控制输出通道等数据写入"数据采集"中，程序再对这些数据进行整理、逻辑分析，从而按要求控制相应的外部设备，并能以各种曲线和报表的形式显示和打印。

7.1.3.6　CO_2 补气系统

大气中 CO_2 浓度平均能达到 330mL/L，即 $0.65g/m^3$，远低于作物所需的理想值，CO_2 施肥已经成为植物工厂高效生产必不可少的重要措施。从 CO_2 饱和点来看，一般为 800～1800mL/L 或更高，光照越强，饱和点越高。但施用 CO_2 浓度越高，其成本也越高，因此植物工厂一般选择较为经济的增施浓度，如 800～1000mL/L。

目前，CO_2 施肥的方式有很多种，主要包括如下 3 种。

（1）气瓶型 CO_2

酒精酿造工业的副产品，可以获得纯度 99% 以上的气态、液态和固态 CO_2。将气态 CO_2 压缩于钢瓶内变为液态，打开阀门即可使用，方便、安全，浓度容易调控，且原料来源丰富。

气瓶型 CO_2 控制系统由钢瓶、减压阀、流量计、电磁阀、供气管道及 CO_2 浓度传感器等组成。

气瓶型 CO_2 可产生纯净的高浓度气体肥料，明显提高作物光合作用，大幅提高温室作物单产率，作物产量增加 30% 以上；可提高作物的抗病能力，减少发病率；调节作物产出的糖分、淀粉等，提高产品质量；提前或推迟花期，控制作物的成熟时间，以获得最佳的经济效益。气瓶型 CO_2 是人工光植物工厂 CO_2 气源的首选方式。

（2）碳氢化合物燃烧产生 CO_2

煤油、液化石油气、天然气、丙烷、石蜡等物质燃烧，可产生较纯净的 CO_2，通过管道送入植物工厂。燃烧后气体中的 SO_2 及 CO 等有害气体不能超过对植物危害的程度，因此要求燃料纯净，并采用专用 CO_2 发生器。这种方法便于自动控制，但运行成本相对较高。在国外的温室和太阳光利用型植物工厂中采用较多，在人工光利用型植物工厂中较少应用。

（3）化学反应法产生 CO_2

用 $CaCO_3$（或 Na_2CO_3）加 HCl（或 H_2SO_4）化学反应后可产生纯净的 CO_2，使用方便，原料丰富价廉。但由于原料含有一些杂质，需注意减少化学反应的残渣余液对环境的污染，同时强酸易对人体造成危害，操作时需注意安全。由于对化学反应产生的 CO_2 控制精度较难把握，一般在温室和太阳光利用型植物工厂使用，在人工光利用型植物工厂中较少使用。

植物工厂 CO_2 肥源的选择，需根据具体情况来定，一般需要考虑资源丰富、取材方便、纯净无害、成本低廉、设备简单、便于自控、使用便捷等条件。

7.1.3.7 视频监控系统

（1）系统组成

本系统为数字智能存储系统和模拟监视器显示相结合。数字智能型监控系统由前端设备、传输设备和监控中心设备三部分组成。

前端设备由安装在各监控区域的摄像机、镜头、防护罩、支架等组成，负责图像和数据的采集及信号处理；传输设备包括同轴电缆和信号线缆，负责将音、视频信号传输到机房的主控设备；监控中心设备又具体分为主控设备和显示设备，主控设备负责完成对前端音频、视频信号进行压缩处理、图像切换、云镜操作等所有功能项的控制，主要是数字硬盘录像主机；显示设备用以实时显示系统操作界面、监控区域图像和回放存储资料，主要是显示器。

与原有模拟存储系统相比，我们采用先进的计算机多媒体监控方式，通过数字监控主机建立一个全新的控制平台，能够将原来模拟系统中的各子系统功能全部集中在该控制平台上，即一台数字硬盘录像主机上，只需通过鼠标点击，便可进行综合管理，使控制变得更加简单，有利于管理。

在数字智能型监控系统基础上，安装模拟监视器。监视器可以显示一路或多个分割后的画面，通过画面处理器进行画面的多种切换。特点是切换方式多，画面较大，视觉效果佳，利于对重点区域图像的监视，使画面更加直观，达到数字智能型监控系统和模拟显示相结合。

（2）系统主要功能

实时监控功能：在中心监控室，工作人员可通过监控显示器随时监看各个监控区域的图像，了解各个环节的运作情况；在正常操作环境下，系统可连续不间断地进行监控任务且动作连续没有延时。

多种画面显示功能：通过主机的操作软件，用鼠标直接在显示器的显示功能键上点击，既可实现单路循环显示、四/九/十六画面分割显示，或多画面循环显示；显示速度实时，画质清晰；另外，通过对画面处理器的操作，实现对模拟监视器显示终端的控制。

多种录像模式存储功能：主机具有正常连续录像模式、动态感知录像模式和报警探测联动录像模式，可根据客户不同监控要求来具体设置，并且使用后两种模式可大大节省硬盘空间，重要录像资料可通过专有软件刻录成光盘备份。

智能化的录像资料检索功能：可根据摄像机、日期（年月日）、时间（时分秒）进行智能检索，检索方便快捷；图像清晰不失真；反复回放不影响画质。

灵活的控制功能：通过鼠标在显示器的操作界面上点击，随意控制任一路云台上下左右转动和镜头的拉伸，以实现最佳的监看角度和监看效果。

突出的网络传输和网络分控功能：主机采用最先进的 MPEG-4 压缩，使图像资料占用很少的硬盘空间，这样信号在网络传输时占用较小带宽，提高传输速度和图像效果。

7.1.3.8　恒温恒湿机组

恒温恒湿机组主要用于将室内的温度、湿度、洁净度及气流速度控制在高精度范围内，以满足植物工厂对室内环境的要求。

恒温恒湿机组由转轮除湿机和空调机组成，设计采用了比较节能的二次回风空调系统，运行时室内的回风全部回至空调机内，与新风混合后，经过初效过滤、冷却除湿（夏季工况）或加热（冬季工况）处理后与二次回风混合，再经冷却、加热、加湿、风机加压、中效过滤后送至吊顶静压箱，然后送至室内。空气处理均在空调机内完成，系统简单和维护管理方便。转轮除湿机进行一次混合、前表冷和除湿，空调机进行二次混合、后表冷、加热和加湿。其中加热由晶闸管控制，加湿采用电极式加湿器。根据设计标准，新风量设计为系统总风量的 10％，且一次回风量也设计为系统总风量的 10％。

7.1.3.9　配电系统

配电系统主要用于照明、风机、电机、补光水泵、空调等设备的用电控制。为用电方便，安装防水防溅插座，导线采用防潮型塑料套线，信号线为 RVVP 屏蔽导线，布线采用穿管暗敷方式。

7.1.4　植物工厂建筑与结构设计要求

作为植物生产设施，植物工厂的首要功能是满足植物生长需求。不同的植物或相同植物的不同生长期对环境的要求不同，在植物工厂设计时应充分考虑植物生长的需求，尽可能营造出植物生长适宜的环境。

7.1.4.1　建筑设计要求

植物工厂建筑设计要综合考虑内部种植植物的生长需求及相关设备特点、净化空调系统和室内气流流型以及各类管线系统安排等因素，进行植物工厂平面、剖面设计。在满足工艺流程的基础上，恰当地处理植物工厂内部不同等级洁净用房之间的关系，创造最优综合效果的建筑空间环境。

① 满足生产工艺对建筑设计的要求，实现高性能的制造空间与设施。

在对植物工厂进行总图设计、平面布置、剖面设计时，必须充分考虑场地的合理利用和满足工艺生产的要求。

在对植物工厂进行建筑设计时，必须处理好洁净区域与其相关辅助区之间的关系。

② 实现能够经济运行的设施，节约能源、易于维护、降低造价。

植物工厂建筑设计时，必须对用于生产工艺、净化空调以及公用动力设施的空间组成进行有效利用，做到面积省、减少能量消耗和防止污染或交叉污染等。

植物工厂建筑设计时，必须确保洁净室清洁、易清扫，防止内外污染，防止微粒产生、滞留和积存。

③ 应使用可靠性高的运行设施。

植物工厂建筑设计应确保建筑设备的安全运行，一旦出现事故后，确保人员、财产安全。

主体结构应具备同洁净室的工艺装备水平，建筑处理和装饰水平相适应的等级水平。植物工厂的耐久性、耐候能力应与装备水平相互协调，使投资长期发挥作用。

④ 应实现能够适应将来变化的设施

植物工厂的建筑平面和空间布局应具有灵活性，为生产工艺的调整创造条件。

主体结构宜采用大空间及大跨度柱网，不应采用内墙承重体系。这样在不增加面积、高度的情况下，就可以进行工艺和生产设备调整。

⑤ 功能和环境需求

植物工厂的平、剖面应该根据功能的需要建造，根据生产功能分为种苗植物工厂与商品菜（果、花）植物工厂，各种植物工厂平、剖面的设计都有所不同。

7.1.4.2 结构设计要求

植物工厂的设计与建造，应该使其在规定的条件下（正常使用、正常维护）、在规定的时间内（标准设计年限），完成预定的功能。

（1）可靠性要求

在正常使用的情况下，植物工厂的结构能够承受包括恒载在内的各种可能发生的荷载作用，不会发生影响使用的变形和破坏。植物工厂在使用过程中，结构会承受到各种各样的荷载作用，如风荷载、雪荷载、作物荷载、设备荷载等，在这些荷载作用下结构应是可靠的。

植物工厂的围护结构（包括侧墙和屋顶）需要能够承受风、雪、暴雨、冰雹以及生产过程中正常碰撞的冲击等荷载的作用。玻璃、彩钢板、PC 板等围护结构都应该能够在上述荷载作用下，材料本身不会造成损坏，设计应力不超过材料的允许应力（抗拉、抗弯、抗剪、抗压等）。同时，围护材料与主体结构的连接也应该是可靠的，应该保证这些荷载能够通过连接传递到主体结构。

植物工厂的主体结构应该给围护结构提供可靠的支持，除了上述荷载外，主体结构还将承受围护结构和主体结构本身的自重、固定设备重量、作物吊重、维修人员、临时设备等造成的荷载，在正常使用时，这些荷载作用有些可能不会同时发生，有些会同时发生，在各种组合情况下主体结构都应该是可靠的。

（2）耐久性要求

植物工厂在正常使用和正常维护的情况下，所有的主体结构、围护结构以及各种设备都应该具有规定的耐久性。结构构件和设备所处的环境温度较高、湿度较大、空气的酸碱度较高，这些都将影响植物工厂的耐久性。在植物工厂建造时应该充分考虑这些不利因素的影响，保证植物工厂在标准设计年限内，材料和设备的老化、构件的腐蚀都应该在规定的范围内。

植物工厂主体结构构件和连接件均采用热浸镀锌防腐处理，现场安装采用螺栓连接，不需要现场焊接。这样就可以避免由于焊接时构件过热，造成镀锌层的损坏，保证了镀锌层的防腐效果。植物工厂主体结构和连接件的防腐处理应该保证耐久年限 18～20 年。

（3）内部空间需求

植物工厂内部是植物生长和生产管理活动的场所，除植物栽培的空间外，还要求能够为各种生产设备摆放和正常运行提供足够的空间，同时还应为操作管理者留出适当的空间。因此，植物工厂平、立、剖面设计过程中，应该为不同用途的植物工厂所需的不同配套设备、设施以及不同生产操作方式提供满足要求的空间。

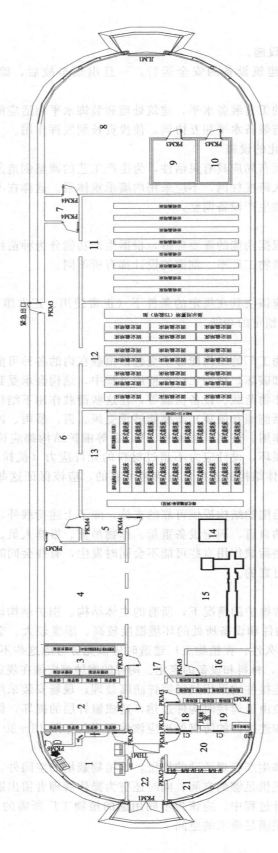

图 7-1-10 通州植物工厂平面布局示意图

1—控制室; 2—催芽室; 3—密闭型育苗室; 4—人工光利用型植物生产车间; 5—气调室; 6—施肥首部; 7—气调室;
8—包装区; 9—成品菜区; 10—种子库; 11—叶菜生产车间; 12—叶菜生产车间; 13—炼苗车间; 14—移栽机;
15—育苗生产线; 16—水处理间; 17—培养室; 18—药品室; 19—化学分析室; 20—缓冲间; 21—更衣室; 22—门厅

7.1.4.3 设计成果要求

（1）规划阶段

主要包括规划设计说明书、总平面规划图、道路及其竖向规划图、给排水工程规划图、采暖工程规划图、电力电讯工程规划图、绿化工程规划图。

（2）初步设计阶段

初步设计的目的是提出设计方案、详细说明相应的工艺流程、进行建筑定位、选择建筑标准、分析方案的合理性和技术的可能性，进行工程投资概算。设计成果包括：场区总平面图，所有生活、生产、生产辅助建筑的平面图、主要立面图、剖面图，生产建筑的工艺平面图，投资估算和工程技术经济指标汇总，初步设计说明书。

（3）施工图设计阶段

施工图设计阶段要求所有图纸与设计文件准确、齐全、简明、清晰、统一、施工图文件包括：总平面图、所有拟建建筑和设施的建筑施工图（含平面图、立面图、剖面图、建筑构造详图等）、结构施工图、设备施工图（含给排水、采暖通风、电气、环境自动控制）、各专业的施工图说明书与计算书、工程预算书。

7.1.5 建筑结构设计与加工工艺

7.1.5.1 建筑设计

（1）平面设计

植物工厂平面设计首先应满足农业生产的工艺要求，因此，平面设计要在生产单位的人员确定了生产工艺基础上进行。生产工艺是指植物工厂中采用的种植方式，如栽培床和栽培架的摆放，生产操作机械、运输机械等的通行要求，生产管理的人员作业需求，种植中采用基质培、水培等。植物工厂的平面设计还要使平面形式规整以便节约投资和充分利用土地。

以北京农业机械研究所和北京京鹏环球科技股份有限公司共同设计建成的通州植物工厂为例，简要介绍植物工厂系统组成。通州植物工厂主体结构采用单层轻钢结构，其档次与水平目前已经处于国际先进水平。通州植物工厂充分发挥它的生产功能，建设成为种苗繁育中心和三种不同模式的植物工厂化生产（人工光利用型、太阳光利用型、太阳光和人工光并用型），生产高品质的叶菜和果菜。

通州植物工厂内部分为四大区域：组培播种区、育（炼）苗区、生产收获区和包装储藏区。组培播种区北侧区域由西向东依次为：控制室、催芽室、闭锁型育苗室、人工光利用植物工厂。组培播种区南侧区域由西向东依次为化验室、接种组培室、LED栽培箱、精密播种育苗、移栽生产线、人工光灌溉施肥首部区等，如图7-1-10所示。

（2）立面设计

植物工厂立面主要设计门窗，结合平面布局布置出入口，并结合屋面形状及自然通风系统设计侧窗和天窗，一般植物工厂的门不宜太高，太高则将使植物工厂檐口高度升高，从而使室内空间过高，增加热负荷，不利于节约能源。侧窗的高度应结合自然通风设置，一般夏季主导风向迎风面侧窗较低，背风面侧窗较高，有时设置成天窗（图7-1-11～图7-1-13）。

围护结构：植物工厂各分区围护结构情况如表7-1-1所示。

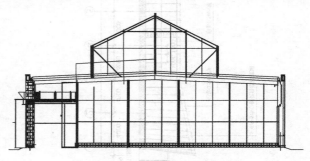

图 7-1-11 通州植物工厂剖面图

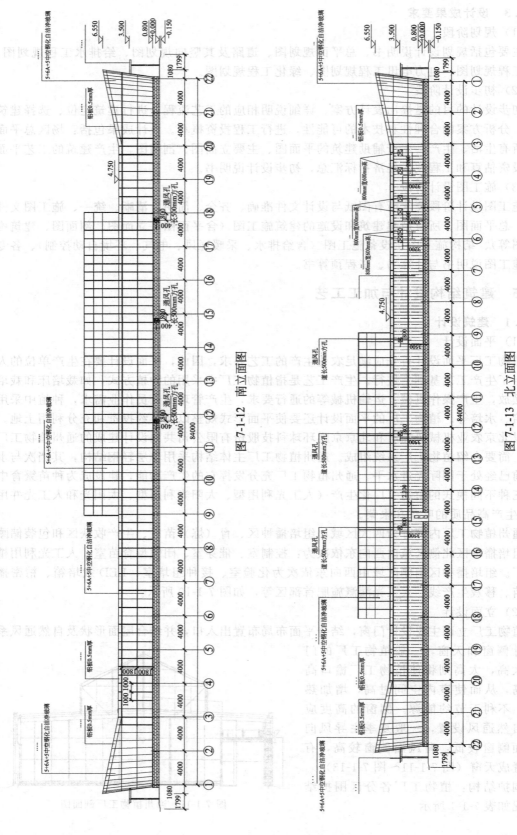

图 7-1-12 南立面图

图 7-1-13 北立面图

表 7-1-1　植物工厂各分区围护结构

分区名称	围 护 结 构
组培播种区	北面为组合墙体,西、南侧为双层中空玻璃,顶部为夹芯彩钢板,东侧隔断为单层玻璃(该分区内的化验室、组培室、催芽室、控制室、闭锁型苗生产系统、人工光利用型植物工厂等均有自己独立的彩钢夹芯板围护结构)
炼苗区	南侧为双层中空玻璃,顶部为双层中空 PC 板,东、西、北侧隔断为单层玻璃
生产、收获区(含叶菜果菜)	南侧为双层中空玻璃,东、西、北隔断为单层中空玻璃,顶部为双层中空 PC 板
包装区	北面为组合墙体,东侧、南侧为双层中空玻璃,西侧隔断为单层玻璃,顶部为夹芯彩钢板(小型冷藏库围护材料均为聚氨酯夹芯板)

（3）覆盖材料

通州植物工厂主体为南北排跨,单跨 16m,东西向为开间方向,总长 84m,总建筑面积 1289m²,形状像一艘航空母舰,象征着我国农业率先向现代农业最先进技术扬帆起航（图 7-1-14）。

图 7-1-14　通州植物工厂

通州植物工厂顶部覆盖采用纳米自洁净中空钢化玻璃和彩钢夹芯板结合,育苗大厅和包装区顶部采用彩钢夹芯板;炼苗车间、叶菜生产车间、果菜生产车间纳米自洁净中空钢化玻璃,考虑到保温和防集露性能,气楼部分采用骨架内外各一层 PC 中空板。通州植物工厂北墙采用 150mm 陶粒混凝土＋100 厚苯板＋250mm 陶粒混凝。东西船头立面、南立面采用纳米自洁净中空钢化玻璃（图 7-1-15）。

（4）主要工作单元功能设计

① 控制室　控制室是植物工厂的大脑和中枢。控制室内的计算机控制系统,能够对植物工厂内部环境因子诸如温度、湿度、光照、CO_2 进行实时调控,同时实现对栽培因子如营养液 EC 值、pH 值、溶氧、液温的监测与控制。此外,控制室内还装有视频监控与图像传送系统的终端,使管理者能实现远程管理与远程诊断。借助于安装在植物工厂内不同角度的摄像头,观察植物的生长状况,并且能够进行 24h 的实时在线监控录像与传送。无需进入栽培车间内就可进行植物生长的诊断,利用可调焦镜头可以很清晰地观察到植物叶片表面是否有缺素的症状,能为科研或生产者提供大量的植物生长资料,为生产决策作参考。同时还安装了消防报警系统和门禁系统,提高了植物工厂的安全性（图 7-1-16）。

② 更衣室　工作人员（或参观人员）进入植物工厂,首先必须到更衣室更换防尘净化工作服（包括帽子、手套、鞋套）,防止病菌、花粉等带入植物工厂内,保证植物工厂洁净卫生的环境。更衣室更换衣物是种苗及成品菜安全生产的一个重要环节。

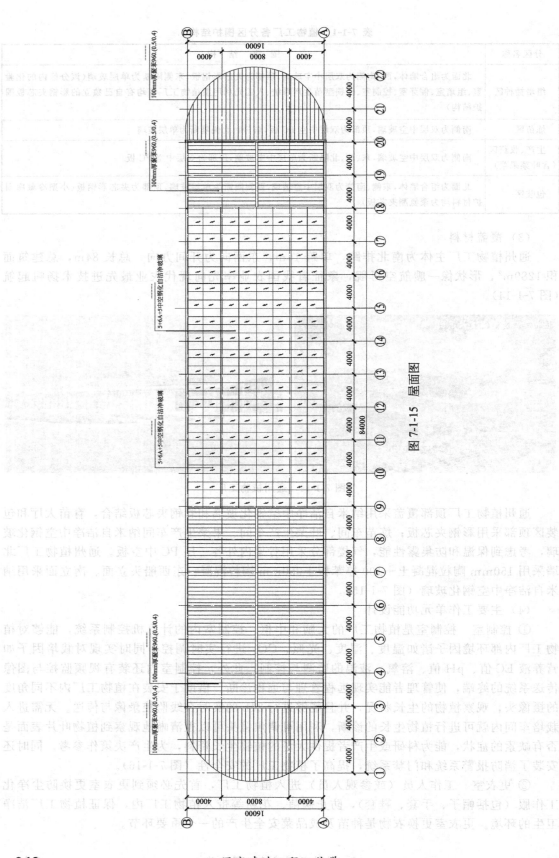

图 7-1-15 屋面图

图 7-1-16　控制室

③ 水处理车间　水处理车间采用反渗透（RO）膜法，主要由原水池、多介质过滤器、活性炭过滤器、精密过滤器、阻垢剂、剂量泵、药剂箱、高压泵、反渗透膜、原水泵、纯水泵、电控箱等组成。整套水处理系统的除盐率可达 97%～99%，产品水电导率≤10μs/cm。水处理可有效地控制微生物菌群、抑制水垢的产生，可将井水层层过滤最终供给植物工厂使用，除此之外，水处理还可预防管道设备的腐蚀，达到降低能耗、延长设备的使用寿命的目的（图 7-1-17）。

④ 化学分析室　化学分析室内部配置常用的实验仪器和设备，主要功能是对水培和基质栽培中的营养液进行离线检测；对植物工厂最终产品（生菜和果菜）进行硝酸盐、重金属及重金属盐、农药等含量进行化验；确保出厂产品符合绿色标

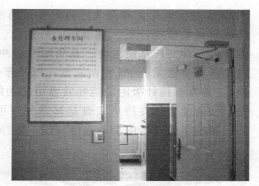

图 7-1-17　水处理车间

准。此外，组培所用的一些仪器、消毒灭菌器及常用药品也可放置其中（图 7-1-18）。

图 7-1-18　化学分析室

⑤ 组织培养室　组织培养室分为药品室、接种室与培养室，在药品室与接种室之间配置风淋室。操作工人必须通过风淋室净化消毒后，才能进入接种室。接种室和培养室要求对空气进行处理，空气洁净度 10 万级。接种室内部配置光照培养箱、超净工作台，培养室内配置高效节能培养架。组培技术又称试管快繁技术，该技术可在人工控制的条件下进行集约

化生产，不受自然环境中季节和恶劣天气的影响。繁殖后代整齐一致，能保持原有品种的优良性状，可获得无毒苗，具有生产效率高等优势（图7-1-19）。

图 7-1-19　组织培养室

⑥ 育苗大厅　育苗大厅内配备了精密播种育苗及穴盘苗移栽生产线。精密播种育苗生产线包括基质混合机、装盘机、打孔机、针式气力播种机、覆土机、淋水机及无动力输送带，可自动完成基质混合、基质填充、冲穴孔、精密播种、覆土、淋水等整套作业流程。播种机能适应常见的 PS 育苗穴盘，以及部分林业 PE 穴盘的播种作业（可在机器上方便地设定），具有双排针吸附功能和穴盘记忆功能（可至少记忆 10 种穴盘规格）。移栽设备配置的是气动智能型 4 夹持爪穴盘苗移栽机，可将幼苗由密穴盘自动移栽到疏穴盘，节省大量人工，减轻了操作者的劳动强度（图7-1-20）。

图 7-1-20　育苗大厅　　　　　　　　　　图 7-1-21　催芽室

⑦ 催芽室　采用催芽室人工控制种子发芽是目前控制种子发芽率和整齐度的先进方法。催芽室采用全套的环境控制装备，保证在恒温、恒湿等最适宜的条件下进行种子萌发。本催芽室内部配置 9 层规格的催芽架 20 个，可同时对 900 个标准穴盘进行催芽。催芽室有助于提高发芽的均匀度，缩短育苗时间，实现增产增收（图7-1-21）。

⑧ 闭锁型育苗室　闭锁型育苗室是由采用聚苯乙烯泡沫夹芯彩钢板的绝热壁板围成的空间，此空间可将室内外的物质和热能的交换控制在最小范围内，形成一个高精度环境控制的全封闭的种苗周年生长系统。该系统内部主要组成部分有：闭锁育苗床架、空调机组、空气搅拌风机、促进光合成的 CO_2 施用装置、营养液循环再利用系统、紫外消毒系统等。闭锁型育苗系统使育苗环境免受外界因子的影响，实现了温度、湿度、CO_2 浓度、光照、营养液等因子综合调控，而且可以精确模拟出最佳的种苗生长发育环境，使苗的生根生长与枝

叶生长能够整齐一致，生长周期可以大大缩短，是培育壮苗与整齐商品苗的最佳环境，可以完成商品化的种苗生产（图 7-1-22）。

图 7-1-22 闭锁型育苗室

⑨ 人工光栽培车间　人工光栽培车间采用全封闭结构，内部环境完全人工控制。此栽培生产车间内部布置 3 组四层人工光栽培架，每层栽培架装有植物生长灯组和分段式栽培槽，此外还配备了恒温恒湿机组、环流风机、CO_2 施用装置、营养液循环再利用系统、紫外消毒系统等设备。整个内部系统采用 PLC 控制原理对设施内的各种环境因子，包括温度、相对湿度、光照、CO_2 浓度、营养液循环等进行自动控制和调节，使植物生长完全处于人工可控的状态下，不受外界环境的影响。在精确可控环境下，植物生长周期缩短，可以生产出外观形态及品质一致无污染安全农产品（图 7-1-23）。

图 7-1-23 人工光栽培车间

⑩ 炼苗车间　在催芽室无光或组培室弱光条件下培育的幼苗，移出后为了适应光照较强环境，必须在专门的炼苗车间进行绿化炼苗。炼苗车间内配备了 21 组床面可移动的栽培床，同时还配备了自主研发的智能循环式栽培床输送系统和绿化苗输送装置。循环式栽培床输送系统通过 PLC 控制器和传感器控制横向、纵向位移驱动装置实现栽培床横向、纵向自动输送，气动驱动装置实现栽培床横向和纵向输送的自动转换。绿化苗输送装置为上下两层输送带结构，苗盘摆放在输送带上进行绿化。该装置有苗盘到位输送带自停功能。定植前进行适时、适量的绿化和炼苗，是育苗过程中的一个重要环节，通过绿化和炼苗可增加幼苗的适应性和抗逆性，并使种苗长势稳健，移栽后缓苗快（图 7-1-24）。

⑪ 叶菜生产车间　叶菜生产车间设置有 21 组固定式栽培床和 1 套雾培生产装置，采用

图 7-1-24　炼苗车间

水培方式进行叶菜类蔬菜生产。该车间最大特点是配置了自动移栽收获装备。该自动移栽收获装备由横梁机身和机头组成。横梁机身长度与车间跨度基本相同,可在跨间支柱上的轨道做南北向移动,机头则可以在横梁上左右行走。机头上装有气动机械手。自动移栽收获装备通过计算机系统确定作业位置、速度,具有安全、快速等特点,提高了栽培空间利用率,工作效率(图 7-1-25)。

图 7-1-25　叶菜生产车间　　　　　　　图 7-1-26　果菜生产车间

⑫ 果菜生产车间　该车间主要生产设施是 8 组槽式岩棉栽培单元,上方配有生长线及吊钩,重点进行高品质、高产量的西红柿、彩椒等茄果类蔬菜的种植,该栽培系统环流风机下置,采用槽式岩棉栽培和滴箭灌溉系统,配套采摘车轨道(兼做采暖和降温介质管道)和电动液压采摘车。采摘车行走通过电瓶驱动实现(且配有遥控控制装置),运行实现无级变速,具有举升、前后方向自动移动的功能。电动液压采摘车实现了采摘车无级调速及车体运行、制动,工作台升降等可进行果树及黄瓜、番茄等高架作物采摘,也可用作高架作物的整枝、人工授粉等多种农事作业使用(图 7-1-26)。

⑬ 施肥灌溉首部区　该区设置供水首部和营养液调配输送设备,主要功能是为植物的生长提供适合配方与浓度的养分并输送至需要的地方。该部分的建造也分为输送部分与调控部分,输送部分由管道连接而成,调控部分由营养液池、母液贮藏罐及各种养分检测探头与自动控制装置组成,它是营养液调控的中心,能为植物生长供应温度适合、各种营养元素齐全、溶氧充足、pH 值适宜的营养液,只有这样才能让栽培的植物快速生长。在原水供应处配置纯水处理设备,对于循环回来的营养液还设置过滤消毒系统(图 7-1-27)。

图 7-1-27　营养液循环再利用系统

图 7-1-28　冷藏室

⑭冷藏室　冷藏室可分为两间：种子及组培苗冷藏间（种子库）和成品果菜及花卉冷藏间（成品菜库）。可提供0～5℃（预冷）和5～7℃（整理）的不同温度范围。冷藏室可降低种子、种苗、采后果蔬及花卉等的呼吸作用，减少水分蒸发、微生物繁殖和氧化作用的加剧，保持种子、种苗、果蔬和花卉的色泽、品质不变，维持原有的风味和营养或观赏价值（图7-1-28）。

⑮太阳能发电系统　太阳能是一种绿色可再生能源，在转换过程中不会产生危及环境的污染，且光伏发电是静态运行，没有运动部件，寿命长，无需或极少需要维护。太阳能发电系统是利用电池组件将太阳能直接转变为电能的装置。本太阳能发电系统属于混合式太阳能发电系统，该系统由电源系统（太阳能电池组、蓄电池）、控制保护系统（太阳能控制器、逆变器）、末端用电设备组成。平时可通过并网逆变器实现并网供电，其蓄电池组可在连续阴雨天单独供电，兼具光伏并网系统和离线独立系统的优点。本系统主要用于闭锁型育苗室及人工光植物生产车间的补光照明（图7-1-29）。

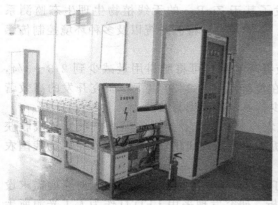

图 7-1-29　太阳能发电系统

⑯地源热泵空调系统　地源热泵空调系统是利用地球表面浅层水源（如地下水、河流和湖泊）和土壤源中吸收的太阳能和地热能，并采用热泵原理，既可供热又可制冷的高效节能空调系统。地源热泵空调系统主要由室外地能换热系统、地源热泵机组和室内空调末端系统几部分组成。地源热泵机组又由压缩机、冷凝器、蒸发器和膨胀阀四部分构成，通过使液态工质（制冷剂或冷媒）不断完成蒸发（吸取环境中的热量）、压缩、冷凝（放出热量）、节流、再蒸发的热力循环过程，从而将环境里的热量转移到水中，并最终传递给末端空调系

统。地源热泵空调系统较传统中央空调节能 30%～50%，是一种高效节能、一机多用、自动运行的绿色可生能源利用系统（图 7-1-30）。

图 7-1-30　地源热泵空调系统　　　　　　图 7-1-31　包装车间

⑰ 包装车间　本区域主要用来完成采收的新鲜蔬菜果品进行分级包装的过程，如叶菜的捆扎、果菜类的分类包装等，本车间配置的主要设备是一台 DZ600 型真空充氮包装机。经过采后加工包装的净菜，整齐均匀、美观干净，延长了果蔬的储存期，同时还可减少饮食业废弃物的排出，节约消费者的时间和精力。各种净菜进入市场搭配销售，可使消费者在同一包装内享受到多种蔬菜和水果的美味（图 7-1-31）。

⑱ 通州植物工厂技术集成创新　通州植物工厂是各种高新技术的综合集成，最大优势是产品性价比高，比国外同类产品节省 1/3 左右的费用。以生产种苗为主，同时兼顾高品质蔬菜（主要是水培生菜及茄果类蔬菜）生产，研究开发了先进的设施技术与装备，从而可以生产高品质的种苗、叶菜和果菜。在植物工厂内可以实现从种子到产品（种苗或成品菜、果）的全程机械化周年生产，产品不用清洗可直接包装上市。主要技术创新如下：

a. 温室环境智能调控系统：自主研制开发了基于 ZigBee 的无线植物生理生态监测系统、基于工业以太网温室环境智能化控制系统、营养液在线检测系统以及多种环境控制传感系统，可以使植物工厂内的环境条件精确可控。

b. 营养液调控与循环再利用系统：营养液循环利用，可将肥料用量减少到 2/3～3/4，有利于环境保护；水的利用率高，灌水需要量在传统温室的 1/20 以下。研究开发的高效营养液消毒装备可以确保营养液循环在利用，减少营养液的污染与浪费。

c. 工厂化生产装备：研制出了先进的设施农业装备，如，播种育苗生产线、移栽收获机器人、循环式输送苗床等。这些装备的研制提高了我国现代化农业的技术水平，为我国农业的工厂化生产奠定了基础。

d. 新光源的应用：本植物工厂采用 LED 灯做为人工光源。根据植物生长对光的需求设计，对高压钠灯、荧光灯、LED 灯进行对比分析，研究发现采用 LED 灯作为人工光源所生产的蔬菜品质更好，而且更加节能。经过多次试验，LED 灯中红光与蓝光的比例为 6 最为合适。

e. 新能源的应用：本植物工厂采用了浅层地源热泵和太阳能光伏发电系统，浅层地源热泵技术作为植物工厂的空调系统，较其它普通中央空调节省约 30% 的能耗，与传统的燃煤或燃油热水供暖系统相比，可减少煤炭石油等高碳能源消耗，减少温室气体排放。太阳能发电系统是利用电池组件将太阳能直接转变为电能的装置，本系统主要用于闭锁型育苗室及人工光植物生产车间的补光照明。太阳能是一种绿色可再生能源，在转换过程中不会产生危及环境的污染。

7.1.5.2 结构设计

7.1.5.2.1 荷载

（1）设计荷载的种类

荷载是指施加在温室结构上的分布力或集中力，其种类取决于温室的结构特点和与其相关的外部环境条件。按照各类温室在使用中可能出现的各种情况，温室荷载划分为两类，即恒载和活载。根据各国温室设计的经验及我国现阶段社会经济发展的状况，温室设计中不考虑地震作用，因此，地震力将不列入设计荷载之内。

① 恒载（以 G 或 g 表示） 恒载又称"永久荷载"，是指在结构使用期间，其值不随时间变化或其变化与平均值相比可以忽略不计的荷载。对于温室结构来说，恒载主要是指温室本身的重量，包括梁、柱、檩条等支撑结构的荷载、墙体荷载、屋面荷载、永久性设备荷载等。

② 活载（以 Q 或 q 表示） 活载又称为"可变荷载"，是指在结构使用期间，其值随时间变化而变化，且其变化值与平均值相比不可忽略的荷载。对温室结构来讲，活载主要包括：雪载、风载、作物荷载、活动性设备荷载、安装检修荷载等。

（2）温室设计荷载及其作用形式

① 确定温室荷载及其作用形式的原则 荷载及其作用形式应尽量反映温室实际受载工况；荷载内容和形式必须考虑力学分析方法和荷载组合效应的不同对其造成的影响；由于我国尚未颁布专门对应温室的荷载规范，当设计者直接采用国外规范来确定荷载内容和形式时，要认真分析不同设计方法和规范产生的背景，以避免产生误差。到目前为止，我国所参考的设计规范主要有日本、美国、荷兰和欧盟等国家和地区的温室设计规范，这些规范因国家（地区）经济发展水平、自然气候状况等原因，具体内容差别较大，例如由于日本是地震多发地区，其规范中将地震荷载也作为温室结构的载荷之一。

② 恒载

a. 支撑结构荷载：这部分荷载主要是指温室梁柱结构、檩条及椽条结构等的自重。支撑结构荷载可通过对结构材料质量的准确计算获得，但由于温室结构设计是个优化的过程，设计之前很难获得一准确的最终结果，在设计中往往需要采用简化处理的方法。比如，可以参考已有同类型温室计算；也可以根据大多数温室钢结构单位面积耗钢量进行估算，玻璃及PC板温室单位面积耗钢量一般为 $10\sim15\text{kg/m}^2$，塑料薄膜温室单位面积耗钢量一般为 $7\sim10\text{kg/m}^2$。也可采用下列公式进行估算确定：

支撑结构恒载 $(\text{kN/m}^2)＝0.06＋0.009\times$ 跨度(m)，其作用方式为按照屋面投影面积垂直向下作用。

b. 墙体荷载：墙体荷载主要是指墙体材料的质量，沿墙体垂直向下作用。

c. 屋面荷载：屋面荷载主要是指屋面覆盖材料的质量，沿屋面垂直向下的作用，也可简化为投影面积上作用。温室墙体和屋面覆盖材料的质量要通过计算得出。

d. 永久性设备荷载：主要是指那些作为温室设施的一部分安装于温室结构上的设备质量（永久性安装使用时间超过 10 年），如加温、通风和降温系统；电器、照明系统；灌溉和除湿系统等。这些荷载均沿作用区域垂直向下作用。在计算加热设备恒载时不能忽略加热设备的热胀作用；此外，应考虑通风系统启闭通风窗时产生的反力。

此外，任何支撑在结构上滞留较长时间（通常超过 90d）的荷载，如吊篮、种植器等，均应考虑其作为恒载。

③ 活载

a. 雪载（Sk）：雪荷载就是作用在温室屋面上的雪载。其标准值计算的表达式

$$Sk = So \times \mu r \times Ce \times Ie \times Ctg \qquad (7\text{-}1\text{-}1)$$

式中　So——基本雪载标准值（kN/m^2）；

　　　Ce——场区暴露系数；

　　　Ie——结构重要性系数；

　　　Ctg——采暖系数；

　　　μr——屋面积雪分布系数。

b. 风载（Wk）：风载就是作用在温室表面上计算用的风载，其作用方向垂直于作用表面，可为正压力或负压力（吸力），其标准值计算的表达式为

$$Wk = Wo \times \mu z \times \mu s - Wo \times Ko \text{ 附加} \qquad (7\text{-}1\text{-}2)$$

式中　Wk——风荷载的标准值，kN/m^2；

　　　Wo——基本计算风载，可根据我国 GB 50009—2001《建筑结构荷载规范》荷载设计，kN/m^2；

　　　μz——风载高度变化系数；

　　　μs——温室风荷载体形系数；

　Ko 附加——温室附加风荷载系数。

由上式可看出，与工业和民用建筑相比，温室因其固有的特点（有开窗、卷膜等通风设施），风载均考虑了内、外两种情况，这是与温室的实际受力情况相一致的。

c. 作物荷载 $Q1k$：作物荷载是指直接悬挂在温室结构上的作物的重力，具体按照下述内容进行考虑。

对番茄和黄瓜等，水平投影面上的竖直荷载为 $0.15kN/m^2$。如作物悬挂在水平丝网上，设计中还应考虑拉线的水平张力。每根水平线的张力大小应根据钢线的截面积和屈服强度确定。

对盆栽植物，水平投影面上竖直荷载为 $1.0kN/m^2$。

对玫瑰和香石竹（康乃馨）等作物，设计中应考虑横向支撑作物的水平钢丝网作用于骨架的水平力。每根线产生的张力大小应根据网线的截面积和抗拉强度确定。

d. 安装检修荷载 $Q2k$：主要考虑在安装施工和设备检修维护过程中可能产生的荷载，这种荷载按照垂直集中力考虑，可作用在构件的任何部位，其确定方法为：

覆盖材料镶嵌条：$0.35kN$。

支撑结构其他构件：$1.0kN$。

e. 设备荷载 $Q3k$：主要是运输轨道，即经常移动或荷载值经常变化的荷载，其作用方式随设备运行特点变化，具体如下：

安装输送轨道的温室，轨道活载为 $1.25kN$；如果运送化肥，上述荷载需再增加 $1.0kN$，计算时要考虑刹车力；输送轨道的每个连接点，都应采用上述荷载进行校验；安装在屋脊和天沟上的玻璃清洁设备和活动钢梯等，需要考虑设备荷载；设置于温室内，并于温室结构相互连接的各种活动式喷滴灌设备、药物喷洒设备和临时加温设备等，需要考虑设备荷载。

7.1.5.2.2　结构设计

温室结构是用以承受各种荷载作用的受力体系，一般由檩条、屋架、梁、天沟、柱等共同组成。温室结构的各组成部分称为构件。温室的结构形式和建筑形式相协调，建筑形式不同，结构形式也会有所不同。其结构形式可分为：门式、屋架式、拱架式、桁架式等多种形式，结构主要采用轻型钢结构。这些结构形式都需要在其上布置檩条，檩条上铺设透光的屋

面覆盖材料。另外，为了减少屋面结构遮挡太阳辐射，还有主、副拱间隔布置，主、副拱间用系杆的结构形式，这种结构省去了大部分檩条，使得屋面结构对太阳辐射的遮挡很小。钢结构强度计算采用 PKPM 软件。

（1）结构体系的选择

① 门式刚架　根据《门式刚架轻型房屋钢结构技术规范》（CECS 102—1998）关于门式刚架建筑尺寸的规定：门式刚架跨度宜为 9～36m，以 3M 为模数；高度宜为 4.5～9.0m；刚架的间距，及柱网轴线在纵向的间距宜为 6m。选用门式刚架操作为植物工厂的主要承重结构体系，完全满足使用上和功能上的要求，又因为轻型屋面的应用使屋面荷载大幅降低，使其自身具有优越的抗震性能从而提高整个房屋的抗震能力。为提高整个植物工厂的整体性和稳定性，门式刚架的柱、梁截面均选用等截面的实腹焊接工字形截面，柱脚的连接形式采用刚接柱脚，梁柱之间的连接采用高强螺栓，总体设计力求技术先进，经济合理，使用方便（图 7-1-32）。

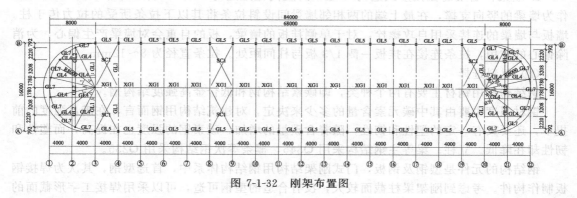

图 7-1-32　刚架布置图

② 屋面系统

a. 屋面板：屋面板选用双层压型钢板内夹聚苯保温板的轻型屋面结构，其具有轻质、高强、美观、耐用、覆盖面积较大、用料省、连接简单、施工方便、利于工业化生产，而且抗震、防火、可满足不同尺寸的要求。压型钢板间的搭接所用紧固件设于波峰之上，横向搭接与主导风向一致，且采用错缝铺法，一般错开 1～2 波即可，以免重叠搭接。

b. 檩条：建议檩条采用不等跨布置，檩条的布置在屋面板端跨处间距减少而在中跨处间距放大，使屋面板的端跨弯矩和中间跨弯矩比较接近，这样能充分发挥屋面系统的材料性能，降低造价。

建议伸臂铰接连系梁的模式设计轻型（C 型或 Z 型冷弯薄壁型钢）檩条，在跨度和线荷载不变的条件下，只要合理选择伸臂长度，檩条的最大绝对弯矩值可减少一半，最大挠度可减少 60%。

檩条的连接，与屋面可靠连接，以保证屋面能起阻止檩条侧向失稳和扭转，与压型钢板屋面连接，宜采用带橡胶垫圈的自攻螺钉，与屋架、刚架的连接设置角钢檩托，以防止檩条在支座处的扭转变形和倾覆，檩条端部与檩托的连接螺栓不少于 2 个，并沿檩条高度方向设置。

为了减小檩条在安装和使用阶段的侧向变形和扭转，保证其整体稳定性而设置拉条，做起侧向支撑点。在檩条跨度位置设置一道拉条（规范：$i=1/10$，檩跨＞4m 设一道；跨度＞6m 在檩跨三分点出各设一道）。

为了减小屋架上弦平面外的计算长度，并增强其平面外的稳定性，可将檩条与屋架上弦横向水平支撑在交叉点处相连，使檩条兼作支撑的竖压杆，参加支撑工作。在檐檩和其相邻的檩条间设撑杆，撑杆采用钢管内设拉条的做法。在檐口处设置斜拉条和撑杆。

③ 基础　由于柱脚处荷载较小，故考虑采用独立基础。阶梯形的刚性独立基础为主要的选择形式，在刚性角的范围内确定台阶的高宽尺寸，垫层采用 C10 混凝土厚度为 100mm，基础混凝土标号不小于 C25，构造钢筋直径为 8~10mm，间距为 150~200mm。

④ 围护结构体系

a. 砖墙：墙面标高 1.2m 以下采用 240 砖墙，作为窗户下窗台和上部墙板的支撑段，同时也对地下潮气的上升起到一定的阻止作用，使墙板和柱免受腐蚀。

b. 压型钢板墙：墙面标高 1.2m 以上的所有墙体均采用彩色夹心保温压型钢板，根据门窗尺寸和墙架间距选用合适的压型钢板来满足轻质、美观、耐用、保温、施工简便、抗震、防火等方面的要求。

c. 墙架：墙架的截面形式选为 C 型，跨度同柱距选为 6m，在墙梁的跨中设一道拉条，作为墙梁的竖向支撑，在最上端的两相邻墙梁间设斜拉条将其以下拉条所受的拉力传于柱。墙板与墙梁的连接采用自攻螺栓，对于单侧挂板的墙梁，板的自重会对墙梁产生偏心，为消除偏心的作用，拉条连接在挂板一侧 1/3 板与柱间距处。拉条直径为 8~12mm。

（2）材料选择

钢结构所用钢材主要有两个种类，即碳素结构钢和低合金高强度结构钢。

钢材强度主要由其中碳元素含量的多少来决定，对建筑结构用钢而言，在满足强度的前提下，还要具有一定的塑性和韧性，随着含碳量的增加，碳素钢的强度也在提高，而塑性和韧性却在降低。立柱、梁等主钢结构采用 Q345，檩条等次钢结构采用 Q235。

钢结构的元件是型钢及钢板，门式刚架结构用钢结构体系中，首选型钢，其次为焊接钢板制作构件。考虑到刚架梁柱截面较大，没有合适的型钢可造，可以采用焊接工字形截面的焊接成型钢来满足结构用钢的要求。其余的小柱、檩条、墙架、小梁、板材均可直接由热轧型钢、冷弯薄壁型钢和热轧钢板表中选用，这样可以减少制作工作量，提高工业化水平，加快施工速度，进而降低工程造价。

7.1.5.3　加工工艺

钢结构加工工艺流程如下：下料图单──→放样、号料──→下料──→组立、成型──→焊接──→制孔──→矫正型钢──→端头切割──→除锈──→油漆──→验收。

（1）下料图单

① 此工序为材料检验部分，其内容包括对工程所选用的型号、规格的确认以及材料的质量检查。

② 质量检测标准　应符合设计要求及国家现行标准的规定。

③ 检验方法　检查钢材质量证明书和复试报告，用钢卷尺、卡尺检查型号、规格。

（2）放样、号料

① 放样划线时，应清楚标明装配标记、螺孔标注、加强板的位置方向、倾斜标记及中心线、基准线和检验线，必要时制作样板。

② 注意预留制作，安装时的焊接收缩余量；切割、刨边和铣加工余量；安装预留尺寸要求。

③ 划线前，材料的弯曲和变形应予以矫正。

④ 放样和样板的允许偏差如表 7-1-2 所示。

⑤ 号料的允许偏差如表 7-1-3 所示。

⑥ 质量检验方法　用钢尺检测。

表 7-1-2 放样允许偏差

项　目	允许偏差	项　目	允许偏差
平行线距离和分段尺寸	0.5mm	孔距	0.5mm
对角线差	1.0mm	加工样板角度	20°
宽度、长度	0.5mm		

表 7-1-3 号料允许偏差

项　目	允许偏差	项　目	允许偏差
外形尺寸	1.0mm	孔距	0.5mm

（3）下料

钢板下料采用等离子切割下料，但下料前应将切割表面的铁锈、污物清除干净，以保持切割件的干净和平整，切割后应清除熔渣和飞溅物，操作人员熟练掌握机械设备使用方法和操作规程调整设备最佳参数的最佳值。

① 质量检验标准　切割的允许偏差值 1.0mm（表 7-1-4）。

表 7-1-4 下料允许偏差

项　目	允许偏差	项　目	允许偏差
零件宽度、长度	3.0mm	型钢端部垂直度	2.0mm
边缘缺棱	1.0mm		

② 钢材剪切面或切割面应无裂纹、夹渣和分层。

③ 质量检验方法　目测或用放大镜、钢尺检查。

（4）组立、成型

钢材在组立前应矫正其变形，并达到符合控制偏差范围内，接触毛面应无毛刺、污物和杂物，以保证构件的组装紧密结合，符合质量标准。组立时应有适量的工具和设备，如直角钢尺，以保证组立后有足够的精度。

① 点焊时所采用焊材与焊件匹配，焊缝厚度为设计厚度的 2/3 且不大于 8mm，焊缝长度不小于 25mm，位置在焊道以内。

② 预组立的构件必须进行检查和确定是否符合图纸尺寸，以及构件的精度要求成型。

③ 组立成型时，构件应在自由状态下进行，其结构应符合《钢结构工程施工及验收规范》及有关标准规定。经检查合格后进行编号。

④ 质量检验标准　允许偏差符合《钢结构工程施工及验收规范》有关规定（表 7-1-5）。

表 7-1-5 组立成型允许偏差

项　目	允许偏差	项　目	允许偏差
焊接钢梁高度	2.0mm	垂直度	$(\triangle)b/100$ 且不大于 2.0mm
中心偏移	2.0mm		

⑤ 质量检验方法　用直尺、角尺检查。

（5）焊接

① 该工序采用设备为二氧化碳保护焊机，操作人员应严格遵守表 7-1-6 焊接标准表。

表 7-1-6　焊接标准表

焊缝厚度/mm	5	6	8	8	10	10	12	12	12
焊丝直径/mm	3	2	3	3	3	4	3	4	5
焊接电流/A	450～475	450～475	575～625	550～600	600～650	650～700	600～650	725～775	775～825
电弧电压/V	28～30	34～36	34～36	34～36	34～36	34～36	34～36	36～38	36～38
焊接速度/cm/min	55	40	30	30	23	23	15	20	18

② 焊接工艺　焊接钢柱、钢梁采用二氧化碳保护焊接；柱梁连接板加肋板采用手工焊接。使用二氧化碳保护焊应满足以下两点：

a. 焊接后边缘 30～50mm 范围内的铁锈、毛刺污垢等必须清除干净，以减少产生焊接气孔等缺陷的因素。

b. 引弧板应与母材材质相同，焊接坡口形式相同，长度应符合标准的规定；使用手工电弧应满足以下规定：使用状态良好、功能齐全的电焊机，选用的焊条需用烘干箱进行烘干。

③ 质量检验标准和方法　表 7-1-7。

表 7-1-7　焊接允许偏差

项　　目		允许偏差/mm	项　　目		允许偏差/mm
截面高度 (h)	$h<500$	2.0	翼缘板垂直度		$(\triangle)b/100$ 且不应大于 3.0
	$500\leqslant h\leqslant 1000$	3.0	弯曲矢高		$1/1000$ 且不应大于 10.0
	$h>1000$	4.0	扭曲		$h/250$ 且不应大于 5.0
截面宽度(b)		3.0	腹板局部 平面度(f)	$t<14$	3.0
腹板中心偏移		2.0		$t\geqslant 14$	2.0

（6）制孔

① 采用设备　摇臂钻。

② 质量检验标准　螺栓孔及孔距允许偏差符合《钢结构施工及验收规范》的有关规定，详见表 7-1-8、表 7-1-9。

表 7-1-8　螺栓孔允许偏差表

项目	允许偏差/mm	项目	允许偏差/mm
直径	+1.0	垂直度	0.3t，且不大于 2.0
圆度	2.0		

表 7-1-9　螺栓孔距的允许偏差表　　　　　　　　　　单位：mm

螺栓孔孔距范围	≤500	501～1200	1201～3000	>3000
同一组内任意两孔间距离	±1.0	±1.5	—	—
相邻两组的端孔间距离	±1.5	±2.0	±2.5	±3.0

注：在节点中连接板与一根杆件相连的所有螺栓孔为一组；

对接接头在拼接板一侧的螺栓孔为一组；

在两相邻节点或接头间的螺栓孔为一组，但不包括上述两款所规定的螺栓孔；

受弯构件翼缘上的连接螺栓孔，每米长度范围内的螺栓孔为一组。

③ 质量检验方法　用直尺、钢尺、卡尺和目测检查。

（7）矫正型钢

① 工艺要求　操作人员熟悉工艺内容并熟悉掌握设备操作规程，矫正完成后，应进行自检，允许偏差符合《钢结构施工及验收规范》有关规定（表7-1-10）。

表 7-1-10　钢材矫正后的允许偏差

项　目		允许偏差/mm
钢板的局部平面度	$t \leqslant 14$	1.5
	$t > 14$	1.0
型高弯曲矢高		1/1000 且不应大于5.0
角钢肢的垂直度		$b/100$ 双肢栓接角钢的角度不得大于90°
槽钢翼缘对腹板的垂直度		$b/80$
工字钢、H型钢翼缘对腹板的垂直度		$b/100$ 且不大于2.0

② 质量检验方法　目测及直尺检查。

（8）端头切割

焊接型钢柱梁矫正完成，其端部应进行平头切割，端部平头的允许偏差见表7-1-11。

表 7-1-11　端部平头允许偏差

项　目	允许偏差/mm	项　目	允许偏差/mm
两端铣平时构件长度	2.0	铣平面的平面度	0.3
两端铣平时零件长度	0.5		

（9）除锈

除锈采用专用除锈设备，进行抛射除锈可以提高钢材的疲劳强度和抗腐能力。对钢材表面硬度也有不同程度的提高，有利于漆膜的附和不需增加外加的涂层厚度。除锈使用的磨料必须符合质量标准和工艺要求，施工环境相对湿度不应大于85%。

经除锈后的钢材表面，用毛刷等工具清扫干净，才能进行下道工序，除锈合格后的钢材表面，如在涂底漆前已返锈，需重新除锈。

（10）油漆

钢材除锈经检查合格后，在表面涂完第一道底漆，一般在除锈完成后，存放在厂房内，可在24h内涂完底漆。存放在厂房外，则应在当班漆完底漆。油漆应按设计要求配套使用，第一遍底漆干燥后，再进行中间漆和面漆的涂刷，保证涂层厚度达到设计要求。油漆在涂刷过程中应均匀，不流坠。

（11）验收

钢构件安装前，应提交以下资料：

① 施工图和设计文件；

② 制作过程技术问题处理的协议文件；

③ 钢材、连接材料和涂料的质量证明书或试验报告；

④ 焊缝检测记录资料；

⑤ 涂层检测资料；

⑥ 主要构件验收记录；

⑦ 构件清单资料；

⑧ 合格证。

7.2　植物工厂建造工程工艺

7.2.1　植物工厂土建施工工艺

温室土建施工工艺流程为：放线——→挖槽——→基坑抄平——→打垫层——→砌砖——→做圈梁——→浇筑混凝土、下地锚——→基础养护——→砌矮墙。

（1）放线

在基础开挖前，按照基础详图上的基槽宽度和上口放坡的尺寸，由中心桩向两边各量出开挖边线尺寸，并作好标记。然后在基槽两端的标记之间拉一细线，沿着细线在地面用白灰撒出基槽边线，施工时就按此灰线进行开挖。

（2）挖槽

为保证施工进度，凡地基为条型基础的均用机械挖土，少量的或有障碍的采用人工进行挖土。

（3）基坑抄平

为了控制基槽开挖深度，当基槽开挖接近槽底时，在基槽壁上自拐角开始，每隔3～5m测设一根比槽底设计高程提高0.3～0.5m的水平桩，作为挖槽深度、修平槽底和打基础垫层的依据。水平桩一般用水准仪根据施工现场已测设的±0标志或龙门板顶面高程来测设的。

基槽开挖完成后要进行验槽，检验挖坑到设计深度时土质是否符合要求，是否到达持力层，如果不符合要求则需要采取相应的措施进行处理。

（4）打垫层

按照土建基础详图设计的混凝土标号和垫层深度在挖好的基槽内打垫层。温室的垫层设计一般为10cm厚，一般混凝土标号在C15以上或者采用三七灰土垫层。根据具体地区和具体土质情况有所不同。

垫层打好后要进行测量校核，要求平准正误差在允许的范围内，在垫层上测量放线前首先对轴线控制网进行校测，然后架经纬仪于坑边轴线桩上依次用正侧镜方法向下投测轴线点，投测允许误差3mm，投测后架经纬仪于垫层上，盘左、盘右转角校核角度，大钢尺往返丈量闭合尺寸，弹出中轴线。

（5）砌砖

沿中轴线砌砖，误差±5mm以内。

（6）做圈梁

按图纸设计的钢筋型号和间距密度进行配筋，钢筋与钢筋连接用细铁丝缠绑，钢筋与钢筋搭接时不少于35d。

（7）浇筑混凝土、下地锚

支模板浇筑混凝土，注意浇筑混凝土时钢筋笼下应垫高20cm的保护层。在浇筑混凝土的同时下地锚，边下地锚边进行测量，使地锚误差控制在允许的范围内（表7-2-1）。

下地锚时要注意地锚的方向，地锚方向设计要求与圈梁方向一致，中间独立基础地锚方向与侧面一致，棚头地锚方向与侧面地锚方向垂直。

（8）基础养护

在基础及地锚施工完成后需进行养护，达到强度后方可拆掉模板安装主体骨架。

（9）砌矮墙

表 7-2-1　预埋件工程各项指标允许偏差

项　目		允许偏差
预埋件	上表面中心点水平方向	±5mm
	上表面标高	−3mm
	上表面倾斜度	3°

温室设计一般会设计矮墙裙用于维护温室结构和保护玻璃幕墙，一般高度为 300mm、500mm、800mm 等，厚度一般为 240mm、360mm 等，其中 240mm 厚的矮墙裙在玻璃温室中由于四周有外挂的玻璃幕墙，因此矮墙需要沿中轴线外偏，砌墙时要按照图纸尺寸外偏。温室矮墙一般在温室主体骨架安装完毕后砌筑，在覆盖物安装完毕后进行墙面抹灰，在砌筑矮墙时需按照图纸洞口位置和大小留出水暖电管线的洞口，便于以后进行水暖电施工。

7.2.2　植物工厂钢结构施工工艺

钢结构主要施工工艺流程为：钢构件进场──→构件摆放──→轴线校验──→螺栓预埋──→钢柱吊装──→钢柱校正──→钢屋架吊装──→钢屋架校正──→螺栓连接──→装涂──→檩条安装──→屋面板安装。

7.2.2.1　钢构件进场

① 钢构件根据安装进度计划安排进场，进场按日计划精确到每件的编号，构件最晚在前一天进场，构件及材料进场前要考虑安装现场的堆场限制，尽量协调好安装现场与制作加工的关系，保证安装工作计划的顺利进行。

② 构件到场后，按随车货运清单核对所到构件的数量及编号是否相符，构件是否配套，如果发现问题，迅速采取措施，更换或补充构件，以保证现场急需。

③ 严格按图纸要求和有关规范，对构件的质量进行验收检查，并做好记录。

④ 对于制作超过规范误差和运输中受到严重损坏的构件，应当在安装前进行返修。

⑤ 构件进场要堆放整齐，防止变形和损坏，堆放时放在稳定的枕木上，并根据构件的编号和安装顺序来分类。

⑥ 构件的标记要外露以便于识别和检验。

⑦ 堆放记录（场地、构件等）应当留档备查。

7.2.2.2　构件摆放

（1）钢构件的现场存放

堆放构件的地面平整坚实，排水良好，以防构件因地面下沉而倾倒。根据构件的制作及堆放的状况又可分为专用性堆放场和分散性堆放场两种。

专用性堆放场：就是在吊装前存放构件的露天场地，需根据业主和现场情况确定。

分散性堆放场：考虑到场内构件运输的方便，并结合起重吊装的特性，构件分散在各个安装对象附近。

（2）钢构件的堆放方法

构件运至现场堆放，钢构件不得直接置于地面上，要垫高 200mm 以上。要平稳放在支承座上，支承座之间的距离以不使结构产生残余变形为限。多层堆放时，钢结构之间的支承点要放置在同一竖直高度。不同类型的钢结构一般不堆放在一起。另外先行安装的构件堆放在装车前排，避免装车时翻动。

（3）钢构件的布置

吊装前要将安装的构件按位置、方向摆放在吊装位置，保证便于吊装和吊车进出场。

7.2.2.3 轴线校验

首先复核混凝土基础的轴线及基础顶面标高，确定每个钢柱在基础混凝土上的连接面边线及纵横十字轴线，即门式刚架的柱脚位置。

7.2.2.4 螺栓预埋

地脚螺栓的预埋结构位置精准要求较高，即其预埋位置应当精准无误，否则会给后续钢柱安装带来作业难度，并极易产生结构质量隐患。所以，对于地脚螺栓预埋而言，在实际作业质量监理过程中，应该严格控制其精准度，把握好基础轴线、标高基准点、预埋后的多次复测以及标高与定位轴线偏差等，目的是使螺栓预埋能够按照基础轴线、标高基准以及其工艺标准或要求等去进行作业（表 7-2-2）。

表 7-2-2　地脚螺栓位置及基础预埋板允许偏差

项　　目		允许偏差/mm
地脚螺栓	螺栓中心偏移	5.0
	垂直度	$L/1000$

7.2.2.5 钢柱吊装

钢柱起吊前，从平面到离柱脚底面约 1m 处，划一水平线，以便安装后复查标高之用；在柱脚和柱顶分别标记中心线，以便安装后测量垂直度。

钢柱脚与基础用地脚螺栓连接，为了使钢柱在就位时能顺利套入地脚螺栓，通常采用垂直吊法吊装。吊装钢柱时要特别注意保护地脚螺栓和吊索，为避免钢柱柱脚套入地脚螺栓时碰坏丝扣，常用铁皮做成磁筒套在丝扣上，钢柱就位后，取去套筒，戴上螺帽。为了保护吊索不被钢柱边缘锐利的棱角所损伤，在绑扎处垫好护角垫板，也可以垫以橡皮，此外也可用含橡胶护套的专用吊索吊装。

吊装就位后，利用起重机起重臂回转进行初校，一般使钢柱垂直度控制在 20mm 之内，拧紧柱底地脚螺栓，起重机方可松钩。

基准标高点一般设置在柱基底板的适当位置，四周加以保护，作为施工阶段标高的依据。以基准标高点为依据，对钢柱进行标高实测，将测得的标高偏差用平面图表示，作为钢柱标高调整的依据。

柱间距检查是在定位轴线认可的前提下进行，采用标准尺（通过计算调整过的标准尺）实测柱距。柱距偏差值严格控制在 ±3mm 范围内，不能超过 ±5mm，同时测量对角线。

柱子地脚螺栓紧固后，柱子顶端用 4 根缆绳封固，确保其稳定性。

7.2.2.6 钢柱校正

钢柱的校正包括两个内容：平面位置校正和垂直度校正。校正顺序为：先校正平面位置，后校正垂直度。钢柱临时固定后立即进行初校，焊接完毕后对钢柱的垂直度与标高进行最终测量并作好记录。

平面位置校正：柱子就位时严格控制位移大小。校正方法采用千斤顶加链索、套环和托座，按水平方向顶校钢柱，方法见图 7-2-1。

垂直度的校正：柱子垂直偏差观测，利用两台经纬仪架设在纵横轴线上，仪器架设点距柱子 1.5 倍柱长的地方。一但当纵轴已有柱子，无法架设经纬仪，可将仪器架设在偏离大于或等于 15°的轴线上（图 7-2-2）。

柱子垂直度校正先校正偏差大的一面，后校正偏小的一面。常用的方法是用千斤顶法，用千斤顶法校正柱子有斜顶和立顶之分，现场根据实际情况具体确定。

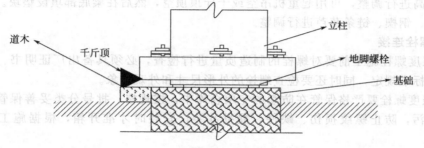

图 7-2-1　平面位置校正示意图

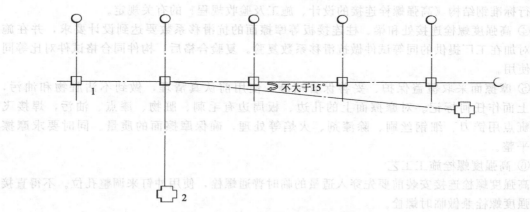

图 7-2-2　校正柱子测量仪器架设点
1—柱子；2—经纬仪

钢柱校正完毕后，重新紧固地脚螺栓，并塞紧钢柱底部的斜垫铁，并用电焊点焊固定。

为防止钢柱垂直度校正过程中产生轴线位移，要在位移校正后在柱脚四周用 4～6 块 10mm 厚钢板作定位靠模，并用电焊与基础埋件焊接固定，防止移动。

7.2.2.7　钢屋架吊装

钢屋架的安装应在钢柱校正符合规定后进行，根据场地和起重设备条件，最大限度地将拼装工作在地面完成；钢架斜梁组装，先用临时螺栓和冲订固定，经检查达到允许偏差后，方可进行节点的永久连接。

安装顺序先将ⓒ轴、ⓓ轴两榀钢屋架吊装就位，在钢屋架安装完毕后进行校正，然后将其间的檩条、支撑、隔撑等全部装好，检查其铅垂度。然后以这两榀钢架为起点，向房屋另一端顺序安装。

为加快进度，同时能有效地控制标高、中心线尺寸，空中存在螺栓连接的部位，利用移动式液压升降平台施工人员进行操作。

由于钢屋架跨度较大，为防止吊装变形，屋架吊装采用四点加横吊梁，确保多点受力，同时，受力要相对均衡，若采用抬吊则采取 6 个捆扎点防止变形。

钢屋架的水平标高和纵横轴线的复测和调整根据实测值，作出标记并根据该值来进行调整。在钢梁就位过程中用足够长的溜绳系在钢屋梁的两端，方便地面人员操作。

钢屋架吊装时，还需对钢柱进行复核，一般采用倒链拉钢丝绳缆索进行校正，待钢梁安装完后，方可松开缆索。

7.2.2.8　钢屋架校正

钢屋架校正是对高低和水平方向进行调整使之符合设计和规范规定。高低方向校正是对梁的端部标高进行调整，可用起重机吊空或千斤顶顶空，然后在梁底部填设垫块。水平方向校正用橇棒、钢楔、链条葫芦进行调整。

7.2.2.9 螺栓连接

① 高强度螺栓施工前要对螺栓的制造质量进行检查，必须具备出厂证明书、产品合格证，并符合标准规定，同时还要检查螺栓的外形尺寸和外观形象。

② 高强度螺栓要严格保管在防潮的专用仓库中，按规格、批号分类妥善保管，做到不生锈、不沾污，防止螺纹损伤、缺件、混批乱装，安装时才准开箱，根据施工计划定量使用。

③ 施工前，扭剪型高强螺栓要按出厂批号复验预拉力，其平均值和变异系数应符合国家现行标准钢结构《高强螺栓连接的设计、施工及验收规程》的有关规定。

④ 高强度螺栓连接处和梁、柱连接板等摩擦面的抗滑移系数要达到设计要求，并在施工前对加在工厂提供的同等试件做抗滑移系数复验。复验合格后，构件同合格试件对比等同方可使用。

⑤ 摩擦面采取覆盖保护、妥善保管措施，使用前认真清理，做到不沾脏物和油污，不在上面作任何标记。对摩擦面上的孔边、板周边有毛刺、脏物、漆点、油污、焊接飞溅等疵点用铲刀、细钢丝刷、除漆剂、火焰等处理，确保摩擦面的质量。同时要求摩擦面要平整。

⑥ 高强度螺栓施工工艺

高强度螺栓连接安装前要先穿入适量的临时普通螺栓，使用冲钉来调整孔位。不得直接用高强度螺栓兼做临时螺栓。

孔眼对准、自由穿入高强度螺栓、严禁锤击螺栓入孔。螺栓同连接板的接触面之间必须保持平整。垫圈要位于螺母的一侧。一个节点的所有螺栓穿入方向以施工方便为准，力求一致。如不能自由穿入时，该孔采用铰刀修整，为了防止铁屑落入板缝中，铰孔前要将四周螺栓全部拧紧，使板选密贴后再进行，严禁气割扩孔。

高强度螺栓紧固时要分初拧、终拧。初拧采用扭矩扳手或定扭矩的电动扳手进行，初拧扭矩一般达到标准扭矩的50%。每组高强度螺栓拧紧顺序要从节点中心向边缘依次施拧，使所有的螺栓都能有效起作用。

扭剪型高强度螺栓终拧采用专用电动扳手进行施拧，至将尾部的梅花剪断，即认为终拧完毕。对于无法使用专用电动扳手进行施拧的，可按大六角头高强螺栓施拧的转角法进行施工，转角法按初拧和终拧两个步骤进行，第一次用定扭矩的电动扳手或扭矩扳手拧紧到初拧值，终拧用定扭矩的电动扳手或其他方法将初拧后的螺栓再转一个角度，以达到螺栓预拉力的要求。在每班作业前后，均进行校正，其扭矩误差分别为使用扭矩的±5%和±3%。

扭剪型高强度螺栓是一种特殊的自标量型的高强度螺栓，由本身环形切口扭断力矩控制高强度螺栓的坚固轴力。复验时，只要观其局部难以使用电动扳手处，则可以参照高强度大六角螺栓的检查方法办理。

摩擦型高强螺栓连接按喷砂后生赤锈处理。

7.2.2.10 装涂

（1）防腐涂料涂装

① 构件在制作前钢材表面应喷砂除锈，除锈质量等级要达到 GB 8923—1988 中的Sa2.1/2级标准，采用新型 CMD-YHP 压力式自回收循环喷砂机，该设备性能满足设计要求所达到的质量等级。

② 表面处理后及时喷涂环氧富锌底漆，表面处理与喷涂底漆之间的时间间隔不大于

6h，在此期间表面应保持洁净，严禁沾水、油污等。除锈完成后立即运至喷涂车间保养底漆，再喷涂两道环氧富锌面漆。

③ 施工图中注明暂不涂底漆的部位不得涂漆，待安装完毕后补涂，尤其是高强螺栓接触面上，不允许涂刷油漆和油污。

④ 墙梁需要现场剪切的必须做防锈处理；构件在运输及安装过程中因碰擦防锈漆脱落的部位，安装前或安装后要及时予以补刷。

⑤ 涂装遍数要符合设计要求，涂层干漆膜总厚度室外应为 $150\mu m$，室内应为 $125\mu m$，其允许偏差为 $-25\mu m$，每遍涂层干漆膜厚度允许偏差为 $-5\mu m$。

⑥ 构件表面不应误涂、漏涂，涂层不能脱皮和返锈等。涂层应均匀、无明显皱皮、流坠、针眼和气泡等。

⑦ 涂装完成后，构件标志、标记和编号要清晰完整。

（2）防火涂料涂装

① 在防火涂层施工前，首先对防火涂料进行复验，并经现场防火性能试验，试验性能满足公安消防部门的要求后才能正式进行涂层作业。

② 防火涂料的试验包括抗压强度、耐火试验和粘结强度试验。主钢结构部分构件防火等级按 2.5h 处理，屋面檩条防火等级 1.5h 处理。

③ 防火涂料要储存在干燥、通风、防潮的专用库房内，储存期过长而造成结块变质的涂料不能施工。

④ 喷涂防火涂层的工人经技术培训才能上岗。

⑤ 防火涂料喷涂前先清理掉钢构件上的灰尘、油污、泥砂和其它杂物。对不需喷涂的部位用塑料布包扎保护，以免喷涂沾染。

⑥ 喷涂前，要将钢结构上的标记处用贴片盖住，以备钢结构测量调整。喷涂分层进行，喷涂厚度要满足设计要求。喷涂时，喷枪垂直于被喷钢构件表面，同时喷枪与构件距离在 10～15mm 为宜，喷涂气压在 $4～6kg/cm^2$ 范围内。

⑦ 防火涂层不宜在 5℃ 以下喷涂。

⑧ 防火涂层外均匀一致，无大面积凹凸，且平整无缺角，涂层没有大于 0.5mm 以上的裂纹。防火涂层施工避免出现空鼓现象。

7.2.2.11 檩条安装

① 檩条采用冷弯成型的 C 型薄壁型钢，并要翼缘设置加强件，工厂加工时预先冲孔，以便于现场与主钢架、外屋面板的支夹用螺栓连接。

② 屋面檩条安装一要注意檩条方向，屋檐第一排檩条与第二排檩条方向相对，第二排以上直到屋脊方向一致；二要注意伸出长度，结构线与轴线有明显区别；三要注意螺栓孔位置，如与屋面梁螺栓错位一定要屋面梁调整到位，否则会影响屋面板安装。

③ 墙面檩条安装方法与屋面檩条安装基本相同，要保证横平竖直。

④ 檩条支撑件、檩条连接件都与屋面檩条、墙面檩条同步进行。

⑤ 根据设计要求，檩条与檩托连接点采用螺栓连接，檩条每端螺栓数应为两个。隔撑与斜梁、檩条或墙梁也采用螺栓连接，但每端螺栓数不少于一个。

⑥ 檩条的校正主要是间距尺寸及自身平直度。间距检查用样杆顺着檩条杆件之间来回移动，如有误差，放松或拧紧螺栓进行校正。檩条的安装误差应在 5mm 以内。平直度用拉线和钢尺检查校正，最后用螺栓固定。

7.2.2.12 屋面板安装

外屋面板采用暗扣式压型镀铝锌彩色钢板，厚度≥0.8mm，用优质低合金钢，钢材屈服强度 345N/mm²，镀层厚度不应小于 150g/m²，要求用暗扣保护螺钉与檩条连接。

屋面内板采用镀锌彩色屋面板，厚 0.6mm，采用优质低合金钢，材质符合 ASTM525 标准，钢材屈服强度 235N/mm²；屋面隔热层采用岩棉夹心板，必须不含聚苯，屋面传热系数＜0.7kcal/m²·h·℃，厚度 100mm，贴面不得有孔。

墙体外板采用镀铝锌彩色钢板，墙体内板采用镀锌彩色钢板，厚度≥0.6mm，墙面隔热层采用岩棉，传热系数＜0.651～0.547W/(m²·K)，厚度 100mm，贴面不得有孔。

一般雨蓬采用镀铝锌带含氟碳树脂涂层的彩色钢板，厚度 0.6mm，采用优质低合金，钢材屈服强度 345N/mm²，镀层厚度不小于 150g/m²。

屋面板安装顺序为首先施工屋面内板，再施工保温层和外屋面板，墙板与屋面板施工顺序基本相同。

① 安装压型板屋面和墙前必须编制施工排版图，根据设计文件核对各类材料的规格、数量、检查压型钢板及零配件的质量。

屋面内衬板与檩条连接采用高强自攻螺丝，且内衬板与檩条间要增加橡胶垫作冷桥处理，具体要求必须符合设计规范要求。

② 屋面外板安装与保温板同步进行，保温棉在下面，保温棉要拉紧。现场安装从屋脊向下铺，平铺在檩条上，保温棉通过胶条与檩条固定，横向接头必须赶在檩条上，多余部分用壁纸刀切掉，贴面接头应采用搭接粘接，接缝处用胶带粘接，屋面外板用暗口保护螺钉与檩条连接。

③ 屋面板搭接处均采用丁基橡胶防水密封粘结带钢构彩板类，保证密封质量。檐口的搭接边外应设置与压型板剖面相应的堵头。

吊装过程中为防止屋面板变形，制作两套专用托架，将屋面板放置在托架上，使屋面板不直接受力。

④ 屋脊板安装用现浇聚氨酯泡沫填充空间，接头处加密封胶，用压板连接紧固螺栓将屋脊板连接，中间连接件用自攻螺钉。

⑤ 板纵向边缘之间通过高强度墙面自攻螺丝搭接，板与次结构的围梁系统连接通过高强度墙面自攻螺丝搭接，连接为保证防水效果、金属粘合力和耐候性，保证防水性能，目前国内主要采用含有螺丝胶带的专用自攻螺丝。

⑥ 屋脊和屋檐必须按照图纸要求密封堵头，接头处加 3mm×20mm 通长密封条，每侧保证两处。

外墙安装：搭好脚手架，便于操作，先挂保温棉，从左边第一轴线开始向右边进行，保温棉用钢钉与檩条临时固定，墙板要横平竖直，位置要准确，而后用自攻螺钉将墙板和保温棉一起钉在檩条上窗口上下两带墙板要在安装中使用经纬仪找平。

内墙板安装可在任意两轴线间进行，从一侧到另一侧。

附构件安装：在屋柱、屋面梁支撑安装后即可进行，考虑到施工安全，屋面板不安装完毕，不能进行管线、电力及通风管道吊架安装，但屋面板施工完的部分可安装，也可与墙板安装同时进行。

压型钢板应自屋面或墙面的一端开始依序铺设，应边铺设、边调整位置、边固定。山墙檐口包角板与屋脊板的搭接处，应先安装包角板，后安装屋脊板。

为保证不漏雨，室外所使用的密封胶必须使用寿命内不干的，确保不老化的材料，特殊洞口处理使用优质的特种橡胶材料作防水盖片。屋脊、挡水板、泛水板、天沟及其它主要涉及密封的部位要专人施工，专人检查，确保施工质量。

7.2.3 植物工厂配套设备工程工艺

7.2.3.1 排水系统

排水系统主要是管道系统的安装，其次是一些设备和管道附件的安装。其主要工艺包括：管道加工（安装预埋件和预留孔洞）——→调试——→管道安装——→验收——→填堵孔洞——→管道试压

钢管加工厂主要有管子切断、套丝、弯曲以及管件制作、管道连接等。给排水管道多用聚乙烯管和聚氯乙烯管，它们一般用螺纹连接件或粘结等方法连接。

管道及附件安装时应注意下列问题：

① 管道、阀门和附件必须具有制造厂的合格证明书，否则应补所缺项目的检验。阀门必选按照 GB 242—1982 规定，进行 100% 水压试验，经质检检查后方可安装。使用前应按设计要求核对管件的规格、材质、型号，并进行外观检查，要求其表面无裂纹、缩孔、夹渣、折叠、重皮等缺陷，没有超过壁厚负偏差的锈蚀或凹陷，螺纹密封面良好，精度及光洁度应达到设计要求或制造标准，合金钢应有材质标记。

② 镀锌钢管采用机械法切割，切口应符合下列要求：切口表面平整，不得有裂纹、重皮、毛刺、凸凹、缩口，应清除熔渣、氧化铁、铁屑等，切口平面倾斜偏差为管子直径的 1% 以下，并不得超过 3mm。

③ 管道焊接完毕，进行试压试验，应符合以下要求：管道内的压力升至 1.5 倍工作压力（且不小于 0.9MPa）后，在稳压的 10min 内；检查接口、管身无破损和漏水，管道焊接合格，具体参见国家标准，给排水管道安装施工验收规范，GB 50268—1997。

④ 管道安装的坡向、坡度偏差等符合设计要求。暖气管线安装应有一定的坡度，便于线路充分排气，暖气托架安装应牢固。

⑤ 采暖管安装时法兰对接处加设密封胶垫，并拧紧螺栓，以法兰间隔 5～7mm 为宜。法兰连接应对密封面及密封垫片进行外观检查，不得有影响密封性能的缺陷存在，连接时法兰保持平行，偏差不大于法兰外径的 0.15%，且不大于 2mm，不得用强拧螺栓的方法消除歪斜。相连接的螺栓孔中心相差一般不应超过孔径的 5%，保证螺栓自由穿入。

⑥ 立管安装时，严格按照要求两面吊线，确保立管垂直度。

⑦ 管道安装完应进行试压，试压合格后应进行保温防腐处理，直埋管线包岩棉管壳。外包玻璃丝布，涂沥青漆两遍，沟内管道直接加套岩棉管壳，外包玻璃丝布即可。

⑧ 安装在 ±0.000 标高线一下的隐蔽管道时，在地坪施工之前必须进行水压试验，并与甲方共同检查验收，做好隐蔽记录。

7.2.3.2 电气工程

（1）配电管路的敷设

配电敷设在现浇混凝土内的，应根据施工图纸设计的尺寸、位置配合土建施工预留电气孔洞。管路的敷设应在主体结构施工完毕后将配管、盒、箱安装在主体构件上。

（2）管内穿线

在管内穿线前，先检查户口是否齐整；穿线时，配合协调，有拉有送。同一交流回路的导线穿于同一管；不同回路和电压的交流与直流导线穿入各自管内。导线连接、焊接、包扎完成后，检查是否符合设计要求及有关施工规范、质量验收标准等规定。

（3）电工施工要求

① 管子煨弯弯曲处扁度要求小于管外径的 0.1 倍，并且不得有弯痕，钢管连接接头处应焊接跨接线，管线伸缩缝处做伸缩处理。

② 配管必须到位，管子进入箱、盒时，应顺直并排列整齐，露出长度应小于 5mm，管口应光滑并应护口。

③ 暗配 PVC 管管口应平整、光滑，管与管及箱盒等部件应采用插入片连接。连接处结合面应涂专用的胶合剂，接口应牢固密封。

④ PVC 管在地面易受机械损伤，一般应采取保护措施。在浇筑混凝土时，应采取防止 PVC 管发生机械损伤的措施。

⑤ 暗配管在墙体内及现浇混凝土内敷设时，应有大于 15mm 的保护层。

⑥ 管内所穿导线的总截面积（包括外护层）不应超过管子截面积的 40%，同一回路的导线必须穿于同一管道内，严禁一根管内穿一根导线。

⑦ 导线连接要牢固，铜线可采用焊接、压接；旅行可采用压接、电阻焊、气焊等。导线连接后的电阻不得大于导线本身的电阻，导线的接头包扎一律采用橡胶带包两层，黑胶带布两层。

⑧ 开关必须切断相线，应上开下闭。插座的板面排列和接零线相序必须一致，不得有混乱现象。如单相电源，二孔插座为左右孔或上下孔，排列均应一致。

⑨ 成排灯具安装时，中心线允许偏差不得大于 5mm。

⑩ 所有导线必须进行绝缘电阻测试，大于 0.5MΩ 时，方可进行通电试运行，接线时相序应分清，不得与零相线混淆。

（4）接地安全

① 温室电源进线为三相五线制，PE 线和温室结构架连接。

② 整个温室配电系统接地形式为 TN-S 系统。

③ 各种用电设备外壳要可靠接地；外壳和结构架直接相连接的用电设备外壳不必单独接一根 PE 线，外壳没有和结构架直接相连接的用电设备外壳必须单独引一根符合标准的接地线与就近的结构架相连。

④ PE 线应采用黄绿双色线。

（5）插座和照明

温室内的照明灯具应采用防水防尘型，插座应采用防水防溅型，且使之分布均匀。

（6）配电箱

① 配电箱一般位于温室内一端靠近门的位置，以便于操作和维修、调试（有过渡间的温室除外）。配线箱安装要牢固。

② 配电箱结构密封紧密，油漆完整均匀，标识牌、标示框排列整齐，字迹清晰。

③ 盘面清洁，电气元件完好，型号和规格与图纸相符。电控箱内导线排列整齐美观，导线与端子的连接紧密，标志清晰。齐全，不得有外露带电部分。

④ 总开关及控制元件固定牢固、端正，动作可靠灵活，需要设定参数的元件按图纸要求设定。

⑤ 配电箱的导线进出口应设在箱体的下底面。进出线应分路成束并做防水弯，导线束不得与箱体进出口直接接触。

（7）电气布线

① 布线基本使用防潮型电线电缆（穿管的导线除外），其截面选择复核图纸要求。

② 温室内配线接头应位于电机、开关、灯头和插座内，否则，导线接头处必须使用接线盒，湿接头位于接线盒内。

③ 护套线进入接线盒或与电气设备连接时，护套层应引入盒内或设备内，导线与设备端子的连接应使用接线鼻。

④ 进入接线盒、设备、电控箱内的导线应有足够的长度，至少可 2 次以上削头重压。

⑤ 连接绝缘导线时，接头的连接长度应符合以下要求：截面在 6mm 以下的铜线，本身自缠不应少于 5 圈；铜线用裸绑线缠绕时，缠绕长度不应小于导线直径的 6 倍。

⑥ 当导线弯曲时，其弯曲半径不应小于导线外径的 6 倍。

⑦ 直埋电缆一般采用铠装电缆埋设深度距地面 700mm，电缆上下应埋设 100mm 厚沙层，上面用砖或水泥板覆盖，过路电缆应使用线管防护且埋设深度为 1000mm。

⑧ 线管中不得有积水或杂物，管内导线不允许有接头。

⑨ 电缆及导线沿钢索或钢丝绳布线时，固定点的间距不应大于 0.6～0.75m，温室内水平敷设的电缆或电线距水平面不应小于 2.5m。

⑩ 距地面 1.8m 以下的电气设备走线要穿管；同一回路的所有相线及中性线（如果有中性线时）应敷设在同一线槽内或管路内。保护零线的最小截面必须符合国家及地区规范；地线或保护零线应可靠连接，严禁缠绕或钩挂；保护零线上严禁装设熔断器。

7.2.3.3 恒温恒湿机组

（1）室外机组

① 室外机组底架为槽钢架，安装时无须专门浇注混凝土基础，只须用膨胀螺丝与水平面地面连接即可（图 7-2-3）。

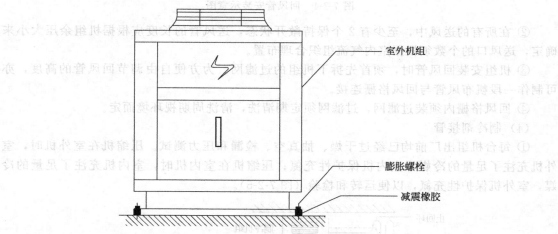

图 7-2-3　室外机组安装示意图

② 机组下须垫减震橡胶，以减少机组运行时震动传播。

③ 室外风机为轴流风机，不适于接风管，室外机与室内机尽可能靠近，以减少制冷剂管运的弯头数。

④ 机组必须安装水平，以保证机组各紧固件受力均匀（表 7-2-3）。

表 7-2-3　室外机安装间距　　　　　　　　　　　单位：m

机组上面	2.5	底面	0
前面	0.5	多台安装时相隔间距	1.2
侧面	0.5		

（2）室内机组

① 室内机组无论是吊装，还是坐地安装，都须在吊架下或地面上加减震橡胶，以减少机组运行时震动传播。

② 室内机组必须安装水平，外接排水管应先接驳 U 形存水弯，并确保远沿水流方向不少于 5% 的坡度，以保证冷凝水顺利排出。

（3）风管的连接

① 送风管为矩形管或圆形，与机组出风口法兰用帆布软接连，以减少机组震动传播（图 7-2-4）。

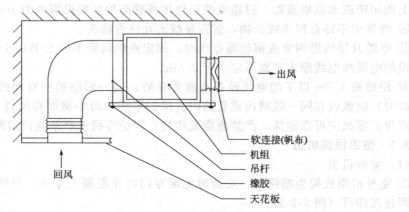

图 7-2-4　回风管安装示意图

② 在所有的送风中，至少有 2 个保持敞开状态，送风管的长度应根据机组余压大小来确定，送风口的个数须根据室内气流组织合理布置。

③ 机组安装回风管时，须首先拆下机组的过滤网。为方便自由调节回风管的高度，亦可制作一段帆布风管与回风格栅连接。

④ 回风格栅内须装过滤网，过滤网须定期清洗，清洗周期视环境而定。

（4）制冷剂接管

① 每台机组出厂前均已经过干燥、抽真空、检漏和压力测试。压缩机在室外机时，室外机充注了足量的冷媒，室内机保护性充氮；压缩机在室内机时，室内机充注了足量的冷媒，室外机保护性充氮，以便运转和检验（图 7-2-5）。

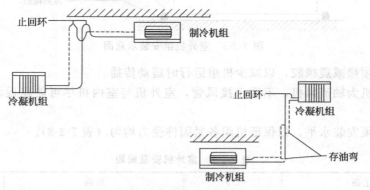

图 7-2-5　压缩机室内外安装示意图

② 保持管内清洁和系统干燥，按标准所规定的步骤操作。若管道无需特别弯曲的话，应尽量采用冷拔铜管。除所有的吸气立管的存油弯要用小半径弯头外，其它应尽量采用大半径弯头，如用软铜管，应尽量小心以避免锐弯使管道阻塞。管道在穿墙时应外包玻璃纤维隔热层和密封材料，不要将气管和液管焊在一起。

③ 每套系统的液管上均应安装一个干燥过滤器，以免杂质或潮气破坏系统。

④ 室外机 1# 连接管对应室内机组 1# 连接管，室外机 2# 连接管对应室内机组 2# 连接管，以此类推。

⑤ 存油弯的数量可根据室内外机组高度至每 4.5m 设置一个来计算。

⑥ 如压缩机配有曲轴箱加热器，要让加热器至少加热 6h，否则会损坏压缩机（表 7-2-4）。

表 7-2-4　恒温恒湿机组工作参数

机组运行环境温度范围		制冷/℃	16~46
		制热/℃	−12~24
连接管长度	垂直高度最大	室外机高于室内机/m	25
		室内机高于室外机/m	15
	总长最大/m		40
	最多弯头数		8

（5）加湿器水管的连接

若机组采用湿膜加湿器，安装时需将自来水管直接接到加湿器进水管上且将进水阀调整至合适的位置，避免水流量过大。

7.3　智能机械工程工艺

7.3.1　植物工厂智能机械设备概况

温室园艺产业化生产在西方发达国家的水平很高、规模很大。由于受到农业用地狭小的条件限制，荷兰、以色列、日本等国家发展温室园艺产业具有明显的特征：重视种苗培育、建设现代化大型温室、大量采用智能化计算机控制、生产流程高度自动化。这种“植物工厂”的专业模式和分工方式能产生非常高的生产效率，大幅提高优质蔬菜、花卉的质量和产出率，能取得很好的经济效益。在信息化时代到来的今天，依托自动控制技术和信息技术的温室精准农业是备受关注的焦点，世界各国都在该领域开展研究，取得一系列很有特色的成果，极大地推动了温室精准农业生产技术的进步。其中，温室园艺生产机器人无疑是最具代表性的。

由于设施生产是在全封闭的设施内周年生产园艺作物的高度自动化控制的生产体系，可以最大限度地规避外界不良环境影响，具有技术密集型的特点，而温室园艺机器人能够满足这种精细管理和精准控制的需求，并且能够解决温室园艺生产的劳动密集和时令性较强的瓶颈问题，大幅提高劳动生产率，改善设施生产劳动环境，避免温室密闭环境施药施肥对人体的危害，保证作业的一致性和均一性等。目前全世界已经开发出了耕耘机器人、移栽机器人、施肥机器人、喷药机器人、蔬菜嫁接机器人、蔬菜水果采摘机器人、苗盘播种机器人、苗盘覆土消毒机器人等相对比较成熟的可用于设施园艺生产的农业机器人。机器人技术尤其以日本最为代表性，日本作为最早研究机器人的国家之一，由于其老龄化提前到来引发劳动力缺乏以及人力成本高等问题，从 20 世纪 70 年代开始，日本的工业机器人开始快速发展，在经过对汽车焊接、汽车喷漆等工业领域的成功应用之后，日本的农业机器人也开始不断取得进展。日本在 20 世纪末已经在技术密集型的设施园艺领域开发了多种生产机器人，如嫁接机器人、扦插机器人和采摘机器人等。荷兰花卉生产非常发达，温室园艺产业具有高度工业化的特征，每年花卉产业可创造 50 亿欧元的价值。由于温室园艺产品生产摆脱了土地约束和天气影响，可以实现按工业方式进行生产和管理，其种植过程可以安排特定的生产节拍和生产周期，产后包装、销售也能够做到与工业生产如出一辙。因此，荷兰的机器人技术得到快速发展。很多温室使用机器人实现不分白昼的连续工作，极大地降低了劳动成本。荷兰农业环境工程研究所开发的黄瓜采摘机器人，它能够快速到达初步作业位置，视觉系统能够探测到黄瓜果实的精确位置及成熟度，末梢执行器可以抓取黄瓜果实并将果实从茎秆上分离。由于温室园艺产业发展的需要以及对高精尖温室园艺环境控制机器人的需求，这一领域得到快速发展。

7.3.2 植物工厂智能机械设备工艺

温室生产智能化作业装备是工厂化农业的重要组成部分，包括产前如工厂化育苗设备；产中如耕整机械、移栽机械、嫁接机械、灌溉施肥机械、采摘及运输设备等；产后如产品清选、分级、包装等设备。在世界各国科技人员的共同努力下，开发了大量技术先进的设施设备。

7.3.2.1 工厂化育苗设备

工厂化育苗设备一次作业可以完成基质搅拌、装盘、冲穴、播种、覆土、喷水等工序，可节省种子，减少用工量，确保出苗成活率和苗齐苗壮，不仅苗木长势均匀，而且成熟期一致，便于一次收获，有效提高作物产量和质量。现在英国的 Hamilton 播种机和韩国的 Helper 播种机以及中国台湾的针式播种机上应用较多。

设施生产工厂化育苗精准作业育苗机器人是专门针对西甜瓜等需要专门育苗的作物播种、喷药的生产需求的。该系统能流水线式作业，自动完成大规模苗盘播种时的自动上土、精量播种、对靶喷药消毒杀菌三个环节，一条生产流水线可实现整个环节全部自动化、封闭式作业、流水线工序，是设施生产瓜果、蔬菜、花卉等工厂化育苗的关键设备之一。该系统全部采用自动化作业，真空吸种，自动输送，不锈钢机架结构造型美观，不同的精准作业模块采用组合设计，综合集成了气、液、电、光等技术成果，采用程序全自动控制。可提高播种的精度，消除土壤病虫害，减轻劳动者劳动强度。喷药时采用封闭环境，减少喷药过程中农药对人体的危害，提高生产率，降低生产成本。该系统能实现快速流水线作业，是现代设施生产的关键设备。该设备非常适合现代农业园区使用，有很好的示范效果。

工作流程为：苗盘首先被传送带送到送土位置，完成自动装土工序，然后自动到达播种位置，由传感器检测到苗盘准确位置后，发出信号，自动精量播种机采用真空气吸附技术，将种子吸附在播种器上放种。播种器可完成并排多个播种穴的同时放种，并且可以精确地自动控制每个穴中播种的数量。播种完后，到达喷药位置，系统可自行完成自动农药对靶喷洒，能有效地节省农药并精确定位杀死病菌和害虫。例如，西甜瓜基地实现播种育苗可以有效为周边农户和企业提供育苗作业，具有良好的示范展示作用，为目前国际设施生产地主要发展方向，对于推动温室自动化精准育苗流水线作业具有重要意义。

7.3.2.2 自动化苗木移栽机械

自动化苗木移栽机械主要用于秧苗的移栽定植，能够快速准确地将小苗从育苗盘移栽到生产盘或无苗钵，一次作业可以完成开沟、栽苗、覆土和镇压等工序，有些机具还可自带浇水装置，在栽苗后立即浇水，省时省工。目前国外苗木的移栽均采用机械手，将机电一体化控制技术和视觉技术高度集成，技术含量比较高，大大提高了作业精度和生产效率。

一般，移栽作业需要大量手工劳动才能完成，为了解决上述难题，开发了移栽机器人，它能够代替人工，高效率地进行移苗工作。中国台湾 KC. Yang 等研制的移栽机器人，该设备能把幼苗从 600 穴的育苗盘中移植到 480 穴的苗盘中，这种自动化的作业方式能极大地减轻工人的劳动强度。该机器人本体由四自由度工业机器人和 SNS 夹持器组成，在工作的过程中，依靠系统的视觉传感器和力度传感器，能够做到夹持秧苗而不会对其造成损伤。在秧苗紧挨作业时，每个苗的时间约 3s。这样的工作效率是熟练工人的 2～4 倍，而且不会因为工作单一枯燥和长时间劳动而降低工作质量。因此，该设备非常合适现代温室园艺的生产过程中的移栽作业。另外，该工作过程可通过计算机控制，实现自动化的标准苗分选，保证种苗的质量，该分选可通过专门的标准苗分选机器人进行。这种机器人作业的模式可以有效解决人为因素导致的种苗分选质量不稳定的问题。

手工进行穴盘苗移栽的流程如下：

① 向空穴盘内填培植土；

② 将装有种苗的穴盘和空穴盘放置于工作台上；

③ 检查穴盘内种苗是否有坏苗；

④ 利用镊子和夹子等工具将穴盘内生长正常的种苗连同胚土一起取出（坏苗将不进行夹取操作）；

⑤ 将取出的植物插入已装上培植土的空穴盘中；

⑥ 将完成移栽工作的两种型号的穴盘按照一定的顺序摆放；

⑦ 对因坏苗而没有进行移栽的空穴盘格进行补苗。

蔬菜花卉的现代化育苗体系以轻基质穴盘育苗为代表，移栽是生产过程中的重要环节。而以手工作业为主的移栽方式存在劳动强度大、生产效率低、难以实现大面积作业的弊端，制约了穴盘育苗技术的发展。自动移栽机能保证移栽深浅一致、间距均匀，有利于作物成活和生长，促进高产。对解放劳动力、提高移栽质量和效率具有重要的意义。

（1）自动移栽机组成及工作原理

温室作物育苗过程中，随着种苗的生长，小苗需要从穴盘移入苗盆，实种苗获得足够的营养和成长空间。在移栽过程中，防止病虫害的扩散，判断坏苗、将坏苗从穴盘中去除是非常重要的。在传统的人工移栽过程中，这项工作由人眼识别完成。而在自动化移栽机设备中，一个建立在机器视觉技术上的智能识别判断系统能代替人眼的功能。传统的人工移栽效率低，植入种苗直立度和成活率受工作人员熟练程度的影响较大。自动移栽机不仅可以提高移栽效率，还能保证植入种苗的直立度，从而提高成活率。

仿照人工移栽的工作流程，整机中各个装置机构上相互独立，工作中相互配合，并统一接收控制系统发出的工作指令，该机的工作原理如图 7-3-1、图 7-3-2 所示，主要由以下五部分组成：穴盘输送系统、移栽机构、机器视觉监测系统、夹持机构和控制系统。

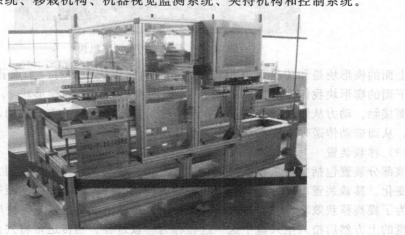

图 7-3-1　穴盘苗自动移栽机

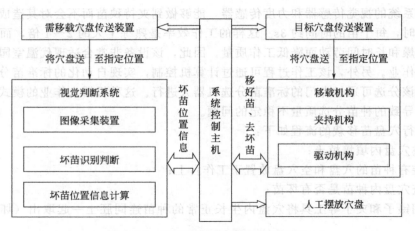

图 7-3-2　自动移载机系统组成原理图

该机右侧的控制面板用于对穴盘规格及运行情况进行设定和查看，设备下侧安装气源动力及坏苗收集箱，设备工作平台为两个传送带，传送带上放置两个不同规格的穴盘，移栽及夹持机构横放在传送带上端。

（2）穴盘输送系统

该系统采用了楔形块和螺纹丝杠来实现传送带的升降，由于密穴盘与疏穴盘的高度不同，而在移植工作中需要保持两穴盘的上平面在同一水平面上，则需要采用一种调整装置，通过调整两传送带的高度，来适应不同规格尺寸穴盘，以使两穴盘的上平面位于同一水平面（图 7-3-3）。

图 7-3-3　带式输送机调高机构

上面的楔形块是和传送带是相连的，下面的楔形块中间有一个通孔，用于安装螺纹丝杠。下面的楔形块我们命名为楔形块 1，上面的楔形块命名为楔形块 2。楔形块 1 的下表面和地面接触。动力从螺纹丝杠输入，楔形块 1 沿着丝杠的轴线方向运动，带动楔形块 2 上下运动，从而带动传送带上下移动，四周小轮用以限位和导向。

（3）移栽装置

该部分装置包括夹持爪在不同工作位置之间的移动、夹持爪的排列方式、夹持爪之间间距的变化。移栽装置由斜杆传动等间距平移机构、拉杆式多工件等间距平移机构构成。

为了提高移栽效率，自动移栽机使用 4 个夹持爪（图 7-3-4）。夹持爪夹出种苗并移动到空穴盘的上方然后植入空穴盘中这一过程称为移栽过程。当传送带将穴盘输送到指定工作位置时，光电传感器检测到穴盘后，传输带电机停止作业，穴盘停止在指定的位置上，随后夹持爪落下，将密穴盘内的种苗夹取出来，然后再移动到疏穴盘空盘的上方，同时根据穴盘格间距的不同，实现夹持爪之间间距的变化，然后将种苗植入到疏穴盘空盘中。

图 7-3-4　连杆驱动 4 纵向夹持爪　　　　图 7-3-5　拉杆式多工件等间距平移机构

拉杆式多工件等间距平移机构包括直线滑轨、直线滑轨滑块、拉杆滑块、连接环、连杆（图 7-3-5）。直线滑轨上设有矩形槽，直线滑轨滑块可嵌入到直线滑轨的矩形槽内，从而沿着直线滑轨平移。直线滑轨滑块上有螺纹孔，可与拉杆滑块通过螺钉固定在一起，当直线滑轨滑块沿着直线滑轨平移时，可带动拉杆滑块沿直线滑轨平移。拉杆滑块上设有阶梯孔，连接环的凸出部分可嵌入到拉杆滑块的孔中，并通过螺钉固定在一起。连接环中间设有螺纹孔，可与连杆的一端通过螺纹配合固定在一起。连杆的另一段可穿入到拉杆滑块中，从而带动拉杆滑块运动。直线滑轨上可以放置多个拉杆滑轨组件，根据平移距离，可以增减直线滑轨的长度，根据工件间距的要求，可以调节拉杆的长度和螺纹长度。该机构只需要一个电机和皮带来带动，而且，任何一端都可以作为动力输入部分，减少了电机的数量，优化了控制方案，又使结构简单、成本降低。

（4）机器视觉监测系统

坏苗识别系统主要是根据坏苗倒伏、枝茎矮小、枝叶颜色不正常等特征，建立坏苗判断标准，通过利用摄像机、图像采集卡和图像处理器等设备，搭建视觉系统硬件平台，采用合适的算法实现自动判断坏苗，并将坏苗位置信息发送到处理器，由处理器发出指令，从而将坏苗舍掉（图 7-3-6）。

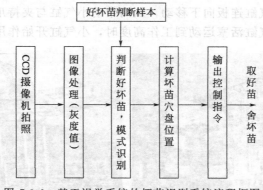

图 7-3-6　基于视觉系统的坏苗识别系统流程框图

根据上述识别原理，机器视觉监测系统硬件部分如图 7-3-7 所示。其待移植穴苗的图像由一个高性能彩色摄像机获取，并由图像传输设备传送到计算机进行图像比较处理，进而实现判别。

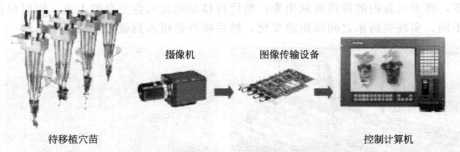

摄像机　　　　　　图像传输设备

待移植穴苗　　　　　　　　　　　　　控制计算机

图 7-3-7　机器视觉监测系统的硬件结构框图

（5）夹持机构

夹持机构包括夹持爪和夹持爪驱动部分。根据视觉监测系统对坏苗的位置判断结果，夹持爪将不移植坏苗。夹持结构采用气缸制动的夹持机构，通过采用双气缸作用联动机构来实现夹持爪的上下移动以及对苗种的夹取（图 7-3-8）。

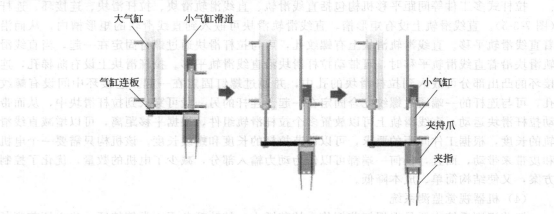

图 7-3-8　双气缸作用联动机构

该夹持机构采用两个气缸作用（图 7-3-9），大气缸带动小气缸与夹持爪上下运动，小气缸带动夹持爪的夹指上下运动从而完成苗种的夹取工作。大气缸与小气缸均固定在各自的固定架上，大气缸固定架与小气缸固定架固定于滑块的两端，两气缸之间采用气缸连板连接，当大气缸作用时，带动气缸连板向下移动，从而带动小气缸与夹持爪向下运动，完成移植工作中的纵向运动，当大气缸活塞运动到工作高度时，小气缸开始作用，带动夹持爪的夹指向

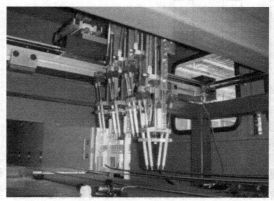

图 7-3-9　夹持机构

下运动，由于夹指在伸出时具有一定角度，因此插入苗种根部土壤时具有一定的夹持力度，小气缸活塞到达工作位置后，夹指已夹住苗种，小气缸活塞向上运动，从而将苗种带出穴盘格，大气缸活塞接着向上运动，从而完成夹取工作。

（6）控制系统

控制系统是整个自动移栽机的核心部分，由控制电路板和控制系统程序组成（图 7-3-10、图 7-3-11）。该系统对各个装置的工作情况进行监测和控制，统一协调其工作顺序。单片机价格较低，控制实现较方便，被广泛采用作为控制系统的硬件平台。

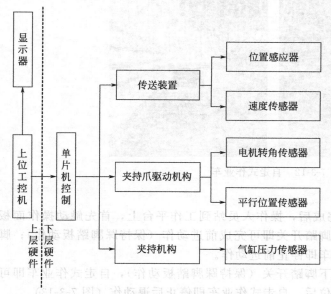

图 7-3-10　硬件控制系统设计示意图

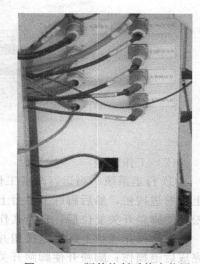

图 7-3-11　硬件控制系统实物图

自动化控制系统设计遵循了经济性、可靠性、实用性及易于操作和维护的原则，采用嵌入式控制技术，具有体积小、功耗低、成本低、性能好、易于扩展等特点。

7.3.2.3　自走式作业车工程工艺

温室产品运输机械如单轨式运输车、电动型吊挂式运输车、电动采摘车等，主要用于温室中黄瓜、番茄等高架作物的采摘运输，也可用于高架作物的整枝、人工授粉等作业。温室运输机械一般由机架、电瓶、轨道、横向移动部件等组成，在轨道行走过程中人工控制其行走速度，刹车机构可使其立即停车。此外多层栽培输送系统、机器人栽培床输送车、盆花转移输送机械等在温室生产中也被不断地得到应用。

自走式作业车主要用于温室设施内番茄、黄瓜、辣椒等高架作物的果实采收，作物整枝、人工授粉等多种农事作业使用；具有体积小，噪声低，实现无级调速，结构紧凑，操作简便，零排放、低碳无污染等特点，相对于人工作业，工作效率可提高 10 倍以上。

该作业车在温室狭窄的作业通道内运行，依靠蓄电池蓄电、供能，由电机驱动在温室轨道上无级调速前进后退运行，工作台由液压缸驱动实现自动控制升降并可在任意高度位置止停作业，同时能够实现远端遥控操作。

（1）系统组成

自走式作业车由轨道系统和主机两大部分组成（图 7-3-12）。主机部分由液压升降系统、液压侧移系统、行走系统、电气控制系统、报警系统五部分组成。其中液压升降系统包括液压动力单元、液压管件、剪叉升降液压缸、升降剪叉、工作平台、防护栏等几部分，液压侧移系统包括液压动力单元、液压管件、侧移传动杆、侧移轮、侧移液压缸等几部分，行走系统又包括车架、主动及从动钢轮、主动钢轮轴、自由轴、电机组件、大小链轮、传动链条等，电气控制系统包括安置于车架内部的电气控制箱、工作平台顶部作为人机界面的操纵控制盒、碰撞传感器等组成。

图 7-3-12　自走式作业车

（2）工作原理

① 行走系统　当运行准备工作完成后，操作人员站到工作平台上，首先触动操作面板上的前进按钮，然后脚踩下平台上的脚踏开关即可完成前进动作（保持踩脚踏板动作）；脚松开使脚踏开关复位后，自走式作业车即停止前进动作。

触动操作面板上的后退按钮并踩下脚踏开关（保持踩脚踏板动作），自走式作业车即可完成后退操作；脚松开使脚踏开关复位后，自走式作业车即停止后退动作（图 7-3-13）。

紧急情况或误操作情况下需迅速按下操作面板上的红色急停按钮使自走式作业车断电停止运行。

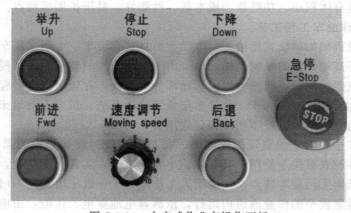

图 7-3-13　自走式作业车操作面板

② 液压升降系统

a. 平台举升：运行准备工作完成后，操作人员站到工作平台上，触动操作面板上举升按钮并保持，液压泵即驱动剪叉升降液压缸完成平台上升动作，到达满意高度位置之后，松开举升按钮即可停止上升并保持在所在高度。

b. 平台下降：触动操作面板上下降按钮并保持，工作平台在重力作用下缓慢下降，在下降过程中松开下降按钮即可停止在所在高度位置，重复操作即可降到最低。

以上上升及下降操作，举升及下降按钮开关均无自保持功能，手按下按钮之后需一直保持用力，当到达所需高度之后松开按钮平台即停止在满意高度位置。

③ 液压侧移系统　侧移操作前需要将自走式作业车行驶到水平地面上之后进行操作，禁止在导轨及倾斜地面上进行此操作；侧移操作前需要将工作平台降到最低位置，且保证工作平台上没有人员的情况下进行操作（图7-3-14）。

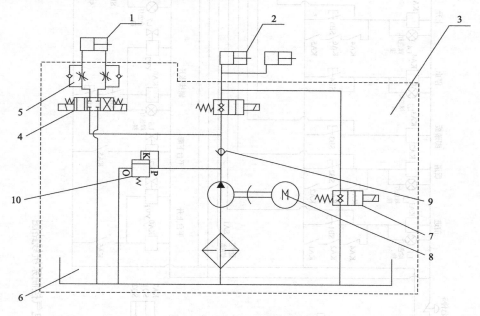

图 7-3-14　液压系统组成图

1—侧移双作用液压缸；2—剪叉升降单作用液压缸；3—液压动力单元（集成）；4—两位三通电磁换向阀；
5—单向节流阀；6—油缸；7—液压球阀；8—单向定量液压泵；9—单向阀；10—溢流阀

按下工作平台前端的侧移升按钮，底部侧移轮即在侧移液压缸驱动下升起并将自走式作业车支起，操作人员需推动自走式作业车侧面使作业车横向行走；移动到既定位置之后，按下工作平台前端的侧移降按钮即可将侧移轮慢慢收起，作业车钢轮重新接触地面；侧移操作的侧移升及侧移降按钮均为点动式开关，在执行动作时需一直保持用力。

④ 电气控制系统　将自走式作业车底部后控制板上的遥控开关旋钮打到"遥控开"位置，可切换到遥控操作模式，此时可通过遥控器控制作业车前进后退动作及工作平台升降动作。使用完遥控器之后需及时将后控制板上的开关打到"遥控关"位置，防止误操作（图7-3-15、图7-3-16）。

⑤ 报警系统

a. 报警灯提示：自走式作业车正常运行是报警灯为绿灯闪烁，当出现升降高度最大限位报警或倾斜报警时为红色闪烁；此时松开操作盒上的上升按钮，按下操作盒上的下降按钮降低工作平台高度并将作业车行驶至水平处可解除报警。

b. 语音提示：自走式作业车配置了语音模块，可及时提示用户作业车运行状态，当作业车到达最大举升高度时，作业车会发出报警提示。

图 7-3-15　遥控开关按钮

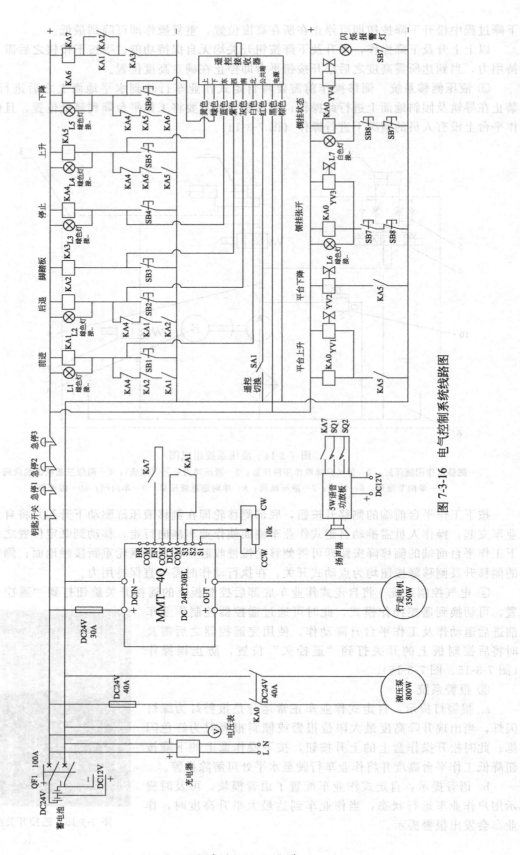

图 7-3-16　电气控制系统线路图

温室建造工程工艺学

7.3.2.4　自动嫁接机械

自动嫁接机械可自动执行夹苗、切口、插入、粘合等动作，目前黄瓜、番茄等蔬菜的嫁接成活率高于95%，生产效率接近人工的10倍；日本、韩国等国瓜类、茄果类蔬菜的嫁接已经基本由机器人操作，实现了自动化。

温室生产中广泛应用的嫁接技术能有效提高产量、增加作物抗病虫害的能力，因此越来越多地得到了应用。为了解决嫁接过程中劳动强度大的问题，机器人技术较早被引入这个领域。日本对嫁接机器人的研究起步较早。嫁接的对象包括黄瓜、西瓜、番茄等。这种经过嫁接的蔬菜水果更能适应温室环境并明显地提高产量和果实品质。机器人利用图像探头采集视频信息并利用计算机图像处理技术，实现嫁接苗叶的识别、判断、纠错等。然后，机器人完成砧木、接穗的取苗、切苗、接合、固定、排苗等嫁接全过程的自动化作业。全自动的机器人可以同时将砧木和接穗的苗盘通过传送带送入机器中，机器人可自动完成整个苗盘的整排嫁接作业，工作效率极高。半自动的机器人通过人工辅助，在嫁接过程中，工人把砧木和接穗放在相应的供苗台上，系统就可以自动完成其余的劳动作业。

7.3.2.5　自走式喷灌机械

自走式喷灌机是将微喷头安装在横向或直立的喷杆上，并随其行走，进行微喷灌的灌溉设备。一般由行走小车、主控制箱、供水供电系统、轨道装置及其他配件组成，根据不同作物及作物不同生长阶段，可实现行走速度和喷水量的自行调节，以达到合理灌水的目的。该装置比较适合少量多次灌溉的育苗温室和大面积生产温室。具有运移方便、灌水均匀、节省用水的特点。

农药喷洒机器人：机器人技术是根据设施生产中杀菌和病虫害防治的要求，结合现有的高精尖科技成果，应用光机电一体化技术、自动化控制等技术在施药过程中按照实际的需要喷洒农药，做到"定量、定点"，实现喷药作业的人工智能化，做到对靶喷药，计算机智能决策，保证喷洒的药液用量最少和最大程度附着在作物叶面，减少地面残留和空气中悬浮漂移的雾滴颗粒。日本为了改善喷药工人的劳动条件开发了针对果园的喷药机器人，机器人利用感应电缆导航，实现无人驾驶，利用速度传感器和方向传感器判断转弯或直行，实现转弯时不喷药。美国开发的一款温室黄瓜喷药机器人利用双管状轨道行走，通过计算机图像处理判断作物位置实现对靶喷药。周恩浩（2008）对温室喷药机器人的导航问题提出了一套视觉方案，并对此进行了理论探讨，导航和定位涉及人工智能的运算算法，是一个比较复杂的问题。温室喷药机器人"Ehu"采用轮式方式行走，可利用辅助标志自动识别道路，喷药机器人采用循迹方式自走作业，采用超声波技术和光电技术定位作物，可以实现姿态的灵活调整，非常适合在温室的光线下进行图像识别。姿态校正速度明显高于摄像头导航的机器人，基本不会偏离作业路径，可实现持续喷雾作业。

7.3.2.6　采摘机器人

目前国内外研究和投入应用的采摘机器人作业对象基本集中在黄瓜、番茄等蔬菜，西瓜、甜瓜等瓜类，以及温室内种植的蘑菇等劳动密集的作物。以色列 Yael Edan（1995）介绍了用于水果采摘的准确率可达85%的可自行定位和收获的机器人。英国西尔索研究所研制了蘑菇采摘机器人，它可自动测量蘑菇的位置、大小，并且根据设定值选择成熟的蘑菇进行采摘，机械手由两个气动关节和一个旋转关节组成，采用顶置摄像头来确定位置和大小，采蘑菇速度为 6～7 个/s。日本 N. Condo 等人研制的黄瓜采摘机器人为六个自由度，利用黄瓜和茎叶的反射率差异来区分黄瓜，采摘速度约为 4 个/min。日本 Kyoto 大学研制的西瓜采摘机器人为五个自由度，配有视觉摄像头和行走装置，活动空间大。美国研制的甜瓜采摘机器人使用三个伺服电机驱动机械手，实现三自由度运动。韩国 Kyungpook 大学研制的苹果采摘机器人具有最高达 3m 的机械手，可进行四自由度运动，末端执行器采用三指夹持的方式，辅助压力传感器避免损伤苹果，识别率达到 85%，采摘速度为 7 个/s。应用于温室蔬菜和水果生产的机器人采用视觉识别模式来确定果实的位置并调整机械手的位置，由于光线和叶面的遮挡，准确率受到很大影响，因此，相关的算法还需要不断优化，以满足设施生产的环境要求和生产准确度。

7.3.2.7 果菜、瓜果自动分级包装机械

果菜、瓜果自动分级包装系统黄瓜、西红柿的分级已从原来简单的按质量分级发展到目前的按外形尺寸、外观质量（斑点、成熟度）、果实品质等标准的多重分级系统，将视觉技术、计算机控制技术、液压技术高度集成，技术含量较高。

随着设施工程和设施栽培技术的发展，许多园艺产品都已建立了工厂化生产的模式，工厂化生产中蔬菜可以生长在封闭、保温、隔热、无污染的保护设施内，同时可以人工调控光照、温度、湿度等环境条件，确保了蔬菜生产的周年供应和可持续性。因为环境的可调控，病虫害的发生会相对较少，可以达到无公害的要求。叶菜因生长迅速、周期短、更适宜工厂化生产。

采收后的叶菜类蔬菜多数需要物流加工，力求保持鲜嫩、营养、方便和可口，净菜加工机械化技术和设备包括预冷、清洗、包装等主要环节。叶菜类蔬菜清洗机多采用水汽浴的原理，采用水汽浴和刮板翻搅的方法对蔬菜进行清洗，清洗能力强，洗净度高，且不损伤被清洗的叶菜。清洗后的叶菜类蔬菜由包装机械完成袋装、盒装或者捆扎后进入流通环节。

（1）系统组成

叶菜自动包装机由输送装置、托盘输送机构、托盘推送装置、封切装置、热封装置、称重贴标记数装置等部分组成。叶菜自动包装机采用防雾胶膜，且配备有人机交互界面，可由使用者自行进行不同作业功能之设定，以完成叶菜之自动封包，取代大量套袋人工，提高工作效率。接下来以生菜为例，介绍叶菜自动包装机的工作原理。

（2）工作原理

① 输送装置　输送装置主要由输送带、传动机构等部分组成。收获的生菜以任意之间隔排放在主输送带上，借主输送带将生菜往前输送，水培的生菜根系往往比较发达，在生菜包装前首先要进行切根处理。包装机主输送带上方有一个履带式输送带，在切根处理过程中，可以固定生菜的上部，防止其移动。

② 托盘输送机构　输送机构由两部分构成，托盘传送带机构和托盘上推机构。托盘传送带机构设有张紧轮，以便时刻保持传送带的正常运行，利用传送带将托盘依次输送到托盘上推机构，等待该机构将托盘上推到工作面，以便生菜准确掉入。上推机构是一个摆杆机构，行程为 120mm。

③ 托盘推送装置　托盘推送装置是一个连杆机构，将装有生菜的托盘推入封切装置，等待封切刀片将已裹在生菜与托盘上的保鲜膜切断并且封合，行程为 330mm，主轴转速为 1/3r/s，方向为逆时针，每 3s 完成一次完整运动。

④ 封切装置　封切装置由摆杆机构和一对封切工作头组成，摆杆机构的行程为 70mm，主轴转速为 1/3r/s，方向为逆时针，每 3s 完成一次完整运动。封切工作头由上下两个工作面组成，下工作面是静止固定在底座上的，上面镶嵌有封切板和封切刀槽。上工作面是联接在摆杆机构上的，上面镶嵌有封切板和封切刀，与下工作面相互吻合，可以完成保鲜膜的切断和封合。

⑤ 热封装置　热封装置由传送带机构和加热板组成，装有生菜的托盘在传送带上经过时，加热板对其加热，使保鲜膜收缩，与托盘紧密贴合，与外界空气隔绝，达到保鲜的要

求。带轮转速为 $1/3r/s$，方向为逆时针，盘装生菜在传送带的时间与加热的时间相同为 $3s$。

⑥ 称重贴标记数装置　称重贴标记数装置由传送带、电子秤、打印机贴标滚轮，记数头和控制面板组成。电子称将测得的质量传输给打印机，打印出的标签上有单价、质量、总价等相关信息，通过打印口附在盘装生菜，在盘装生菜通过贴标滚轮时将其压紧。记数头利用光电扫描，将统计到的数量显示在控制面板上。

7.3.2.8　鲜花分级包装机械

鲜花分级包装系统目前国外鲜花采摘已实现自动化，分级包装方面也全面实现自动化，能够根据花的颜色、叶子数量和外形进行自动分级与包装。

7.3.2.9　整床移植及收获机器人

整床移植及收获机器人，当前已开发的机器有莴苣整床移植及自动收获机器人，含有一套安全控制系统和视觉传感系统。当机器人在运行中遇到前方障碍物时，它就会通过视觉传感器传递给计算机，由计算机判断处理，机器人就会按照指令放慢速度直到停下来。

移植及自动收获机器人通过计算机系统确定作业位置、速度，具有安全、快速等特点，提高了栽培空间利用率，不仅省时、省力，而且节约用地，不用人工进入温室作业区，只需将待收获产品运移到温室的一个角落，即可完成全部作业。

7.3.2.10　温室屋顶自动化清洗机械

温室屋顶自动化清洗装置，荷兰开发的该装置由行走轮、喷水装置、清洗装置、控制装置等组成，沿天沟方向放置于温室顶部，可纵向完成温室屋面的自动化清洗。特殊横向的转移装置机动灵活，确保完成大面积温室屋面的清洗。

7.3.2.11　种植机器人

标准模块化机器人的理念在设施园艺生产领域的应用能够给农业注入巨大的活力。以色列海法市一所大学的研究人员研制的种植机器人选择可用来运输的集装箱作为作物生长环境，选用营养液栽培法来种植蔬菜及其他农作物。这种方法的主要原理是：以水取代土壤作为植物的苗床。每只集装箱内从播种、浇水直至收获均由机器人系统操作，箱内的温度、湿度、光线等，均由机器人细心控制，使农作物一年每一个生长时刻都得到精心的管理。经过试验，一个运输集装箱平均每天可生产的蔬菜比同样面积的普通农田的产量要高出数百倍。这种基于标准模块组装的机器人具备大规模应用的广阔前景，规模化潜力巨大。

7.3.2.12　鲜花机器人

利用仿形技术开发的机器人除了具备完美的外观之外，其智能控制技术的集成应用可以代替人来控制室内环境，并且能够实现环境的精确控制。韩国国立全南大学研制的鲜花机器人外形模仿普通开花植物，机器人高度为 $130cm$，最大直径 $40cm$，而且能够自动分析室内空气的质量根据程序设定对空气进行加湿处理、释放氧气，还能释放空气清新剂的香味。该机器人充分的仿生功能使其还能够生长和开花。该鲜花机器人可以将花朵朝向说话的人的方向，也可以根据音乐的节奏开合花瓣。

休闲和科普功能也是设施农业的一个重要组成方面，仿形机器人的外形具有很好的亲和力，因此，在设施农业发展过程中将会扮演重要的角色。

温室园艺生产依托的高效率、高投入、高产出的管理模式要求应用大量的高新技术，机器人技术在该领域应用是国内外研究和应用的热点。真正意义上的机器人、半自动农业机械在界限上没有严格的区分，但是完全代替人或者大部分代替人从事繁重体力劳动，通过自动识别农作物和自动调整姿态实现无人操作的智能农业机械都可以归入农业机器人的范畴。温室园艺生产的高投入高产出的特点决定农业机器人技术的发展前沿将集中在该领域。因此，在温室园艺环境下，在生产和应用思想指导下，通过大量实际环境测试和研究的图像识别算法、姿态控制算法、机械末端执行器，将是温室园艺机器人发展的重点。由于农田环境的多变性和对象复杂性，生产对象不如工业品那样单一和标准，因此农业机器人相比工业机器人面临更多的技术障碍。温室园艺的生产环境相比大田环境在光线、风速、温度等气象条件方面相对较稳定，而且产品附加值较高，反季节也可生产，因此未来的机器人技术在温室园艺生产上的应用有广阔的发展空间。

7.3.3 植物工厂智能化控制系统

目前设施农业发达的国家，如荷兰、以色列、日本、西班牙、美国等的温室控制水平已达到了较高的水平。利用智能化控制系统可以准确采集设施内的室温、叶温、地温、湿度、土壤含水量、营养液浓度、CO_2 浓度、风向、风速以及作物生长状况等参数，利用模糊控制和神经网络等技术，结合作物生长专家系统，可根据不同作物的生长需求，将室内温、光、水、肥、气等诸多因素进行综合，直接协调到最佳状态，进而提供相应的智能化控制策略，可节能 15%～50%，并可达到节水、节肥等效果。

7.3.4 植物工厂智能化机械发展方向

温室生产智能装备发展方向：

① 目前温室环境智能化控制系统向着网络化、安全化方向发展除了不断完善硬件控制设备外，利用分布式网络控制等技术进行软件系统的开发与完善是研发的方向，此外，为确保温室安全生产，新型的设备故障报警装置和异常环境的报警装置也在开发当中。

② 节能节本、稳产增产是未来的方向在尽可能使用最少量的环境调节装置，如采光、遮荫、通风、保温、加温、施用 CO_2 等情况下，使作物保持在适宜的生长状态，实现增产稳产也是温室生产智能化控制系统发展的一个重要方向。

③ 远程监控和蓝牙技术的应用 蓝牙技术是近年来发展起来的新型低成本、短距离的无线网络传输技术。利用嵌入蓝牙技术开发的便携式环境参数采集器，可以便捷地放置在温室内的不同位置。运用这种技术把温室环境自动检测与控制系统中的各个电子检测装置和执行机构无线地连接起来，可以达到便捷地对温室环境参数的自动检测，灵活地对温室环境参数自动控制，将成为温室生产智能化控制系统发展的重要内容。

此外，智能化作业装备还向着安全、可靠、耐用的方向发展，在满足作业要求的情况下，尽量实现简便易行，无人操作、管理是未来的发展方向。

8 新能源装备与施工工程工艺

新能源这个名词的含义是不清楚的或不确切的。按照联合国新能源和可再生能源会议的内容，它包括了14种能源资源，即太阳能、地热能、风能、波浪能、潮汐能、海洋温差能、生物质能、薪柴、木炭、泥炭、畜力、油页岩、焦油砂以及水力。其中大部分是人们早已熟知的，有的已用了几千年。因此，从资源来讲，新能源并不是新发现的，相反倒是早就有的，但究其含义，一是相对于当今社会大量使用的常规能源（石油、天然气、煤等）而言；一是虽然新能源的资源都是自然资源，都早已知道，但在现代，人们采用已发展的一系列新技术或正在发展更新的技术来开发和利用这类自然资源，从而又有了"新"的含义。

目前，新能源在整个能源供应结构中，还不占很大的份额。但从技术和国民经济发展的观点来看，其可能应用的领域正在不断扩大，数量也在日益增多，潜力是很大的。特别是从资源和社会发展的观点来看，新能源的利用是必然的趋势。

在新能源中，最引人注目、研究工作最多、应用得最多、涉及学科面最广的就是太阳能，其次是地热能。二者主要有清洁、安全、可再生等优点。

本章主要从新能源的角度出发，结合温室工程工艺，重点讲述太阳能设施农业工程工艺及浅层地能工程工艺。

8.1 太阳能设施农业工程工艺

8.1.1 太阳能应用概论

8.1.1.1 太阳能特点及分布状况

8.1.1.1.1 太阳能特点

（1）太阳能优点

太阳能与常规能源相比，具有很多优点，是一般常规能源无法比拟的，太阳能的优点有以下几个方面。

① 蕴藏的能量巨大　太阳向四周放出巨大的能量，尽管到达地面的太阳能量只不过是其总能量的二十二亿分之一，但是在一年内可达 5.61×10^{21} kJ 热量，是全球 1972 年消耗能量的 26000 倍。每年到达地球表面的太阳辐射能约为 130 万亿吨标准煤。

② 洁净安全　太阳能是一种清洁的自然再生能源，取之不尽，用之不竭。开发和利用太阳能，既不会出现大气污染，亦不会影响自然界的生态平衡，而且阳光所及的地方，都可以利用；太阳能以其长久性、再生性、无污染等优点备受人们的青睐。此外，太阳能的应用，不需要开采和发掘，也不需要运输。因此，不会对人类造成任何危险，远比其它能源安全、可靠。

③ 分布广泛　太阳普照大地，可以达到地球的各个角落。

（2）太阳能缺点

尽管太阳能有其他能源无法比拟的优点，但是也存在着很多缺点，主要集中在以下几个方面。

① 分布不均　尽管到达地球表面的太阳辐射能总量很大，但是其分布很不均匀。各地

的太阳能辐射总量各不相同，并且每天每时每刻地表面接收太阳能辐射强度也不尽相同。一般来讲，中午太阳辐射最强，早上和傍晚最弱。冬季要比夏季辐射强度小得多。在高纬度地区，在利用太阳能时，需要大量的设备投资。

② 间歇性、不稳定性　太阳辐射量有季节、昼夜的规律变化的特点，同时还受到阴晴云雨、地理位置和海拔高度等因素的影响，故此太阳辐射热量具有很大的不稳定性。因此，要充分利用太阳能，必须要解决太阳能的间歇性和不稳定性引发的能源供给不稳定的问题。为了使太阳能成为连续稳定的能源，采用蓄能的方法，即将太阳辐射高峰时的太阳能蓄存起来，供夜间和阴天时使用。但是如果满足全年长期使用太阳能，则需要很大的蓄热装置，由于关联问题较多，影响到经济性。

③ 低效性和高成本　尽管太阳能是一种绿色能源，但是其稀薄且具有间歇性，容易受自然条件的影响，所以通常把太阳能称之为低品位能源，这为人类大规模开发利用带来很多技术上的困难。目前，有些方面理论上可行，技术上也成熟，因为效率较低，成本较高，所以经济性差。

④ 易反射　太阳到达地球的热量总和很大，但是其中 34% 被云和地面反射掉，即便是辐射到物体表面的太阳能，很大一部分也被反射掉了。

根据太阳能的上述特点，目前，太阳能的开发和利用的技术关键在于：其一，将低品位的太阳能转换为高品位的能源，这是收集和转换的问题；其二，解决太阳能的间歇性和不稳定性的问题，这属于贮存问题；其三，有效地利用收集到的太阳能，属于转换和利用问题。所有这些问题的解决，最重要的是要研究采用何种有效技术途径，使得太阳能利用的经济指标达到可以与常规能源的经济指标相比拟。

8.1.1.1.2　太阳能分布状况

太阳能是一种取之不尽、用之不竭的可再生能源，地球上接受到的太阳能为 $335 \sim 837 J/(cm^2 \cdot a)$，每年地球从太阳获得大约 $5.5 \times 10^{21} kJ$ 的能量，其三天的辐射量相当于地球烟煤、褐煤和天然气贮存能量的总和。在亚洲，日照时间大约在 $1600 \sim 3000 h/a$ 之间，相对于北美、北非，日照时间要少许多。我国幅员辽阔，纬度适中，日照时间 $1600 \sim 2400 h/a$，太阳能资源是比较丰富的。

我国太阳能资源分布的主要特点有：太阳能的高值中心和低值中心都处在北纬 $22° \sim 35°$ 这一带，青藏高原是高值中心，四川盆地是低值中心；太阳年辐射总量，西部地区高于东部地区，而且除西藏和新疆两个自治区外，基本上是南部低于北部；由于南方多数地区云雾雨多，在北纬 $30° \sim 40°$ 地区，太阳能的分布情况与一般的太阳能随纬度而变化的规律相反，太阳能不是随着纬度的增加而减少，而是随着纬度的增加而增长。这是由于多数南方地区常年云雾雨多，影响大气透明度，减少了太阳辐射量。而多数北方地区则少雨，晴好天气较多，太阳辐射量自然会有所增加。

如表 8-1-1 所示，按照全年接受太阳能辐射量的大小，我国大致上可以分为以下五类地区。

一类地区全年日照时数 $3200 \sim 3300 h$，年太阳辐射量为 $(670 \sim 837) \times 10^4 kJ/(m^2 \cdot a)$。相当于 $225 \sim 285 kg$ 标准煤燃烧所放出的热量。主要包括青藏高原、新疆西部、青海西部、甘肃北部和宁夏北部等地。一类地区太阳能资源丰富，是开发利用太阳能资源的最理想的地区。其太阳能资源不亚于印度、巴基斯坦等地区。青藏高原是太阳能资源最理想的地区，因其地势高、大气透明度好，年平均太阳辐射总量可高达 $921 kJ/(cm^2 \cdot a)$，排名世界第二位（第一位为撒哈拉沙漠）。拉萨更是全球闻名的日光城。

二类地区全年日照时数 $3000 \sim 3200 h$，年太阳辐射量为 $(586 \sim 670) \times 10^4 kJ/(m^2 \cdot a)$，

表 8-1-1 我国太阳能资源地区的划分

类别	全年日照时间 /(h/a)	年总量/[10⁴kJ /(m²·a)]	主要地区
1	3200~3300	670~837	宁夏北部,甘肃北部,新疆东南部,青海西部,西藏西部
2	3000~3200	583~796	河北西北部,山西北部,内蒙古南部,宁夏南部,甘肃中部,青海东部,西藏东南部,新疆南部
3	2200~3000	502~670	山东,河南,河北东南部,山西南部,新疆北部,吉林,辽宁,云南,陕西北部,甘肃东南部,广东南部,福建南部,江苏北部,安徽北部,北京,台湾西南部
4	1400~2200	419~502	湖南,湖北,广西,江西,浙江,福建北部,广东北部,陕西南部,江苏南部,安徽南部,黑龙江,中国台湾东北部
5	1000~1400	335~419	四川,贵州

相当于 200~225kg 标准煤燃烧所放出的热量。主要包括西藏东南部、新疆南部、青海东部、内蒙古南部、宁夏南部、甘肃中部、山西北部和河北西北部等地。二类地区太阳能资源比较丰富,虽然不及一类地区丰富,但仍然开发利用太阳能的理想地区。

三类地区全年日照时数 2200~3000h,年太阳辐射量为 $(502\sim586)\times10^4\,kJ/(m^2\cdot a)$,相当于 170~200kg 标准煤燃烧所放出的热量。主要包括新疆北部、甘肃东南部、陕西北部、山西南部、山东、河南、河北东南部、吉林、辽宁、云南、广东南部、福建南部、江苏北部和安徽北部等地。三类地区太阳能资源一般,但仍能够满足太阳能开发利用的需求。

四类地区全年日照时数 1400~2200h,年太阳辐射量在 $(419\sim502)\times10^4\,kJ/(m^2\cdot a)$。相当于 140~170kg 标准煤燃烧所放出的热量。主要包括湖南、湖北、广西、江西、浙江、福建北部、广东北部、陕西南部、江苏南部、安徽南部、黑龙江和中国台湾东北部地区,四类地区太阳能资源相对较少,但仍能够利用。

五类地区全年日照时数 1000~1400h,年太阳辐射量在 $(335\sim419)\times10^4\,kJ/(m^2\cdot a)$。相当于 115~140kg 标准煤燃烧所放出的热量。主要包括四川、贵州两省。五类地区是我国太阳能资源最贫乏的地区,不适合太阳能的开发利用。

综上所述,1、2、3 类地区全年日照时数大于 2000h,年太阳辐射总量高于 586kJ/(cm²·a),属于我国太阳能资源丰富或较丰富地区,并且面积较大,占全国陆地总面积的 2/3 以上,具备开大利用太阳能资源的良好条件。4、5 类地区虽然太阳能资源少,利用条件较差,但仍有一定的利用价值。

8.1.1.2 太阳能利用现状

太阳能利用技术指的是太阳能的直接转化和利用技术,主要包括光伏技术和光热技术。

目前,太阳能开发、利用的主要理论基础来自于 20 世纪 50 年代的两项重大技术突破:一是实用型单晶硅太阳能电池的研发成功;二是选择性吸收表面的概念和理论的提出。这两项重大突破即是太阳能开发利用步入现代化的标志,又为人类能源技术又一次重要变革打下了基础。

自 20 世纪 70 年代以来,由于常规能源日益紧张、环境污染日益严重,世界上许多国家步入了开发利用太阳能的队列。能否成功开发利用太阳能关系着各国可持续发展战略的实施。近些年来,太阳能利用技术在研发、生产、市场开拓方面都获得了很大发展,成为世界快速、稳定发展的新兴产业之一。包括太阳能在内的可再生能源在本世纪必将会飞速发展,并逐步成为基础能源之一。据预测,到本世纪中期,可再生能源在能源结构中将占到 50% 以上。目前,太阳能利用的主要途径包括:光热技术、光电技术、光化学转换技术。

（1）光热技术

所谓太阳能光热技术，指的是利用太阳能集热器将太阳辐射能收集起来，并将其转换为热能并加以利用的技术。目前，太阳能热利用技术领域应用的太阳能集热器包括：平板式、真空管式、热管式和聚焦式四种。太阳能光热技术应用领域广泛，包括了太阳能热水器、供暖、制冷、空调、发电等诸多领域。

在光热技术中，光热发电近些年在国内受到了很高的重视。所谓太阳能光热发电技术，指的是利用较大面积的阵列镜面收集太阳辐射能，利用太阳能加热水产生水蒸气，水蒸气推动汽轮机转动，以达到发电的目的技术。目前世界上现有的太阳能光热发电系统大致可分为：中央接受器或太阳塔聚焦系统、槽形抛物面聚焦系统和盘形抛物面聚焦系统。相比于下文介绍的光伏发电技术，光热发电技术有以下两个优点：

① 成本低　因其避免了较为昂贵的硅晶光电转换工艺，因而降低太阳能发电的成本。

② 发电时间长　白天利用太阳能烧热的水可以储存在容器中，日落后一段时间内仍能够带动汽轮发电。

（2）光伏技术

太阳能光伏技术主要应用于发电领域（图 8-1-1），其是指利用太阳能级半导体电子器件有效地吸收太阳辐射能，并直接将其转换成为电能的发电方式，是当今世界太阳光发电的主流。目前世界上应用最广泛的太阳能电池包括：单晶体硅太阳能电池、多晶体硅太阳能电池、薄膜太阳能电池等。

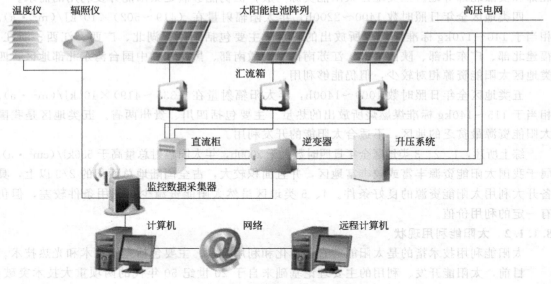

图 8-1-1　光伏并网发电系统

（3）光化学转换技术

光化学转换技术也被称为光化学制氧技术，包括光合作用和光电化学转换技术，目前此技术还处于研发阶段。基本原理是通过太阳能将水分解，达到制氧的目的。这种技术的发展会将太阳能的开发利用带上一个新的平台。

8.1.1.3　光伏太阳能一体化建筑

1991 年，德国旭格公司首次提出了"光伏发电与建筑集成化（Building Integrated Photovoltaic，简称 BIPV）"的概念。BIPV 直译为"建筑物整合太阳光电系统"，简言之，其主要内容在于"将光电板视为一种建筑构材的空间元素而产生的构筑技术的实践"。相较于将太阳能光伏方阵安装在建筑维护结构外表面来提供电力的传统形式而言，将光电板作为建筑建造的直接材料，与建筑艺术形式及内部空间创造融合起来，是目前光伏建筑一体化发展的新趋势。

光伏阵列安装在建筑的屋顶或墙面上，无需额外用地，对于土地昂贵的城市建筑尤其重要；一体化的光伏电池板本身就能作为建筑材料，可以减少建筑物的整体造价，节省安装成本，且使建筑外观更具技术和艺术魅力；BIPV 系统除保证自身建筑用电外，还可以向电网供电，是一种产能建筑。光伏发电是一种清洁能源，可以减少 CO_2 的排放，对于低碳经济时代"节能减排"的要求更为重要。

按照光伏组件和建筑物结合方式，BIPV 可分为两大类：一为"结合"；二为"集成"。所谓"结合"是指将光伏方阵依附于建筑物上，建筑物作为光伏方阵载体，起支承作用；所谓"集成"是指光伏组件以一种建筑材料的形式出现，光伏方阵成为建筑不可分割的一部分。从光伏方阵与建筑的结合来看，主要分为屋顶光伏电站和墙面光伏电站的方式；从光伏组件与建筑的集成来讲，主要有光电幕墙、光电采光顶和光电遮阳板等形式。

（1）光伏屋顶或墙体系统

光伏发电与建筑结合的传统形式多采用太阳能光电支架结构，近年来则直接将光伏组件整合在建筑的屋顶及墙体中，形成太阳能瓦和太阳能墙。最著名的光伏瓦屋面是由蓝天组（COOPHIMMELB）设计的德国宝马世界（BMW Welt）屋面。作为建筑的第五立面，宝马世界的屋顶安装了 3660 块太阳能板，面积约 $8000m^2$，设计功率为 810kWP（注：kWP 是太阳能功率中"频率"的缩写，k 是千，W 是瓦，P 是频率 PIN）。

（2）光伏采光顶系统

光伏采光顶是将具有发电功效的电池板应用到屋面，除了要满足安全、抗风压、防水和防雷要求，还必须满足屋面采光要求。光伏采光顶需具有一定的透光能力，因此常采用透光性的光伏元件（如薄膜太阳能电池），一般将组件的透光率设计在 10%～50%。北京南站是目前最大的应用太阳能屋顶采光系统的单体建筑。

（3）光伏幕墙系统

光伏幕墙与传统玻璃幕墙的构造方式基本相同，兼具采光、遮阳功能，比传统玻璃幕墙更加节能，还是一种产能材料，因此大有取代传统玻璃幕墙的趋势。光伏幕墙有半透明幕墙和不透明幕墙两种，不透明幕墙多采用单晶硅和多晶硅组件，具有较高的发电效率，半透明幕墙多采用非晶硅薄膜电池，其优点是透光率高，价格低，生产方便，缺点是光能利用率较低。我国奥林匹克国家体育馆太阳能电池板约有 $1000m^2$，安装在体育馆屋顶和南面玻璃幕墙上，系统采用的双波带真空层保温电池板，不仅可透光，还可以代替玻璃幕墙成为外立面。

（4）光伏遮阳系统

将光电板作为遮阳构件，是一种一举多得的构造方案：

① 由于光电板安装角度始终与太阳辐射角度垂直，有利于光电板最大限度地接受太阳辐射，提高光电转化效率；

② 将光电板作为遮阳构件，还可以阻挡阳光进入室内，利于控制和调节室内温度，降低建筑物空调负荷，起到节能减排的作用；

③ 光电板作为一种新型的建筑遮阳构件，还可以节约遮阳材料，丰富建筑外观。

因此，光伏遮阳结构是未来最具发展潜力的光伏应用形式之一。中国台湾台南县政府立面改造工程在没有影响主体结构的前提下，采用 BIPV 光电板外遮阳，构成一组通风、遮阳、采光的综合系统。

随着世界能源日趋紧张，可再生能源应用已成为全世界面临的重大课题。太阳能光伏产业及光伏建筑一体化这个昔日备受嘲讽的领域，将是未来世界各国经济发展的重要方向之一。随着"低碳经济"时代的到来，可以预见，太阳能光伏建筑一体化将迎来更加广阔的发展空间。

8.1.2 光伏太阳能温室工程工艺

8.1.2.1 光伏太阳能温室分类

光伏太阳能温室是一种新型的温室，是在温室的部分或全部向阳面上铺设光伏太阳能发电装置的温室，它既具有发电能力，又能为一些作物或食用菌提供适宜的生长环境。

按照结构分类，光伏太阳能温室有两种类型：一种类似于传统的日光温室，带有保温性能良好的墙体，在采光面上安装有光伏太阳能电池板，称为光伏太阳能日光温室；另一种类似于传统的连栋温室，屋顶向阳面安装有光伏太阳能电池板，墙体透明，以薄膜、玻璃或阳光板为墙体材料，保温性较差，称为光伏太阳能连栋温室（图8-1-2～图8-1-4）。

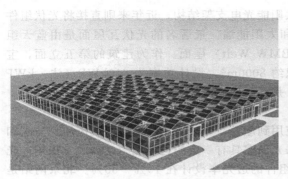

图 8-1-2　光伏太阳能连栋温室

图 8-1-3　光伏太阳能日光温室

图 8-1-4　薄膜光伏太阳能日光温室

对于大多数地区而言，鉴于发电与植物生长的矛盾，光伏太阳能温室适合在夏季强光月份应用，而不适合在冬季弱光月份应用，也就是说在低温季节不能既发电又进行农业生产。故而在大多数情况下，只适宜建造光伏太阳能连栋温室。但在西藏、青海等地白天光照强、夜间温度低的特殊条件下，更适于设计建造光伏太阳能日光温室。

按照遮光程度分类。光伏太阳能温室有全遮光型和部分遮光型两种类型。全遮光型多为日光温室结构类型，温室内几乎没有光照，温度变化较为平衡，适合种植食用菌类产品。部分遮光型包括全部的太阳能连栋温室和一些光伏太阳能日光温室。其光伏太阳能电池板的排列差异较大，从遮光面积比例来看，20%～80%不等。在光伏太阳能日光温室上，电池板在采光面后部排列较多，而前部相对较少或没有，遮光带更多的分布在后墙上，这样更有利于植物生长；在光伏太阳能连栋温室上，电池板一般在每个屋顶的向阳面上，而背阳面没有，电池板块之间呈马赛克状排列。较先进的电池板本身就呈马赛克状，较先进的玻璃或薄膜具有散射光特点，这两点都能使温室内的光照变得相对均匀一些，甚至接近或达到无影效果，以利于温室内植物生长。具有一定透光率的薄膜电池也具有同样的效果。

8.1.2.2 光伏太阳能温室的优点及局限性

（1）光伏太阳能温室的优点

① 温室表面加装太阳能电池板，使温室具有了发电功能，能够更充分地利用太阳能。

② 同一片土地上实现了发电与种植同时进行，节约了土地资源，在很大程度上解决了光伏发电与种植业争地的矛盾。

③ 能够防风和减少蒸发，可以将蒸发量太大或风沙过大造就的不毛之地变为保护条件下的可耕地。如沙漠地区、西北干旱地区等。

④ 实现一室多用，在条件艰苦的地方除了能供电和进行农业生产外，还具有防风、防雨、防雪、防雹、生产淡水、收集降水等更多功能，可以拓展应用到生活、养殖等更多方面。

（2）光伏太阳能温室的局限性

① 光照和地域的限制 既然光伏太阳能温室的效益来源是以发电为主，那么就要选在太阳光照充足的地方建设，日照时数越多越好。如果光照不足，则发电与种植争光的矛盾就会突出。我国海南等北纬30°以南地区，有的区域年日照时数可达2400h以上；西藏等高海拔地区，有的区域年日照时数可以超过3000h；甘肃等西北干旱少雨地区，以河西走廊为代表，日照时数多超过2700h，这些地区适合建设光伏太阳能温室。

② 对温度和季节的要求 光伏太阳能温室进行农业生产时，对室内温度有一定要求，一般夜间最低温度不低于8℃。南方地区，可以种植的时间段比较长，甚至可以四季种植，而在北方和高海拔地区，可以种植的时间段比较短，主要适于夏秋季，而冬季和早春利用效果较差。

③ 种植项目的限制 因为发电与种植之间存在争夺光照资源的矛盾，而且种植业在这个系统中居于次要位置，所以，温室中的种植项目首选那些基本不需要阳光的，如平菇、金针菇、白灵菇、香菇等食用菌品种；其次选择适合弱光的，如竹荪等食用菌品种及三七、人参等药材，而黄瓜、茄子、丝瓜等喜欢强光的植物与发电的矛盾最大，不宜种植。中等喜光的植物如辣椒、西葫芦、葡萄等，可以在条件较好的温室里适时种植。

④ 光伏太阳能温室的应用误区

a. 在光伏太阳能温室中种植喜光植物：光伏太阳能温室发展之初，人们就期望或幻想既不影响种植喜光喜温的植物，又能多发电，甚至在冬天也能种植喜温植物，但事实上这是很难的。对于光伏太阳能温室来说，当遮光率低于50%时，发电能力较低，投资回收期变得很长。因此，一般的光伏太阳能温室都设计了较高的遮光率，在这样的温室中种植喜光植物，可能达不到预期效果。

b. 将光伏太阳能温室主要用于冬季种植：除非是在低纬度地区，一年四季日照长度变化不大，温度变化也不太大，可以计划在冬季使用光伏太阳能温室。纬度稍高些，具有明显四季变化的地方，夏季光照明显多于冬季，就应当以夏季为主来安排光伏太阳能温室内的农业生产。这样，才能减小发电和种植争光的矛盾，最好地发挥这种温室的综合性能，提高整体效益。

c. 在光照条件较差的地方建造光伏太阳能温室：我国有些地方，虽然纬度不高，但阴天较多，年日照量少，不适合建造光伏太阳能温室。比较典型的如贵州省，"天无三日晴"的说法与实际情况基本一致，年日照时数仅1300h左右。

d. 两种似是而非的光伏太阳能温室：在现实的设计应用中，有两种温室与本文所说的光伏太阳能温室相似：一种是将太阳能电池板放置在温室前面的平地上；另一种是将太阳能电池板放置在日光温室宽大的后墙顶上。这两种温室只是把电池板与温室简单的放置在一起，并没有紧密的结合，因此，它不具备本文所说的光伏太阳能温室的优点，也不存在所述的缺点。

8.1.2.3 光伏太阳能温室结构设计工艺

光伏太阳能温室在设计上与普通温室在总体上是相似的，只是有些结构方面需要作出针对性的改变。作为一种发电设施，它与纯粹的光伏发电也有所不同，其电池板安放坡度较普通电池板坡度稍小，且多数情况下要求电池组件具有一定的透光率或呈马赛克排列。

太阳能光伏电池组件有单晶硅、多晶硅、非晶硅等多种不同的材料，同时，又有电池板和薄膜电池之分，还有不透明与半透明的区别。光伏电池的使用寿命多在20年以上。单晶硅电池在发电效率和使用寿命方面都比较好，但成本较高，因此目前面向温室开发的电池组件主要是多晶硅和非晶硅的。现在光伏太阳能温室所用的电池板，多有单层或双层玻璃保护，总厚度在5.0～10.0mm之间。电池板在接受阳光照射时会产生巨大的热量，在无雹灾风险的地区或主要围绕夏季种植的温室来说，其前板的厚度可以减小，以利于将这些热量向外散发；而在主要围绕冬季种植的温室上，则应加大前板的厚度、减小背板的厚度，甚至以薄膜取代背板，以便更多地将这些热量保留在温室内，充分利用。

8.1.2.3.1 太阳能光伏发电系统组件

太阳能光伏发电系统是利用以光生伏打效应原理制成的太阳能电池将太阳辐射能直接转换成电能的发电系统。它由太阳能电池方阵、控制器、蓄电池组、直流/交流逆变器等部分组成，其系统组成如前文图8-1-1所示。

（1）太阳能电池方阵

太阳能电池单体是光电转换的最小单元，尺寸一般为4～100cm² 不等。太阳能电池单体的工作电压约为0.5V，工作电流为20～25mA/cm²，一般不能单独作为电源使用。将太阳能电池单体进行串并联封装后，就成为太阳能电池组件，其功率一般为几瓦至几十瓦，是可以单独作为电源使用的最小单元。太阳能电池组件再经过串并联组合安装在支架上，就构成了太阳能电池方阵，可以满足负载所要求的输出功率（图8-1-5）。

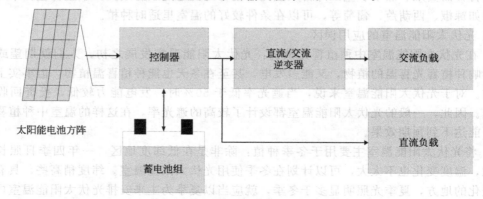

图 8-1-5　太阳能电池发电系统示意图

太阳能电池的工作原理如下：

光是由光子组成，而光子是包含有一定能量的微粒，能量的大小由光的波长决定，光被晶体硅吸收后，在 PN 结中产生一对对正负电荷，由于在 PN 结区域的正负电荷被分离，因而可以产生一个外电流场，电流从晶体硅片电池的底端经过负载流至电池的顶端。这就是"光生伏打效应"。

① 硅太阳能电池单体　常用的太阳能电池主要是硅太阳能电池。晶体硅太阳能电池由一个晶体硅片组成，在晶体硅片的上表面紧密排列着金属栅线，下表面是金属层。硅片本身是 P 型硅，表面扩散层是 N 区，在这两个区的连接处就是所谓的 PN 结。PN 结形成一个电场。太阳能电池的顶部被一层抗反射膜所覆盖，以便减少太阳能的反射损失（图 8-1-6）。

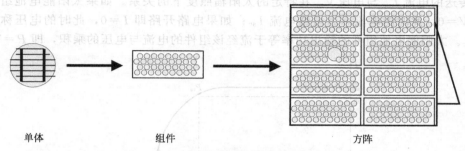

单体　　　　　　　　组件　　　　　　　　　　方阵

图 8-1-6　太阳能电池单体、组件和方阵

将一个负载连接在太阳能电池的上下两表面间时，将有电流流过该负载，于是太阳能电池就产生了电流；太阳能电池吸收的光子越多，产生的电流也就越大。光子的能量由波长决定，低于基能能量的光子不能产生自由电子，一个高于基能能量的光子将仅产生一个自由电子，多余的能量将使电池发热，伴随电能损失的影响将使太阳能电池的效率下降。

② 硅太阳能电池种类　目前世界上有 3 种已经商品化的硅太阳能电池：单晶硅太阳能电池、多晶硅太阳能电池和非晶硅太阳能电池。对于单晶硅太阳能电池，由于所使用的单晶硅材料与半导体工业所使用的材料具有相同的品质，使单晶硅的使用成本比较昂贵。多晶硅太阳能电池的晶体方向的无规则性，意味着正负电荷对并不能全部被 PN 结电场所分离，因为电荷对在晶体与晶体之间的边界上可能由于晶体的不规则而损失，所以多晶硅太阳能电池的效率一般要比单晶硅太阳能电池低。多晶硅太阳能电池用铸造的方法生产，所以它的成本比单晶硅太阳能电池低。非晶硅太阳能电池属于薄膜电池，造价低廉，但光电转换效率比较低，稳定性也不如晶体硅太阳能电池，目前多数用于弱光性电源，如手表、计算器等。

产品化单晶硅太阳电池的光电转换效率为 13%～15%；

产品化多晶硅太阳电池的光电转换效率为 11%～13%；

产品化非晶硅太阳能电池的光电转换效率为 5%～8%。

③ 太阳能电池组件　一个太阳能电池只能产生大约 0.5V 电压，远低于实际应用所需要的电压。为了满足实际应用的需要，需把太阳能电池连接成组件。太阳能电池组件包含一定数量的太阳能电池，这些太阳能电池通过导线连接。一个组件上，太阳能电池的标准数量是 36 片（10cm×10cm），这意味着一个太阳能电池组件大约能产生 17V 的电压，正好能为一个额定电压为 12V 的蓄电池进行有效充电。

通过导线连接的太阳能电池被密封成的物理单元被称为太阳能电池组件，具有一定的防腐、防风、防雹、防雨等的能力，广泛应用于各个领域和系统。当应用领域需要较高的电压和电流而单个组件不能满足要求时，可把多个组件组成太阳能电池方阵，以获得所需要的电压和电流。

太阳能电池的可靠性在很大程度上取决于其防腐、防风、防雹、防雨等的能力。其潜在的质量问题是边沿的密封以及组件背面的接线盒。

这种组件的前面是玻璃板，背面是一层合金薄片。合金薄片的主要功能是防潮、防污。太阳能电池也是被镶嵌在一层聚合物中。在这种太阳能电池组件中，电池与接线盒之间可直接用导线连接。

组件的电气特性主要是指电流-电压输出特性，也称为 V-I 特性曲线，如图 8-1-7 所示。V-I 特性曲线可根据图 8-1-7 所示的电路装置进行测量。V-I 特性曲线显示了通过太阳能电池组件传送的电流 I_m 与电压 V_m 在特定的太阳辐照度下的关系。如果太阳能电池组件电路短路即 $V=0$，此时的电流称为短路电流 I_{sc}；如果电路开路即 $I=0$，此时的电压称为开路电压 V_{oc}。太阳能电池组件的输出功率等于流经该组件的电流与电压的乘积，即 $P=V\times I$。

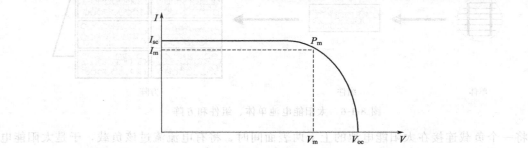

图 8-1-7　太阳能电池的电流-电压特性曲线

I—电流；I_{sc}—短路电流；I_m—最大工作电流；V—电压；V_{oc}—开路电压；V_m—最大工作电压

当太阳能电池组件的电压上升时，例如通过增加负载的电阻值或组件的电压从零（短路条件下）开始增加时，组件的输出功率亦从 0 开始增加；当电压达到一定值时，功率可达到最大，这时当阻值继续增加时，功率将跃过最大点，并逐渐减少至零，即电压达到开路电压 V_{oc}。太阳能电池的内阻呈现出强烈的非线性。在组件的输出功率达到最大点，称为最大功率点；该点所对应的电压，称为最大功率点电压 V_m（又称为最大工作电压）；该点所对应的电流，称为最大功率点电流 I_m（又称为最大工作电流）；该点的功率，称为最大功率 P_m。

随着太阳能电池温度的增加，开路电压减少，大约每升高 1℃ 每片电池的电压减少 5mV，相当于在最大功率点的典型温度系数为 $-0.4\%/℃$。也就是说，如果太阳能电池温度每升高 1℃，则最大功率减少 0.4%。所以，太阳直射的夏天，尽管太阳辐射量比较大，如果通风不好，导致太阳电池温升过高，也可能不会输出很大功率。

由于太阳能电池组件的输出功率取决于太阳辐照度、太阳能光谱的分布和太阳能电池的温度，因此太阳能电池组件的测量在标准条件下（STC）进行，测量条件被欧洲委员会定义为 101 号标准，其条件是：

光谱辐照度：$1000W/m^2$；

大气质量系数：AM 1.5；

太阳电池温度：25℃。

在该条件下，太阳能电池组件所输出的最大功率被称为峰值功率，表示为 Wp（peak watt）。在很多情况下，组件的峰值功率通常用太阳模拟仪测定并和国际认证机构的标准化的太阳能电池进行比较。

通过户外测量太阳能电池组件的峰值功率是很困难的，因为太阳能电池组件所接受到的太阳光的实际光谱取决于大气条件及太阳的位置；此外，在测量的过程中，太阳能电池的温度也是不断变化的。在户外测量的误差很容易达到10％或更大。

如果太阳电池组件被其它物体（如鸟粪、树荫等）长时间遮挡时，被遮挡的太阳能电池组件此时将会严重发热，这就是"热斑效应"。这种效应对太阳能电池会造成很严重的破坏作用。有光照的电池所产生的部分能量或所有的能量，都可能被遮蔽的电池所消耗。为了防止太阳能电池由于热班效应而被破坏，需要在太阳能电池组件的正负极间并联一个旁通二极管，以避免光照组件所产生的能量被遮蔽的组件所消耗。

连接盒是一个很重要的元件：它保护电池与外界的交界面及各组件内部连接的导线和其他系统元件。它包含一个接线盒和1只或2只旁通二极管。

（2）充放电控制器

充放电控制器是能自动防止蓄电池组过充电和过放电并具有简单测量功能的电子设备。由于蓄电池组被过充电或过放电后将严重影响其性能和寿命，充放电控制器在光伏系统中一般是必不可少的。充放电控制器，按照开关器件在电路中的位置，可分为串联控制型和分流控制型；按照控制方式，可分为普通开关控制型（含单路和多路开关控制）和PWM脉宽调制控制型（含最大功率跟踪控制器）。开关器件，可以是继电器，也可以是MOSFET模块。但PWM脉宽调制控制器，只能用MOSFET模块作为开关器件。

（3）直流/交流逆变器

逆变器是将直流电变换成交流电的电子设备。由于太阳能电池和蓄电池发出的是直流电，当负载是交流负载时，逆变器是不可缺少的。逆变器按运行方式，可分为独立运行逆变器和并网逆变器。独立运行逆变器用于独立运行的太阳能电池发电系统，为独立负载供电。并网逆变器用于并网运行的太阳能电池发电系统，将发出的电能馈入电网。逆变器按输出波形，又可分为方波逆变器和正弦波逆变器。方波逆变器，电路简单，造价低，但谐波分量大，一般用于几百瓦以下和对谐波要求不高的系统。正弦波逆变器，成本高，但可以适用于各种负载。从长远看，SPWM脉宽调制正弦波逆变器将成为发展的主流。

（4）蓄电池组

其作用是储存太阳能电池方阵受光照时所发出的电能并可随时向负载供电。太阳能电池发电系统对所用蓄电池组的基本要求是：①自放电率低；②使用寿命长；③深放电能力强；④充电效率高；⑤少维护或免维护；⑥工作温度范围宽；⑦价格低廉。

目前我国与太阳能电池发电系统配套使用的蓄电池主要是铅酸蓄电池和镉镍蓄电池。配套200A·h以上的铅酸蓄电池，一般选用固定式或工业密封免维护铅酸蓄电池；配套200A·h以下的铅酸蓄电池，一般选用小型密封免维护铅酸蓄电池。

（5）测量设备

对于小型太阳能电池发电系统，只要求进行简单的测量，如蓄电池电压和充放电电流，测量所用的电压和电流表一般装在控制器面板上。对于太阳能通信电源系统、阴极保护系统等工业电源系统和大型太阳能发电站，往往要求对更多的参数进行测量，如太阳能辐射量、环境温度、充放电电量等，有时甚至要求具有远程数据传输、数据打印和遥控功能，这时要求为太阳能电池发电系统应配备智能化的"数据采集系统"和"微机监控系统"。

8.1.2.3.2 光伏太阳能温室结构设计

近年来，随着我国能源与气候问题的日益恶化，发展低碳经济与节能减排已成为全球性共识。传统温室发电系统采用的煤炭、多晶硅或微晶硅等材料已不满足低碳与节能减排的需要，随着我国能源结构的调整，农村产业结构、生产方式的巨大改变，以薄膜太阳能温室为主的低价环保技术将会得到广泛应用。

与传统的太阳能电池相比，非晶硅薄膜太阳能电池具有以下优点：发电量在相同环境条件下，比单晶硅薄膜电池高8%，比多晶硅薄膜电池高13%；具有较高的光吸收系数，特别是在0.3~0.75μm的可见光波段，吸收系数比单晶硅要高出一个数量级，用很薄的非晶硅膜（约1μm厚）就能吸收90%有用的太阳能；生产成本只有多晶硅的1/3，且消耗的硅材料较少；生产过程所需要的温度要远小于多晶硅，且消耗电能少，无污染。因此，采用将薄膜太阳能电池应用到连栋温室中，对建设现代化温室、推进都市型农业快速发展具有重要意义。

薄膜太阳能农业大棚顶上装设有非晶硅薄膜太阳能电池组件，用来发电的非晶硅厚度不到2μm，不及传统晶硅太阳能电池厚度的百分之一，使原来无法穿透晶硅太阳能电池的太阳光可以透过非晶硅薄膜太阳能电池照射到棚内的植物，太阳光中植物生长所需要的波段穿透农业大棚屋顶的太阳能电池被植物吸收，植物生长所不需要的波段则部分被太阳能电池吸收发电，部分转换成热能加温农业大棚，例如：绿色光是植物生长所不需要的波段，绿色光被大棚顶上的太阳能电池吸收发电并不会影响植物生长；紫外线也是植物生长所不需要的波

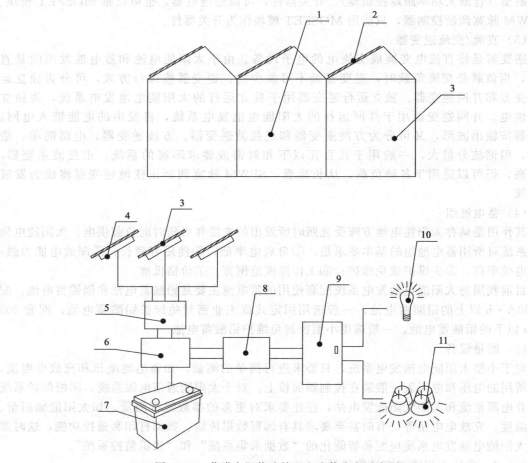

图 8-1-8　薄膜太阳能连栋温室光伏发电示意图

1—薄膜太阳能连栋温室；2—膜太阳能光伏组件；3—连栋温室主体薄；4—电极线；5—集线箱；6—控制器；
7—太阳能蓄电池；8—逆变器；9—配电控制系统；10—照明装置；11—补光装置

段甚至会破坏植物，一般农业大棚会用遮阳网来减低紫外线，薄膜太阳能农业大棚顶上的薄膜太阳能电池吸收紫外线发电，不必在大棚顶上加装遮阳网。薄膜太阳能农业大棚可以根据植物生长的需要，通过改变电池组件排布方式，控制棚内温度、湿度、光照度，调整植物生长的环境。

薄膜太阳能连栋温室，包括连栋温室主体、安装于温室系统顶部的透明薄膜太阳能光伏组件、用于将串联薄膜太阳能光伏组件的电极线聚集起来的集线箱、用于储存电能的太阳能蓄电池、用于控制太阳能蓄电池充放电的控制器、用于将直流电转换成交流电的逆变器、安装于温室内部的配电控制系统及电器设备（图8-1-8）。

连栋温室主体是采用 Venlo 式 8m 跨度玻璃连栋温室的结构类型，温室采用南北排跨，东西排开间，天沟为东西走向。在连栋温室顶部南侧的部分区域安装透光非晶硅薄膜太阳能光伏组件；在连栋温室内部安装有集线箱、控制器、太阳能蓄电池、逆变器、配电控制系统及电器设备。

控制器是能自动防止蓄电池组过充电和过放电并具有简单测量功能的电子设备。由于蓄电池组被过充电或过放电后将严重影响其性能和寿命，因此需要充放电控制器。逆变器，可将薄膜太阳能光伏组件所发出的直流电能转换成交流电能，向电器设备提供电能。

在铺设温室屋顶南坡面时，考虑到经济效益要尽可能多地铺设电池板。通过比较各型号单位面积经济效益相差不大的电池，选择面积最小的电池。根据此屋面的面积，计算出最多能够铺设电池的块数，且根据屋顶南面形状也可以实现。同样根据次面接收到的最大总辐射量得到最大总功率，所以选择适合额定输出电压的逆变器。根据其额定电压的限制，电池组件的连接可以是一串、两串或多串并联。

电池组件的连接方式和电池在屋顶的优化铺设阵列如图 8-1-9～图 8-1-12 所示。

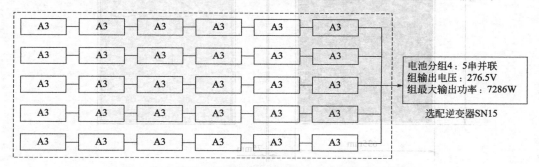

图 8-1-9　屋顶南坡面 A3 电池组件 4：5 串并联连接方式

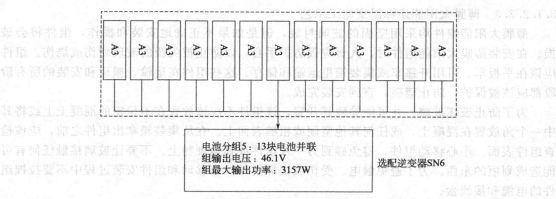

图 8-1-10　屋顶南坡面 A3 电池组件 1 串并联连接方式

图 8-1-11　高透光双玻光伏温室

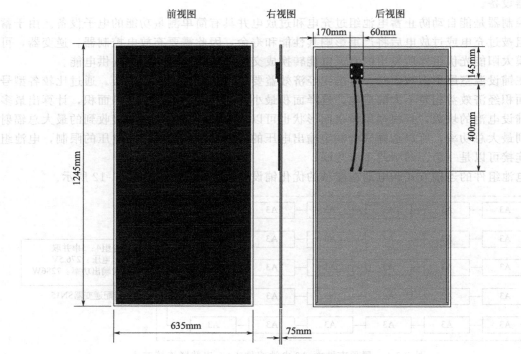

图 8-1-12　薄膜太阳能组件接线图

8.1.2.3.3　薄膜太阳能连栋温室施工工艺

薄膜太阳能组件均采用坚固的玻璃封装，但是如果不正确地安装和操作，组件将会破损。在安装薄膜太阳能组件时，人员应载防护手套，以防止被尖锐的玻璃划伤或烧伤。组件应该在平板车、可用开篷车或集装箱里运输和储存。这些组件在运输、搬运和安装的所有阶段都应该被保护，防止磕碰，直到安装完成。

为了防止破坏玻璃，并可能导致其开裂，该组件不应该放置在不稳定的混凝土上或将其中一个角放置在混凝土，或任何其他坚硬或粗糙表面上。在从集装箱拿出组件之前，应该检查组件表面。小心移动组件，避免碰到另一片组件或其他硬物上。不要让玻璃接触任何有可能造成划痕的东西。为了避免触电、受伤或损坏组件，在移动和组件安装过程中不要拉拽组件的电缆和接线盒。

① 安装的夹紧位置　组件的固定应采用专用的夹具（每片组件上有 4 个固定位置），位

置如图 8-1-13 所示。夹具位置必须对称,夹具所固定在平面上的位置偏差不得大于 1mm。D1 是沿组件 1245mm 方向的两夹具中线点的距离,长度为（760±10）mm。

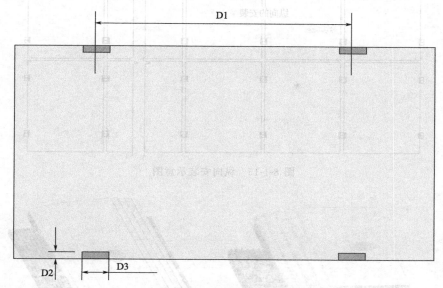

图 8-1-13　组件的固定安装位置

接触面的宽度（D2）应该是（9±1）mm。该接触面长度（D3）是在夹具的长度是（80±2)mm。为了保护组件玻璃,夹具的里面含有 EPDM 垫防护材料。支架上固定安装钳的四个位置平面度不应大于 2mm,接触面的粗糙度不应大于 12.5RMS。建议使用扭力扳手,扭力扳手设置为 5N·m,让组件不会脱落,并且该夹具不会打破组件玻璃。

通过建设安装薄膜太阳能光伏组件的连栋温室,极大地提高了连栋温室的土地使用率和单位面积土地的生产效率;通过在连栋温室顶部加装透明薄膜太阳能光伏组件,解决了普通太阳能电池无法双面发电、电池温度累积、太阳光不能充分利用等技术难题;通过环境控制系统的设立,可对温室内作物生长环境的温度、湿度等进行适于其生长的灵活调节,可显著提高作物产量。

② 组件定位　组件可以采用任何纵向或横向的安装。

横向的安装:见图 8-1-14。

图 8-1-14　横向安装示意图

纵向的安装方式:见图 8-1-15。

③ 安装钳的安装　见图 8-1-16～图 8-1-19。

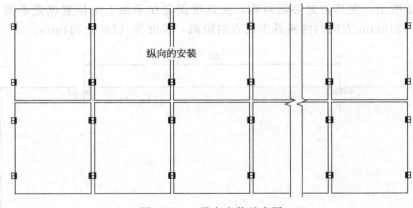

纵向的安装

图 8-1-15　纵向安装示意图

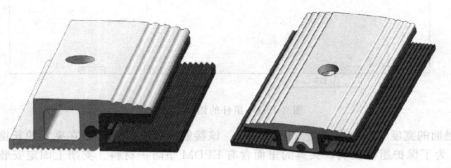

(a) 终端安装钳　　　　　　　　　　(b) 中间安装钳

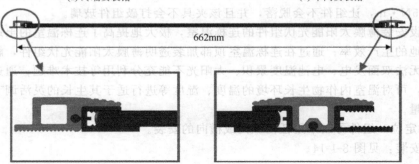

662mm

图 8-1-16　组件终端安装钳与中间安装钳的尺寸

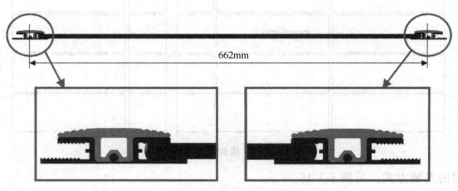

662mm

图 8-1-17　组件中间安装钳与中间安装钳的尺寸

296　　　温室建造工程工艺学

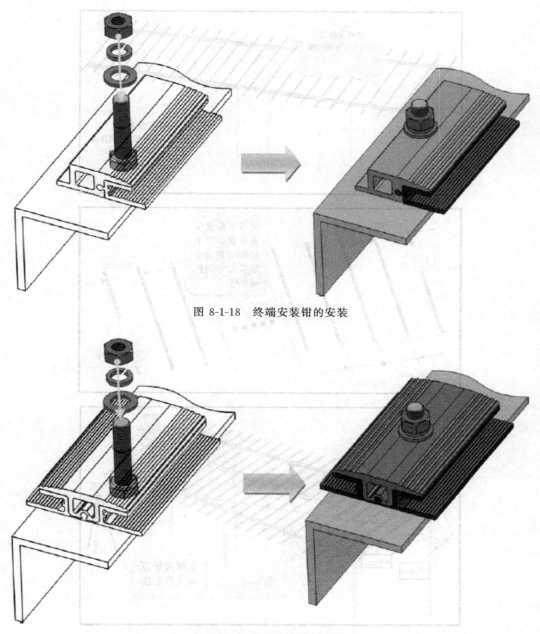

图 8-1-18　终端安装钳的安装

图 8-1-19　中端安装钳的安装

④ 安装过程　见图 8-1-20。

在安装组件前，请先确认发电单元安装温室支架的尺寸是符合设计要求，组装完毕的温室支架是牢固可靠的。

用卷尺量出组件安装完成后其边缘在支撑架上所对应的位置（以两片组件竖装为例，组件边缘与支撑架长方向上中心线的距离为 15mm），做好记号（A 点），然后调整激光水平的调试到所做记号（A 点）并射出水平激光线，沿着激光线，在最后一根的支撑架上做记号（B 点），保证支撑架上 B 点的尺寸与 A 点的尺寸在 1.5cm 范围以内。如图 8-1-20所示。

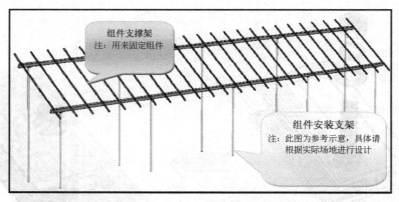

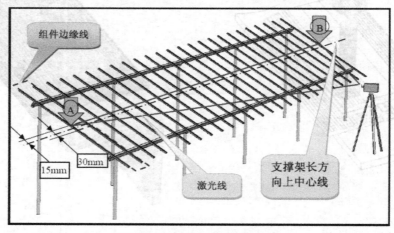

图 8-1-20　支架安装示意图

　　用铅平线从 A 点拉到 B 点，并分别固定住。如图 8-1-21 所示。

　　安装第一片组件，组件的下边缘要沿着水平线（AB 线）安装，并依此类推，第一行的组件都要以这基准线来安装。在有倾角的状态下，薄膜太阳能组件一般采用由上到下的安装方案。如图 8-1-22 所示。

　　先将终端安装钳安装到支架上并将螺母预紧，使安装钳不会滑落。终端安装钳适用于固定在位于边沿的组件上。

　　将组件插入终端安装钳的 EPDM 垫片里并用预紧螺母，使组件不会滑落。如图 8-1-23 所示。

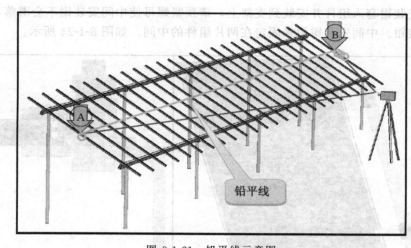

图 8-1-21　铅平线示意图

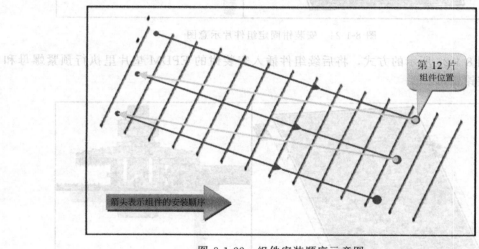

图 8-1-22　组件安装顺序示意图

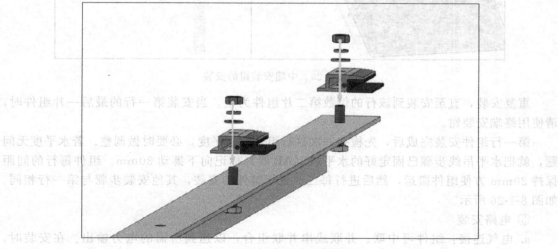

图 8-1-23　安装钳固定示意图

将中间安装钳套入组件并安装到支架上，请预紧螺母使中间安装钳不会滑落，并锁紧前面的终端安装钳。中间安装钳用来固定在两片组件的中间。如图 8-1-24 所示。

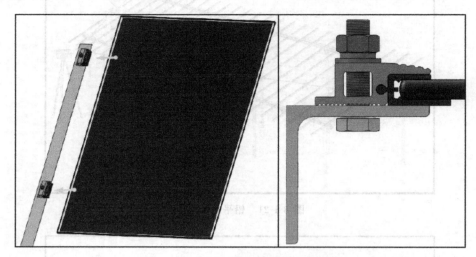

图 8-1-24　安装钳固定组件片示意图

按上面图 8-1-25 所示的方式，将后续组件插入安装钳的 EPDM 垫片里执行预紧螺母和锁紧左侧安装钳螺母。

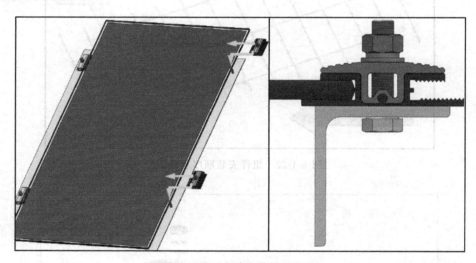

图 8-1-25　中端安装钳的安装

重复安装，直至安装到该行的倒数第二片组件为止。当安装第一行的最后一片组件时，请使用终端安装钳。

第一行组件安装完成后，先检查一次这行组件的水平度，必要时做调整。若水平度无问题，就把水平吊线步骤已固定好的水平线（AB 线）标记向下挪动 30mm，组件每行的间距保持 30mm 方便组件搬运，然后进行每二、三行组件的安装，其他安装步骤与第一行相同。如图 8-1-26 所示。

⑤ 电路安装

a. 电气连接：组件可中联、并联或串并联组合，以达到所需的电力输出。在安装时，同一逆变器方阵，请使用同一类型的组件。

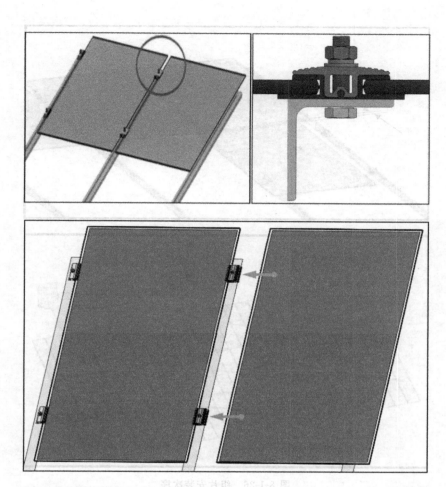

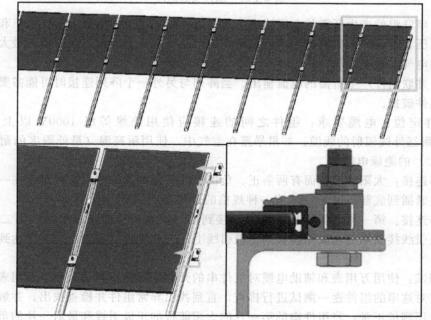

图 8-1-26

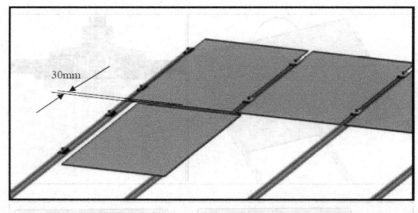

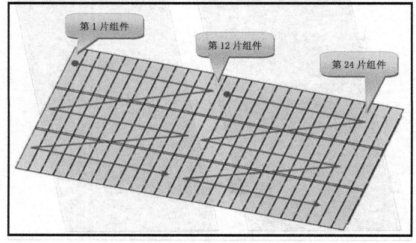

图 8-1-26　组片安装次序

串联：串联组件产生所需的电压输出。此电压不能超过组件的最大系统电压和逆变器的最大直流电压。组件的最大系统电压值在组件的产品信息表上显示，逆变器的最大直流电压在逆变器的电气参数上显示。

并联：并联组件产生所需的电流输出。当阵列与另外一个阵列连接时可能需要考虑电流返向导致组件破损。

b. 组件定位：电缆要求：组件之间的连接应使用绝缘等级 1000V 以上、尺寸为 2.5mm² 、耐红外线辐射的线缆。如果暴露在空气中，使用耐高温（最低限度的耐高温温度要求为 90℃）的绝缘电缆。

连接器连接：太阳能板背面有两条正、负极引线，将两端的防水连接器连在一起时，一定要对准旋紧插到底部。图 8-1-27 为一种规格的连接器。

组件串连接：第一块太阳能板负极引线接到第二块电池板的正极引线。第二块太阳能板，将负极引线接到第三块太阳能板的正极引线上，以此类推，直到排列顺序达到所设计的组件串数。

连接测试：使用万用表和辅助电缆对组件串的开路电压进行测试。如果万用表上无电压显示，则应对这串的组件逐一测试进行排查，直到找出异常组件并检查找出，并解决后方可继续。如电压测试正常，将组件串的第一片的太阳能板的正极引线和最后一片的负极引线接到电池组输出电缆上。

图 8-1-27　连接器连接示意图

整理电缆：如果太阳能电池组电缆交错缠绕，请整理清楚后或标记，并将其固定于组件背光面下方。

标识电缆：每组太阳能电池组电缆输出端须有标识卡（牌），标识卡上注明太阳能电池组件个数，光伏阵列输出电缆极性（例如：正极或负极），这样电工将明白此输出端在系统的电气结构中的位置。

连接器保护：请安装完组件之后，需及时做好电气的连接，如果不能及时连接电气，或者预计即将出现雨雪天气，请将太阳能电池组件输出电缆正、负极连接器锁紧，或者在连接器端后贴上胶布绝缘带，这样可以有效保护连接器的金属件。如图 8-1-28 所示。

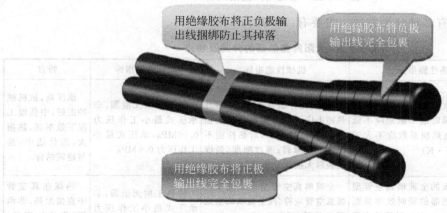

图 8-1-28　连接器保护示意图

8.1.3　光热太阳能工程工艺

8.1.3.1　太阳能集热系统分类及特点

太阳能空气集热系统是主动式太阳能温室增温系统的"热源驱动器"，集热器的类型、面积的大小直接影响着温室地下蓄热效果的好坏，也将影响整个系统的设计。因此，本节将介绍太阳能集热器的结构、分类。

8.1.3.1.1　太阳能集热器的结构及其分类

太阳能集热器是吸收太阳辐射并将产生的热能传递到传热工质的装置，是太阳能热利用的关键部件，用于吸收太阳能并将产生的热能传递到传热工质。太阳能集热器主要有平板型集热器（直晒式、透明盖板式）、真空管型集热器、聚焦型集热器（点聚焦式和线聚焦式）等基本类型，如图 8-1-29 所示。

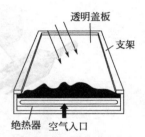

(a) 直晒式平板集热器温升0～10℃　　(b) 透明盖板式集热器(水)温升0～50℃　　(c) 透明盖板集热器(空气)温升0～50℃

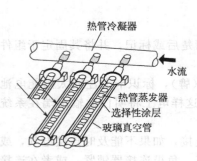

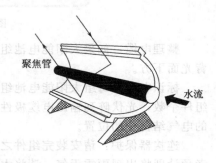

(d) 真空管集热器温升10～150℃　　(e) 点聚焦集热器温升＞100℃　　(f) 线聚焦集热器温升50～150℃

图 8-1-29　常见太阳能集热器

太阳能集热器有多种分类方法，主要有以下几种（表 8-1-2）。

表 8-1-2　太阳能集热器的分类及特点

分类名称	热性能指标	机械性能指标	耐压性能指标	特点
平板型太阳能集热器	平板型太阳能集热器基于采光面积的瞬时效率截距应不低于 0.68；总热损系数应不大于 6.0W/(m²·K)	平板型太阳能集热器空晒应无变形、无开裂或其他损坏；外热冲击应无明显变形及其他损坏，集热器进水后，对热性能不产生严重障碍；通过刚度、强度检验后无损坏及变形	传热工质无泄漏，非承压式最小工作压力 0.06MPa，承压式最小工作压力 0.6MPa	承压高，抗机械冲击好，中低温工况下效率高，热损大，造价适中，易与建筑结合
全玻璃真空管型太阳能集热器	无反射板的全玻璃真空管型太阳能集热器的瞬时效率截距应不低于 0.6；有反射板的应不低于 0.5；总热损系数应不大于 2.5W/(m²·K)	全玻璃真空管型太阳能集热器真空管应符合《全玻璃真空太阳集热管》GB/T 17049—2005 的要求；集热器空晒应无损坏和明显变形	传热工质无泄漏，非承压式最小工作压力 0.06MPa，承压式最小工作压力 0.6MPa	热媒在真空管中直接加热，非承压，集热效率高，造价低，热损小，不易与建筑结合
玻璃-金属真空管型太阳能集热器	无反射板的真空管型太阳能集热器基于采光面积的瞬时效率截距应不低于 0.6；有反射板的应不低于 0.5；总热损系数应不大于 2.5W/(m²·K)	玻璃-金属真空管型太阳能集热器空晒应无开裂、破损和显著变形；通过刚度强度检验后应无损坏和明显变形	传热工质无泄漏，非承压式最小工作压力 0.06MPa，承压式最小工作压力 0.6MPa	热媒在金属流道内加热，承压高、耐腐蚀，集热效率较高，热损小，造价高
热管式真空管型太阳能集热器	无反射板的真空管型太阳能集热器基于采光面积的瞬时效率截距应不低于 0.6；有反射板的应不低于 0.5；总热损系数应不大于 2.5W/(m²·K)	热管式真空管应符合《玻璃-金属封接式热管真空太阳集热管》GB/T 19775—2005 的要求；集热器空晒应无开裂、破损和显著变形；通过刚度强度检验后应无损坏和明显变形	传热工质无泄漏，非承压式最小工作压力 0.06MPa，承压式最小工作压力 0.6MPa	热媒在金属流道内加热，承压较高，集热效率较高，热损小，造价高

说明：按太阳能集热管的排列方式划分，真空管集热器可以分为竖排和横排两种结构形式。

（1）按集热器的传热工质类型分类

液体集热器（用液体作为传热工质）、空气集热器（用空气作为传热工质）。

液体集热器一般用水作为工质，也就是太阳热水器，是目前太阳能热利用中最重要的一种方式，其商业化程度也最广，应用范围广泛，如洗浴、供暖等，发展前景广阔。由于热水的热容量较大，因此太阳热水器可储存的热量较多，但是存在腐蚀、泄露、冬季冻结等问题。

太阳能空气集热器是一种常用的太阳能热利用装置，可用于建筑物供暖、农产品干燥以及太阳能制冷等领域。这种集热器主要由透明盖板、吸热板、保温外壳三部分组成，结构简单成本低廉，而且接收太阳辐射的面积大。

（2）按进入采光口的太阳辐射是否改变方向分类

聚光型集热器和非聚光型集热器：聚光型集热器是利用反射器、透镜或其它光学器件将进入采光口的太阳辐射改变方向并会聚到吸热体上的太阳集热器。聚光型集热器主要应用于太阳能中高温热利用领域，如太阳能热发电、太阳灶等。

（3）按集热器内是否有真空空间分类

平板型集热器和真空管集热器：平板型集热器的发展较真空管集热器发展要早，应用范围广泛。但由于材料的限制，近年来发展较为缓慢。真空管集热器是 20 世纪 80 年代逐渐发展起来的，由于其卓越的集热性能和耐候性能，其市场份额已远远超过了平板型集热器。真空管集热器分为全玻璃真空管集热器和热管式真空管集热器。图 8-1-30、图 8-1-31 分别为平板型集热器和全玻璃真空管集热器的结构示意图。

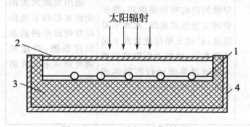

图 8-1-30　平板型集热器
1—集热板；2—透明盖板；3—隔热层；4—外壳

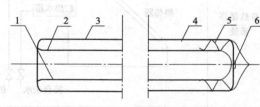

图 8-1-31　全玻璃真空管集热器
1—内玻璃管；2—选择性吸收涂层；3—外玻璃管；
4—真空腔；5—弹簧支架；6—消气剂

8.1.3.1.2　太阳能集热系统的形式与适用范围

见表 8-1-3。

表 8-1-3　太阳能集热系统的形式与适用范围

系统形式	图　式	系统特点	适用范围
强制循环间接系统	供热水　辅助热源　空调采暖供水　集热器　定压膨胀罐　空调采暖回水　水泵　接自来水	太阳能集热器加热传热工质，通过热交换器加热供给使用端的系统；利用水泵使传热工质循环加热，易保证系统水质和防冻；管线布置灵活；系统复杂造价高	适用于规模较大的热水供应和空调采暖系统，对供热质量、建筑物外观、水质、防冻要求严格的场合

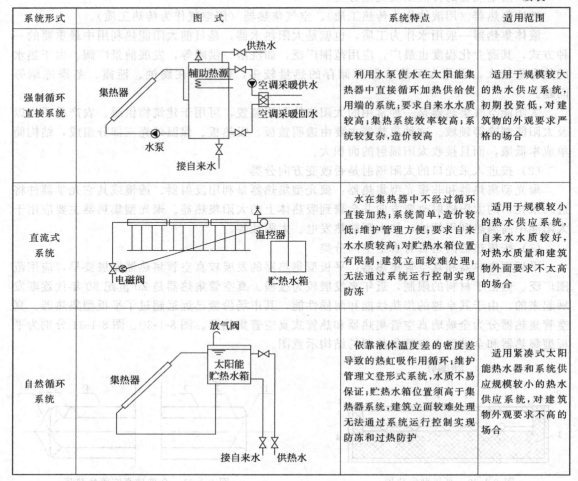

系统形式	图式	系统特点	适用范围
强制循环直接系统		利用水泵使水在太阳能集热器中直接循环加热供给使用端的系统;要求自来水水质较高;集热系统效率较高;系统较复杂,造价较高	适用于规模较大的热水供应系统,初期投资低,对建筑物的外观要求严格的场合
直流式系统		水在集热器中不经过循环直接加热;系统简单,造价较低;维护管理方便;要求自来水水质较高;对贮热水箱位置有限制,建筑立面较难处理;无法通过系统运行控制实现防冻	适用于规模较小的热水供应系统,自来水水质较好,对热水质量和建筑物外面要求不太高的场合
自然循环系统		依靠液体温度差的密度差导致的热虹吸作用循环;维护管理文登形式系统,水质不易保证;贮热水箱位置须高于集热器系统,建筑立面较难处理;无法通过系统运行控制实现防冻和过热防护	适用紧凑式太阳能热水器和系统供应规模较小的热水供应系统,对建筑物外观要求不高的场合

8.1.3.2 太阳能集热系统设计工艺

8.1.3.2.1 设计参数

(1) 气象参数

我国主要城市太阳能集热系统设计用气象参数可参见表 8-1-1。

设计时应给出如下气象参数:

① 倾斜表面太阳总辐射月平均日辐照量;

② 水平面太阳总辐射月平均日辐照量;

③ 月平均室外温度;

④ 月日照时数。

(2) 地理参数

工程所在地的纬度、经度和海拔高度。

(3) 太阳能热水集热系统

根据《建筑给水排水设计规范》(GB 50015—2003),选取日最高用水定额和日平均用水定额,根据工程实际确定设计热水供水温度和选取冷水设计温度。

(4) 太阳能热水及采暖、空调集热系统

① 确定末端采暖系统具体形式及系统供回水温度等参数;

② 采暖系统月平均日耗热量；

③ 确定末端空调系统具体形式及冷冻水供回水温度参数；

④ 空调系统月平均日耗冷量，可通过空调能耗模拟软件得出；

⑤ 所用溴化锂吸收式制冷机性能曲线及与月平均日耗准是对应的系统所需月平均日供热量和制冷机所需热源热水供回水温度。

8.1.3.2.2 太阳能集热器的定位

（1）太阳能集热器方位及倾角

太阳能集热器方位角宜朝向正南放置。

集热器的倾角是可以人为设置的，集热器倾角设置的目的是为了获得尽可能多的太阳直射光线，使集热器能够收集更多的太阳能。影响集热器获得太阳能的主要因素之一，是太阳直射到集热器的面积的大小，集热器接受太阳辐射的面积越大收集到的太阳能就越多。为了增大集热器接受太阳光直射的面积，应该使太阳光垂直射入集热器平面，也就是已知太阳光线的射入角度后，选择垂直太阳光线射入的平面作为集热器的设置平面。但是太阳的入射角是不断变化的，那么我们在设置集热器倾角时就应该选择一个能够最大程度获取太阳能的角度，这个角度就是最优集热倾角。

能够最大限度获得太阳能辐射的集热器设置角度，即最优集热倾角。根据张鹤飞教授提出的计算方法，以太阳入射角 θ。作为目标的函数 $\theta = f(\delta, \varphi, \beta, \omega)$，太阳入射角随时间的变化而不断变化，而它与函数中其他变量地理纬度、赤纬角、太阳方位角、集热器倾角、时角的关系如公式（8-1-1）所示。

$$\cos\theta = \sin\delta\cos\beta - \sin\delta\cos\varphi\sin\beta\cos\gamma + \cos\delta\cos\varphi\cos\beta\cos\omega +$$
$$\cos\delta\sin\rho\sin\beta\cos\omega\cos\gamma + \cos\delta\sin\beta\sin\rho\sin\omega \tag{8-1-1}$$

我国位于北半球，在赤道的北部，太阳位于天空的南向，集热器朝向设置为正南方可以较多地接受阳光照射。当集热器朝向选择正南方设置时，方位角 $\gamma = 0$，方程可简化为：

$$\cos\theta = \sin\delta\sin(\varphi - \beta) + \cos(\varphi - \beta)\cos\delta\cos\omega \tag{8-1-2}$$

每天当中，正午时太阳光线最充足，让这时的光线垂直集热器照射，可以更多收集太阳能，此时时角 $\omega = 0$，可得：

$$\cos\theta = \sin\delta\sin(\varphi - \beta) + \cos(\varphi - \beta)\cos\delta \tag{8-1-3}$$

式中　θ——太阳入射角，度（°）；

δ——太阳赤纬角，度（°）；

φ——地理纬角，度（°）；

β——集热器倾角，度（°）；

γ——太阳方位角，度（°）；

ω——时角，度（°）。

在全年使用时，集热器的安装倾角宜取与当地纬度相等；在偏重于冬季使用时，倾角应加大到约比当地纬度大 10 度；在偏重于夏天使用时，则宜比当地纬度小 10 度。

（2）集热器前后排间距

集热器顺坡安装或组成一排时，集热器之间不存在遮挡关系，留出安装间距和检修空间即可，不需计算日照间距。

集热器成两排或两排以上安装时，集热器之间的距离应尽量避免相互遮挡。计算方法为：

集热器前后排之间的日照间距：

$$S = H \times \coth \times \cos\gamma \tag{8-1-4}$$

式中　　S——日照间距，m；

　　　　H——前排集热器的高度，m；

　　　　h——计算时刻的太阳调试角，计算时刻的选取原则如下：

- 全年运行系统：选春分/秋分日的 9:00 或 15:00；
- 主要在春、夏、秋三季运行的系统：选春分/秋分日的 8:00 或 16:00；
- 主要在冬季运行的系统：选冬至日的 10:00 或 14:00；
- 集热器安装方位为南偏东时，选上午时刻；南偏西时，选下午时刻。

　　　　γ——计算时刻太阳光线在水平面上的投影线与集热器表面法线在水平面上的投影线之间的夹角，角 γ 和太阳方位角 α 及集热器的方位角 γ（集热器表面法线在水平面上的投影线与正南方向线之间的夹角，偏东为负，偏西为正）有如下关系：如图 8-1-32 所示。

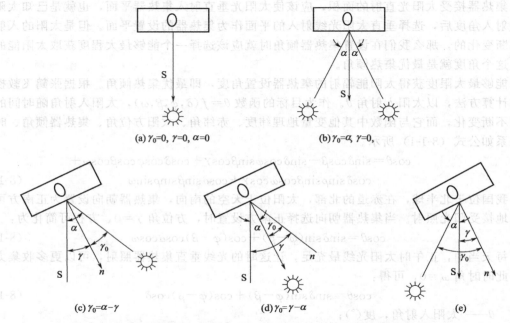

(a) $\gamma_0=0$, $\gamma=0$, $\alpha=0$　　　　(b) $\gamma_0=\alpha$, $\gamma=0$,

(c) $\gamma_0=\alpha-\gamma$　　　　(d) $\gamma_0=\gamma-\alpha$　　　　(e)

图 8-1-32　集热器表面法线在水平面上的投影线与正南方向线之间的夹角关系

集热器前后排之间的日照间距 S 计算示例：

例题：计算北京地区全年使用的太阳能热水系统，太阳能集热器安装方位为南偏东 10 度，太阳能集热器安装调试为 H 时的前后排最小不遮光间距 S。

查得北京的纬度 $\phi=40$ 度，对应春分（或秋分）的纬角 $\delta=0$ 度，对应 9:00 的时角 $\omega=3\times(-15)=-45$ 度，集热器的方位角 $\gamma=-10$ 度，则：

$$\sin h=\sin\phi\times\sin\delta+\cos\phi\times\cos\delta\times\cos\omega=0.5416$$

得太阳高度角 $h=32.8$ 度；则：

$$\sin\alpha=\cos\delta\times\frac{\sin\omega}{\cos h}=-0.8413$$

太阳方位角 $\alpha=-57.3$ 度，$\gamma_0=\gamma-\alpha=-47.13$ 度，则：

$$S=H\times\cot h\times\cos\gamma_0=1.05\times H$$

8.1.3.2.3　太阳能集热系统设计

（1）太阳能集热器的连接

①　对于自然循环的太阳能集热系统，宜采用阻力较小的并联方式；

②　对于强制循环系统，集热器可进行串并联；

③　集热器组并联时，各组并联的集热器数宜相同，否则应采用流量调节装置进行流量平衡调节；

④　各集热器组之间的连接推荐采用同程连接。当不得不采用异程连接时，在每个集热器组的支路上应该增加平衡阀来调节流量平衡。

（2）贮热水箱管路布置

①　热水出水管应设在水箱顶部；

②　自来水进水管或系统回水管设在水箱底部；

③　当辅助热源直接连接到贮热水箱上时，集热系统回水应设在辅助热源之下。

（3）辅助热源的选型

为保证系统可靠性，辅助热源及其加热设施宜按无太阳能集热系统状态配置。辅助热源配置宜不少于两套；一套检修时，其他各套加热设备的总供热能力不小于 50% 的系统耗热量。如表 8-1-4 为常用辅助热源的能源形式和设备。

表 8-1-4　常用辅助热源的能源形式和设备

能源形式	相应设备	备　注	能源形式	相应设备	备　注
电	电锅炉、电热管	应充分利用低谷电	热泵	空气源热泵、水源热泵	一
燃气	燃气锅炉、燃气壁挂炉	一	市政热力	热交换器	优先使用
燃油	燃油锅炉	—			

（4）太阳能集热系统的控制

太阳能集热系统的控制需要考虑到系统所有可能的运行模式，如集热、放热、停电保护、防冻保护、辅助加热、过热防护和排水等。控制系统要遵循简单可靠的原则，选择可靠的控制器和传感器。

①　运行控制　太阳能集热系统常用的运行控制方式有定温控制和温差控制两种。定温控制宜用于生活热水系统中，直流系统主要采用室温放水的控制方式，定温放水温度宜为 40～60℃。温差控制宜用于强制循环系统中，其温度控制器分别设置在贮热水箱底部和集热系统出水口，二者之差作为控制输入。控制集热系统循环水泵开启的温差宜为 5～10℃，水泵停止工作的温差为 2～5℃。

②　防冻控制　当集热系统中水温降低到 3～4℃ 时，集热系统需要采取防冻措施。

a. 系统排空防冻控制：排空系统适用于直接系统，宜在室外温度不是很低，防冻要求不是很严格的场合使用；当可能会有冻结发生或停电时，系统自动将太阳能集热系统中的水排空放牛或排回水箱，并将太阳能集热系统与其他管网断开。当使用排空系统时，集热系统管路的安装坡度应大于 2%，以保证集热系统中的水能完全排空。

b. 防冻循环控制：防冻循环适用于直接式或间接式系统；当集热器中水温低于设定温度（一般 3～4℃ 左右），可能会有冻结发生时，系统自动启动循环泵使热媒在集热系统中循环。防冻循环应有断电保护措施防止系统冻坏。

c. 系统排回防冻控制：系统排回防冻控制适用于小型的间接式系统；当太阳能集热系统出口水温低于贮水箱水温，太阳能集热系统停止工作时，循环泵关闭，太阳能集热系统中的水依靠重力作用流回设置在集热环路中的贮水箱；在承压系统中，贮水箱同时也是膨胀水箱，需要安装放气阀和安全阀；在非承压系统中，水箱直接与空气相连。贮水箱内空气容积应大于窗外集热管路容积；当使用排回系统时，集热系统管路的安装坡度应大于2%，以保证集热系统中的水能完全排回。

d. 使用防冻液实现防冻控制：适用于不同规模的间接式系统；防冻液系统热交换器应有良好的耐腐蚀性，必要时采用双层壁，以免防冻液泄漏污染生活热水。大型系统中使用防冻液的集热系统应设旁通管路，以防系统启动时将水箱中水冻结；防冻液根据生产商要求应定期更换，没有具体要求时至少5年必须更换一次。

③ 防过热控制 生活热水系统贮热水箱中热水温度不宜高于75℃以防止烫伤；防冻液温度不宜高于130℃防止防冻液裂解。在系统中应安装安全阀等泄压装置，在系统压力过高（一般为350kPa左右）时启用。预计将产生严重过热时，可用太阳能热水强化自然通风，同时也利用了空气来假装地集热系统的热媒。

8.1.3.3 太阳能集热系统设计工艺

平板太阳能集热系统施工工艺简介如下。

（1）图纸会审与施工准备

重点审查设计图纸中各专业之间的协调配合；设计与太阳能热水系统产品供应商之间的相互配合。

施工准备工作：设计文件齐备，且已通过审查；施工组织设计或施工方案已经批准，施工操作人员已经过技术、安全培训并合格；施工材料、机具已进场，并通过验收；现场水、电、场地、道路等条件能满足施工需要。

按设计图纸制作套管（包括管道穿越屋面的防水套管）、固定件。预留孔洞、预埋套管及固定件。注意设置位置、标高准确，固定要牢固，并在混凝土浇注完毕后进行核查。同时，屋面防水套管高度要考虑屋面保温层厚度和积雪层厚度，安装完成一般应高出屋面30cm。固定集热器的预埋件位置、尺寸必须正确。

（2）循环及供水管路安装

安装工艺：放线定位──→支架制作安装──→预制加工──→干管（套管）安装──→立管（套管）安装──→支管安装──→水压试验──→管道防腐和保温──→管道冲洗（消毒）──→通水试验。

① 确定管道标高、位置、坡度、走向等，正确地按图纸设计位置弹出管道走线，并划出支架设置位置。

② 预制加工按设计图纸画出管道分路、管径、变径、预留管口、阀门位置等施工草图，在实际安装的结构位置做上标记，分段量出实际安装的准确尺寸，记录在施工草图上，然后按草图测得的尺寸预制加工。

③ 管道安装把预制完的管道运到安装部位按编号依次排开。安装前清扫管腔，依次连接，安装完后找直找正，复核甩口位置、方向及变径是否正确，所有管口要加好临时封堵。

④ 系统水平管路应有利于排气和泄水的坡度，凡未注明坡度值或方向的，坡度不小于3‰，坡向与水流方向相反。

⑤ 热媒管路应尽量利用自然弯补偿热伸缩，直线段过长则应设置补偿器。补偿器形式、规格位置应符合设计要求，并按有关规定进行预拉伸，同时设置好固定支架和滑动支架。

⑥ 管道的接口应符合下列规定：a. 不得设置在套管内。b. 螺纹连接管道安装后的螺纹根部应有2~3扣的外露螺纹，多余的用麻丝清理干净并做防腐处理。c. 法兰连接时衬垫不得凸入管内，其外边缘接近螺栓孔为宜，不得安放双垫或偏垫。连接法兰的螺栓直径和长度应符合标准，拧紧后，突出螺母的长度不应大于螺杆直径的1/2。d. 采用熔接连接的管道，结合面应有一均匀的熔接圈，不得出现局部熔瘤或熔接圈凸凹不匀现象。e. 采用卡箍（套）

式连接的管道，两管口端应平整、无间隙，沟槽应均匀，卡紧螺栓后管道应平直，卡箍（套）安装方向应一致。

⑦ 管道穿过墙壁和楼板应设置套管，套管安装应符合下列规定：a. 安装在楼板内的套管，其顶部应高出装饰地面 20mm，底部应与楼板底面相平；b. 安装在卫生间及厨房内的套管，其顶部应高出装饰地面 50mm，底部应与楼板底面相平；c. 安装在墙壁内的套管，其两端与饰面相平；d. 套管与管道之间的缝隙应按如下规定施工：穿过楼板的套管与管道之间的缝隙用阻燃密实材料和防水油膏填实，端面光滑；穿墙套管与管道之间的缝隙宜用阻燃密实材料填实，且端面应光滑。

⑧ 支架安装要求：结构正确、位置合理、排列整齐、安装牢固、防腐到位。

⑨ 电磁阀应安装在水平管道上，方向正确，阀前加装细网过滤器，阀后加装调压作用明显的截止阀，启闭正确、灵活可靠。电磁阀周围应留有足够维修空间。阀门、水泵、电磁阀安装方向应正确，需要更换的部件处应留有便于拆卸的活接。

⑩ 在上分式热水系统配水干管的最高点设置排气阀，在系统的最低点设置泄水阀。自动排气阀应垂直安装在系统的最高处，不得歪斜。

⑪ 承压管道系统应做水压试验，非承压管道系统应做灌水试验。热水系统水压试验应为系统顶点的工作压力加 0.1MPa，同时在系统顶点的试验压力≥0.3MPa。钢管或复合管道系统试验压力下 10min 内压力降≤0.02MPa，然后降至工作压力检查，压力应不降，且不渗不漏；塑料管道系统在试验压力下稳压 1h，压力降不得超过 0.05MPa，然后在工作压力的 1.15 倍状态下稳压 2h，压力降不得超过 0.03MPa，连接处不得渗漏。

⑫ 系统安装完成应冲洗。

⑬ 管道保温应在水压试验合格后进行，防腐和保温要满足规范要求。

（3）集热器安装

安全工艺：支架制作安装──→集热器组装──→水压试验与冲洗──→防雷接地。

① 支架制作安装支架采用螺栓或焊接固定在基础上，应确保强度可靠、稳定性好，并满足建筑防水要求。安装时，先按图纸和集热器实物，对基础进行核对，检查坐标、标高及地脚螺栓的孔洞位置是否正确，清除基础上的杂物，按施工图在基础上放出中心线。使支架螺栓孔对正基础上的预留螺栓孔，带丝扣的一端穿过底座的螺栓孔，并挂上螺母。将支架调正垫平，然后用 1:2 的水泥砂浆浇注地脚螺栓孔，待水泥砂浆凝固后，再上紧螺母，固定牢固。注意支架要严格按设计要求做防腐处理。

② 集热器组装现场组装的太阳能集热器，集热器联箱、尾座在集热器支架上的固定位置应正确，确保联箱、尾座排放整齐、一致、无歪斜，固定牢靠。现场插管的全玻璃真空管集热器，插管前将真空管孔四周的脏物清除干净，插管时真空管应蘸水润滑，以利插入。真空管插完后，应保证插入深度一致，硅胶密封圈无扭曲，所有真空管应排放整齐、一致、无歪斜，并使防尘圈与联箱外表面贴紧，确保密封和防尘效果。

现场插管的热管真空管集热器，插管前要在热管冷凝端上涂导热硅胶，联箱热管孔四周应清除干净，插管时，冷凝端插入到传热孔的正确位置，并使其接触紧密，以减少传热损失。所有热管真空管应排放整齐、一致、无歪斜。

将成组的集热器安装在已设置好的支架上，要保证集热器上下管口对接的同轴度，使第一组集热器的上下管口到最后一组集热器的上下管口同轴度误差＜2mm。集热器和集热器之间用连接件连接，连接要严密，并可拆卸和更换。连接件应能够吸纳管道和设备的收缩膨胀变形。

由集热器上、下集热管接往贮热水箱的循环管路，应有不小于 5‰ 的坡度。连接集热管路的最高点要安装排气阀，最低点安装泄水阀。集热器之间应留有 0.2～0.5m 的间距，以便维修和管理。

③ 水压试验与冲洗：a. 在集热器最高处安装排气阀，最下端连接手动试压泵；b. 将管道内注满水，并排出管内气体；c. 用手动试压泵缓慢加压，当压力升至工作压力的 1.5 倍时（最低不得低于 0.6MPa），停止加压，观察 10min，压力降不得超过 0.02MPa；然后将试验压力降至工作压力，对管道进行外观检查，以不渗不漏为合格；d. 管道系统加压后发现有渗漏水或压力下降超过规定值时，应检查管道接口，在排除渗漏水原因后，再按以上规定重新试压，直到符合要求为止。在温度低于 5℃ 的环境下进行水压试验时，应采取可靠的防冻措施，试验结束后，应将存水放尽；e. 用生活用水冲洗管道，直到排出水质与进入水质一致。

④ 防雷接地将金属支架与接地干线可靠焊接，每块集热器与接地干线可靠连接。采用扁钢接地时，其搭接长度为扁钢宽度的 2 倍，四面焊接；采用圆钢接地时，其搭接长度为圆钢直径的 6 倍，双面焊接。防雷接地焊接完成后，做防腐处理。

⑤ 保温集热器安装试压完毕，将外露管道进行保温，保温要严密。

⑥ 注意事项：a. 集热器安装倾角和定位必须符合设计要求，确保集热器的集热效果。安装固定式太阳能热水器，朝向应正南。如受条件限制，其偏移角不得大于 15°。集热器的倾角对于春、夏、秋三个季节使用的，采用当地纬度为倾角；全年使用或以冬季使用为主，可比当地纬度多 10°，若以夏季使用为主，可比当地纬度少 10°。b. 在屋面防水层上安装集热器时，屋面防水层应包到基座上部，并在基座下部加设防水层。c. 太阳能集热器与贮热水箱相连的管线需穿屋面时，防水套管应在屋面防水层施工前埋设完毕，并对水管与套管之间、套管与屋面相接处进行防水密封处理。d. 屋面太阳能热水系统施工前，进行屋面防水工程验收。

（4）贮热水箱、膨胀水箱（补水箱）、辅助热源设备和水泵安装及保温

安装工艺：安装准备──→基础验收──→设备开箱检查──→吊装就位──→找平找正──→固定──→清洗检查──→保温。

① 贮热水箱、膨胀水箱、辅助热源设备、水泵安装磁阀应开启正常，动作灵活，密封严密。基本相同，且属于常规施工，在这里不做表述。

② 贮热水箱、补水箱、辅助热源设备上安装的进出水管、仪器、仪表均要按设计要求预留连接安装管口，管口位置和尺寸要准确。贮热水箱、补水箱均要设置溢流管和排污口。

③ 设备安装要求定位准确，排列整齐，固定牢固，水泵下要安装减振垫或减振器，设备与管道、仪器连接要严密，水泵、电加热器等带电设备均要与接地可靠连接。

④ 钢板焊接的贮热水箱，水箱内外壁应按设计要求做防腐处理，内壁防腐涂料应卫生、无毒，能耐受所贮存热水的最高温度。

⑤ 贮热水箱、膨胀水箱检漏试验必须符合设计与验收规范的规定。

检验方法：敞口水箱做满水试验，满水静置 24h，不渗不漏为合格；承压水箱做水压试验，在试验压力下 10min 压力不降，不渗不漏为合格。

⑥ 贮热水箱、膨胀水箱、循环水泵（电机部分不需保温）保温在检漏试验合格后进行，保温要严密。

（5）电气与自动控制系统安装

安装工艺：线管敷设──→控制柜安装──→电缆、导线敷设──→绝缘测试──→仪器、仪表、传感器安装及接线。

① 太阳能热水系统所使用的电器设备设置漏电保护、接地和断电等安全措施，漏电保

护动作电流值不得超过 30mA。

② 温度传感器的安装和连线应符合设计要求（位置、电源、与传感器的连接、接地等）。

③ 传感器的接线应牢固可靠，接触良好。传感线按设计要求布线，无损伤。接线盒与套管之间的传感器屏蔽线做二次防护处理，两端做防水处理。

④ 屏蔽线屏蔽层导线应与传感器金属接线盒可靠连接，连接时在不损伤屏蔽层导线的情况下，应保护屏蔽层内的导线，使屏蔽层受力。

⑤ 控制柜内配线整齐，接线正确牢固，回路编号齐全，标识正确。强电、弱电端子隔离布置，端子规格与芯线截面面积匹配。

（6）单机或部件调试

设备单机或部件调试包括水泵、阀门、电磁阀、电气及自动控制设备、监控显示设备、辅助能源加热设备等调试。调试包括如下内容。

① 检查水泵安装方向水泵充满水后，点动启动水泵，检查水泵转动方向是否正确。在设计负荷下连续运转 2h，水泵应工作正常，无渗漏，无异常振动和声响，电机电流和功率不超过额定值，温度在正常范围内。

② 检查电磁阀安装方向手动通断电试验时，电磁阀应开启正常，动作灵活，密封严密。

③ 温度、温差、水位、光照、时间等显示控制仪表应显示准确、动作准确。

④ 电气控制系统达到设计要求的功能，控制动作准确可靠。

⑤ 漏电保护装置动作准确可靠。

⑥ 防冻系统装置、超压保护装置、过热保护装置等工作正常。

⑦ 各种阀门开启灵活，密封严密。

⑧ 辅助加热设备达到设计要求，工作正常。

（7）系统联动调试

设备单机或部件试运转调试完成后，应进行系统联动调试。系统联动调试包括：①调整水泵控制阀门，使系统循环处在设计要求的流量和扬程；②调整电磁阀控制阀门，使电磁阀的阀前阀后压力处在设计要求的压力范围内；③温度、温差、水位、水压、光照、时间等控制仪的控制区间或控制点调整到设计要求的范围或数值；④调整各个分支回路的调节阀门，使各回路流量平衡；⑤调试辅助能源加热系统，使其与太阳能加热系统相匹配；⑥调整其它应该进行的调节调试。

（8）系统试运行

系统联动调试完成后，系统应连续运行 72h，设备及主要部件的联动必须协调，动作正确，无异常现象。

8.1.4　空气大地换热器太阳能工程工艺

8.1.4.1　空气大地太阳能换热系统分类及特点

在被动式太阳能的利用中，空气大地换热系统是一种近乎完全生态的太阳能利用技术。空气大地换热器包括一个埋置在土壤中的管道系统，或者是一个碎石组成的风道系统，供热供冷的负荷建筑。该风道系统根据不同建筑的需求和构造分为内外连接系统和内部封闭循环系统，或者将两者结合起来在不同的时段采用不同的运行模式。

常规的日光温室都采用固定的采光屋面和被动蓄热后墙，由于建筑设计上的缺陷，导致日光温室内光照条件不但差，而且还很难提高。在日光温室的蓄热方面，常规的日光温室都采用被动蓄热，导致温室的蓄热量严重不足，后墙越砌越厚，造价逐步攀升，但同时温室的蓄热性能却没有多少提高。

尽管太阳辐射提供了足够的能量，但是由于蓄热手段的问题导致大量的热能不能够有效地储蓄在日光温室内部，进而导致日光温室整体的保温性能严重不足。通过日光温室的后墙传热分析，日光温室后墙应该具备足够的蓄热能力，只有其具备了足够的蓄热能力，才能有效地调节日光温室内的温度，才能发挥后墙在高温时的吸热和低温时的放热功能。虽然，很多研究人员投入了大量的时间和精力来研究后墙蓄热，但是由于后墙蓄热问题的复杂性、特殊性，该研究方向尚未触及改善日光温室保温性能的关键。日光温室后墙研究的关键，不仅仅是单纯提高后墙的绝热性能，更重要的是要提高后墙的蓄热能力。

（1）空气土壤换热器

该系统包括一个或多个埋置于地下或者建筑土质墙体中的通风管道和通风机构。换热管道一般采用传热系数较高而且价格低廉的建筑管道，通风机构则根据温室建筑的不同需求设计为自然热压通风和机械通风。

（2）空气碎石换热器

该系统包括一个或多个由碎石构成的风道系统或者直接由碎石构成温室建筑墙体。对应的通风模式也为自然通风和机械通风两种。

8.1.4.2　空气大地换热器太阳能工程的工程工艺

（1）空气土壤换热器的技术方案及优点

日光温室采用了可以大量蓄热的后墙结构，包括后墙的进风口、后墙内的空心砌块的风道以及后墙中的回填土壤或者沙子，后墙出风口的小型轴流风扇。当日光温室室内温度升高时，开动轴流风扇进行通风，该风扇会在日光温室后墙内的空心砌块风道内产生负压，该负压驱动日光温室内的湿热空气流经日光温室后墙内部，进而和后墙的回填土壤进行热量和水分的交换，从而达到将热量和水分蓄积在后墙的空心砌块和回填土或者沙中。当日光温室温度降低时，开动轴流风扇进行通风，该风扇会在日光温室后墙内的空心砌块风道内产生负压，该负压驱动日光温室内的空气流经日光温室后墙内部，进而和后墙的回填土壤进行热量和水分的交换，由于此时室内温度低于后墙的温度，因此热量会从后墙中释放出来，进入日光温室内部，进而提高了日光温室内的温度。而且，由于空气中的水分被吸收到后墙的回填土或沙中，从出风口吹出的风会有较低的湿度，进而也可以同时降低日光温室内的湿度，给植物创造更好的生长环境。采用轻简化技术的日光温室，结构合理，与现有日光温室相比不增加成本，而可以大大提高温室的蓄热和保温水平。

空气土壤换热器的优点：其一，通过系统理论分析得到日光温室蓄热的关键技术，进而通过对原有日光温室后墙的改造实现高效蓄热。在建筑结构上可以结合日光温室的后墙进行一体化建造，不增加建筑成本，同时还可以增强日光温室后墙的稳定性。而且，所利用的储能材料为黄土或者沙子等就地取材的材料。其二，系统运行只需要简单的小型轴流风机，系统运行的费用和保证率高，在实践生长中容易长时间稳定运行。其三，在温室后墙建造的材料上首次采用了固化土技术，所利用的储能材料为黄土或者沙子等就地取材的材料，而且在建筑结构上可以结合日光温室的后墙进行一体化建造，因此大大降低温室土建的建筑成本，同时还可以增强日光温室后墙的稳定性。其四，系统运行过程中，由于日光温室内空气流经后墙的土壤或沙子，而这些材料一般湿度较低。因此，该热量交换过程不但可以实现太阳能的高效存储和释放，同时也能有效地降低日光温室内的空气湿度，为日光温室内种植的作物提供更加适合的生长环境。

（2）空气土壤换热技术简图（图 8-1-33、图 8-1-34）

（3）空气土壤换热器太阳能工程的墙体施工工艺

314

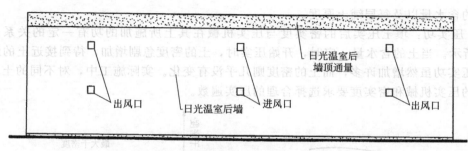

图 8-1-33 空气土壤换热器日光温室后墙立面图

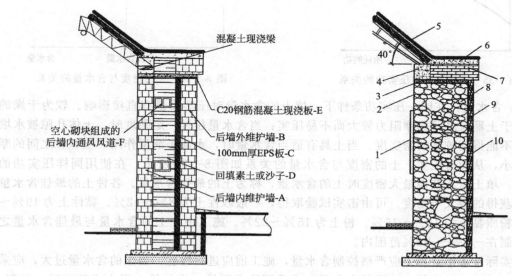

图 8-1-34 空气土壤换热器日光温室后墙剖面图

1—太阳能多晶硅电板；2—镀锌钢筋网箱；3—钢筋混凝土浇筑板；4—钢筋混凝土浇筑梁；
5—SBS防水卷材；6—豆石混凝土；7—砖墙；8—填充物（卵石、碎石或建筑废石等）；
9—泡沫玻璃保温板；10—保温防水水泥砂浆层

土方填筑与压实：

常见的土方回填工程有地基、基坑（基槽）、室内地坪、室外场地、管沟、散水、路基等。在实际工程中，由于回填压实质量未达到设计要求而出现的建筑物下沉、地坪沉降、路面开裂等质量事故经常发生，所以要高度重视土方回填压实施工。为保证填土的强度和稳定性，应正确选择回填土料和填筑方法，做好基层整理工作。

a. 土料的选用：填方土料应符合设计要求，保证填方的强度与稳定性，选择的填料应为强度高、压缩性小、水稳定性好、便于施工的土、石料。土料确定好后，按照重量比5%的量加入粉状土壤固化剂，用搅拌机充分搅拌均匀。

b. 填筑方法：土方填筑应从最低处开始，分层回填，分层压实。分层的厚度应根据土的种类及压实机械来确定。填方土层应接近水平，尽量采用同类土填筑，当采用不同类土填筑时，应将透水性大的土层置于透水性小的土层之下，不能混杂使用。

c. 压实方法：填土的压实方法有碾压、夯实和振动压实。压实方法必须根据工程特点、填料种类、设计要求的压实系数和施工条件合理选择。本工程的填土工程采用人工夯实法和压力气动锤压实法。土壤虚铺300mm夯实一次。

d. 影响填土压实的因素：填土压实质量与许多因素有关，其中主要影响因素为：压实功、土的含水量以及每层铺土厚度。

ⅰ. 压实功：填土压实后的密实度与压实机械在其上所施加的功有一定的关系，如图8-1-35 所示。当土的含水量一定时，开始压实时，土的密度急剧增加，待到接近土的最大密度时，压实功虽然增加许多，而土的密度则几乎没有变化。实际施工中，对不同的土，应根据选择的压实机械和密实度要求选择合理的压实遍数。

图 8-1-35　土的密度与压实功的关系　　　　图 8-1-36　土的密度与含水量的关系

ⅱ. 含水量：在同一压实功条件下，填土的含水量对压实质量有直接影响。较为干燥的土，由于土颗粒之间的摩阻力较大而不易压实；当含水量超过一定限度时，土体孔隙被水填充，也不能得到较高的密实度。当土具有适当含水量时，水起了润滑作用，土颗粒之间的摩阻力减小，从而易压实，土的密度与含水量的关系如图 8-1-36 所示。在使用同样压实功的条件下，填土压实获得最大密度时土的含水量，称为土的最佳含水量。各种土的最佳含水量和所能获得的最大干密度，可由击实试验取得，一般砂性土为 8%～12%、黏性土为 19%～23%、粉质黏土为 12%～15%、粉土为 15%～22%。施工中，土的含水量与最佳含水量之差可控制在 -4%～+2% 范围内。

在实际施工中，填土应严格控制含水量，施工前应进行检验。当土的含水量过大，应采用翻松、晾晒、风干等方法降低含水量，或采用换土回填、均匀掺入干土或其它吸水材料、打石灰桩等措施；如含水量偏低，则可预先洒水湿润，否则难以压实。

ⅲ. 铺土厚度：土在压实功的作用下，压应力随深度增加而逐渐减小。故土体压实时，表层的密实度增加最大，超过一定的深度，土体密实度增加较小直至不变。压实的影响深度与压实机械、土的性质和含水量等有关。铺土厚度应小于压实机械的有效作用深度，但也不能铺得过薄，过薄则要增加机械的总压实遍数。

（4）砖砌体的施工工艺

砖砌体的施工过程通常有抄平、放线、摆砖样、立皮数杆、盘角挂线、砌筑墙身、勾缝清理等工序（图 8-1-37～图 8-1-39）。

① 抄平　砌砖墙前，现在基础面或露面上按标准水准点定出各层标高，并用水泥砂浆或 C10 细石混凝土找平。

② 放线　依据施工现场龙门板上的轴线定位钉拉通线，并沿通线挂线锤，将墙轴线引测到基础面上，再以轴线为标准弹出墙边线，并定出门窗洞口的平面位置。

③ 摆砖样　摆砖样是指在弹好线的墙基面上，按墙身长度和组砌方式先用砖块试摆，核对所弹的门洞位置线及窗口、附墙垛的墨线是否符合所选用砖型的模数，对灰缝进行调整，以使每层砖的砖块排列和灰缝宽度均匀，并尽可能减少砍砖。摆砖样在砌清水墙时尤其重要。

④ 立皮数杆　立皮数杆，可以控制每皮砖砌筑的竖向尺寸，并使铺灰、砌砖的厚度均匀，保证砖皮水平。皮数杆上划有每皮砖和灰缝的厚度，以及门窗洞、过梁、楼板等的标

图 8-1-37　砌筑后墙砖砌体　　　　　　图 8-1-38　在温室后墙中填充固化土

图 8-1-39　在后墙中构造风道

高。它立于墙的转角处，如墙的长度很大，可每隔 10～20m 再立一根。

⑤ 盘角挂线　砌墙前应先盘角，即对照皮数杆的砖层和标高，先砌墙角。每次盘角砌筑的砖墙高度不超过五皮，并应及时进行吊靠，如发现偏差及时修整。根据盘角将准线挂在墙侧，作为墙身砌筑的依据。每砌一皮，准线向上移动一次。砌筑一砖厚及以下者，可采用单面挂线；砌筑一砖半厚及以上者，必须双面挂线。每皮砖都要拉线看平，使水平缝均匀一致，平直通顺。

⑥ 砌筑墙身　铺灰砌砖的操作方法很多，常用的方法有"三一"砌筑法和铺浆法。"三一"砌筑法，即一铲灰、一块砖、一挤揉，并随手将挤出的砂浆刮去的砌筑方法。该方法易使灰缝饱满、黏结力好、墙面整洁，故宜用此法砌砖，尤其是对抗震设防的工程。当采用铺浆法砌筑时，铺浆长度不得超过 750mm；当气温超过 30℃时，铺浆长度不得超过 500mm。

⑦ 勾缝　勾缝具有保护墙面并增加墙面美观的作用，是砌清水墙的最后一道工序。清水墙砌筑应随砌随勾缝，一般深度以 6～8mm 为宜，缝深浅应一致，清扫干净。勾缝宜用 1∶1.5 的水泥砂浆，应用细砂，也可用原浆勾缝。

（5）质量要求

砌筑质量应符合《砌体工程施工质量验收规范》（GB 50203—2011）的要求，做到横平竖直、砂浆饱满、组砌得当、接槎可靠。

① 横平竖直　砖砌筑时要求水平灰缝应平直，竖向灰缝应垂直对齐，不得游丁走缝。这既可保证砌体表面美观，也能保证砌体均匀受力。

② 砂浆饱满　砂浆层的厚度和饱满度对砖砌体的抗压强度影响很大，灰缝应砂浆饱满、厚薄均匀，保证砖块均匀受力和使块体紧密结合。水平灰缝厚度宜为 10mm，但不应小于 8mm，也不应大于 12mm，且水平灰缝的砂浆饱满度不得小于 80%（可用百格网检查）。

③ 组砌得当　为提高墙体的整体性、稳定性和强度，砖块砌筑时应遵守上下错缝、内外搭砌的要求，避免垂直通缝的出现。为满足错缝要求，墙体组砌可采用一顺一丁、三顺一丁、梅花丁的砌筑形式。

④ 接槎可靠　"接槎"是指相邻砌体不能同时砌筑而设置的临时间断，为便于先砌砌体与后砌砌体之间的接合而设置。接槎一般有斜槎和直槎两种方式。为使接槎牢固，后面墙体施工前，必须将留设的接槎处表面清理干净，浇水湿润，并填实砂浆，保持灰缝平直。

规范规定：砖砌体的转角处和交接处应同时砌筑，严禁无可靠措施的内外墙分砌施工。对不能同时砌筑而又必须留置的临时间断处应砌成斜槎，斜槎水平投影长度不应小于高度的 2/3。非抗震设防及抗震设防烈度为 6 度、7 度地区的临时间断处，当不能留斜槎时，除转角处外，可留直槎，但直槎必须做成凸槎。留直槎处应加设拉结钢筋，拉结钢筋的数量为每 120mm 墙厚放置一根 φ6 拉结钢筋，间距沿墙高不应超过 500mm；埋入长度从留槎处算起每边均不应小于 500mm，对抗震设防烈度 6 度、7 度的地区，不应小于 1000mm；末端应有 90°弯钩。

（6）空气碎石换热器太阳能工程的墙体施工工艺

① 空气碎石换热器自主蓄放热后墙工艺　制作时，首先制作镀锌钢筋网箱，每个钢筋网箱依现场的石材大小来确定，基本尺寸为长 2.0m，高 1.0m，厚度与传统的温室后墙厚度相同；在镀锌钢筋网箱内装填充物（卵石或碎石或建筑废石），然后将镀锌钢筋网箱进行层叠；当达到日光温室高度后，在层叠后的锌钢筋网箱一侧粘贴泡沫玻璃保温板；然后在泡沫玻璃保温板外侧用保温防水水泥砂浆 10 对泡沫玻璃保温板进行保护，从而实现对镀锌钢筋网箱一侧的封闭。

图 8-1-40　绑扎碎石钢丝笼　　　　　图 8-1-41　填充碎石形成碎石换热墙

层叠后的锌钢筋网箱另一侧的表面上，每间隔 10m 安装 1 套轴流风机和太阳能多晶硅电板；层叠后的锌钢筋网箱顶部用钢筋混凝土浇筑板封顶；然后在混凝土浇筑板上浇筑钢筋混凝土浇筑梁，以及砌筑砖墙；最后在砖墙上浇筑豆石混凝土层和铺设 SBS 防水卷材；制备时保证钢筋混凝土浇筑梁和 SBS 防水卷材的角度为 40°。

② 装配式日光温室太阳能自主蓄放热后墙优点

其一，采用钢筋网箱装配后墙，在钢筋网箱内封装卵石、碎石石块、混凝土块材等项目地现场材料。因此在降低温室土建造价的基础上，提高了日光温室后墙的结构稳定性，而且还降低了温室后墙的施工难度。

其二，日光温室建造过程中大量使用了干作业生产，因此具有建造速度快，施工限制条件少的特点。加之，大量采用了就地卵石、碎石等建筑材料，因此具有价格低廉、建造方便和生态环保的特点（图 8-1-40、图 8-1-41）。

其三，在温室后墙建造上首次模块化镀锌钢筋网箱装配技术，所利用的储能材料为卵石、碎石甚至是建筑垃圾等材料，所有材料均可就地取材，而且在建筑结构上可以结合日光温室的后墙进行一体化建造，因此大大降低温室土建的建筑成本，同时还可以增强日光温室后墙的稳定性。而且，该温室结构由于其特殊的后墙构造，因此，特别适宜在戈壁、多砂石地区进行大面积推广应用。

其四，利用太阳能多晶硅电板和设置在后墙的风机，对后墙中的大量孔洞进行自主蓄放热，运行的费用低，保证率高，大大提高了日光温室的保温性能，在实践生产中容易推广和保持长时间稳定运行。特别适宜于在偏远地区大面积推广。

其五，由于后墙主动蓄热系统采用了太阳能驱动，因此在光照条件好的天气状况下，太阳能板发电多，风机运行时间长，风机系统向后墙蓄热就会多。而在光照条件较差的天气，太阳能板发电较少，风机运行时间短，蓄热系统蓄热少。该特点恰好充分满足了温室在高温蓄热，低温放热的蓄放热科学规律，因此该技术极具市场推广价值。

8.1.4.3　空气大地换热器太阳能工程的注意事项

① 固化土蓄热后墙采用了土壤固化技术，因此对于固化剂的选择需要经过专业人员严格地设计和试验确定。忌盲目施工。

② 固化土蓄热后墙的风道设计需要根据不同地区的实际土壤热物性经过专业的计算确定，包括风道截面、风道壁面材质、通风量等参数设计。盲目施工容易导致蓄热量不足，不能有效发挥其性能。

③ 该固化土后墙的通风时间需经专业设计人员根据实践种植作物进行针对性设定，尽可能使用本技术自配的专用自动运行控制器，并且在使用中自动连续运作。

8.2　浅层地能热泵工程工艺

8.2.1　浅层地能热泵技术概论

8.2.1.1　浅层地能热泵的定义及分类

（1）浅层地能热泵的定义

热泵是一种利用高位能使热量从低位热源流向高位热源的节能装置。顾名思义，热泵也就像泵一样，可以把不能直接利用的低位热能（如空气、土壤、水中所含的热能、太阳能、生活和生产废热等）转化为可利用的高位热能，从而达到节省部分高位能（如煤、燃气、油、电能等）的目的。

（2）浅层地能热泵的分类

国际上按冷、热源的不同可将热泵分为空气源热泵（air-source heat pumps，ASHP）、水源热泵（water-source heat pumps，WSHP）和地源热泵（ground-source heat pumps，GSHPs）三大类。

根据《地源热泵系统工程技术规范》的定义，地源热泵系统是指以岩土体、地下水或地表水为低温热源，由水源热泵机组、地热能交换系统、建筑物内系统组成的供热空调系统。按照热源的不同，地源热泵系统可分为土壤源热泵系统（GCHP）、地下水热泵系统（GWHP）和地表水热泵系统（SWHP）。

浅层地能热泵有开式系统和闭式系统两种。开式系统是直接利用水源进行热量传递的热泵系统。该系统需要配备防砂堵、防结垢、水质净化等装置。闭式系统是在深埋于地下的封闭塑料管内，注入防冻液，通过换热器与水或土壤交换能力的封闭系统。闭式系统不受地下水位、水质等因素的影响。

浅层地能热泵在国内也被称为地热泵。根据利用地热源的种类和方式不同，可以分为以下三类：土壤源热泵或称土壤耦合热泵、地下水热泵、地表水热泵。

浅层地能热泵系统由以下四个主要部分组成：换热系统（包括土壤、地下水和地表水的换热）、循环系统（主要以水为循环介质）、热泵机组系统和建筑供热空调系统。系统的组成如图 8-2-1 所示。

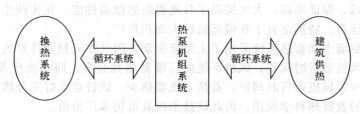

图 8-2-1　地源热泵系统的组成

① 土壤源热泵系统　土壤源热泵系统利用地下岩土中的热量，它通过循环液（水或以水为主要成分的防冻液）在封闭地下埋管中的流动，实现系统与大地之间的传热。在冬季供热过程中，流体从地下收集热量，再通过系统把热量带到室内。夏季制冷时系统逆向运行，即从室内带走热量，再通过系统将热量送到地下岩土中。因此，地下耦合热泵系统保持了地下水源热泵利用大地作为冷热源的优点，同时又不需要抽取地下水作为传热的介质。它是一种可持续发展的建筑节能新技术。土壤源热泵系统如图 8-2-2 所示。

图 8-2-2　土壤源热泵系统

土壤源热泵系统，除了要有足够埋管区域，还要有比较适合的岩土体特性。坚硬的岩土体将增加施工难度及初投资，而松软岩土体的地质变形对地埋管换热器也会产生不利影响。为此，工程勘察完成后，应对地埋管换热系统实施的可行性及经济性进行评估。

选择土壤源热泵系统要考虑的问题：a. 空调建筑附近的场地（空地、草坪、停车场等）

面积是否能满足设计工况下的放热量和吸热量要求；b. 根据场地面积和经济因素选择水平埋管方式或垂直埋管方式；c. 每年从地下取热和向地下排热的总量是否基本平衡，如不平衡，则需要设置补充热源或辅助散热措施。

在现场缺乏地下水，地下水的抽取和排放存在限制，或现场无可利用的地表水，地表水的水域范围和深度不太适合，采用地下水源或地表水源热泵系统并不经济，此时应考虑采用土壤源热泵系统。

② 地下水源热泵系统　地下水源热泵的换热系统部分利用的是水井或废弃矿井中抽取的地下水为冷热源，经过换热后将地下水再回灌到原来的地下水层。最近几年地下水源热泵系统在我国得到了迅速发展。地下水源热泵系统如图 8-2-3 所示。

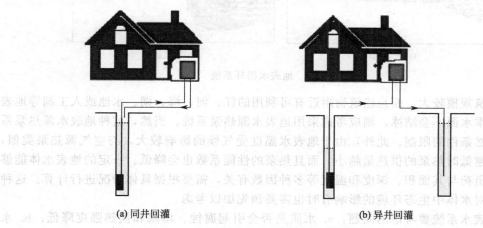

(a) 同井回灌　　　　　　　　　　　　　(b) 异井回灌

图 8-2-3　地下水源热泵系统

地下水源热泵直接利用从水井中抽取的地下水，水质比地表水好，温度可常年保持恒定，运行工况稳定。如果有足够的地下水量、水质较好，有开采手段，当地规定又允许，就可考虑应用此系统。但目前国内地下水回灌技术还不成熟，易造成地下水资源的流失、水质污染及地面沉降等问题。对地下水系统，首先要有持续的水源保证，同时还要具备可靠的回灌能力。《地源热泵系统工程技术规范》（GB 50366—2005）中强制规定：地下水换热系统应根据水文地质勘察资料进行设计，并必须采取可靠回灌措施，确保置换冷量或热量后的地下水全部回灌到同一含水层，不得对地下水资源造成浪费及污染。系统投入运行后，应对抽水量、回灌量及其水质进行监测。

但是，地下水源热泵系统的应用也受到许多限制。首先，系统需要有丰富和稳定的地下水资源作为先决条件。因此在决定采用地下水源热泵系统之前，一定要做详细的水文地质调查，并先打勘测井，以获取地下温度、地下水深度、水质和出水量等数据。地下水源热泵系统的经济性与地下水层的深度有很大的关系，运行中水泵的耗电将大大降低系统的效率，如果地下水位较低，成井的费用和运行费用都将增加。虽然，理论上抽取的地下水将回灌到地下水层，但目前国内地下水回灌技术还不成熟，在很多地质条件下回灌的速度大大低于抽水的速度，从地下抽出来的水经过换热器后很难再被全部回灌到含水层内，造成地下水资源的流失。此外，即使能够把抽取的地下水全部回灌，怎样保证地下水层不受污染也是一个棘手的问题。水资源是当前最紧缺、最宝贵的资源，任何对水资源的浪费或污染都是绝对不可允许的。国外对于环保和使用地下水的规定和立法越来越严格。

③ 地表水源热泵系统　地表水地源热泵的换热系统部分利用的是大量自然水体或大流量排水为冷热源，系统比较简单，冷热源传热性能也较好，但可能受到水源水质的影响和气

候的限制较大。

地表水源热泵系统的冷热源是池塘、湖泊或河溪中的地表水，设计前应对地表水系统运行对水环境的影响进行评估；地表水换热系统设计方案应根据水面用途，地表水深度、面积，地表水水质、水位、水温情况综合确定。地表水源热泵系统如图8-2-4所示。

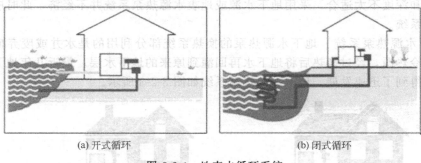

(a) 开式循环　　　　　　　　　　(b) 闭式循环

图 8-2-4　地表水循环系统

如果建筑规模较大，而且建筑物附近有可利用的江、河、海、湖、水池或人工湖等地表水源，且冬季水源不会结冰，则应考虑采用地表水源热泵系统。当然，这种地表水源热泵系统也受到自然条件的限制。此外，由于地表水温度受气候的影响较大，与空气源热泵类似，当环境温度越低时热泵的供热量越小，而且热泵的性能系数也会降低。一定的地表水体能够承担的冷热负荷与其面积、深度和温度等多种因数有关，需要根据具体情况进行计算。这种热泵的换热对水体中生态环境的影响有时也需要预先加以考虑。

选择地表水系统要考虑的问题：a. 水质是否会引起腐蚀、堵塞和换热强度降低；b. 水量和水温是否满足设计工况要求；c. 当地表水输送距离较远时，需要评价输送费用，以免影响整个系统的性能系数。

地表水源热泵的适用性与地区的地表水量、水温、水质以及室外气候条件有关，地源热泵机组工况参数的确定以及性能的适用性，直接关系到地源热泵系统的正常运行和能量消耗。地表水源热泵空调系统最适用于夏季炎热，冬季不太冷又需供暖的地区。

8.2.1.2　浅层地能热泵的工作原理

浅层地能热泵遵循逆卡诺原理如图8-2-5所示，即从外部供给热泵较小的耗功 W，同时从低温环境 T_L 中吸收大量的低温热能 Q_L，热泵就可以输出温度高得多的热能 Q_H，并送到高温环境 T_H 中去，从而达到将不能直接利用的低温热回收利用起来。

地源热泵系统包括能量相互关联，工作介质相互独立的三个循环系统，即地下循环系统，热泵机组循环系统和室内循环系统。其工作原理是：①地下循环系统，冬季对建筑供暖，较低温度的循环介质从热泵出口流出，通过地下换热器与大地进行热交换，吸收了大地热能使温度升高的循环介质从换热器流入到热泵入口，通过热泵机组内压缩机与冷媒进行热量交换后温度降低，再从热泵出口流入地下换热器，周而复始，从而达到热泵机组从大地"吸热"的目的。②热泵机组循环系统，热泵机组内的工作介质蒸发后变成气体，由压缩机压缩，再经过冷凝器还原成液体，经与室内工作介质热交换后，放出热量，由调节阀调节后进入蒸发器，再蒸发，如此循环，进行能量交换。③室内循环系统，室内工作介质在冷凝器与热泵机组热交换后，使室内工作介质升温，供建筑物内供暖。三个系统周而复始的循环，从而实现将大地中的热量转移到建筑物内。制冷时：工作过程正好相反，只是将冷凝器连接到地下水管线上，工作介质放热给地下水；将蒸发器连接到空调水上，由工作介质吸收空调水的热量。

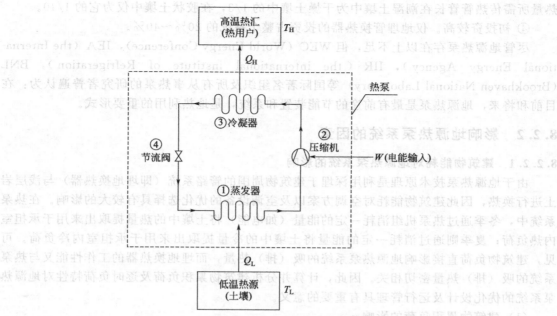

图 8-2-5　地源热泵工作原理图

8.2.1.3　浅层地能热泵系统的特点

与空气源热泵相比，地源热泵具有如下优点。

① 土壤温度全年波动较小且数值相对稳定，热泵机组的季节性能系数具有恒温热源热泵的特性，这种温度特性使得地源热泵比传统的空调运行效率高 40%～60%，节能效果明显。

② 土壤具有良好的蓄热性能，冬、夏季从土壤中取出（或放入）的能量可以分别在夏、冬季得到自然补偿。

③ 当室外气温处于极端状态时，用户对能源的需求量一般也处于高峰期，由于土壤温度相对地面空气温度的延迟和衰减效应，因此，和空气源热泵相比，它可以提供较低的冷凝温度和较高的蒸发温度，从而在耗电相同的条件下，可以提高供冷量和供热量。

④ 地下埋管换热器无需除霜，没有结霜与融霜的能耗损失，节省了空气源热泵的结霜、融霜所消耗的 3%～30% 的能耗。

⑤ 地埋管换热器在地下吸热、放热，减少了空调系统对地面空气的热、噪声污染。同时，与空气源热泵相比，相对减少了 40% 以上的污染物排放量。与电采暖相比，相对减少可 70% 以上的污染物排放量。

⑥ 运行费用低。据世界环境保护组织（EPA）估计，设计安装良好的地源热泵系统平均来说，可以节约用户 30%～40% 的空调运行费用。

但从目前国内外对地源热泵的研究及实际使用情况来看，地源热泵系统也存在很多缺点，其表现主要有：

① 地埋管换热器的换热性能受土壤性质影响较大，长期连续运行时，热泵的冷凝温度或蒸发温度受土壤温度变化的影响和发生波动。

② 土壤的热导率小，而地埋管换热器的持续吸热率仅为 20～40W/m，一般吸热率为25W/m 左右。因此，当换热量较大时，地埋管换热器的占地面积较大。

③ 地埋管换热器的换热性能受土壤的热物性参数的影响较大。计算表明，传递相同的

热量所需传热管管长在潮湿土壤中为干燥土壤中的 1/3，在胶状土壤中仅为它的 1/10。

④ 初投资较高。仅土埋管换热器的投资占整个系统的 20%～40%。

尽管地源热泵存在以上不足，但 WEC（World Energy Conference），IEA（the International Energy Agency），IIR（the international institute of Refrigeration），BNL（Brookhaven National Laboratory）等国际著名组织及所有从事热泵的研究者普遍认为：在目前和将来，地源热泵是最有前途的节能装置和系统，是地热利用的重要形式。

8.2.2 影响地源热泵系统的因素

8.2.2.1 建筑物能耗对地源热泵系统的影响

由于地源热泵技术原理是利用深埋于建筑物周围的管路系统（即埋地换热器）与浅层岩土进行换热，因此建筑物能耗对空调方案以及空调设备的优化选择具有较大的影响。在热泵系统中，冬季通过热泵机组消耗一定的能量（如电能）将土壤中的热量提取出来用于承担室内热负荷；夏季则通过消耗一定的能量将土壤中的冷量提取出来用于承担室内冷负荷。可见，建筑物负荷直接影响地源热泵系统的吸（排）热量，而埋地换热器的工作性能又与热泵系统的吸（排）热量密切相关。因此，计算并分析建筑物累积负荷及逐时负荷特性对地源热泵系统的优化设计及运行管理具有重要的意义。

（1）建筑物累积负荷的影响

由于地埋管地源热泵系统中埋地换热器与土壤间是不稳定传热状态。热量排放以换热器为中心逐渐向周围岩土扩散；热量提取以换热器为中心，从周围岩土逐渐汇集。若建筑物未采取相应的节能措施以降低建筑物能耗，造成冬夏季所需的热冷负荷较大。随着建筑累积负荷的增加，地源热泵系统的吸（排）总热量也不断增加，因此需要埋设更多的埋管数量与土壤换热，造成热泵系统建设成本增加。此外，热（冷）量大量聚集在换热器附近的岩土中，还会造成地下温度场的恢复更加缓慢，换热器换热能力持续衰减。而埋管换热器换热的稳定性直接影响到地上热泵机组以及整个地源热泵系统的工作性能。另一方面，如果系统全年承担的累积冷热负荷存在较大差异，则会造成地下热环境的破坏，即该区域的浅层土壤温度逐年升高或降低。长此以往，不仅直接影响到热泵系统的运行效率，还会改变当地的地质条件和生态环境。

因此，建筑物累积负荷对地源热泵系统有较大的影响，甚至是决定地源热泵系统寿命的关键因素。在地源热泵系统工程建设时，一方面，应注意采取适当的节能措施，如采用保温隔热等节能材料，提高围护结构密闭性等，以最大程度地降低建筑物能耗，从而达到减少建筑物负荷的目的；另一方面，应注意排除热泵系统向地下排热量与取热量不平衡的问题。如采用辅助冷热源与地源热泵系统耦合的供热空调系统等。总之，地源热泵系统的建设应建立在降低建筑本身能耗的基础之上，二者是相辅相成、密不可分的。前者依赖于后者，后者促进前者。

（2）建筑物逐时负荷特性的影响

对于一个特定的建筑，在确定了室内设计参数后，供热空调系统的热冷负荷是随时间动态变化的。由于地源热泵系统运行与停机时埋管换热器的换热状态截然不同。运行时室内多余热（冷）量持续作用在换热器上，换热介质因不断循环流动而处于流动传热状态；热泵系统停机时室内无多余热（冷）量作用在换热器上，换热介质停止流动但继续和岩土进行传热。当地源热泵系统两种换热状态同时存在时则为间歇运行。不同运行时间和停机时间对换热器的影响也不同。因此，在进行地源热泵系统设计时，讨论建筑负荷的逐时特性十分重要。

以办公建筑为例，按照其使用特点，即工作日上班时间使用率较高，休息、夜间以及节假日使用率较低甚至为零。这种建筑特性决定了无论在冬季或夏季，建筑负荷白天处于高负荷，中午较短的时间内转为低负荷，下午上班后恢复高负荷，下午下班到第二天上班前负荷降低甚至为零，对于地源热泵系统，休息、夜间以及节假日时间可作为地下换热器换热状态的恢复期。因此建筑物逐时负荷的这种间歇特性对地下换热器的工作性能十分有利。建筑物逐时负荷特性决定了地下换热器的工作状态不同，由此影响到地源热泵系统的运行效率也不同。研究建筑逐时负荷特性的目的就在于分析负荷对地下换热器的影响。因此，选用地源热泵系统之前必须对建筑负荷特征做具体分析，是连续作用还是断续作用。这是保证地源热泵系统长期稳定高效运行的先决条件。

（3）建筑物能耗计算方法的影响

建筑空调系统能耗计算对建筑节能设计、空调系统设计的节能优化及运行管理具有十分重要的意义。建筑物全年能耗计算是以建筑物全年负荷计算为基础的。建筑物全年负荷计算有两种基本方法：一是针对某一建筑，建立建筑物热过程的动态模型，利用计算机作逐时模拟。即根据室内设计参数、室外逐时的气象数据，在计算机上做全年或某时间段的逐时模拟，计算出建筑物的能耗。如美国的 DOE2、BLAST 和后来重新开发的 ENERGYPLUS，芬兰的 TASE、法国的 CLIM2000 及中国建筑科学研究院开发的 BDP/HVAC/ACL，清华大学研发的 DEST 等，这类计算方法比较完善，具有较好的计算精度。二是各种简化的计算方法，通常采用的方法如度日法、温频法、逐时法等。与动态模拟相比，这些简化计算法精度稍差。

由于对拟采用地源热泵系统的工程，进行建筑物能耗计算不仅是为了确定设备选型，更重要的是分析地下换热器是否能长期正常运行，尤其是用来分析不同地区不同建筑类型的负荷特性是否适宜采用地源热泵系统。因此，建筑物能耗的准确计算与分析对地源热泵系统优化设计至关重要。

8.2.2.2　土壤特性对地源热泵系统的影响

对于拟采用地源热泵系统的工程，当地地质条件很大程度上决定了项目可行性、埋管换热器的结构、工作性能、初投资及运行费用。因此，地源热泵系统设计初期必须对当地地质特征及土壤温度分布规律具有相当程度的了解。而土壤作为地埋管地源热泵系统的吸热与排热场所，其特性及初始温度对地埋管地源热泵系统的性能会产生很大的影响，因此分析土壤特性和初始温度也十分重要。

（1）土壤特性

地源热泵系统利用的土壤是指地表浅层土壤，它作为热泵系统的热（冷）源，与空气相比具有利于热泵系统运行的特殊性能。

首先，土壤的温度变化与当地空气温度变化相比具有滞后和衰减的特点。这使得土壤作为热泵的低位热（冷）源能较好地匹配建筑物的热（冷）负荷变化，这对热泵系统的运行是十分有利的。当室外空气温度处于极限状态时，用户对能源的需求量处于高峰期。由于土壤与空气相比温度变化缓慢，使得此时的土壤温度相比于空气温度具有延迟性，可以提供较低的冷凝温度或较高的蒸发温度，以减小高峰需求。另外，由于土壤蓄热性好，夏季向土壤中排放的热量可以用于提供冬季所需的热量。不但如此，土壤温度一年四季相对稳定，在地下30～40m 已基本保持不变。冬季土壤温度比外界环境温度高，夏季比环境温度低，可以分别在冬、夏两季提供较高的蒸发温度和较低的冷凝温度，从而利于地源热泵系统的运行。

其次，较好的土壤导热性能利于热泵系统设计及运行。研究表明，随着土壤导热性能的提高，地埋管换热器的单位管长换热量增长非常明显，这就意味着可以极大地节省换热器的设计容量，进而节省管材和钻井费用，减少初投资。土壤的导热系数与其孔隙率大小及含湿量有关。一般来讲，对于成分相同的土壤，孔隙率大者导热系数反而小，并且当土壤孔隙中填充的物质成分的导热系数大于土壤导热系数时，可以在一定程度上增加岩土的平均导热系数。潮湿土壤的导热系数要远高于干燥土壤的导热系数。研究表明，当埋管换热器与周围潮湿土壤换热时，地源热泵系统的性能系数 COP 要比与干燥土壤换热的性能系数 COP 高35%，当土壤含水率低于 15% 时，随着含水率的降低热泵的性能系数将迅速下降；土壤含水率在 25% 以上时，随着含水率的增加地源热泵的性能将会得到有效提高，直至含水率超过 50% 后增加减缓。所以，在一些土壤中地下水含量较多的地区，使用地源热泵系统将会有很大的优势。

（2）土壤初始温度

土壤的温度特性是影响地源（地埋管）热泵系统的主要因素。埋地换热器的最佳间距和深度取决于土壤的热物性和气象条件，并且是随地点而变化的。土壤温度的变化主要受太阳辐射和大气温度的影响。具体来说，土壤温度是太阳辐射平衡、土壤热量平衡和土壤热学性质共同作用的结果。不同地区、不同时间和不同的土壤构成、性质及利用情况，都不同程度地影响土壤的温度分布。由于土壤温度有延迟和蓄热的特性，所以当室外空气的温度很低时，土壤层却具有较高的温度，并且土壤层内温度能保持较稳定，这使得地埋管地源热泵系统运行能与建筑物负荷更好的匹配。因此，了解地埋管地源热泵系统所在地区的土壤初始温度具有重要的意义，是进行地热泵系统设计的基础。

由于地埋管地源热泵系统以地下土壤和循环流体间的温差作为热传递动力，在地源热泵系统运行时，埋管换热器与周围土壤间不断有热量传递，导致土壤原来的温度场发生变化，并伴随变化程度的增加及影响区域的不断扩大，相邻换热器间换热状态也受到不同程度的影响，这种因地温变化而引起换热器与周围土壤间的换热阻力增加，并造成换热量减弱的现象被称为温变热阻。因此对于地源热泵系统，若在一年的周期运行中冬季从地下的取热量与夏季向地下的释热量不平衡，多余的热量（或冷量）就会在地下积累，引起地下年平均温度的变化。温变热阻将增大，地热换热器效能也就降低。地源热泵埋地换热器的形式大小与地下温度场有直接联系。由于不同地区或同地区不同场地的地质条件差异明显，相应的地下温度场也有差异，而地下温度场及地下土壤温度又直接决定了地下换热器的设计。因此，在地源热泵系统设计初期，详细掌握当地土壤初始温度及热物性十分必要。

（3）土壤热物性及初始温度的测试方法

土壤的综合热物性参数包括土壤综合导热系数、土壤综合（体积）比热容。土壤的导温系数可由导热系数与容积比热容确定，一般均无现成的数据，且各地区、同地区不同场地差异明显，应采用具体测试方法获得。因此开展地下土壤热物性测试的主要目的在于通过现场钻孔试验，掌握浅层土壤在外界热激励作用下的动态响应过程，从而获得土壤综合导热系数、土壤综合（体积）比热容、初始温度以及地下换热规律，为进一步的地源热泵系统优化设计与节能运行提供必要的数据依据。

目前国内有两种不同的试验方法："恒热流法"和"恒温法"。其中"恒热流法"确定土壤热物性是国际地源热泵协会（IGSHPA）、国际能源机构（IEA）所以及美国采暖制冷与空调工程师学会（ASHRAE）推荐的方法，也是国际通用的做法。该方法以恒功率的电流为热源进行加热，试验过程中记录循环水进出口温度随时间的变化，仪器结构和控制相对比较简单。这种方法主要可用来确定地下土壤层的平均导热系数以及钻孔内的热阻，并采用适当的软件或按设计规范计算得到地埋管换热器的设计总长度。这是美国的标准和我国的《地源热泵工程技术规范 GB 50366—2009》要求的方法。"恒温法"热响应试验是近年来在我国开发的。该方法在试验中保持进水温度一定，通过测试流量以及回水温度计算得出换热量。这种方法需保持回路进口温度不变，因而热（冷）源部分必须有控制装置进行调节。其主要目的是确定在"稳定"状态下的每延米换热量。由于实际地源热泵系统的运行是以热流（负荷）为主导，建筑物中产生的热量通过埋地换热器不断被传到土壤中，而不是（循环液）温度作为主导。因此在实际运行都是由负荷决定回路中循环液的温度，它随时间有很大的波动。采用"恒温法"测得的单位延米换热量具有一定的局限性，不宜直接作为具体设计采用。建议在进行地源热泵系统设计时，采用"恒热流法"测试获得综合（平均）导热系数、综合比热容，利用有关模型（如《地源热泵工程技术规范 GB 50366—2009》附录 B）计算获得总钻孔深度（或埋管长度），然后折算为单位延米（孔深）换热量。

同时，在进行地下土壤热物性测试时，应注意排除以下影响因素。

① 环境温度　主要体现在地面上水平管的换热，与保温隔热水平有关，使得理论计算中采用的热量与实际散发到地下土壤中的热量又差异。

② 测试季节　主要体现在环境温度。一般夏季结果可能偏大，冬季结果偏小。注意采用良好的保温隔热措施可减小此影响。

③ 取热放热　主要体现在地下土壤温度场有差别，从而影响导热系数值。有关研究表明，取热实验时，测得的导热系数比放热试验时约低 3%。

④ 流速　须保证测试孔埋管内流体为紊流状态，最低 0.2m/s。

⑤ 加热功率　加热功率的不同也主要体现在地下温度场有差别，但研究表明对导热系数影响较小。

⑥ 测试时间　较长时间更有利于模型的结果稳定，一般认为 48h 后的误差可忽略。数据取值一般应舍去开始的 6～8h 不稳定时间段。

8.2.2.3　埋管换热器布置形式对地源热泵系统性能的影响

地埋管地源热泵的埋管形式一般可分为水平埋管和竖直埋管换热器两大类。水平埋管方式的优点是在软土地区造价较低，但由于水平埋管通常是浅层埋管，相对于竖直埋管而言，换热能力小，且占地面积相对较大，不适合我国地少人多的国情。竖直埋管换热器也就是在若干竖直钻孔中设置地下埋管的地埋管换热器。由于竖直埋管换热器具有占地少、工作性能稳定等优点，因此在实际运用中竖直埋管已成为主导形式。以下针对竖直埋管换热器，具体介绍其布置形式对地源热泵的影响。

（1）埋管总长度

地埋管地源热泵设计的一个重要参数就是系统埋管或钻孔总长度。它主要决定热泵系统的供热制冷能力或热容量。若地源热泵系统设计埋管不足，将使供热制冷效果无法保证，系统运行效果降低。若设计埋管过多，将会造成浪费，增加初投资。由于地埋管换热器的投资通常占整个地源热泵系统初投资的 1/3～1/2，而钻孔的成本又是地埋管换热器总投资的主要组成部分，因此地埋管或钻孔总长度是影响地源热泵系统初投资、优化系统方案的主要因素。而影响埋管长度的主要因素有：土壤热物性参数、土壤初始平均温度、回填材料性质、钻孔几何尺寸、埋管管材、换热介质流量、空调冷热负荷特性、主机能效等。

（2）埋管间距

在地埋管地源热泵系统中，埋管间距直接影响换热器换热效果、占地面积以及项目初投资。当增加埋管间距时，由于埋管周围土壤体积增加，可以有效降低相邻埋管间的热干扰，使得土壤温度场较容易得到恢复，换热效果提高，但同时增加了埋管总长度，初投资增加，埋管换热器所占的面积也增加。在实际工程应用中，埋管间距一般根据有关经验资料确定，U 形管管井的水平间距一般为 4.5m，有人认为长期间歇运行的地源热泵垂直埋管间距在

3m 左右较适合；有人建议取热（冬季）时埋管间距取 4m，放热（夏季）时埋管间距取约 5m，综合考虑冬夏季工况，U 形管埋地换热器管间距不小于 5m；有人认为经 U 形埋管冬夏长时间运行的测试埋管换热器的影响半径为 2.5～3m，因此埋管换热器系统的孔间距通常在 5～6m（推荐 3～6m）。

（3）埋管深度

埋管深度对地埋管地源热泵系统的换热器效率及经济性有很大的影响。增加埋管深度，可以提高单位埋孔换热量及机组性能，节省埋管管群的占地面积，但随埋管深度增加其土壤间的温差逐渐减小，换热能力逐渐减弱，同时会增大钻井难度及成本，而且对埋管管材的承压能力提出更高的要求；当埋管深度较浅时，埋管难以与土壤进行有效地换热，且占地面积较大，使热泵系统的应用性受到限制。由于埋管深度对系统运行时埋管换热器的影响半径有一定的影响，因此，设计埋管深度时，应针对具体工程综合考虑当地地质条件、埋管间距及管材的选择等因素。

（4）钻孔直径

埋管钻孔直径的大小主要受埋管支管间距的影响。钻孔直径越大，埋管支管间距越大，可以降低进水管与出水管间的热短路现象，有利于增加埋地换热器的换热量。但同时导致钻孔费用上升，回填材料费用增加。钻孔直径过小，埋管支管间距减小，两支管间会出现相互换热的现象（热短路现象），导致进出口温差减小，埋地换热器性能降低。目前我国的实际工程中钻孔直径通常为 110～150mm。

（5）埋管管径

在地源热泵系统工程中，埋管换热器最常用的 U 形管规格为 De25×2.3、De32×3.0、De40×3.7 三种。根据大量工程经验和计算，增大 U 形管的管径对埋管换热器的效果影响在 5%之内，影响较小，所以选用 De25×2.3 管比选用 De32×3.0、De40×3.7 管能取得更大的性能价格比。但也应考虑选用管径较小的管子，管壁较薄，相对刚度小，在施工中可能造成 U 形管扭曲变形的问题。同时，选择埋管管径时，应兼顾换热效果、压力损失及对埋管内循环流量的影响。

8.2.2.4 回填材料对地源热泵系统性能的影响

在地源热泵系统中，回填材料主要用于提高埋管与周围土壤间的换热效果，增强换热器换热性能。它介于埋管与钻孔内壁之间，同时可以防止地面污水因通过钻孔下渗到地下而污染地下环境。回填材料的正确选择和合理的回填施工对保证地埋管换热器的性能具有十分重要的意义。研究表明，回填材料的导热系数对埋管换热器性能的影响程度因土壤导热系数不同而不同。土壤导热系数越大，影响也越大。尤其对于埋设于坚硬地层（如岩石）中的埋管换热器，采用导热性能较好的回填材料可以有效降低地埋管换热器总体成本，提高埋管换热器换热性能，降低运行能耗。当回填材料导热系数小于周围土壤的导热系数时，选择导热系数比较高的回填材料可以有效提高换热器的换热性能。但当回填料导热系数大于周围土壤的导热系数时，进一步提高回填材料导热系数并会对换热器换热效果有很大的提高。因此建议施工过程中尽量选用和周围土壤导热系数差不多的回填材料。

8.2.3 浅层地能热泵设计工艺

8.2.3.1 场址选择

土壤源热泵通过地埋管土壤换热器系统与大地交换热量，交换过程中的主要问题是需解决土壤冬夏季吸热和放热的平衡性。如果热量的取用不平衡，必然造成土壤的蓄热性变差。因为土壤与地下换热器进行热交换后，土壤内部也将进行不稳定的地传热，因此系统的性能与土壤性能是紧密相关的。

土壤的性质随着地区的不同和季节的变化而异，不同的土壤作为热泵的低温热源的不同情况，目前还难以作出优劣的评价。影响这个传热过程的主要因素有两个：一是传热面积；二是土壤的热力参数，包括土壤的热工特性、大地的平均温度、土壤的含水率、土壤的密度、土壤的容积热容量、热扩散率和地下渗流等。

（1）热工特性

热工特性主要包括导热系数、容积热容量和热扩散率等。其中导热系数表示土壤传导热量能力的一个热物理特性指标，土壤的容积热容量表征土壤的蓄热能力，而热扩散率则表征土壤温度场的变化速度。导热系数、容积热容量、扩散率因土壤成分、结构、密度、含水量的不同有异，并随着地区不同和季节的变化而变化。在同一地区，土壤的放热量是土壤吸热量的80%。

（2）大地的温度

对大地土壤温度情况的了解是很重要的，因为大地与地埋管中的循环水之间的温差驱动热量传递，大地温度接近全年的地表面平均温度。根据测定，10m深的土壤温度接近于该地区全年平均气温，并且不受季节的影响。在0.3m深处偏离平均温度为±15℃，在3m深处为±5℃，而在6m深处为±1.5℃，温差波动在较深的地方消失。根据资料记载，平均地下温度在60m深度以下视为恒定。土壤越深，对热泵运行越有利。

（3）土壤含水率

土壤的含水率是影响传热能力的重要因素，但水取代土壤微粒之间的空气后，它减小微粒之间的接触热阻提高了传热能力。土壤的含水量在大于某一值时，土壤导热系统是恒定的，称为临界含湿量；低于此值时，导热系数下降。在夏季制冷时，热交换器向土壤传热，热交换器周围土壤中的水受热被驱除。如果土壤处于临界含湿量时，由于水的减少使土壤的传热系数下降，恶性循环，又使土壤的水分更多地被驱除。土壤含水率的下降，土壤吸热能力衰减的幅度比土壤放热能力衰减的幅度相对较大。所以在干燥高温地区采用地耦管要考虑到土壤的热不稳定性。在实际运行中，可以通过人工加水的办法来改善土壤的含水率。

我国北方地下水位较高和冷负荷较小的地区，土壤的含湿量将保持在临界点以上，可以认为大部分地区全年都是潮湿土壤。有关资料记载，土壤各种固体介质的热工参数如表8-2-1所示，可作为不同土层结构导热系数大小比较的参考。

表 8-2-1　土壤各种固体介质的热工参数

地层介质	热导率/[W/(m·K)]	扩散率/(m²/h)	密度/(kg/m)	含水量/%
密集岩石（花岗岩）	3.465	0.54	3200	—
普通岩石（石灰岩）	2.419	0.43	2800	—
黏土（紧密砂子）	1.011	0.27	2100	>22
干黏土（黏土沙子）	0.523	0.22	2000	>16
湿淤泥（松散砂）	0.861	0.25	1600	>22
干淤泥（沙子淤泥）	0.349	0.12	1440	>18

（4）地下水的流动

地下水的渗流对加强大地的热传递有明显的效果。实际上，大地的地质构造很复杂，存在着松散的黏土层、砂层、沉积岩层、空气和水层等。由于地球构造运动，各岩层又出现褶皱、倾斜、断裂现象。降雨渗入土质层，在重力作用下，向更深层运动，最后停留在不透水层。地下水在空隙中流动以形成渗流，水的流动不但能进行传导传热并且又能进行对流传热。若地下水渗流流速＞8mm/h时，就可按水的传热来计算。

8.2.3.2 地源热泵空调系统设计

8.2.3.2.1 空调负荷计算方法

房间的空调冷（热）、湿负荷是确定空调系统送风量和空调设备容量的基本依据，是确定地源热泵系统在土壤中取热和放热平衡是否平衡的重要计算依据。根据《采暖通风与空气调节设计规范》和《公共建筑节能设计标准》的要求，应对每个房间进行逐项逐时冷负荷计算和热负荷计算。现在计算房间冷负荷共有两种计算方法：谐波反应法和冷负荷系数法。本项目采用谐波反应法主要计算围护结构冷负荷，人员及其它负荷简略不计。

（1）夏季冷负荷计算公式

① 墙体及屋顶冷负荷计算　通过外墙及屋顶的得热形成的冷负荷，由于建筑物的蓄热作用，可表示为

$$CLQ_{墙} = KF\Delta t_{\tau-\varepsilon} \qquad\qquad (8\text{-}2\text{-}1)$$

式中　τ——计算时间，h；

ε——温度波传到围护结构内表面的时间延迟，h；

$\tau - \varepsilon$——温度波作用于围护结构内表面的时间，h；

K——围护结构传热系数，W/(m²·K)；

F——围护结构计算面积，m²；

$\Delta t_{\tau-\varepsilon}$——作用时刻下，围护结构的冷负荷计算温差，K。

② 玻璃窗及幕墙冷负荷计算　由窗户及玻璃幕的得热形成的冷负荷，包括两个方面：瞬变传导得热形成的冷负荷及日射得热形成的冷负荷。

$$CLQ_{玻} = KF\Delta t_{\tau} \qquad\qquad (8\text{-}2\text{-}2)$$

式中　K——窗户或玻璃幕的传热系数，W/(m²·K)；

F——外窗或玻璃幕的面积，m²；

Δt_{τ}——计算时刻的负荷温差，h。

（2）冬季热负荷计算

冬季负荷总的计算公式如下：

$$Q = Q_1 + Q_2 + Q_3 - Q_{10} = Q_{1,j} + Q_{1,x} \qquad\qquad (8\text{-}2\text{-}3)$$

式中　Q——供暖系统设计热负荷，W；

Q_1——通过维护结构的传热耗热量，W；

Q_2——加热由门窗等缝隙渗入室内的冷空气的耗热量，W；

Q_3——加热由门、孔洞及相邻房间侵入的冷空气的耗热量，W；

Q_{10}——太阳辐射进入室内的热量，W；

$Q_{1,j}$——围护结构的基本耗热量，W；

$Q_{1,x}$——围护结构的附加（修正）耗热量，W。

由上面的计算公式可知，冬季热负荷主要分为通过维护结构的传热耗热量、加热由门窗等缝隙渗入室内的冷空气的耗热量、加热由门、孔洞及相邻房间侵入的冷空气的耗热量及太阳辐射进入室内的热量四大部分。为了简化计算，将该四大部分耗热量，在引入修正系数的基础下，转换成围护结构的基本耗热量及围护结构的附加（修正）耗热量两大部分。

① 围护结构的基本耗热量　围护结构的基本耗热量按一维稳定传热过程进行计算的，即假设在计算时间内，室内、外空气温度和其它传热过程参数都不随时间变化。建筑物围护结构的耗热量，包括基本耗热量和附加耗热量两部分。基本耗热量是通过房间个部分围护结构（墙、屋顶、地面、门、窗等），由于室内外空气的温度差，从室内传向室外的热量。附

加耗热量是对于围护结构的朝向、风力、气象条件等不同，对基本耗热量的修正。而围护结构的基本耗热量是房间的得热量与失热量的总和。

围护结构基本耗热量按照下式计算：

$$Q_{1,j} = aKF(t_n - t_w) \tag{8-2-4}$$

式中　K——围护结构的传热系数，$W/(m^2 \cdot °C)$；

　　　F——围护结构的面积，m^2；

　　　a——围护结构的温差修正系数，见表 8-2-2；

　　　t_n——冬季室内计算温度，$°C$；

　　　t_w——供暖室外计算温度，$°C$。

表 8-2-2　围护结构的温差修正系数

序号	围护结构特征	温差修正系数
1	外墙、屋顶、地面以及与室外相通的楼板等	1.0
2	阁顶和与室外空气相通的非采暖地下室上面的楼板等	0.9
3	与有外门窗的不采暖楼梯间相邻的隔墙（1~6 层建筑）	0.6
4	与有外门窗的不采暖楼梯间相邻的隔墙（7~30 层建筑）	0.5
5	非采暖地下室上面的楼板，外墙上有窗时	0.75
6	非采暖地下室上面的楼板，外墙上无窗且位于室外地坪以上时	0.6
7	非采暖地下室上面的楼板，外墙上无窗且位于室外地坪以下时	0.4
8	与有外门窗的非采暖房间相邻的隔墙、防震缝墙	0.7
9	与有外门窗的非采暖房间相信的隔墙	0.4
10	伸缩缝墙、沉降缝墙	0.3

② 围护结构附加耗热量计算按照下式计算

$$Q_1 = Q_j(1 + \beta_{ch} + \beta_f)(1 + \beta_g) \tag{8-2-5}$$

式中　Q_j——维护结构基本耗热量，W；

　　　β_{ch}——朝向修正；

　　　β_f——风力修正；

　　　β_g——高度修正。

朝向附加耗热量是考虑建筑物受太阳照射影响而对围护结构基本耗热量的修正，朝向修正系数见表 8-2-3。

表 8-2-3　围护结构的修正系数

朝向	修正系数/%	朝向	修正系数/%
东	−5	南	−15
西	−5	北	0

风力附加耗热量是考虑室外风速变化而对维护结构基本耗热量的修正。按规范要求：建筑在不避风的高地、河边、海岸、旷野上的建筑物，以及城镇、厂区内特别高出的建筑物，垂直的外围护结构附加 5%~10%。本建筑可以不考虑附加。

高度附加耗热量是考虑由于室内温度梯度的影响，往往使房间上部的传热量加大。规定：当房间净高超过 4m 时，每增加 1m，附加率为 2%，但最大附加率不超过 15%。

③ 冷风侵入耗热量　冷风侵入耗热量指室外空气通过冬季热压和风压的作用，由开启的外门侵入室内，需加热到室内温度所消耗的热量。冷风侵入耗热量的计算见式（8-2-6）。

$$Q_3 = NQ_{1,j,m} \tag{8-2-6}$$

式中　$Q_{1,j,m}$——外门基本耗热量，W；

　　　N——考虑冷风侵入的外门附加率，按表 8-2-4 选取。

表 8-2-4　冷风侵入的外门附加率

外门布置状况	附加率	外门布置状况	附加率
一道门	$65n\%$	三道门(有两个门斗)	$60n\%$
两道门(有门斗)	$80n\%$	公共建筑和生产厂房的主要入口	$50n\%$

注：n——包括本层门所在楼层以上的楼层数。

④ 冷风渗透耗热量　在风压和热压的作用下，室外的冷空气通过门、窗等缝隙渗入室内，被加热后逸出。当未对采暖房间的门、窗缝隙采取密封措施时，冷空气就会通过门、窗缝隙渗入到室内，把这部分冷空气从室外温度加热到室内温度所消耗的热量，称为冷风渗透耗热量。

在各类建筑物特别是工业建筑的耗热量中，冷风渗透耗热量所占比例是相当大的，有时高达 30% 左右，所以门窗缝隙渗透冷空气耗热量的计算显得尤为重要。

根据现有的资料，《暖通规范》中给出了用缝隙法计算民用建筑及生产辅助建筑物的冷风渗透耗热量和用百分率附加法计算工业建筑的冷风渗透耗热量。

a. 多层和高层民用建筑，加热由门窗缝隙渗入室内的冷空气的耗热量。

b. 多层建筑的渗透冷空气量，当无相关数据时，可按以下公式计算：

$$L = kV \tag{8-2-7}$$

式中　V——房间体积，m^2；

　　　k——换气次数，次/h。

c. 工业建筑，加热由门窗缝隙渗入室内的冷空气的耗热量，可根据《供热工程》教材所述进行设计。

d. 计算出的房间冷风渗透量是否全部计入，应考虑下列因素：

ⅰ. 当房间仅有一面或相邻两面外围护物时，全部计入其外门、窗缝隙；

ⅱ. 当房间有相对两面外围护物时，仅计入较大的一面缝隙；

ⅲ. 当房间有三面外围护物时，仅计入风量较大的两面缝隙；

ⅳ. 当房间有四面外围护物时，则计入较多风向的 1/2 外围护物范围内的外门、窗缝隙。

e. 计算建筑物耗热量时，为了简化计算，可作下列近似处理：

ⅰ. 与相邻房间温差小于 5℃ 时，不计算耗热量；

ⅱ. 伸缩缝或沉降缝墙按外墙基本耗热量的 30% 计算；

ⅲ. 内门的传热系数按隔墙的传热系数考虑。

8.2.3.2.2　地下换热器系统设计

利用岩土热响应试验进行地埋管换热器的设计，是将岩土综合热物性参数、岩土初始平均温度和空调冷热负荷输入专业软件，在夏季工况和冬季工况运行条件下进行动态耦合计算，通过控制地埋管换热器夏季运行期间出口最高温度和冬季运行期间进口最低温度，进行地埋管换热器的设计。

① 确定换热器埋管形式　地下换热器的埋管主要有两种形式，即竖直埋管和水平埋管。选择哪种方式主要取决于场地大小、当地岩石类型及挖掘成本。

② 地下换热器管材及埋管直径　地下埋管换热器应采用化学稳定性好、耐腐蚀、热导

率大、流动阻力小的塑料管材及管件。目前国外广泛采用高密度聚乙烯作为地下换热器管材，推荐按 SDR11 管材选择壁厚，管径（内径）通常为 20～40mm，国内大多采用国产高密度聚乙烯（PE）管材。

③ 地下换热器换热量计算　夏季与冬季地下换热器的换热量可分别根据以下计算式确定：

夏季：
$$Q_夏 = Q_D\left(1 + \frac{1}{Cop_1}\right) \tag{8-2-8}$$

冬季：
$$Q_冬 = Q_K\left(1 + \frac{1}{Cop_2}\right) \tag{8-2-9}$$

式中，Q_D 为建筑冷负荷，kW；Q_K 为建筑热负荷，kW；Cop_1、Cop_2 分别为热泵机组制冷、制热时的性能参数。

④ 确定地下埋管换热器长度　地下热交换器长度的确定除了已确定的系统布置和管材外，还需要有当地的土壤技术资料，如地下温度、传热系数等。地下热交换器长度的计算方法共分 9 个步骤，很繁琐，并且部分数据不易获得。在实际工程中，可以利用管材"换热能力"来计算管长。换热能力即单位垂直埋管深度或单位管长的换热量，一般垂直埋管为 70～110W/m（井深），或 35～55W/m（管长），水平埋管为 20～40W/m（管长）左右。

设计时可取换热能力的下限值，为 35W/m（管长），具体计算公式如下：
$$L = \frac{1000 \times Q}{35} \tag{8-2-10}$$

⑤ 地下换热器钻孔数及孔深　竖埋管管径确定后，可根据下式确定地源井数目：
$$n = \frac{4000W}{nvd_j^2} \tag{8-2-11}$$

式中　n——地源井数；

$\quad\quad W$——机组水流量，L/s；

$\quad\quad v$——竖埋管管内流速，m/s；

$\quad\quad d_j$——竖埋管管内径，mm。

8.2.3.2.3　地下埋管系统

（1）地埋管管材与传热介质

聚乙烯管应符合《给水用聚乙烯（PE）管材》（GB/T 13663）的要求（表 8-2-5、图 8-2-6、图 8-2-7）。

传热介质的安全性包括毒性、易燃性及腐蚀性；良好的传热特性和较低的摩擦阻力是指传热介质具有较大的导热系数和较低的钻度。可采用的其他传热介质包括氯化钠溶液、氯化钙溶液、乙二醇溶液、丙醇溶液、丙二醇溶液、甲醇溶液、乙醇溶液、醋酸钾溶液及碳酸钾溶液。

表 8-2-5　聚乙烯（PE）管外径及公称壁厚

公称外径 /DN	平均外径/DN		公称壁厚/材料等级		
			公称压力		
	最小	最大	1.0MPa	1.25MPa	1.6MPa
20	20.0	20.3	—	—	—
25	25.0	25.3	—	2.3$^{+0.5}$/PE80	—
32	32.0	32.3	—	3.0$^{+0.5}$/PE80	3.0$^{+0.5}$/PE100
40	40.0	40.4	—	3.7$^{+0.6}$/PE80	3.7$^{+0.6}$/PE100

公称外径/dn	平均外径/dn		公称壁厚/材料等级		
	最小	最大	公称压力		
			1.0MPa	1.25MPa	1.6MPa
50	50.0	50.5	—	$4.6^{+0.7}$/PE80	$4.6^{+0.7}$/PE100
63	63.0	63.6	$4.7^{+0.8}$/PE80	$4.7^{+0.8}$/PE100	$5.8^{+0.9}$/PE100
75	75.0	75.7	$4.5^{+0.8}$/PE100	$5.6^{+0.9}$/PE100	$6.8^{+1.1}$/PE100
90	90.0	90.9	$5.4^{+0.9}$/PE100	$6.7^{+1.1}$/PE100	$8.2^{+1.3}$/PE100
110	110.0	111.0	$6.6^{+1.1}$/PE100	$8.1^{+1.5}$/PE100	$10.0^{+1.5}$/PE100
125	125.0	126.2	$7.4^{+1.2}$/PE100	$9.2^{+1.4}$/PE100	$11.4^{+1.8}$/PE100
140	140.0	141.3	$8.3^{+1.3}$/PE100	$10.3^{+1.6}$/PE100	$12.7^{+2.0}$/PE100
160	160.0	161.5	$9.5^{+1.5}$/PE100	$11.8^{+1.6}$/PE100	$14.6^{+2.2}$/PE100
180	180.0	181.7	$10.7^{+1.7}$/PE100	$13.3^{+2.0}$/PE100	$16.4^{+3.2}$/PE100
200	200.0	201.8	$11.9^{+1.8}$/PE100	$14.7^{+2.3}$/PE100	$18.2^{+3.6}$/PE100
225	225.0	227.1	$13.4^{+2.3}$/PE100	$16.6^{+3.3}$/PE100	$20.5^{+4.0}$/PE100
250	250.0	252.3	$14.8^{+2.3}$/PE100	$18.4^{+3.6}$/PE100	$22.7^{+4.5}$/PE100
280	280.0	282.6	$16.6^{+3.3}$/PE100	$20.6^{+4.1}$/PE100	$25.4^{+5.0}$/PE100
315	315.0	317.9	$18.7^{+3.7}$/PE100	$23.2^{+4.6}$/PE100	$28.6^{+5.7}$/PE100
355	355.0	358.2	$21.1^{+4.2}$/PE100	$26.1^{+5.2}$/PE100	$32.2^{+5.4}$/PE100
400	400.0	403.0	$23.7^{+4.7}$/PE100	$29.4^{+5.4}$/PE100	$36.3^{+7.2}$/PE100

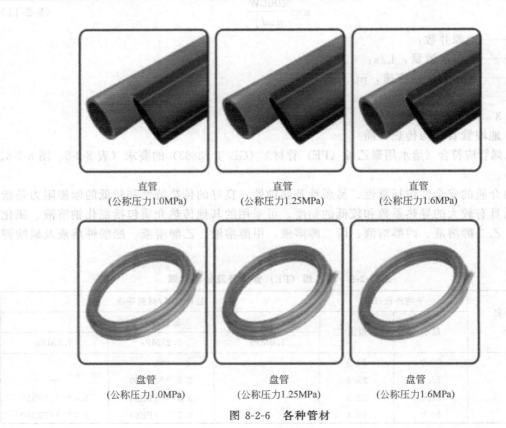

直管
(公称压力1.0MPa)

直管
(公称压力1.25MPa)

直管
(公称压力1.6MPa)

盘管
(公称压力1.0MPa)

盘管
(公称压力1.25MPa)

盘管
(公称压力1.6MPa)

图 8-2-6　各种管材

90°弯头

直通

加重单U接头

加重双U接头

异径四通

异径六通

90°异径三通

梅花管卡

图 8-2-7

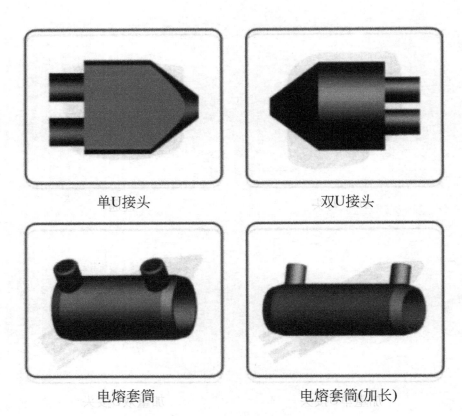

单U接头　　　　　　双U接头

电熔套筒　　　　　　电熔套筒(加长)

图 8-2-7　各种管件

（2）地埋管换热器埋管方式

地埋管换热器有水平和竖直两种埋管方式。当可利用地表面积较大、浅层岩土体的温度及热物性受气候、雨水、埋设深度影响较小时，宜采用水平地埋管换热器。否则，宜采用竖直地埋管换热器。

水平地埋管主要有单管、双管、二层双管、二层六管等形式。由于多层埋管的下层管处于一个较稳定的温度场，换热效果好于单层，而且占地面积更少，因此采用多层埋管的较多。单层管的最佳深度为 0.8~1.0m，双层管为 1.2~1.9m。图 8-2-8 为常见的水平地埋管换热器形式。

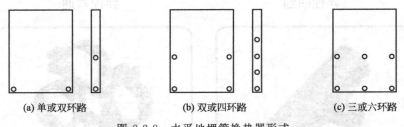

(a) 单或双环路　　　　　(b) 双或四环路　　　　　(c) 三或六环路

图 8-2-8　水平地埋管换热器形式

垂直地埋管一般有单 U 形管、双 U 形管、小直径螺旋盘管、大直径螺旋盘管、立式柱状管和套管式管等形式。双 U 形管的换热能力比单 U 形管高 20%，但材料和施工成本却是单 U 形管的 2 倍，因此考虑到成本的问题，一般只有在可供埋管面积及其紧张的时候才会采用双 U 形管。按地埋管深度可分为浅埋（埋管深度≤30m）、中埋（埋管深度 31~80m）和深埋（埋管深度>80m）。在钻孔井内安装 U 形管，一般管井直径为 100~300mm，井深

80～100mm，U形管的直径一般在 50mm 以下。而且由于竖埋管所利用的是地表向下将近一百米深度的土壤能量，使得换热充分，效率更高。图 8-2-9 为竖直地埋管换热器形式。在没有合适的室外用地时，竖直地埋管换热器还可以利用建筑物的混凝土基桩埋设，即将 U 形管捆扎在基桩的钢筋网架上，然后浇灌混凝土，使 U 形管固定在基桩内。在我国广泛应用的是垂直地埋管形式。这种方式可以充分利用土壤的垂直空间，节省埋管所占的水平面积。

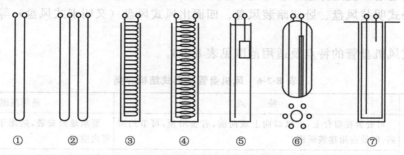

图 8-2-9　竖直地埋管换热器形式
①单 U 形管；②双 U 形管；③小直径螺旋盘管；④大直径螺旋盘管；⑤立柱状；⑥蜘蛛状；⑦套管式

8.2.3.2.4　地源热泵空调系统室内末端的配置

（1）室内末端的形式

风机盘管做空调系统末端是最传统也最成熟的形式。风机盘管可以进行制冷也可以供

风机盘管机组·HFP 豪华壁挂式	风机盘管机组·HFP-WM 卧式明装型	风机盘管机组·HFP-LM 立式明装型
风机盘管机组·HFP-WA 卧式暗装型	风机盘管机组·HFP-KQM 嵌入式	风机盘管机组·HFP-LA 立式暗装型
风机盘管机组·堆栈式	柜式风机盘管机组·HWG 系列	柜式风机盘管机组·HLG 系列

图 8-2-10　常用空调风机盘管形式

暖。安装简单，维修方便。当然风盘也有着其不可改进的缺陷：一是风机盘管不论制冷供热，都采用送风形式，而空调的吹风感在大多数情况下会使人感到不舒适；二是风机盘管的噪声，因为风机盘管中有风机，所以风机靠电机带动时产生的噪声会随送风管或送风口被带入室内；三是风机盘管制冷或供热都很局部，经常出现靠近风口的温度过低或过高，造成室内温度分布不均匀，使用体感不够舒适。常用的风机盘管按照形式可分立式明装风盘、立式暗装风盘、卧式明装风盘、卧式暗装风盘、四面出风式风盘（又叫卡式风盘）等几种。如图8-2-10所示。

各种形式风机盘管的特点及适用范围见表8-2-6。

表 8-2-6　风机盘管的形式结构分类

分类	形式	特　点	适用范围
结构形式	立式	可安装在窗台上,出风口向上或向前,省去吊顶,可节约层高,但是占用建筑面积	要求地面安装,适用于层高受限制的室内空间
	卧式	节省建筑面积,高静压型的风机盘管还可以接风管,可与室内建筑装修相结合	特别适合别墅,宾馆,办公楼,病房都建筑
	卡式	节省建筑面积,可与室内装修相协调造价较高。凝结水排放难度较大	适用于别墅,办公室,商业建筑等
安装形式	明装	维护方便,但进出水管在室内都能看到,影响美观	适用于旧建筑改造,低投入,施工快的建筑
	暗装	维护、保养的工作量大。占用吊顶空间,安装风盘需要增加送风口和回风口,总体造价高,立式安装美观但占用建筑面积	别墅、客房、办公室、医院病房、商业建筑等,适用广泛

（2）室内末端风机盘管风口的设计原则

选择风机盘管时，应根据冷、热负荷计算结果，一般参照夏季冷负荷，根据房间冷负荷，按中档时的供冷量来选择风机盘管机组，并校核冬季加热量是否能满足房间供热要求。再结合实际使用工况，对机组标准工况下的制冷量和制热量进行修正，使所选机组的实际冷、热量尽可能的接近或稍大于计算冷、热量。同时注意机组噪声值，合理选择消声措施。由于明装风机盘管的管线裸露，影响美观，而且噪声较大，因此在别墅的室内设计中，不建议使用明装风盘。立式风盘一般用于层高较低，不适合做吊顶的建筑，例如别墅建筑中层高较低的夹层空间，阁楼之类。

在进行风口的排布前，首先要进行气流组织的设计，气流组织设计的任务是合理地组织室内空气的流动，使室内工作区空气的温度、相对湿度、速度和洁净度能更好地满足工艺要求以及人们的舒适性要求。送风口的选择要因设置场所、送风量、噪声控制、房间布局等进行全面考量。

空调系统末端送风口和回风口的排布原则在《采暖通风与空调调节设计规范》（GB 50019—2003）有着大致的规范。第6.5.2条空气调节区的送风方式和送风口选型应符合下列要求。

① 宜采用百叶风口或条缝型风口侧送，侧送气流易贴附。工艺设备对侧送气流有一定的阻碍或单位面积送风量较大，人员活动区的风速有要求时，不应采用侧送。

② 有吊顶可利用时，应根据空气调节的高度与使用场所对气流的要求，分别采用圆形、方形、条缝形散流器或孔板送风。当单位面积送风量较大，或人员活动区要求风速较小，或区域温差要求严格时，应采用孔板送风。

第6.5.10条回风口的布置方式，应符合以下要求。

① 回风口不宜设在射流区或人员长时间停留的地点，采用侧送时，宜设在送风口的同侧下方。

② 条件允许时，宜采用集中回风或走廊回风，但走廊的横断面风速不宜过大且应保持走廊与非空气调节区之间的密闭性。

空气调节系统的送风量应能消除室内最大余热余湿，通常按夏季最大的室内冷负荷计算确定。空调区的气流组织，应根据建筑物的用途，满足对空调区内设计温湿度及其精度、工作区允许的气流速度、噪声标准、空气质量、室内温度梯度及空气分布特性指标（ADPI）的要求；气流分布均匀，避免产生短路及死角；结合建筑物特点、内部装修、工艺（含设备散热因素）或家具布置等进行设计。

因此送回风口的选择与排布要根据以下两点确定：第一，对室内空气的流动形态和分布进行合理的组织，以满足空气调节房间对空气温度、湿度、流速以及舒适感等方面的要求；第二，配合室内设计的要求，尽可能在满足功能性的同时满足审美需求。

根据空调房间的特点，送、回风口可以布置成如下几种方式。

① 上送上回方式　如图 8-2-11 所示，上送上回方式又包括单侧上送上回、双侧上送上回、中心上送上回形式，风口可以安装在侧墙，也可以安装在顶棚，送、回风口都设在温室的上部，工作区处于回流区。适合仅为夏季降温服务的空调系统，且要求空调温室较低。这种形式的送回风方式在室内设计中最为常见。

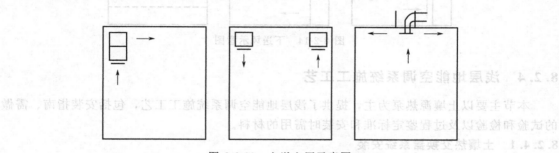

图 8-2-11　上送上回示意图

② 上送下回方式　上送下回方式适合以冬季送热风为主的空调系统，且空调房间层高较低，因为热空气会自然上升，采用上送上回的方式供热，热气来不及沉降到工作区就被回风口吸走，供热效果不佳，上送下回的方式包括单侧上送下回、双侧上送下回出风口可以安装在侧墙或顶棚，回风口安装在房间下部侧墙。气流充分混合使工作区处于回流状态（图8-2-12）。

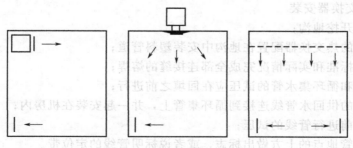

图 8-2-12　上送下回示意图

③ 中送风　在层高很高的空间中，将送风口设在房间高度上的中间部位，采用侧送风口或喷口送风方式，具有节能的效果。因此在温室中，将风口布置在顶棚可能导致近地面空

间空调效果不明显时，可以在合适的位置采用中送风方式（图8-2-13）。

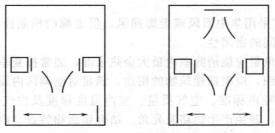

图 8-2-13　中送风示意图

④下送风　下送风的形式适合层高很高的空间。特点：送风口设在房间的下部，新鲜空气直接送入工作区，送风速度不能大，否则会影响人体的舒适感（图8-2-14）。

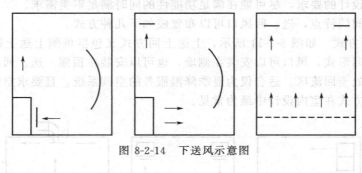

图 8-2-14　下送风示意图

8.2.4　浅层地能空调系统施工工艺

本节主要以土壤源热泵为主，提供了浅层地能空调系统施工工艺，包括安装指南、需做的试验和检验以及过程鉴定标准和安装时需用的材料。

8.2.4.1　土壤热交换器系统安装

8.2.4.1.1　土壤热交换器系统安装原则

安装应尽可能遵循土壤热交换器的设计要求，但也允许稍有偏差。开挖地沟和/或钻凿竖井平面图上应清楚标明开沟和/或钻洞的位置，以及通往温室的入口。平面图上还应标明在规划建设工地范围内所有地下公用事业设备的位置。应保证进行钻洞、筑洞、灌浆、冲洗和填充热交换器时的工地供水。应与承包商一起对平面图进行复审，并在批准平面图之前就存在的偏差达成一致，在开始安装之前，承包商应获得与工作项目有关的所有开工许可。

（1）水平热交换器安装

①按平面图开挖地沟；

②按所提供的热交换器配置在地沟中安装塑料管道；

③应按工业标准和实际情况完成全部连接缝的熔焊；

④循环管道和循环集水管的试压应在回填之前进行；

⑤应将熔接的供回水管线连接到循环集管上，并一起安装在机房内；

⑥在回填之前进行管线的试压；

⑦在所有埋管地点的上方做出标志，或者说标明管线的定位带。

（2）垂直热交换器安装

①按平面图钻凿出每个竖井，并立即把预备装填和压盖的U形管热交换器安装到竖井中，而且用导管从底部向顶部灌浆；

② 沿垂直竖井边布置的地沟需适应分隔开的被压盖的供回循环管线的要求；

③ 将供回循环管熔接到循环集管上；

④ 连接循环集管和管线，并在分隔开的供回循环管线地沟内将管线引入建筑物内；

⑤ 管线和环路的长度应在彼此之间的 10% 以内；

⑥ 在回填地沟之前，将管线和循环集管充水并试压；

⑦ 在钻井进可能会产生大量水和泥渣，应设适宜的清理设施，以使工地不至于泛滥。

8.2.4.1.2 回填和灌浆

（1）回填地沟

如果管道是在多个不同深度被放进地沟，重要的是要认真用砂子回填每一管道层上方 15cm 厚的第一层回填层，并仔细清除尖利的岩石和其他磁石。这一管道层的其余部分，则可用机械回填泥土至下一高度层，应尽可能将土块打碎。加水人工夯实这一层后，再安装下一管道层。在地表面上应将地沟上方剩下的土堆起来压实。对曲线型或螺旋形的热交换器，则需采取不同的回填程序。

（2）垂直竖井的灌浆

垂直热交换器系统中的竖井应使用导管灌浆（图 8-2-15），对灌浆的选择取决于地下条件，灌浆材料特性和土壤热交换器的预期运行温度。灌筑合适的灌浆可以加强土壤和热交换器之间的热接触，防止污染物从地面向下渗漏，并防止各含水层之间水的移动。垂直热交换器的灌浆在许多管辖区域是强制性的。

含有 95% 水泥和 5% 膨润土的灌浆或膨润土灌浆应在钻井完成和安装了每一个热交换器之后立即进行。为尽可能减少每一批灌浆配料之间的准备时间，应使用达旦的灌浆混合器/分离存储罐。应该用直径不少于 1 英寸的聚氯乙烯管（宁可将管径选大些，以减少阻力损失）做导管，并在将其往下放进竖井之前连接到 U 形管热交换器上。

如果可以预期热交换器是埋设在冻土层以上的地块运行，则可使用以膨润土为基料的灌

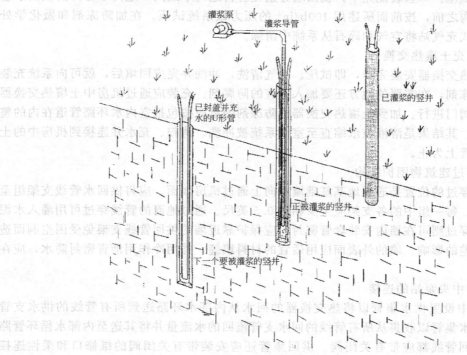

图 8-2-15 垂直竖井的灌浆

浆，按单位灌浆产生的基本体积计价，要比水泥灌浆便宜。它们不会因水合作用产生热量，而且保持塑性状态，因此发生裂纹时可以自行愈合。水泥基料的灌浆会以可渗透的粒状形式损耗掉，所以所用的灌浆体积需相应增加，而且它们还会收缩和龟裂，传热能力降低并增加了灌浆的渗透性。

如果预期热交换器是在冻土层以下非常密实或坚硬的土壤或岩石内运行，与以膨润土为基料的灌浆相比，则水泥基料的灌浆更有优势。因为孔隙水会冻结并膨胀，这会损坏膨润土灌浆，而且产生的力会导致管道被挤压并产生节流。水泥基料灌浆可以抵抗这种膨胀力。

其他灌浆原则或需考虑的事项如下：

① 监督检测灌浆的运行操作，以保证灌浆以正确的比例被充分混合，并有足够的黏性以便用泵将其充入竖井；

② 灌浆承包商应有备用灌浆管、软管和在工地上能容易使用的设备；

③ 正在移泵（螺旋或活塞型）最适宜于将灌浆向下充入竖井；

④ 内径 3～4 英寸的吸入管和内径 1～2 英寸的排放管即可满足要求；

⑤ 水泥基料灌浆应由纯水泥和重量比为 5％ 的膨润土粉组成；

⑥ 水与水泥取 0.55∶0.6 的重量比即可满足要求。

8.2.4.1.3　热交换器的耐压试验、净化和冲洗

垂直热交换器安装的管道应在运至工地后即用空气试压。这将有助于检验管道是否因加工不良而存在有可能渗漏的气孔。每一个垂直热交换器中的循环管路应用水试压检漏，试验压力为 $100b/in^2$（按环路最低点的静压水头不超过管子额定破坏压力来考虑），稳压 4h。在这段时间内，可以接受的压力降应不大于 $5b/in^2$。将热交换器密封插入竖井并立即导管灌浆。用卷边/盖顶熔接密封。完成导管灌浆之后再稳压 1h。

装配组合循环集管和管线。按管道制造商的建议进行热熔接。在装配循环管路之前对循环集管和管线试压。一旦装配完毕，就回填分别在各自地沟中或同一地沟中分开的供回水管线。在回填地沟之前，按前面所述用 $100b/in^2$ 的压力做系统试压。在加防冻剂和做化学处理之前用便携式充气站将空气和碎石从系统中清除。

8.2.4.1.4　填充土壤热交换器

一旦土壤热交换器安装完毕，即试压、空气清洗，冲洗并完成回填后，就可向系统充装适当浓度的防冻剂，在需要的地方还要加入适宜的防腐剂。充装应通过机房中土壤热交换器集管上的末端阀门进行。加到土壤热交换器中防冻剂的量应按包括室内水环路管道在内的整个系统来考虑。其结果是溶液被浓缩直至室内系统被冲洗、清扫、充水并连接到机房中的土壤热交换器集管上为止。

8.2.4.1.5　穿过建筑物围护结构

通常发生穿过的位置是通过地基基础墙或向上通过机房地面。应将供回水管线支架组至少分开 2 英尺。每一组中的各支架应至少相距 0.5 英尺。通过地面的管线穿过可用灌入水泥来抑制。墙的穿过则可在墙内安装套管密封。应保护靠近墙的供回管线支架免受因空洞而造成的土壤沉降差的影响。墙的外表面应用适宜的材料填缝，并用冷作用沥青密封防水，应在回填之前处理。

8.2.4.1.6　与中央泵站的连接

应在机房中设置供水集管以将热交换器的回水从内部水环路送到所有管线的供水支管中。应设置回水集管以收集从所有管线的回水支管流回的水流量并将其送至内部水循环管路系统。每一供回管线都应带有关闭阀。供回集管还应安装带有关闭阀的维修口和柔性连接软管。

8.2.4.1.7 试验和鉴定

应由一个最好是来自专业试验机构的独立的第三方承包商来工地现场做试验鉴定，并按如下内容提出报告。这些承包商应分别和业主签订合同。

8.2.4.2 地下埋管系统的施工

地源空调系统的施工主要包括两部分，分别为地下埋管系统的施工及地源热泵机组及其他设备的安装。目前地源热泵地下埋管换热器主要有两种形式，即水平埋管和垂直埋管。管路可采取串联系统或并联系统。在串联系统中，几个井（水平管为管沟）只有一个流通通路；并联方式是一个井（管沟）有一个流通通路，数个井有数个流通通路，在实际工程中采用更多的是串联系统。根据分配管和总管的布置方式，有同程式和异程式系统。在同程式系统中，流体流过各埋管的流程相同；在异程式系统中，流体通过各埋管的路程不同，实际工程一般采用同程式系统。水平埋管是在地沟中埋管，地沟深为 $1\sim2m$，可采用单层埋管和双层埋管 2 种方法；垂直埋管是在地下钻机成孔，孔中下管，灌浆回填。目前使用最多的是 U 形管、套管和单管。水平埋管施工方便，初期投资低，但由于受地表温度的影响，热交换效率低；垂直埋管由钻机成孔，泥浆护壁，由于孔道深，施工难度相对更大，但热交换效率高，应用广泛。

（1）钻孔

垂直埋管式地源热泵的地下埋管钻孔深度根据设计要求选择不同的钻孔深度。施工中使用汽车钻机泥浆护壁、回转钻进方法成孔，钻孔完毕后孔壁必须保持完整，施工要求钻孔深度误差不大于 5cm，垂直度小于 1‰孔深，根据地层的不同，采用不同的钻进工艺，直至达到设计要求的孔深。

（2）制作 U 形管

地下换热管路采用高密度聚乙烯塑料管（PE 管），使用寿命长达 50 年以上，可与建筑物寿命相当。管接头采用承插连接或熔接连接。

单根 U 形管管长＝埋深×2。

（3）下 U 形管

U 形管的下放目前尚未采用机械化施工，一般采用人力下管。下管工作的顺利与否与钻机成孔质量有很大的关系，所以钻机成孔时要求采用泥浆护壁等保证孔壁顺直的施工方法。另外，下放 U 形管时要求保证管道不会扭曲、变形。

（4）回灌填充材料

填充材料用以填充 U 形管与钻孔孔壁间的间隙，要求其具有更好的传热性能。填充材料的选择决定了传热率的大小，选择一种热阻比较小的材料可以提高整个系统的效率。一般选用水泥砂浆作为回灌材料，每立方米砂浆配合比为：砂子 1450kg，水泥 300kg，膨胀剂 UAE 替代 10% 水泥。水泥砂浆回灌时使用砂浆搅拌机进行砂浆搅拌，砂浆注浆泵回灌，回灌时使用尼龙导管从井底向上进行，直至水泥砂浆密实填满管井为止。

为了便于工程计算，几种典型土壤、岩石及回填料的热物性可参考表 8-2-7 确定。

8.2.4.3 热泵和内部分配系统的安装、启动和交付验收

（1）热泵机组的安装

热泵机组安装指南如下。

① 水平热泵机组应使用吊杆吊装，吊杆装有橡胶隔振衬套，定位按图纸。

② 立式热泵机组应安装在减振垫上，定位按设计。

③ 在机组和管线之间的连接水管以及热泵供回风口与风道之间的连接均使用方便灵活的软管。

表 8-2-7　几种典型土壤、岩石及回填料的热物性

分类		λs 导热系数 /[W/(m·K)]	α 扩散率 /(10⁻⁶ m²/s)	ρ 密度 /(kg/m³)
土壤	致密黏土(含水量 15%)	1.4～1.9	0.49～0.71	1925
	致密黏土(含水量 5%)	1.0～1.4	0.54～0.71	1925
	轻质黏土(含水量 15%)	0.7～1.0	0.54～0.64	1285
	轻质黏土(含水量 5%)	0.5～0.9	0.65	1285
	致密砂土(含水量 15%)	2.8～3.8	0.97～1.27	1925
	致密砂土(含水量 5%)	2.1～2.3	1.10～1.62	1925
	轻质砂土(含水量 15%)	1.0～2.1	0.54～1.08	1285
	轻质砂土(含水量 5%)	0.9～1.9	0.64～1.39	1285
岩石	花岗岩	2.3～3.7	0.97～1.51	2650
	石灰石	2.4～3.8	0.97～1.51	2400～2800
	砂岩	2.1～3.5	0.75～1.27	2570～2730
	湿页岩	1.4～2.4	0.75～0.97	
	干页岩	1.0～2.1	0.64～0.86	
回填料	膨润土(含 20%～30%的固体)	0.73～0.75	—	
	含 20%膨润土、80%SiO₂ 砂子的混合物	1.47～1.64	—	
	含 15%膨润土、85%SiO₂ 砂子的混合物	1.00～1.10	—	
	含 10%膨润土、90%SiO₂ 砂子的混合物	2.08～2.42	—	
	含 30%膨润土、70%SiO₂ 砂子的混合物	2.08～2.42	—	

④ 分区内所有热泵的冷凝水收集和排放安装要符合当地相关部门的要求，保证系统能有效收集冷凝水并有一定的坡度以考虑系统清洗。

⑤ 热泵机组的定位和安装应注意消声问题。在关键位置可能需要安装压缩机护罩和管道消声器以降低热泵噪声。

⑥ 在完成系统清污、冲洗、杂物清除、填充和充注防冻剂之前，闭式环路液体应通过旁通管绕过热泵机组。

⑦ 设计要确定每个热泵的供热/供冷量，循环水流量、风量、外部压力、输入电功率和额定条件（即电压、风和水的温度），在建设施工期间不用热泵做临时供暖或供冷。

（2）风管安装

风管安装应符合相关的规范和标准并遵循涉及如下一些问题的初始设计要求。

① 每一个支风管、送风散流器、回风格栅、送风调温装置和排气格栅应按设计定位并提供控制风量的手段。

② 所有设备的连接都应使用柔性连接。

③ 确认已作了噪声抵制处理设计的风管，应有 1 英寸厚的内衬套管，且涂层的一面朝向空气流，距离可从机组往上 15 英尺处。

④ 新风管连接至每一热泵的回风入口并设置风景控制措施。

⑤ 制造安装所遵循的全部程序应符合当地机构的要求。

（3）双管水系统的安装

下面的规定指南适用于双管分配系统的安装。

① 安装管道与温室结构平面平行并在所占的空间内提供尽可能高的最大净空高度。

② 安装管道应不影响设备的安装、维修或搬运，控制、风管等。

③ 在安装之前，全部管道都应被清洗，而且将管道直立时应用塞子暂时堵住末端的开口，以防止泥土进入。

④ 应用适合的隔振物支撑管道，以避免振动传至所在的空间。

⑤ 在考虑管线走向和固定管道时，应采取适当方法以不影响管道的热胀冷缩。用吊钩固定时也应使管道能因热胀冷缩而移动。

⑥ 管道穿过墙、板、地板或天花板时均应使用墙套管。

⑦ 在管道分配系统中所有的最高点均设手动控制放气阀，最低点设泄水阀。

⑧ 钢管的全部连接均应用净切削削出锥度后，用检验过的螺纹件连接或使用可与系统中所用防冻剂相容的密封胶。

⑨ 铜管的全部连接均应使用低温焊接。在需要连接阀门或带螺纹的连接三通时，要使用阳螺纹异径管接头。

⑩ 预期会在 50°F 或更低温度环境下运行的分配系统，应做达到 R3 厚度的保温和不渗透蒸汽的绝缘层，以防止结露（注意：在对任何连接部分做保温之前，应按后面所述方法试压渗漏）。

⑪ 在每一个热泵机组的供回管线上应安装关闭阀门，并在每一个热泵机组的回水管上装平衡阀（当在同一管线上的热泵热交换器之间有较大压降差时，这样做就特别重要）。

⑫ 应在每一条支路上或地板回水支管上安装平衡阀或环路调节装置。

（4）中央泵站的安装

下面的规定指南适用于中央泵站的安装。

① 水泵安装时，应在泵的吸入端装偏心渐缩变径管，在压出端装同心渐扩变径管。在使用弯头的地方应使用大半径型的弯头并垂直安装。吸入和排出管道应有足够的支撑，以不至于再往泵的壳体上施加负载。

② 每一台泵在运到工地之前都应做测试，以保证在达到设计扬程时的流量也满足设计值。应提供该项测试的文字报告。

③ 在减压阀和系统与顶端空气分离器的连接处之间补水管线上设置膨胀水箱。

④ 应在泵的吸入端安装空气分离装置，其顶部连接到补水管线上且装有一个手动排气阀。需要有带过滤器的排污阀。温室的水环路应在该侧连接。

⑤ 泵的压出端应有冷门或包含下面所列部件的组合阀门。

a. 逆止阀；

b. 正向关断/关闭阀；

c. 带有内部流量测量孔和外部压差测量口的平衡阀；

d. 对大系统，应增加压力安全阀以防止超压。

⑥ 所有管道和泵的连接都应使用伸缩接头。

⑦ 应将泵安装在隔震基础上。

⑧ 在水泵附近的所有管道都应用弹簧吊钩支撑。

⑨ 包括水泵机壳在内的中央泵站全部部件均应做保温以防止结露。

⑩ 在系统开始运转时，应由水泵制造商或其指定代理商协助进行启动运行，应包括如下项目：

a. 平直度校准；

b. 检查无管道变形；

c. 检查泵是否正常运转；

d. 开始运转后，将泵吸入端和压出端在设计扬程下的压力读值与泵的性能物性曲线做比较。在进行该项试验时，所有热泵和环路上的其他装置应连接在环路上；

e. 在做上述试验时，将电压和电流的实际读值与泵的性能特性曲线进行比较。

（5）机房集管和管道的安装

机房管道和集管的安装涉及若干步骤，在许多较小的设计中只需用两个集管（图 8-2-16），下面说明的则是三个集管的设计。

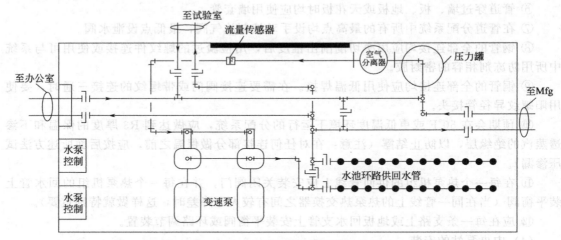

图 8-2-16　地表水热交换器系统机房布置

① 承包商要建三个集管（图 8-2-17）

a. 第一个收集从地热交换器或地表水热交换器或地下水平板式热交换器回水管来的水流量并将其供到中央泵站的吸入端。

b. 第二个在中央泵站的压出端，收集从泵压出的水流量并将其送到每一温室供水管。

c. 收集从每一个温室回水管或闭关立管返回的流量并将其送到地热交换器或地表水热交换器的供水管或地下水系统的板式热交换器。

② 机房中向每栋温室的供水管应有关闭阀。

③ 机房中来自每栋建筑的回水管应有平衡阀或循环水流量调节装置。

④ 每一个地下水或地表水热交换器的供、回水管在机房靠近集管处应有关闭阀。

⑤ 如果需要，提供旁通地源热交换器的若干方法。

⑥ 三个集管中的每一个都应安装带有关闭阀和连接软管的维修口，这些连接软管的尺寸应能通过系统的总流量。

⑦ 含有防冻剂的系统中所有阀门均应挂警示标牌，说明系统流体含有的特殊防冻剂和溶液浓度。

⑧ 对开式水井系统，一个集管收集来自泵吸入端供水井的水流量，同时另一个——排出集管——将收集从温室回水管来的水流量，并借助于水池或储水立管将其排至回水井。

（6）管道系统的清扫、冲洗、试验、气体清洗和化学清洗

在温室内管道系统完工和机房管道安装完毕之后，应彻底清洗系统并完全排空空气。在该过程中地源系统的管道应与温室和机房内的管道隔离开。这部分的安装涉及如下项目。

① 向温室内的管道系统和机房中的管道充水。在进行该项操作时，应旁通热泵热交换器和其他拟接到环路上的设备。

② 使水持续流过系统，直至碎石、泥土等从管道中被清除。大管径的管道可能不得不分开冲洗，以保证有足够高的速度冲走碎石。

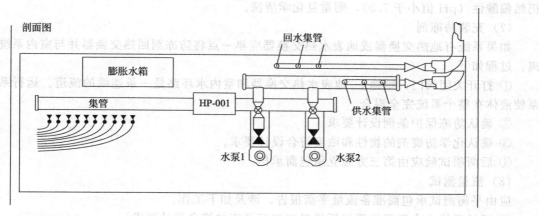

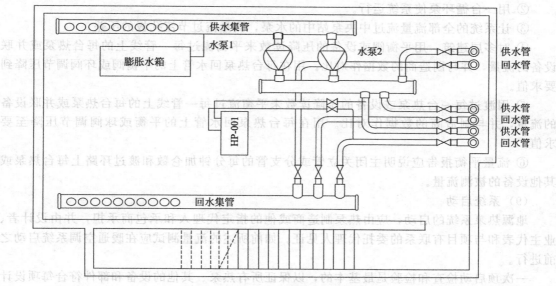

图 8-2-17　有三个集管的机房布置

③ 把热泵和其他调节设备连接到环路上并再一次向系统充清水。打开系统顶端的全部放气孔。打开热泵水管上的全部关闭阀门和机房内充水管线上的关闭阀。

注意：建筑水压必须足以克服在充水管线和系统最高点之间的静水压头。

④ 当充水到水从放气孔流出时，接通向温室的供水并关闭手动放气孔。

⑤ 仍然打开充水管线，用温室内充水管线的水再次冲洗系统并打开最低点的排水。应顺序打开和关闭管道和关闭立管的关闭阀，以保证主要的平行管道单独冲洗，最后充满整个系统。

⑥ 然后使用温室内水环路的循环泵重复该过程。

⑦ 当水环路是使用金属管道时，在最后充装之前建议进行化学清洗。用 PVC 管则不需要。

⑧ 往水中加入磷酸三钠成溶液（系统每加仑水加一磅）并将系统温度提高至 95°F 而且循环 2h。如果必要，应在环路中用临时加热器。

⑨ 应修补任何一点的渗漏。不需加止漏化合物来阻止管道系统的渗漏。

⑩ 2h 后，排空溶液长重新充入清水和做测试，保证水呈轻微碱性（pH 值 7.5）。如果

仍然偏酸性（pH 值小于 7.5），则重复化学清洗。

（7）充装防冻剂

如果系统有地热交换器或地表水热交换器应早一点将防冻剂回热交换器并与室内系统隔离。过程如下。

① 打开关闭阀门，则地下/地表水热交换器和室内水环路是一条连续的流道。运行系统泵使液体在整个系统完全混合。

② 确认防冻保护条例设计要求。

③ 确认化学防腐剂的物性和浓度符合设计要求。

④ 后两项试验应由第三方独立承包商承担。

（8）流量测试

应由平衡测试承包商准备流量平衡报告。涉及如下工作。

① 通过系统中全部平行管线垢流量应相互平衡并符合设计要求。

② 用一台循环泵使系统运行。

③ 让系统的全部流量流过中央泵站中的水泵，测量流过节流孔板的压差。

④ 对多层建筑，用平衡阀或设备的压降读数来平衡流过每一管线上的每台热泵或并联设备的流量，并与制造商的数据作对比。用在每台热泵回水管上的平衡阀或环阀调节压降到要求值。

⑤ 用渡过每一台热泵或设备的压降读数来平衡流过每一管线上的每台热泵或并联设备的流量，并与制造商的数据作对比。用在每台热泵回水管上的平衡或球阀调节压降至要求值。

⑥ 流量平衡报告应说明主闭关立管或分支管的每分钟加仑数和渡过环路上每台热泵或其他设备的被测流量。

（9）系统启动

地源热泵系统的启动，应由热泵制造商或他的指定代理人和承包商承担，并由设计者、业主代表和与项目有联系的委托代理人见证。如前所述的流量测试应在暖通空调系统启动之前进行。

一次预启动检查和检验是最基本的，以保证所有热泵、其他的设备和部件符合每项设计的规定，包括型号、电压、电流等；是否安装正确，是否清洁，是否校准并做好了启动准备。启动程序如下。

① 确定系统总流量并保证水环路温度在设计界限以内。这期间不要运行热泵。

② 确认所有热泵和其他设备的电压是否合适。

③ 从离中央泵站最近的热泵机组开始，合上该机组的断路开关，此时机组已由温控器或系统控制器关断。选择机组风机的"开"位置启动机组风机。如果风机全都未动，在故障问题被排除之前不要启动热泵。

④ 打开热泵机组的制冷或供热开关，检查热泵热交换器输出。测量 ΔP 和 ΔT 并按制造商的规定确定输出是否在说明书的规定之内。

⑤ 试一下作反向循环前面所述检查输出是否符合制造商的说明书。

⑥ 应将供热供冷循环的输出与相同液体温度、入口空气温度和空气流量条件下制造商提供的额定值作对比。

⑦ 对水环路中的所有热泵重复这一过程。

⑧ 一旦机组性能与制造商的说明书不符合，确定原因并采取适宜步骤修正出现的问题。

⑨ 上述过程完成后，保证所有的温控器、系统控制器和设备都按设计要求定位。

⑩ 通过每一热泵热交换器的液体温度差都应在设计规定的范围内。

（10）交工试运转

交工试运转是对暖通空调系统的性能进行采集、验证和形成文件的过程，以符合设计要求以及业主的功能标准和运行需要。交工试运转这一过程常因业主和发展商要降低造价而不进行。由于现在系统已变得更加复杂，交工试运转的需要已变得更加重要。因此对带有地源热泵系统的大型商业/公共建筑来说，在此建议应对交工试运转特别予以重视。

功能性能试验要超过常规启动运行试验的范围，而且其意图是根试验系统控制程序的全部参数和运行方法。设计工程师和承包商必须和交工试运转人员一起进行试验，以保证将全部运行项目包括在内。然后由承包商实施试验，而由交工试运转人员、设计人员、业主代表和制造商代表监督见证。

试验目的是表明系统能按照设计要求和高效率的方式运行，失败的试验则要求找出所有存在的问题。试验的结果应全部包括在项目的最后文件中，进行一些功能性试验应包括：

① 以全部运行模式控制系统运行；

② 所有热泵、循环泵、排热购房和泵（如果使用的话）和通风扇的耗电量、电压和电流；

③ 在平衡过程中不需检验和记录液体或水的温度及流量；

④ 在平衡过程中不需检验和记录空气流量和温度；

⑤ 在平衡过程中对液体和空气流量及温度应做抽样检测；

⑥ 当建筑物处于热平衡时，用于地热交换器、井水板式热交换器或地表水热交换器旁通（如果使用的话）的控制阀的运行；

⑦ 所有安装在水环路中防冻剂和/或水处理化学制剂适宜浓度的检测；

⑧ 检查启动和停机的过程和程序。

（11）操作人员培训

运行维修人员应经过相当水平的培训才可对安装在温室内的地源热泵系统进行运行操作。应在温室安装系统之前就进行培训，而且应由对设备且有专门知识的人员承担培训，这些人员包括设计都、承包商和制造商代表。为此目的应由交工试运转人员或设计人员准备一个系统运行手册。为系统中的每一个设备作一个操作运行程序的视频永久保存在现场是非常有帮助的。运行程序从设备启动开始，经过正常运行操作到关机为止。训练应涉及的项目如下。

① 对系统启动的全面介绍，包括在正常开发部和出现事故时的运行方法，关机程序，季节转换和手动/自动控制。

② 对所安装系统和全部设备的叙述说明。

③ 讨论质量担保。

④ 维修要求及日程计划表。

⑤ 健康和安全目标。

⑥ 所需的特殊工具和备用零件清单。

⑦ 风阀、阀门上和控制的运行调节。

⑧ 设备和系统的手动运行。

⑨ 故障排除的信息资料。

⑩ 与交付使用的温室相关的所有文件的介绍，包括温室平面图和说明书、运行维修手册、制造商的数据、试验和平衡报告、功能性试验报告和其他材料。

⑪ 温室地下埋管线路图。

⑫ 如何给系统控制器和温控器编制程序。

参 考 文 献

[1] GB 50009—2001 建筑结构荷载规范 . 北京：中国建筑工业出版社，2002.

[2] GB 50018—2002 冷弯薄壁型钢结构技术规范 . 北京：中国建筑工业出版社，2002.

[3] 邹志荣 . 园艺设施学 . 北京：中国农业出版社，2002.

[4] 邹志荣 . 现代园艺设施 . 北京：中央广播电视大学出版社，2001.

[5] 张福墁 . 设施园艺学 . 北京：中国农业大学出版社，2001.

[6] 周长吉 . 温室工程设计手册 . 北京：中国农业出版社，2007.

[7] 李保明，施正香 . 设施农业工程工艺及建筑设计 . 北京：中国农业出版社，2006.

[8] 马承伟 . 农业设施设计与建造 . 北京：中国农业出版社，2008.

[9] 筑龙网组编 . 钢结构工程施工案例精选 . 北京：中国电力出版社，2008.

[10] 倪义刚，郑宇 . 简明轻型钢结构设计施工资料集成 . 北京：中国电力出版社，2006.

[11] 周长吉 . 现代温室工程 .（第 2 版）. 北京：化学工业出版社，2009.

[12] G·Z·布朗，马克·德凯 . 太阳辐射·风·自然光（建筑设计策略 . 第二版）. 北京：中国建筑工业出版社，2008.

[13] 中华人民共和国住房和城乡建设部 . 建筑工程设计文件编制深度规定 . 北京：中国计划出版社，2008.

[14] 北京建工集团有限责任公司 . 建筑分项工程施工工艺标准 . 北京：中国建筑工业出版社，2008.

[15] [美] 贝茨（Beytes, C.）；齐飞译 . 温室及设备管理：第 17 版 . 北京：化学工业出版社，2008.

[16] 田洪臣等 . 土木工程施工 . 北京：中国建材工业出版社，2013.

[17] 张长友 . 土木工程施工技术 . 北京：中国电力出版社，2009.

[18] 重庆大学，同济大学、哈尔滨工业大学 . 土木工程施工（第二版）. 北京：中国建筑工业出版社，2008.

[19] 中国建筑工业出版社编 . 现行建筑施工规范大全 . 北京：中国建筑工业出版社，2009.

[20] 全国高校建筑施工研讨会 . 土木工程施工手册（上下册）. 北京：中国建筑工业出版社，2009.

[21] 高等学校土木工程学科专业指导委员会 . 高等学校土木工程本科指导性专业规范 . 北京：中国建筑工业出版社，2011.

[22] 毛鹤琴 . 土木工程施工（第三版）. 武汉：武汉理工大学出版社，2007.

[23] 陈青云 . 农业设施设计基础 . 北京：中国农业出版社，2007.

[24] 邹志荣，邵孝侯 . 设施农业环境工程学 . 北京：中国农业出版社，2008.

[25] 王乃江 . 现代温室技术及应用 . 杨凌：西北农林科技大学出版社，2008.

[26] 刘文科，杨其长，魏灵玲 . LED 光源及其设施园艺应用 . 北京：中国农业科学技术出版社，2012.

[27] 朱立学，林江娇 . 设施农业控制技术与装备 . 北京：中国农业出版社，2012.

[28] 杜纪格，宋建华，杨学奎 . 设施园艺栽培新技术 . 北京：中国农业科学技术出版社，2008.

[29] 孟艳玲，高彦魁，刘贵巧等 . 蔬菜设施栽培技术 . 北京：中国社会出版社，2010.

[30] 郭世荣 . 无土栽培学（第二版）. 北京：中国农业出版社，2011.

[31] 郭世荣 . 设施作物栽培学 . 北京：高等教育出版社，2012.

[32] 李守勉 . 温室设施蔬菜安全种植技术 . 北京：中国劳动社会保障出版社，2012.

[33] 孙茜，梁桂梅 . 设施蔬菜安全高效栽培技术手册 . 北京：中国农业出版社，2012.

[34] 郭世荣，王丽萍 . 设施蔬菜生产技术 . 北京：化学工业出版社，2013.

[35] 吕桂云，李守勉 . 设施蔬菜种植与病虫害防治技术 . 北京：北京理工大学出版社，2013.

[36] 杨其长，张成波编著 . 植物工厂概论 . 北京：中国农业科技出版社，2005.

[37] 龙智强，周增产，卜云龙等 . 植物工厂人工环境控制栽培室的设计研究 [J]. 北方园艺，2010，15：85-88.

[38] 李东星，田真，王浚峰 . 植物工厂营养液循环再利用装备的研究应用 [J]. 农业工程，2011，1（1）：46-51.

[39] 董微，周增产，卜云龙等 . 太阳能光伏发电技术在温室中的应用 [J]. 农业工程，2014，5（4）：47-49.

[40] 张晓慧，周增产，王峻峰等 . 植物工厂关键技术的研究与应用 [J]. 北方园艺，2010（4）：204-207.

[41] 商守海，周增产，卜云龙等 . 植物工厂自动移栽收获机控制系统的开发与应用 [J]. 现代农业科技，2011（1）：265-268.

[42] 李季刚，兰立波，张晓慧等 . 植物工厂移栽收获机器人的应用研究 [J]. 农业工程技术·温室园艺，2010（5）：34-36.

[43] 国家标准 . 给排水管道安装施工验收规范 . GB 50268—1997.

[44] 中国工程建设协会标准 . 门式刚架轻型房屋钢结构技术规程（2012 年版）CECS 102：2002.

温室建造工程工艺学